JN440455

돌 속에 숨겨진 진실

문희수 지음

돌 속에 숨겨진 진실

2012년 1월 18일 초판 인쇄　　2012년 1월 30일 초판 발행

지은이 문희수　**펴낸곳** 연세대학교 출판부　**주소** 서울특별시 서대문구 연세로 50

전화 02)2123-3380~2　**팩스** 02)2123-8673　**등록** 1955년 10월 13일 제9-60호

홈페이지 www.yonsei.ac.kr/press　**e-mail** ysup@yonsei.ac.kr

인쇄 (주) 동국문화

ISBN 978-89-7141-812-3(93450)

값 22,000원

돌 속에 숨겨진 진실

문희수 지음

연세대학교 출판부

책머리에서

역사는 인류만이 기록하는 게 아니다. 기록하는 방법은 달랐지만 지구도 역사를 기록하고 있었다. 지구는 인류의 역사와는 비교도 할 수 없는 장구한 시간의 역사를 가지고 있다. 지구의 역사는 문자로 기록되어 있는 것은 아니며 바로 고체 지구를 구성하고 있는 단단한 암석 속에 숨기듯 품고 있었다. 기록하는 방식은 인류와는 달랐지만 암석 속에 숨겨진 지구의 역사 기록은 좀처럼 지우기도 어려운 일이었다. 그러나 그런 기록은 아무나 한 눈에 알아볼 수 있는 그런 문자의 기록과는 차원이 달랐으며 이런 지구의 역사기록을 이해하기 위해서는 지구과학의 진보를 기다려야만 했다. 지질학이 발전하면서 지질학자들은 돌 속에 숨겨진 지구의 과거를 하나씩 현실의 세계로 끄집어 내놓기 시작하였다. 그래서 이 책의 제목을 "돌 속에 숨겨진 진실"이라고 부쳤다. 그러나 지구가 만들어진지가 워낙 오래 전인 46억 년 전이었기 때문에 초기의 역사는 과학의 진보를 기다려 주지 않고 자연의 순환과정에 의해 이미 사라진 경우가 더 많았다. 그래서 아직도 초기 지구 진화의 과정은 오리무중인 경우가 허다하다. 어떤 경우에는 추론으로 대신하는 경우도 종종 있다. 그렇지만 현대과학의 진보는 지구가 어떻게 만들어졌으며, 어떤 진화경로를 거쳐 오늘로 연결되었는지는 큰 개요를 완성시키기에는 부족함이 없다고 보아도 좋다.

우리에게 지구는 문명의 꽃을 피우며 살아가고 있는 삶의 터전이자 보금자리이지만 정작 그 실체인 지구자체를 이해하려는 노력은 부족했었던 게 아닌가 하는 생각을 한다. 나는 지구를 알리려는 목적으로 우리가 일상에 접하는 주제를 선정하여 지구를 소개하는 책자를 간행한 바 있다. 그게 바로 "이야기로 떠나는 지구기행"과 "살아있는 행성 지구"였다. 주제별로 엮은 책이었기 때문에 지구의 긴 진화과정을 소개하기는 어려웠다. 언젠가는 지구의 생성 이후 일어난 전체적인 진화과정을 소개하는 기회가 오기를 기다리면서 이 책을 준비하였다. 보는 시각에 따라 지구 역사를 접근하는 방식은 여러 가지가 있으리라고 생각된다. 그러나 이 책에서는 지구가 만들어진 이후에 일어나는 전반적인 과정의 개요를 그리고자 하였다. 그러니 이야기는 지구가 만들어지는 초기 과정에서 시작을 하였다. 여기서 지구의 진화과정을 지금까지 알려진 모든 과학적인 자료들을 이용하여 속속들이 파헤치려는 시도는 하지 않았다. 그런 작업은 자자의 능력을 벗어나는 일이기도 하지만 이 책은 단지 여러분들에게 지구 진화를 이해하는데 기초가 되는 입문서나 개요서로서 족하다고 생각하였기 때문이다. 생명체가 없던 지구에서 생명체가 있는 지구로의 변화과정과 지층에 시간의 개념을 도입하여 지구 역사가 만들어지는 과정에 초점을 두어 설명하려는 시도를 하였다. 그리고 과거 지구에서도 일어난 일이었지만 오늘날에도 일어나고 있으며 또 앞으로도 계속될 지구의 거대한 변화를 소개하는데 주안점을 두었음을 밝혀둔다. 어떤 경우라도 완벽한 것을 만들어내기는 힘든 일이지만 더군다나 장구한 46억 년간에 걸쳐 일어난 모든 일들을 망라하는 것은 불가능에 가까운 일이었기 때문에 출간을 앞둔 지금 부끄러운 마음이 커지기도 한다. 그러나 이런 자료를 통하여 여러분들이 지구에 대한 이해가 조금이라도 증진되었으면 하는 마음으로 이 책을 세상에 내놓기로 하였다. 마지막으로 기꺼이 이 책의 출간을 맡아준 연세대학교 출판부에 깊은 감사를 드린다.

2011년 12월

과학원에서 저자

차례

시간이란 무엇인가?

시간의 개념은 시대에 따라 또는 문화권에 따라 변화된 개념이기도 하다. 시간을 정의하는 것은 현대사회에서도 사뭇 의미가 남다르다. 고대 문명에서 시간은 항상 골칫거리였다. 고대 페르시아의 조로아스터교는 시간을 정의하기 위해 태초의 신 제르반(Zerban)을 신화 속에 끌어들였다. 제르반은 시간이 시작되기 전에 이미 홀로 존재하던 신이었다. 그는 혼자 였기 때문에 외로웠고 동반자를 갖기를 원했다. 그러나 그는 혼자였기 때문에 자신을 희생해야만 아들을 가질 수 있었다. 그의 의구심 속에서 태어난 아들이 바로 아리만이다. 그는 조로아스터교에서는 어둠과 거짓의 세계를 지배하는 악신이다. 제르반은 나중에 그가 원하던 착한 아들 오르마즈드를 갖게 되었다. 처음에 제르반은 첫아들 아리만에게 모든 것을 지배하도록 맡겼지만 선의 힘을 대신하는 오르즈마드가 이를 극복해야 한다고 선언했다. 이 극복에 필요한 전쟁터를 만들기 위해 세상을 창조하였으며, 전쟁이 진행될 수 있도록 '시간' 을 창조했다는 것이다.[1] 결국 시간은 선이 악을 극복하기 위해 만들어진 산물이다. 적어도 그 신화 속에서는 말이다.

이런 신화에 의하면 시간은 창조되었다. 아마도 이런 시간을 창조한 신은 스스로 시간 속에서는 살 수 없을 것이다. 그는 모든 것을 만든 장본인이기 때문이다. 카린카리더보스는 시간이란 무엇인가? 라는 질문에 대한 답으로

> "그렇다면 시간이란 무엇인가? 아무도 내게 묻지 않는다면 나는 시간에 대해 알고 있다. 그러나 이것을 누군가에게 설명하려 한다면, 나는 시간에 대해 알지 못한다. 하지만 나는 이것만큼은 안다고 말 할 수 있다. 아무것도 지나가지 않으면 과거의 시간은 없다. 아무것도 다가오지 않으면 미래의 시간은 없다. 그리고 아무것도 존재하지 않으면 현재의 시간은 없다"

라는 성 아우구스티누스(Aurelius Augustinus, 354–430)의 『고백록』 11권에 적어둔 말을 인용하였다.[2] 그가 그런 말을 한지 1500여 년이 더 지난 지금 우리도 그보다 더 나은 답변을 할 수 없다는 것을 지적하였다.[1]

인도인들이 생각한 가장 긴 시간의 주기는 칼파(kalpa)이다. 우리의 불교 경전에서는 이 칼파를 겁(劫)이라고 번역하였다. 불교 경전에 소개한 겁은 한 변이 15km 정도인 바위산이 있는데, 비단 수건을 물고 있는 독수리가 100 년마다 한 번씩 쓸고 지나가서, 이 산이 모두 다 닳아 없어지는데 필요한 시간이 지나도 겁은 끝나지 않는다고 말한다. 이런 시간의 장구함은 다른 식으로도 표현된다. 〈잡아함경, 雜阿含經〉에서는 좌우상하가 각기 15km씩 되는 철로 만든 성채 안에 겨자씨를 가득 채우고 100 년마다 겨자씨 한 알씩을 꺼내어, 모든 겨자씨를 다 꺼내도 겁은 끝나지 않는 길이의 시간이라고 기술되어 있다. 이런 비유로 나타낸 시간은 과연 숫자로 계산하면 얼마나 될까? 힌두교에서 말하는 1겁은 86억 4천만 년이나 된다. 우주 창조의 신 브라흐마(Brahma)는 낮 시간 43억 2천만 년에는 우주 만물을 창조하고 밤 시간에는 휴식을 취하는데 이것이 바로 힌두교에서 말하는 계속되는 우주 창조와 파괴 그리고 재창조의 순환을 나타낸다.[3] 시간을 순환의 개념으로도 파악한 그들이 이 주기를 이렇게 긴 시간으로 생각한 것은 사람들에게 경외감을 주려는 의도였다고 역사학자들은 믿고 있다.

파괴와 창조는 연결되어 있다. 힌두교의 신중에 코끼리의 머리를 하고 있는 가네샤가 있다. 가네샤는 10개의 팔과 4개의 얼굴을 가진 시바신과 그의 두 번째 부인인 파바티신의 아들이다. 시바가 오래 집을 비운 사이에 파바티가 가네샤를 낳았다. 그는 빠르게 자라나 젊고 강한 신이 되었다. 가네샤는 파바티로부터 집을 지키는 임무를 받았다. 시바가 집으로 돌아올 때 가네샤는 시바가 집으로 들어오는 것을 저지했다. 시바는 싸움 끝에 가네샤의 목을 베었다. 그런 다툼의 현장에 늦게 도착한 파바티는 시바가 자신의 아들을 죽였다는 사실을 알려주고 그의 실수를 되돌려 놓기 전에는 집에 들어오지 말라고 했다. 시바가 재빨리 주위를 둘러보았을 때 맨 처음 눈에 띄는 게 코끼리였다. 시바는 코끼리의 머리를 잘라 가네샤의 잘린 어깨 위에 올려놓았다. 그래서 살아난 게 가네샤이다. 거의 무소불위의 시바신마저도 시간을 뒤로 돌려 그 싸움을 피할 수는 없었다. 파괴와 창조로 이어지는 순환적인 시간관을 가진 그들이었지만 시간을 되돌리지는 않았다. 그들이 만든 장구한 순환주기가 어떤 근거로 계산되었는지 구체적인 방법을 알지 못한다. 그러나 그 시간은 당시로선 생각하기도 어려운 긴 영겁의 시간이었지만 결국 이런 주기는 그들의 생각 밑에 들어 있음 직한 시간의 유한성을 인정한 결과였다. 그렇다고 인도에서는 순환적 시간관만이 존재했다는 것은 아니며 초기에 그들이 생각하는 시간관이 그런 점으로부터 출발했다는 것이다. 우리가 지구의 역사에서 다루려는 시간은 직선적 시간관에 의한 것이며 지구의 나이가 46억년이란 장구한 시간이기 때문에 우리의 인식 한계를 이미 넘어선 시간의 의미를 잠시 되짚어 본 것이다. 물론 현대과학이 발전하면서 시간에 대한 관점이 보다 명확하게 정의되기는 했다. 물리학자들은 시간을 두 가지 관점, 즉 절대적 관점과 관계적 관점에서 본다. 이런 시간의 철학적 사고를 논의하는 게 이 책의 목적은 아니며 더군다나 저자는 그런 능력도 없다. 단지 여기서 지구과학의 진화를 논의하기 위한 시간이라 함은 운동을 측정하는 직선적인 시간이면 족하다.

그렇다면 시간은 어떻게 측정되는 것일까? 평범한 현대인들은 그런 종류의 의구심을 가져 본적도 없다. 왜냐하면 팔뚝에 차고 있는 시계 바늘이 알려주는 것이 바로 시간이기 때문이다. 대부분의 보통 사람들은 더더구나 시간의 시작과 종말 같은 것은 아예 생각해 본 적도 없는 경우가 많다. 우리의 먼 조상들은 시간을 계절의 변화로, 추수시기 등으로 알아차렸지만 보다 정교한 측정법이 천체의 관찰로부터 도출되었다. 달이 만월로 부풀러 올랐다가 줄어드는 주기 즉 삭망월(朔望月)을 주기로 음력이 만들어졌다. 참으로 편리하고도 위대한 발견이었음에 분명하다. 요즘처럼 누구나 손목에 시간을 측정할 시계를 가진 세상이 아니었으며 시간의 흐름을 가늠할 기준이 없던 시절에 달이 차고 기우는 것을 기준으로 한 태음력만으로도 의미심장한 것이었다.

달력의 역사를 로마시대까지만 거슬러 올라가기로 하자. 고대 로마에서 사용하던 달력은 오늘날과는 달라도 너무 많이 달랐다. 춘분에 시작되는 1년은 10개월뿐이었으며 60여 일은 달력에 기록되지도 않는 기간이 60여 일이나 되었다. 처음 네 달은 군신 마르스의 달 마르티우스, 그 다음은 미의 여신 비너스의 달 아프릴리스, 성장의 여신 마이아의 달 마이우스 그리고 혼인의 여신 주노를 기념하는 젊은이들의 달 유니우스라는 신들의 이름이 붙여졌지만 그 다음 부터는 차례로 5, 6, 7, 8, 9, 그리고 10이라는 숫자로 불려졌다. 이런 것은 당시 로마의 전통적인 관습을 따른 것으로 해석된다. 당시 로마에서는 네 번째 아이까지는 이름을 붙여줬지만 그 다음부터는 그저 숫자를 이용해서 불렀다고 한다. 이런 관습이 달력의 달의 명칭을 정하는데도 그대로 반영되었던 것 같다. 맨 처음 10개월 사용되던 고대의 달력에 후일 두 달이 더해져 12개월로 정착되게 되었다. 그러나 태음력은 해가 거듭되면서 계절과 맞지 않는 불편함이 드러났다. 이를 보정하기 위하여 윤달을 삽입하는 노력을 하였다. 그러나 달력을 관리하는 신관들이 윤달의 원칙을 무시하는 웃지 못할 사태가 일어나면서 1년의 기간이 고무줄처럼 늘어나기도 하는 어처구니 없는 일이 벌어지기도 했다. 이런 결과 실제 사용하는 달력과 계절의 차이가 발생하였다. 그러나 율리우스 카이사르(Gaius Julius Caesar, BC 100-BC 44)가 로마의 대신관으로 BC 63에 선출되면서 BC 44에 암살당할 때까지 여러 가지 개혁을 했는데 그 중의 하나가 달력의 개편이었다. 그는 이집트 원정에서 돌아올 때 데려온 클레오파트라의 천문학자 소시게네스의 권유를 받아들여 달력을 태양력으로 개편하였다. 그게 바로 BC 45에 만들어진 율리우스력이다. 그러나 율리우스력은 1년을 365.25일을 사용했기 때문에 세월이 지나면서 누적된 시간은 오차를 만들게 되었다. 이런 오차를 줄이기 위해 교황 그레고리 13세(Gregory XIII, 1502-1585)에 의해 1582년에 만들어진 그레고리우스력이 현재 우리가 사용하는 달력이다. 그 후 1년의 평균일수는 365.2425일이 되었으며, 그 차이를 줄이기 위해 400년에 97회의 윤년을 두어 시행하고 있다.[4] 해가 365번 떠서 지는 것을 보면 우리는 그 시간 단위를 1년이라고 부른다. 이것은 지구가 태양 주위를 한 바퀴 도는데 필요한 시간에 해당된다. 우리가 그 본질이 무엇인지 알지도 못하고 확실하게 파악하기도 전에 그 것(시간)을 비교할 수 있는 이런 대상을 골라서 잣대를 만들었다는 것은 참으로 현명한 처사로 여겨진다.

그러나 현대인들은 그것보다는 더욱 정밀한 단위를 필요로 했다. 그래서 정해진 것이 바로 세슘원자시계를 물리량의 기본단위로 설정하기에 이르렀다. 세슘원자시계란 바로 세슘원자(133Cs)의 바닥상태에서의 전이진동수를 기초한 것이다. 바로 이 원자가 9,192,631,770번만큼 진동하는 시간을 1초로 정의한 것이다. 이게 바로 1967년 국제도량형총회에서 채택된 원자초의 정의이다. 그렇다면 1년이란 과연 세슘원자에서 일어나는 진동수로는 얼마일까? 숫자로 나타내기에도 버거운 만큼의 진동수라는 것을 금방 알아차릴 수 있다, 그래서 우리는 좀 더 정확한 측정단위를 가지게 되었다. 지구상에 공룡이 절멸한 6천5백만 년 전으로 거슬러 올라가도 이런 시계는 불과 몇 초 정도의 오차만 만들 뿐이다. 과학이 만든 믿기 어려운 경이 중의 하나이다. 그렇기는 하지만 일상적으로 보통 사람들이 느끼는 시간이란 "기다리는 사람에겐 너무 느리고, 걱정하는 사람에겐 너무 빠르고, 슬퍼하는 사람에겐 너무 길고, 그리고 기뻐하는 사람에겐 너무 짧은 것이다"라는 잠언 속의 체험이 다 일지도 모른다. 그렇기는 하지만 지구의 역사에 들어있는 시간의 장구함이란 상상하기도 어려운 긴 시간이다. 이제 그 시간의 심연으로 여행을 떠나 보기로 하자. 시간 여행이란 공간 여행과는 다르다. 현실세계에서는 무엇인가 되 살펴볼 일이 있다고 해서 과거로 돌아가는 것은 불가능하기 때문이다. 그러나 이 책 속에서는 그런 시간 여행이 가능하다. 지구 진화의 역사는 바로 지구를 구성하고 있는 돌 속에 숨겨져 있기 때문에 우리는 우리 주위에 있는 돌 속에서 찾아내야 한다.

지구 역사의 단면을 보여주는 그랜드캐년

지층을 구성하고 있는 돌 속에 지구 생성 이후 46억년의 시간이 녹아들어 있다. 지질학자들이 일상적으로 다루는 시간의 단위가 허황하리만치 긴 시간이라는 점에 대하여 자연과학의 다른 분야를 전공하는 학자들이 항상 경이롭게 생각하는 부분이기도 하다. 어떤 때는 수 미터에 불과한 부정합을 포함하는 지층들 사이에도 수억 년 아니 그 이상의 시간 간격이 존재할 수 있기 때문이다. 그렇기 때문에 지질학자들은 어떤 얇은 지층으로부터 수억 년의 지구역사를 읽어 내는 엄청난 일을 한다. 그리 높지 않은 절벽에 노출된 지층들의 노두를 보고 이 지층은 몇 억 년 전의 것이며, 그 바로 위에 있는 지층은 아래의 지층보다는 수억 년 후의 지층이라는 것을 말하면 대부분의 사람들은 그 시간의 장구함에 황당한 느낌을 종종 받는다. 그러나 그런 예는 지질학자들이 지어낸 황당한 일은 아니며 사실이다. 아마 지구상의 한 곳에서 어쩌면 연속되는 가장 긴 시간의 스펙트럼을 동시에 내려다 볼 수 있는 곳은 세계 도처에 여러 곳이 있지만 이를 장엄한 경관과 함께 보여주는 곳은 그리 흔하지 않다. 그런 대표적인 곳이 바로 미국의 애리조나 북단에 있는 혹자는 "세계 7대 자연 경관" 중의 하나로 손꼽는 그랜드캐년이다. 자연이 허락한 물과 바람으로만 만들어진 세월의 흔적은 차라리 대자연의 경이로운 숨소리처럼 우리 모두를 전율에 떨게 만든다.

그랜드캐년은 경관만 장엄한 현장이 아니라 어찌 보면 지질학의 성지와도 같은 곳으로 모든 사람들이 기회가 있으면 찾아가 보고 싶은 곳 중의 하나이다. 지질학자들은 더더구나 과학적인 흥미로 그곳에 가보고 싶어한다. 나도 예외는 아니다. 나는 라스베가스를 경유하여 그랜드캐년으로 가는 코스를 선택하였다. 내가 탄 경비행기가 라스베가스 공항을 이륙한지 얼마 지나지 않아 록키산맥의 지맥인 블랙마운틴산맥을 넘기 위해 한껏 고도를 높였다. 비행기가 고도를 높이는 순간을 조종대의 계기판을 들여다보지 않아도 저절로 알아차리게 만들어주는 신호가 탑승객들에게 전달해 온다. 신체 자동계기판이 작동을 하기 때문이다. 외부와의 압력 차단이 완벽하지 않은 경비행기가 고도를 빠르게 높이는 순간 기내의 압력이 빠른 속도로 떨어지면서 귀를 바늘로 찌르는 것 같은 통증이 찾아오기 때문이다. 나는 내 귀가 다른 사람과는 다르게 예민해서인가 하고 주위를 쳐다보니 동승한 다른 승객들도 편치 않은 표정이 눈에 들어온다. 비행기의 작은 창문 아래로는 1936년에 완공된 후버댐(Hoover Dam)으로 만들어진 640km^2 넓이의 미드호수(Lake Mead)가 스쳐지나간다. 수목이라고는 호수 주변을 제외하고는 찾아보기 어려운 그런 황량한 사막과 같은 건조한 지대에 웅장한 규모의 미드호수는 그 자체로도 분명 인상적이다. 그 호수에 저장된 방대한 양의 물은 건조한 이 지역의 관개용수나 생활용수를 공급해주는 것은 물론이려니와 전기 공급원의 역할도 하고 있다. 호수를 내려다보며 이를 지나치기가 무섭게 아리조나 북부의 코코니오대지로 불리는 평탄한 대지가 펼쳐진다. 계절 탓인지 푸른 숲이라고는 보이지 않는 황량한 그런 곳이다. 나는 그런 평탄한 곳에 내가 생각하던 그랜드캐년이 어떤 모습으로 다가 올지 상상하는 동안 비행기는 시골풍의 그렌드캐년공항에 도착하였다.

공항에 도착했을 때 까지도 세계적인 자연경관에 대한 이렇다 할 감흥은 일어나지 않았다. 나는 일정이 빡빡해서 비행기에서 내린 후 숙소를 정하자마자 바로 남측 전망대로 향했다. 예상하지 않은 상황에서 갑자기 내 눈앞에 펼쳐진 그 계곡은 장엄 그 자체였다. 밀려오는 흥분으로 잠시 나를 진정시켜야 할 정도의 엄청난 자연의 힘이 내 눈 앞에 전개되어 있었다. 이미 사진이나 다큐멘터리 프로그램을 통해 본 익숙한 장면이었지만 아무런 예고도 없이 불쑥 모습을 드러낸 그랜드캐년은 놀랍도록 장엄하고 신비하기만 했다. 내가 바라보는 대협곡의 맞은편은 16km나 떨어져 있지만 바로 건너편에 자리 잡고 있는 것처럼 여겨졌다. 색깔이 다른 형형색색의 지층들이 떡시루에서 바로 꺼낸 겹겹이 쌓여 있는 떡들의 켜처럼 가지런하게 자리하고 있다. 코코니오 대지를 파 내려간 계곡의 깊이는 얼마쯤인지 헤아리기도 어려울 정도로 깊어만 보인다. 전망대에서는 그 물줄기의 일부만 보여 그 아래로 강물이 흐르는지를 확인하기조차도 어렵다. 그 계곡은 진정 자연의 위대한 조각품으로 조각가는 사람이 아니라 그 계곡의 바닥을 흐르는 콜로라도 강물이었음을 알아차리는 데도 지질학적 지식은 필요하다.

그랜드캐년은 그곳에 존재했지만 실상 그 존재가 알려지기는 1869년의 웨슬리 파웰(John Wesley Powell, 1834-1902)의 모험심으로 가득 찬 용기 있는 탐험이 있고난 후이다. 그랜드캐년의 본격적인 탐사를 최초로 한 이가 바로 남북전쟁 때 한쪽 팔을 잃어버린 외팔이 퇴역 소령인 웨슬리 파웰이다. 파웰의 아버지는 다윈의 고향이기도 한 영국의 슈르스버리에서 미국으로 이민을 왔으며, 파웰은 뉴욕에서 태어났다. 파웰은 여러 대학에 다니기는 했지만 학업을 마치지는 못했다. 그는 자연과학에 관심을 가진 젊은이로 미시시피계곡을 탐사하였으며, 오하이오강과 미시시피강을 따라 뱃길로 탐험하는 등 젊은 시절부터 자연사와 지질학 방면에 특별한 관심을 가지고 있으면서 과학적 탐구 활동을 한 이였다. 그가 군복무를 마치고 나서는 일리노이 웨슬리안대학의 지질학 교수가 되었다. 그러나 그는 서부 탐사를 위해 학교를 물러났다.[5]

그랜드캐년을 9명의 대원과 함께 콜로라도강의 급류를 타고 최초로 탐험한 웨슬리 파웰. 그는 후일 미국 지질조사소를 창립하였으며 제2대 소장으로 취임하였다.

그리고 여러 탐사에 참여했다. 그는 드디어 1869년 그랜드캐년을 탐험하는 계획을 세웠다. 그는 아홉 명의 대원을 모아 5월 24일 와이오밍의 그린리버를 출발점으로 탐험을 시작하였다. 그는 지도는 물론 다른 아무런 정보도 없이 그랜드캐년을 만든 그 협곡을 흐르는 강의 급류를 타고 내려가는 그가 조직한 탐험대를 미지의 세계로 이끌었던 장본인이다. 그들이 나무로 만든 보트로 협곡을 따라 흐르는 콜로라도강의 군데군데 만들어진 급류를 헤쳐 나가는 것은 목숨을 내 맡긴 것이나 다름없는 위험한 일이었으며 거의 무모한 시도였다. 그 나무로 만든 보트는 오늘날 그 강에서 인기 있는 급류타기를 위해 사용되는 고무보트와는 안정성 측면에서 차원이 달랐기 때문이다. 그들 일행이 타고 간 네 척의 보트 중 하나는 급류의 희생물이 되었는데 그 배에는 탐사대원들을 위한 대부분의 식량이 실려 있어서 계곡의 열기와 위험 외에도 식량부족을 견뎌야 하는 어려움이 더해졌지만 그들의 탐사는 계속되었다. 대원들 중 세 명을 잃어버리기도 했지만 그의 탐험은 계속되었으며 계곡을 따라 암석 표본과 화석을 채취하였다. 그는 탐사결과를 1875년 다소 긴 제목의 보고서로 발간하였으나, 1895년 개정판은 『콜로라도강과 그 계곡의 탐험』이라는 간명한 제목으로 변경하여 출간하였다. 그는 큰 명성을 얻었으며 후일 미국 지질조사소(USGS)를 창설하는데 주도적인 역할을 하며 그 자신이 제2대 소장으로 취임해서 지질학 발전에 큰 족적을 남겼다.[5]

그러나 그랜드캐년을 처음으로 본 서양인은 파웰이 그곳을 탐험하기 훨씬 이전으로 거슬러 올라간다. 그곳을 처음 들른 서양인은 1540년 9월 스페인에서 황금을 찾아온 데 카르데나스(Garcia Lopez de Cardenas)였다. 멕시코를 떠나 일확천금을 꿈꾸면서 이 지역을 탐사하던 이들은 이 거대한 협곡에 길이 막혀 더 이상 나가는 것을 포기하고, 멕시코로 되돌아가 그가 본 계곡이 "세빌레의 큰 탑보다도 더 거대한 규모였다"는 기록만을 남겼다. 아마도 16세기 이전 그가 보았던 가장 큰 구조물은 고향 스페인

그랜드캐년의 위용. 콜로라도강분지를 흐르는 콜로라도강의 침식에 의해 만들어진 협곡으로 이 협곡은 1천 7백만 년 동안의 침식결과로 형성된 것이다. 상부의 고생대 지층은 지각변동을 받지 않아 거의 수평층으로 분포된다. 석회암, 사암 그리고 셰일이 만든 각기 다른 지층의 색은 대협곡의 장엄함을 더하는 요인이 되었다.

세빌레에 있는 성당의 종탑이었을 것이다. 그런 종탑과는 비교할 수 없는 대상이 그랜드캐년이었지만 장대한 규모를 비교하는데 그로서는 그것이 최선이었을 것이다. 그들이 도착한 곳은 그랜드캐년의 남쪽 구역이었다. 물론 그 지역에는 이미 오래 전 원주민인 인디언들이 살았던 땅이었으며, 그 협곡의 군데군데 아직도 그들이 살았던 유적들이 절벽을 따라 또는 계곡에 남겨져 있다. 이런 발견이라는 것은 순전히 서방인들의 눈으로만 바라본 시각이라는 점을 말하지 않아도 알고 있을 것이다. 데 카르데나스 이후 서방인들이 이곳을 찾게 된 것은 200여년이 훌쩍 지난 후에 다른 스페인 사람들에 의해 이루어졌다. 1776년 군인들과 유타주의 남부를 탐사하던 스페인 신부가 그랜드캐년의 북쪽 절벽 위에 도착하였다. 그들의 목적은 서부로 이주하던 이들을 위한 산타페로부터 캘리포니아로 가는 길을 개척하는 게 목적이었다. 1826년에 이 대협곡을 건너는 지점을 찾기 위해 브리검 영(Brigham Young, 1801-1877)에 의해 보내진 모르몬교 선교사인 제이콥 햄블린(Jacob Hamblin, 1819-1886)이 이곳을 방문하였으며, 1857년 에드워드 피츠제럴드 빌(Edward Fitzgerald Beale, 1822-1893)이 역시 마차의 이주로를 찾기 위해 그곳을 탐사했다. 그러나 빌의 일행은 그 계곡을 "…… 4,000피트 깊이의 경이로운 계곡. 이것을 본 모든 사람들은 이와 비견되는 자연의 신비함을 본적이 없다는 점을 인정했다"라는 기록을 남긴 게 전부였다. 1857년 같은 해 조셉 아이브스(Joseph Ives) 중위가 캘리포니아로부터 강을 따라 증기선의 항해가 가능한지 여부를 확인하기 위해 이곳까지 탐사했다. 아이브스는 그의 보고서에서 그 지역은 쓸모없는 땅이며 "이 무익한 지역을 방문하는 백인 조사단은 우리가 처음이자 마지막일 것이 분명하다"는 내용을 덧붙였다. 오늘날 그랜드 캐년을 방문하는 관광객의 숫자가 연간 4백만 명이 넘는 것만으로도(2005년도 방문객 총수는 4,499,424명이었음) 그 계곡이 우리에게 알려주는 지질학 분야에서의 학문적인 가치를 전적으로 무시한다고 가정해도 아이브스의 예견이 얼마나 어리석은 주장이었는지 금방 드러난다. 그러나 파웰 이전의 이런 방문은 일반인들에게 그랜드캐년을 알리는 기회가 되지 않았으며, 대중에게 그랜드캐년이 알려진 것은 파웰에 의한 탐사와 그의 저술이 출간된 이후, 그리고

루스벨트(Theodore Roosevelt, 1858-1919) 대통령이 1903년 이곳을 방문하고 난 이후이다.[6]

자 이제는 오랜 지구의 역사를 품고 있는 이 대협곡이 만들어진 과정을 알아보기로 하자. 이 협곡을 만든 지층들이 분포된 지역을 콜로라도강분지라고 부르는데, 이 분지는 약 4천만 년 전에 만들어졌다. 그리고 이 지역의 고원지대로부터 흘러내리는 콜로라도강에 의해 이 분지가 파여지기 시작한 것은 1천7백만 년 전부터이다. 얼마 전까지만 해도 이 계곡이 만들어지기 시작한 것은 불과 5–6백만 년 전이라고 믿고 있었다. 1천7백만 년 동안 1km도 넘는 깊이로 침식이 일어난 것이다. 지금은 국립공원으로 지정된 그랜드캐년에 흐르는 강의 길이는 446km에 해당되며, 이 강물이 파낸 협곡의 폭은 최대 29km이며, 깊이는 1.6km에 이른다. 과학자들은 무엇이든지 계산하기를 즐겨한다. 이 협곡의 최대 깊이를 1,700만 년으로 나누어보면 일 년에 대체로 0.094cm 정도 침식되었다는 의미이다. 그러나 그것은 단순한 계산 값이며, 상부의 퇴적층의 침식된 깊이를 고려하지 않은 것이다. 그런 것을 고려하더라도 미미한 지질작용처럼 보이는 이런 침식이 지질학적 시간을 고려하면 나타난 결과는 항상 이처럼 엄청나다는 것을 보여주는 현장이기도 하다. 이 지역의 강수량을 생각하면 건조한 지역으로 물에 의한 그런 침식은 상상하기가 어려운데 그랜드캐년의 북부 고원지대의 강수량은 만만치 않으며 겨울에 눈으로 내렸던 것이 봄철이 되면서 녹아내리는 물의 양은 콜로라도강분지의 퇴적층을 쓸어내리는데 충분한 힘을 발휘하였다. 콜로라도강물이 침식시킨 협곡은 세계에서 보기 드문 지층의 단면들을 노출시켰다.[7,8] 콜로라도강이 침식시켜 만든 협곡에는 오랜 지질시대를 통하여 생성된 지층들이 가지런하게 보여주는 지구 역사의 창이 되었다. 계곡의 깊이가 더 해질수록 드러나는 지구의 역사는 길어져만 갔다. 이제 스탠리 등이 펴낸 책에 기술된 내용을 중심으로 이곳의 지질을 조금 더 살펴보기로 하자.[7]

이 계곡의 맨 아래인 강바닥 근처에서나 모습을 보이는 지층은 약 18억 년 전에 만들어진 암석으로 선캠브리아기의 비슈누편암이라는 지층이 노출된다. 그 위로 그랜드캐년누층군의 암석들이 차례로 쌓여 있는데 이들이 생성된 시기는 12억 년~7억 4천만 년 전 사이의 기간에 해당된다. 이런 시기를 원생대라고 부른다. 이들 비슈누편암과 그랜드캐년누층군의 지층들이 퇴적된 후 지각변동에 의해 지표에 노출되면서 표면은 풍화와 침식을 받은 후 이 지역은 침강하여 다시 그들 지층 위에 새로운 젊은 지층들이 퇴적시키기 시작하였다. 여기서 젊다는 것은 전적으로 상대적인 의미이며 실제로 퇴적이 시작된 시기는 약 5억 2천만 년 전에 해당된다. 이 시기는 우리가 지질시대로 고생대라고 부르며 특별히 그에 해당되는 지질시대의 이름은 캄브리아기라고 부른다. 캄브리아기는 우리가 앞으로 이야기하려는 지질시대이며 지구상에 현저한 크기의 생물종들이 폭발적으로 등장한 시점이기도 하다. 그 이후 이 분지는 적당히 융기되었다가 침강되기를 반복하면서 연속적으로 고생대 거의 전 기간을 통하여 퇴적층을 차례로 쌓아 놓았다. 그랜드캐년의 남측 또는 북측 전망대에서 바라다보는 지층들의 거의 대부분이 바로 고생대 전 기간에 걸쳐 퇴적된 지층들이다. 이곳을 찾는 방문객들이 누구나 들르는 그랜드 캐년의 남측 전망대를 지어 놓은 곳은 이 지역에서는 가장 젊은 지층으로 카이밥층(Kaibab Formation)이라고 부른 석회암층이다. 가장 젊다고는 했지만 이 지층이 퇴적된 시기조차도 2억 6천만 년 전으로 지질시대로는 페름기에 해당된다. 멀리 갈 것도 없이 전망대 주위에 노출된 석회암 지층을 조심스럽게 들여다보노라면 수많은 화석을 쉽게 발견할 수 있다. 그런 생물 종들은 이미 진화의 여러 단계를 거쳐 현생종에서는 찾아 볼 수 없는 종으로 진화했기 때문에 당연히 여러분은 처음 보는 생물종들의 화석일 것이다. 그러나 가장 흔하게 보이는 것은 패각류임을 쉽게 확인 할 수 있다. 석회암들이 따뜻한 바다에서나 만들어진 암석이므로 패각류의 화석이 산출되지 않는다 해도 이 돌이 만들어진 곳은 바다라는 것을 돌을 보는 순간 알아차릴 수 있다. 그렇다면 지금은 북미 대륙의 내륙 깊숙한 애리조나의 고원대지인 이 지역이 2억 6천만 년 전에는 바다였음이 분명한 것이다.

카이밥층에서 쉽게 무더기로 발견되는 그런 생물종들의 화석들을 바라보는 순간 여러분들은 이미 시간여행을 하고 있는 셈이다. 만약 지금 당신이 그랜드캐년의 전망대에 서 있다면 당신의 눈 아래에 내려다보이는 지층들이 만들어진 기간은 바로 약 16억 년의 기간을 의미하는 것이다. 당신의 시선을 위에서 아래로 보낼 수 록 여러분은 더 오래된 과거로 돌아가고 있는 셈이다. 차근차근 거꾸로 가는 시간여행을 하려면 전망대가 있는 높이로 펼쳐진 대지로부터 계곡으로 내려가는 수밖에 없다. 경사가 꽤 가파른 그랜드캐년의 V자 계곡을 내려가는 방법 외에는 다른 방법이 없다. 트래킹 코스를 따라 내려가는 길은 쉽지 않은 길이며, 더군다나 이 협곡을 거슬러 올라오는 길은 더 더욱 간단한 일이 아니다. 그러나 여러분의 지갑이 충분하다면 보기에는 가냘프지만 의외로 강인한 다리를 갖고 있는 당나귀의 도움을 받을 수는 있다. 협곡을 따라 내려가는 길의 경사는 그곳에 쌓여 있는 지층들의 특성을 그대로 반영한 결과이

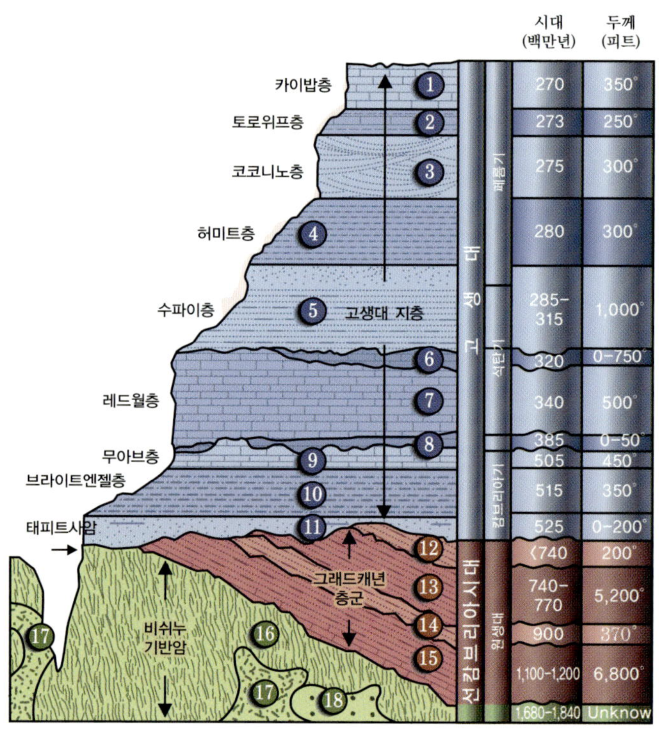

그랜드캐년의 층서를 보여주는 단면도(자료: 미국 지질조사소). 가장 오래된 하부의 선캄브리아기 비슈누편암은 18억 4천만 년 전의 지층이며 이들 위로 원생대 및 고생대의 지층이 차례로 덮여 있다. 선캠브리아기와 고생대 지층 사이에는 오랜 시간 간극을 의미하는 부정합면이 존재한다. 이 단면도는 각 암층의 특성에 따라 협곡에서 관찰되는 경사면을 반영하고 있다.

다. 이런 특성을 설명하는 데는 미국 지질조사소가 만들어 배포한 그랜드캐년에 노출된 지층을 단면도로 정리한 그림을 이용하는 게 좋다. 많은 자료들이 있지만 이 단면도는 내가 설명하려는 것을 그대로 반영한 것처럼 그려져 있다. 대체로 단단한 암석으로 구성된 지층이 분포된 구간은 더 가파를 경사를 만든다. 그래서 맨 위에 분포된 견고한 석회암으로 구성된 카이밥층은 절벽과 같은 경사를 가지고 있다. 이 그림에서 3번으로 표시된 담황색의 코코니노사암층은 카이밥층에 못지 않은 수직에 가까운 절벽을 이룬다.

이 지층은 멀리서 보면 날이 잘 선 칼로 떡시루에서 방금 꺼낸 떡을 잘라 놓은 듯이 반듯하다. 물론 지층의 단면에는 이들 사암이 퇴적될 당시의 환경을 알려주는 무수한 퇴적 구조들 특히 사층리가 선명하게 보인다. 이런 사층리는 물속에서도 발달되지만 이런 규모의 것들은 물속이 아니라 사막의 거센 바람으로 모래가 퇴적된 것을 지시한다. 이 정도의 거꾸로 시간 여행을 하면 바다가 아닌 사막으로 퇴적 당시의 환경이 바뀌었음을 알려준다.

코코니노사암층 아래에는 경사가 완만한 지층인 4번 지층 즉 허미트층이 온다. 이 지층의 색은 위의 사암층과는 다른 붉은 색으로 변했을 뿐만 아니라 협곡의 경사도 한결 완만하게 변화된다. 지질학자가 아니더라도 암석의 종류가 달라져 있다는 것은 보는 순간 그냥 알 수 있다. 바로 미세한 입자들의 퇴적물들이 쌓여 만든 셰일층이 나온 것이다. 이 지층은 사암층에 비교해서 부드러운 돌이다. 따라서 협곡의 경사는 완만하게 만들어줘 트래킹하는 이들이 잠시 숨 돌릴 여유를 만들어준다. 사실 이들 셰일이 붉은 색을 띠는 것은 이 지층 속에 들어있는 철분 때문이다. 그랜드캐년을 둘러본 이들에게 그 협곡을 연상하는 색을 하나 꼽으라는 질문을 한다면 아마도 거의 대부분의 사람들은 적갈색을 연상할 것이다. 그 지층들이 뿜어내는 적갈색은 바로 암석 속에 아주 소량 들어간 철분이 만든 결과이다. 물론 이런 색을 내는 철은 3가 철(Fe^{3+})로 산화된 상태임은 말할 것도 없다. 만약 이 협곡의 돌들이 회색이나 암회색 천지라면 그랜드캐년이 주는 감동은 전혀 달라졌을 것이라는 생각이 드는 것은 나만의 실없는 생각은 아닐 것이다. 이런 색의 변화는 5번으로 나타낸 수파이층까지 이어진다. 이런 색의 변화 때문에 전망대에서 내려다보면 지질학자가 아니더라도 이들 지층의 경계를 명확하게 인식할 수 있다. 이들 지층은 다시 건조한 사막이 아니라 해안에서 퇴적된 것을 의미한다. 이 시기는 바로 3억 1천만 년대까지 거슬러 올라간 시점이다. 절벽에 낸 길을 따라 내려가면서 시간은 자꾸 거꾸로 뒷걸음친다. 시간 여행은 공상과학 영화에서나 가능한 것은 아니며 이런 자연의 장엄한 계곡에서도 한 눈에 살펴볼 수 있다.

이런 지층들이 쌓이는 과정에서 지구의 역사는 수천만 년이 지나갔으며 바다가 침투해 들어왔다 나가기를 반복했다. 다른 말로 하면 지각이 융기와 침강을 반복한 것이다. 오랜 기간을 두고 지구를 관찰하면 결코 지각은 정적이고 안정한 대상이 아닌 동적인 대상이라는 것을 이만큼의 거꾸로 시간 여행으로도 충분하게 인식할 수 있다. 그저 경관에만 취해 있으면 이런 것은 눈에 띠지도 않은 채 눈가를 스치는 절벽으로만 끝이 나 버리기 마련이다.

협곡의 계곡 쪽으로 내려가면서 그 밑으로도 퇴적암의 종류는 바뀌어 등장한다. 이 단면도의 9번, 10번과 11번 지층의 연대는 갑자기 8번의 3억 8천만 년에서 5억 년의 캄브리아기 지층으로 시간 점프를 한다. 그 사이의 시기에 해당되는 퇴적층이 산출되지 않는다는 의미이다. 이 지층이 없는 지질시대가 오르도비스기와 실루리아기이다. 여기서는 석탄기를 지나 두 지질시대 오르도비스와 실루리아기를 건너 뛰어 고생대의 캄브리아기의 퇴적층으로 연결된 것이다. 일반인들에게는 생소한 이런 지질시대의 명칭에 대한 설명은 잠시 접어두기로 하자. 그랜드캐년의 이야기를 마치면서 이런 지질시대가 나뉜 과정들을 더듬어 볼 것이다. 캄브리아기는 광범위하게 육지가 바다로 뒤덮였던 시기이며 이때 생물종이 급격하게 번성하여 '생물종의 대폭발' 이 일어난 시기라고 부른다. 이 캄브리아기의 대표적인 생물종은 바로 삼엽충이라는 조금은 기괴한 생물종이 판치던 시대였다. 우리나라의 캄브리아기 지층에서도 예외 없이 삼엽충 화석이 심심치 않게 발견된다. 하여튼 이런 시간의 간극이 존재하는 지층의 경계를 부정합이라고 부른다. 더 밑으로 내려가면 원생대의 그랜드캐년누층군과 비슈누 편암을 만나는데 11번의 지층과 역시 부정합의 관계를 보인다. 11번까지를 우리는 고생대라고 부르고 그 이전의 시기를 통털어서 선캄브리아 시대라고 부른다. 이들 암석은 가지런하게 놓여 있는 암석들과는 종류가 다르다. 이미 오래전에 지구의 내부에서 호된 곤욕을 치른 암석들이다. 즉 높은 압력과 온도에 의해 일그러지고 변형된 후라서 위의 고생대 퇴적암과는 다른 양상을 보이는 것이다. 이런 돌을 변성암이라고 부른다.

이런 지질 역사의 현장을 한 눈에 내려 볼 수 있는 곳은 이곳 말고는 별로 없다. 별로 없다는 것은 전혀 없다는 의미는 아니므로 다른 곳에서도 가능하지만 그 규모 면에서 그랜드캐년이 최상의 장소라는 의미이다. 이곳으로 연간 450만 명 이상의 관광객이 찾아오는 것은 이상한 일이 아니다. 이곳이 해침과 해퇴를 반복하던 과정을 중단하고 육지로 융기를 시작한 것은 전적으로 지판의 이동 결과이다. 태평양판이 북아메리카판과 충돌하면서 북아메리카판을 밀어 올린 결과이다. 바로 북아메리카 대륙이 융기된 그 시기가 그랜드캐년을 만드는 시발점이 된 것이다. 이렇게 그랜드캐년의 지층들처럼 만들어진 시기가 명확하게 밝혀지는 과정은 험난한 이 지역을 대상으로 연구한 지질학자들의 노력과 더불어 오랜 시간이 소요되었다. 선각자들이 이루어 놓은 지식의 계단을 따라 한 계단씩 발전의 계단을 올라가면서 이룩한 결과이다. 이제 우리는 지층 속에 들어 있는 우리의 상식적인 시간관으로는 이해하기 힘든 장구한 암석의 생성 시기를 알아가는 지질학의 발전과정의 일부를 들여다보기로 하자.

시간을 발견한 사람들

오늘날에는 우리가 상식으로 여기던 일들이 불과 몇 세기 전까지도 인간의 지식체계에 편입되지 못한 일들은 부지기수이다. 바로 암석의 나이에 관한 문제도 그러한 예 중의 하나이다. 그랜드캐년의 가지런하게 겹겹이 쌓여 있는 지층들 중 아래에 놓여 있는 지층이 더 오래전에 만들어진 지층이라는 것은 현대인들에게는 상식이다. 그 지층들이 뒤집혀 있지 않는 한 아래 지층의 나이는 위의 지층보다 나이가 더 많다는 것은 누구든지 수긍이 가는 평범한 사실이다. 그러나 기독교 세계관이 지배하던 중세까지는 창조주에 의해 한꺼번에 만들어진 이런 지층들의 나이는 선후가 없었던 시절이었다. 그런 속에서 지층들이 가지고 있는 나이를 찾는 다는 것은 상식 밖의 일이었을 것이다. 그러나 자연과학의 발달은 새로운 사실들을 차례로 밝혀내기 시작하였으며 그런 지층 속에 내재되어 있는 시간을 인식하기 시작하였다. 이런 인식의 발전 과정을 간략하나마 살펴보기로 하자.

스티븐 제이굴드는 그의 저서에서 "제임스 허턴은 시간의 경계를 무너뜨려, 지질학이 인간의 사고에 미친 가장 두드러지고 커다란 변화, 장구한 시간의 확립에 이바지 했다"라고 기술하고 있다. 지구 표면을 구성하는 암석들이 암석 그 이상의 의미를 가지기 어려웠던 시절 제임스 허턴(James Hutton, 1726-1797)은 지층에 시간의 의미를 확실하게 도입한 장본인이기 때문에 그는 지질학에 지워지지 않은 업적을 남긴 이이며 그래서 그는 '현대지질학의 아버지'로 간주되기도 한다. 그의 전기를 쓴 잭 렙첵크(Jack Repcheck)는 책의 제목을 『시간을 발견한 사람, 제임스 허턴』으로 붙였는데 이보다 더 적절한 제목은 없을 것 같다는 게 나만의 생각은 아닐 것이다. 렙첵크의 말대로라면 허턴을

"성서의 창세 신화 속에 정체되어 있던 지구를 역동적인 지질학 현장으로 이끌어 냄으로써 인류의 세계관을 근본적으로 바꾸어 놓았다는 데 있다"

라고 했는데[9] 이 말은 다소 과장된 느낌은 있지만 부정하기 어려운 사실이기도 하다. 허턴의 저술은 한 세기 후 찰스 라이엘(Charles Lyell, 1797-1875)에 의해 재발견되어 근대지질학의 체계를 세운 대저서 『지질학의 원리』로 이어지며, 이는 다윈에게 영향을 미치는 고리로 연결된다. 그 정도면 과학의 패러다임을 바꾼 일이니 그런 칭송을 받을 만하다.

제임스 허턴은 1726년 6월 3일 스코틀랜드의 에딘버러에서 상인의 아들로 태어났다. 제임스가 태어난 지 2년 후 아버지는 사망했지만 유산으로 그들은 풍족한 생활을 보장받았다. 그는 16세에 에딘버러대학에 들어 갔다. 그가 수재라서가 아니라 그 당시 그 정도의 나이에 대학에 입학하는 것은 별난 일도 아니었던 시절이다. 그가 대학을 졸업한 후 변호사가 되기 위해 도제 수업을 받았으나 자신의 적성에 맞지 않는 것을 알아채고 에딘버러대학으로 돌아가 의학 공부를 계속하였다. 그는 파리대학을 거쳐 라이덴대학에서 1749년 9월 의학박사학위를 수여받았다. 그의 학위 논문은 혈액순환계에 대한 것이었다. 변호사 도제로서 실패한 그였지만 세 대학에서의 대학교육을 통하여 당시 뛰어난 자연철학과 화학교육을 받았으며, 특히 에딘버러대학의 자연철학 강좌를 이수하면서 뉴턴식 사고를 익히는 기회를 가졌다. 유명대학에서 의학공부를 마치고 의사가 되었으나 실제로 환자를 보거나 병원에서 일해본 적은 한 번도 없는 유별난 경력의 소유자였고, 개인적으로 그가 관심을 갖고 있던 분야의 실험을 하고, 자연을 관찰하는 쪽에 더 큰 관심을 가지고 있었다. 그는 의사가 된 직후에 개원을 하는 대신 금속 용접의 용제로 사용되는 염화암모늄 제조법을 발견하였으며, 그의 친구와 공장을 차려 지속적인 수입을 보장받을 수 있는 확실한 수입원도 마련되었다. 그는 특이하게도 그 후 아버지로부터 물려받은 농장에서 농사를 짓기로 했다. 그가 농사일에 매달리는 기간 농장의 토양과 주변지역을 관찰한 경험과 더불어 여러 대학에서의 교육배경은 그가 나이가 들어 본격적으로 지질학적 현상에 대하여 집중적인 관심을 기울이면서 수행하는 과학연구에 크게 도움이 되었다.[9]

그는 자신의 농장에 머물면서 신선한 암석들이 대기와 빗물에 의해 오랜 기간 동안 풍화작용을 받으며 서서히 분해되어 가는 현장을 목격하였다. 큰비라도 내리면 작물 생육에 필수적인 생명과도 같은 토양이 한꺼번에 많은 양이 쓸려 내려가는 안타까움을 농사 현장에서 경험을 통해 알게 되었다. 단단한 암석으로부터 분리된 입자들은 바람과 물에 의해 자갈, 모래 또는 점토의 형태로 지형이 낮은 곳으로 이동되어, 하천이나 호수의 바닥에 쌓이고, 이들은 바다로까지 운반 퇴적되어 다시 굳어지면서 퇴적암들이 만들어진다는 사실을 관찰하였다. 바다에서 만들어진 그런 종류의 암석들이 다시 육지가 되려면 바다에서 이들이 솟아 올라와야 된다고 생각하였다. 이런 생각은 이미 그리스의 자연철학자들이 육지의 지층 중에 조개와 같은 해양 생물종의 화석들이 들어 있는 것을 보고 그런 돌은 바다에서 만들어졌으며 그 이후 융기되었을 것이라는 생각을 간단하게 기술해 놓은 것으로부터 시작된다. 그리스의 자연철학자들이 기술한 내용이 단편적이기는 했지만 그런 생각을 허턴이 처음 했던 것은 아니었다.

아랍의 비루니(Abu Rayhan Biruni, 973-1048)는 그가 모시던 군주를 따라 1022-1026년 사이에 인도를 방문하고 난 후 남긴 『인도』란 저서에 그가 본 모든 것을 기록으로 남겼다.[10] 그 중 인도 북부의 산악지대 캐쉬미르에서 흐르는 강을 따라 내려가면서 퇴적물의 입자가 점점 작아진다는 사실을 기록하고 있다. 그리고 그런 현상은 하천에서 유수의 속도와 관계된다고 밝히고 있다. 다른 곳에서는 높은 지역의 지층 속에서 조개화석을 발견하고 이는 오래전에 서식하던 생물의 유해라고 보았으며, 그렇게 보존되기 위해서는 아주 오랜 시간이 경과되었을 것이라고 했

중앙아시아의 타지크스탄 화폐 도안으로 사용된 아비센나(Avicenna, 980-1037)의 초상화.

다. 불행스럽게도 그는 어떻게 그런 화석들이 그렇게 높은 산까지 올라왔는지에 대해서는 언급하고 있지는 않았다. 다른 아랍의 과학자인 아비센나(Avicenna, 980-1037)가 있다. 이 이름은 라틴화한 이름이며 그의 아랍이름은 아부 알리 시나(Abu Ali Sina)이다. 당시 그는 유명한 철학자였다. 그때의 철학자들은 동시에 과학자이기도 한 것은 모두 잘 아는 사실이다. 아마도 현대의 학술분류체계로 구분하다면 그는 철학자이자 화학자이고, 또 천문학자이자 지질학자이며, 수학자이자 물리학자라고 불러도 될 것이다. 그가 1027년에 펴낸『무지의 치료 *Kitab Al-Shifa*』라는 저서는 과학과 철학서적이다. 이 책의 2부에서 그는 지구과학의 중요한 개념을 기술하고 있다. 그는 바다가 육지로 변할 수 있다는 그리스 자연철학자들의 사고에 기초해 퇴적암의 성인을 해석하였다. 물론 거기에는 비루니의 생각도 참고가 되었다. 산맥의 형성, 물의 기원, 지진의 원인 및 광물의 생성 등 광범위한 내용이었다. 오늘날의 기준으로 기술한 모든 내용이 올바른 것은 아니었지만 그러나 퇴적작용과 풍화작용의 원리를 바르게 이해하고, 오래된 지층 위에 새로운 지층이 쌓이는 현상을 명확하게 이해하였다.[11] 지금까지는 그저 암석에 불과했던 겹겹이 쌓여 있는 지층들이 다른 시간의 의미를 가지고 있다는 사실을 파악한 선각자들이다. 이런 사실을 확인할 때마다 수세기가 지난 후에도 이루어내지 못한 결론에 도달한 그들의 시대를 초월한 지혜에 대해 엄청난 경외감을 느끼곤 하는데 이는 비단 저자만의 생각은 아닐 것이다. 실제로 이런 연구 결과들이 중세의 유럽에 알려질 기회가 없었지만 후에 니콜라스 스테노(Nicolas Steno, 1638-1686)에 의해 1669년에 발표된 '지층 누중의 원리'나 허턴의 '동일과정의 원리'로 확립된 지질학의 중요한 원리로 자리잡으면서 지층 속에 숨겨져 있던 시간들이 밝혀지는 계기가 된 것이다.

그랜드캐년에 나타난 지질시대만 해도 18억 4천만 년으로 거슬러 올라간다. 그러나 제임스 허턴이 활동할 당시는 지질학이 학문적으로도 이론들이 정립된 시기가 아니었으며, 당시 과학계에서 조차도 종교계에서 계산된 창조의 나이를 지구의 나이로 간주하던 시기였다. 마틴 루터(Martin Luther, 1483-1546)는 말년에 성서에 기초한 연대기로 관심을 돌려 1541년 『세계의 연대를 계산하기 *Supputatio Annorum Mundi*』를 출간하였다. 그의 계산은 전에 발행된 율리우스와 유세비우스의 기본 구도를 따랐으며, 창조가 기원전 3961년에 일어났다고 기술하였다. 루터의 영향력은 대단하였으며 창조의 시기는 기원전 3961년으로 간주되었다. 그런 시도는 성 어거스틴(Saint Augustine, 354-430)이 처음으로 시도하였다. 그가 성서를 근거로 계산한 지구의 나이 6천살은 셰익스피어의 희곡 『좋으실대로』의 4막 1장에서 로잔린드의 대화에서도 나온다. "이 불쌍한 세계는 시작된지 거진 6천 년이 돼가지만 그 긴 세월 동안 사랑 때문에 당사자가 죽은 경우는 단 한 건도 없습니다. ……"로 이어지는 대목이다. 이 희곡이 쓰여진 게 루터가 성서를 기초로 계산한 연대기가 발표한 얼마 후의 일이니까 당시 일반적으로 사회가 인식한 지구 창조에 대한 인식을 반영한 결과로 여겨진다.

루터로부터 1세기가 지난 후 아일랜드의 대주교인 제임스 어셔(James Ussher, 1581-1656)는 루터의 계산을 다듬어 『구약성서 연대기 *Annals veteris testamenti*』를 1650년에 펴냈다. 그의 연대기에서 계산은 정교했으며, 창조는 기원전 4004년 10월 23일 일요일 정오에 일어났다고 했다. 이 연대기는 당시 영국에서 발행되던 『킹제임스 영역 성서』에 빨간 글씨로 병기되어 영국 국민들에게 창조의 시기가 각인될 대로 된 상태였다. 더 놀라운 사실은 고전물리학의 중심 인물인 아이작 뉴턴(Isaac Newton, 1642-1727)도 성서에 기초한 연대기를 만들었으며, 그는 어셔가 사용한 방식과 같은 계산법을 사용했었다. 그의 연대기가 대중에게 알려지는 것을 꺼려해 그의 생전에는 연대기가 배포되는 것을 막았으나 그가 1727년 사망하자 그의 연대기는 빠르게 퍼져나갔다. 뉴턴의 연대기는 종교계 인사들은 대환영을 하였으며, 일반 대중들에게도 당시 최고의 과학자가 계산한 연대는 다른 의미가 있었다. 학식이 높은 주교가 아닌 당대 최고의 과학자도 창조의 순간을 기독교 세계관으로 보던 시절이 계속되고 있었다. 사실은 뉴턴이 하지 않아도 좋았을 일중의 하나가 바로 연대기를 만든 일이었다. 거짓말처럼 어셔의 지구 창조의 시간은 19세기 초까지도 통용되었다.[12] 현재의 시점에서 바라본 그들의 계산 결과는 한없이 어설픈 것이었지만 당시의 세계관으로는 최상의 해결책을 제시한 결과일지도 모른다.

그러나 제임스 허턴의 생각은 달랐다. 그가 자연계에서 관찰한 자연 현상 즉 지질 작용들은 그런 시간으로는 설명되지 않는다는 것을 알고 있었다. 기독교 세계관에 의한 창조의 시점으로 이 지구를 설명하는데 당시 주요한 패러다임으로 자리잡고 있던 '수성론, neptunism' 이 제격이었다. 수성론자들은 지구상에서 관찰되는 산이나 계곡이 만든 지형이나 암석 등은 어떤 격렬한 힘에 의하여 일시에 만들어진 것이라는 생각을 가지고 있었으며, 암석들조차도 지구 태초에 존재하던 '원시 바다' (또는 '보편대양' 이라고 부른다)에서 침전작용 등에 의해 만들어졌다는 것이다. 즉 바다 속에서 모든 일이 다 벌어졌다는 것이다. 심지어 그들은 마그마조차도 지하에서 타는 석탄에 의해 만들어졌다는 주장도 서슴지 않았다. 당시 수성론자의 대표는 베르너(Abraham Gottlob Werner, 1749-1817)였다. 그가 1775년 교수로 임용될 당시만 해도 독일의 프라이베르그광산학교는 잘 알려지지 않은 지방학교에 불과했다. 그러나 그의 탁월한 능력은 프라이베르그광산학교를 유명한 대학으로 만드는데 절대적인 기여를 했다. 베르너는 허턴과 동시대에 살았으나 허턴 보다는 나이가 어렸다. 그러나 베르너의 탁월한 교육의 힘은 지질학계의 많은 학자들이 수성론을 지지하는 쪽으로 기울어지게 만들었다. 베르너 이론은 현재 지질과학의 지식체계로 보면 너무 황당한 이론이다. 사실 흔한 산출상을 보이던 마그마로부터 분출되어 만들어지는 화산암류인 현무암의 기원을 설명하는데 즉각적인 반론을 만들었다. 그래서 그들은 화산활동에 의한 현무암의 생성을 보편대양에서는 그런 현상은 없었으

수성론의 주창자였던 아브라함 베르너(Abraham Gottlob Werner, 1749-1817). 그는 당시 가장 뛰어난 지질학자여서 그의 영향력은 대단하였다.

며 극히 최근에나 일어나는 일이라는 궁색한 설명을 첨가해야 했다. 사실 베르너의 수성론은 프랑스의 뷔퐁(Comte de Buffon, 1707-1788)과 이탈리아 지질학의 아버지로 알려진 지오바니 아르두이노(Giovanni Arduino, 1714-1795)의 이론을 잘 종합한 것이었다. 예를 들면 '보편 대양'이 후퇴함에 따라 '제1기' 암석이 나오는데 이는 천지창조 때 형성되었기 때문에 그 속에는 화석이 없고 알프스산맥과 같은 높은 지역에서만 산출된다는 것이다. 그리고 '제2기' 암석은 석회암과 셰일이 있으며, '제3기' 암석은 화석이 들어 있다는 게 아르두이노의 분류법인데 베르너는 이를 약간 다듬어 수정안을 내놓았다. 베르너는 화강암은 '제1기 ' 암석으로 ' 보편 대양 '에서 가장 먼저 침전된 것이기 때문에 가장 오래된 암석이라고 주장하였다. 베르너의 수성론은 종교계에서도 문제를 삼지 않았는데, 이들의 생성시기를 다루면서 성경에 언급한 시간 구조를 언급하지 않았으며, '보편 대양'의 개념은 노아의 홍수나 천지창조시 최초의 물로 해석할 수도 있었기 때문이었다. 나중에 그는 화산암의 존재를 일부 인정하기는 했지만 수성론의 틀을 벗어난 것은 아니었다.

허턴이 활약하던 도시에 있는 에딘버러대학의 제임슨(Robert Jameson, 1774-1854) 교수는 수성론의 열렬한 신봉자로 허턴과 시종 대립관계를 갖게 된다. 그는 1800년에서 1802년 사이 2년간 베르너가 있던 대학에서 연구를 하고 귀국하여 1808년 베르너 자연사학회를 설립하고 수성론의 전파에 전력을 다하였다. 그는 스승인 베르너보다도 더 강한 믿음을 가지고 있었다. 당시 그가 만들어 관리하던 에딘버러대학의 지질박물관은 영국에서 가장 훌륭한 지질박물관 중의 하나였으며, 그의 수성론을 증명할 만한 시료들로만 가득 차 있었다. 그가 신봉하던 수성론과는 다른 생각 즉 화성론을 주장하던 허턴이나 다른 학자들이 기증한 시료들은 포장도 뜯어보지도 않은 채 방치되었다고 한다. 그러나 도처에서 발견되는 화산암인 현무암들은 그들이 주장하는 보편대양에서 침전된 돌로 설명하는 일은 그들로서 여간 어려운 일이 아니었으며, 그들은 암석의 분류에 '전이암'이란 이상한 부류의 분류기준을 만들어야만 했다.[13] 그런 제임슨이 허턴의 생각에 동조할 리가 없었으며 둘 사이의 불편한 관계는 불을 보듯 뻔한 일이었다.

화성론(火成論, Plutonism)이란 현무암이나 화강암 따위는 마그마가 냉각되어 만들어졌으며 이들이 점진적인 풍화작용으로 침식 운반되어 퇴적암이 형성된다는 것이다. 여기에 사용된 Pluto란 그리스 신화의 지하세계를 지배하는 신이었다. 현무암이나 화강암들이 지하세계에서 마그마에 의해 만들어지는 것을 은유적으로 사용한 이름이다. 수성론과 화성론의 토론은 지질학자들만의 몫으로만 제한된 것은 아니었으며 당시 지식인들의 논쟁거리이기도 했다. 당시의 대문호였던 괴테(Johann Wolfgang von Goethe, 1749-1832) 역시 예외는 아니었다. 그는 수성론에 가담하였다. 동료들과의 논쟁을 넘어 그는 그의 대표작 중의 하나이기도 한 파우스트의 4막에 수성론자와 화성론자의 대화를 삽입하였다. 화성론자는 주인공 파우스트와 적대적 관계인 악마 메피스토펠레스에게 맡겨 수성론자의 힘을 실어주는 데 자신의 역할을 주저하지 않았다. 그가 수성론의 관점을 솔직하게 피력한 것은 이곳저곳에서 발견되는 대목이다. 사실 지표환경에서 흔하게 관찰되는 철광물 괴타이트(goethite, FeO(OH), 침철석)란 광물은 실제로 그의 이름을 따서 붙여진 것이라는 것을 지질학자들에조차 잘 알려진 사실은 아니다.

당시의 사회적인 분위기를 소개하는 것은 뷔퐁(Comte de Buffon, 1707-1788)의 예 하나만 더 드는 것으로 끝내기로 하자. 그는 1749년에 『박물지 *Histoire naturelle*』 36권을 출간하였다. 지구에 대한 기술로 지구는 태양과 혜성 또는 혜성들의 충돌 후에 만들어 졌으며, 지구는 엄청나게 뜨거운 상태에서 출발했다고 했다. 시간이 지나자 행성을 뒤덮는 보편대양이 만들어지고, 그 물이 빠지자 현재의 육지 모습이 드러났다고 기술하였다. 허턴이 지구의 나이가 계산할 수 없을 정도로 오래전에 만들어졌다는 주장을 하기 전, 뷔퐁은 초기의 뜨거운 지구가 당시 지구의 상태로 식는데 걸리는 시간으로부터 지구의 나이를 7만 8천 년으로부터 16만 8천 년 사이에 지구가 만들어졌을 것이라고 추정하여 성서에서 규정한 나이를 넘기는 주장을 곁들였다(후에 교정본에서는 그 시기를 더 늘려 잡았다). 그 책이 출판되고 2년 후 뷔퐁에게 소르본대학 교수로부터 뷔퐁의 저서에 교리를 훼손하는 내용이 14군데 적혀 있다는 편지를 받았다. 그가 저질렀다는 실수는 바로 지구가 신의 창조물이 아니라 자연적인 결과(바닷물로부터 생성되었다는)로 돌린 게 화근이었다. 뷔퐁은 자신이 유지하고 있는 모든 것을 보호하기 위해 그런 주장을 철회해야만 했다. 그는

> "나는 성서의 문장을 위배할 의도가 없었음을 선언합니다. 나는 시간의 순서와 사실적 관계에 있어서 창조와 관련된 모든 것을 누구보다도 확고하게 믿습니다. 그리고 지구의 생성과 관련하여 내 책에 기술한 모든 것 그리고 모세의 말에 반하는 모든 것을 포기합니다"

라고 공식적으로 선언을 해야만 했다. 이런 사회적인 분위기는 허턴이 지질탐구를 본격적으로 하던 시기에도 달라진 것은 하나도 없었다.[12]

1754년부터 허턴은 잉글랜드와 접경에서 그리 멀지 않은 스코틀랜드의 보더스 지방의 슬라이하우스라는 농장에 머물며 농사일에 몰두하면서 다른 한편으로 그의 지구이론을 만들어간 시기이다. 그 기간은 13년이나 된다. 그가 농장에서 지내기 시작하던 초기는 농사일과 그에 관련된 실험을 즐기는 농부로서 지내게 된다. 1764년 친구와 함께 스코틀랜드 북부에 해당되는 하이랜드지역으로 답사를 떠났다. 그러나 그 여행은 토지 감정가를 산정하기 위하여 그 지역에 매장된 광물자원을 고려하여 책정하기 위하여 광물학자로서 허턴이 동행한 것이었다. 그 답사여행 이후 허턴이 썼다는 '지구의 자연사에 대한 에세이'는 현재 전해 내려오지 않으나, 당시 허턴의 지원자였던 에딘버러대학의 존 플레이페어(John Playfair, 1748-1819)가 쓴 『허턴 박사의 생애 *Life of Dr. Hutton*』에서 언급하고 있다. 비록 그 에세이는 기대만큼 많은 정보를 주는 것은 아니었지만 자연관이 새롭게 탄생하고, 그의 독창성이 발휘되는 체제에서 진보하는 저자의 정신을 추적하는 자료가 되는 것이라고 설명하고 있다. 존 플레이페어는 수학자였지만 허턴의 이론에 적극적인 지지를 보이는 추종자 중의 하나였다. 허턴이 제시한 두 가지 중심이 되는 내용은 플레이페어가 언급한 것처럼 그 당시에도 전혀 새로운 명제는 아니었다. 그 중 하나는 대부분의 암석은 침식된 물질로 구성되어

있으며, 다른 하나는 지구의 모든 지표는 지속적인 침식의 대상이 된다는 것이었다. 그러나 그 명제의 독창성은 바로 그가 침식의 두 측면과 그들의 순환을 인식했다는 데 있다. 플레이페어는 허턴이 다음과 같은 사실은 인식하고 있었다고 말했다.[9,14]

"현재 대륙이 오래된 대지의 폐석으로 이루어졌듯, 현재 대륙의 파괴로부터 미래 대륙이 솟아오르게 될 것이다. (중략) 따라서 그는 자연의 종말을 전제하지 않고 자연이 지표면에 변함없이 대지를 제공해 왔다는 새롭고 숭고한 결론에 도달했지만, 이 모든 것이 그런 자애로운 선험적 목적들이 계속 존재해야만 오랫동안 지속될 것이라고 예측했다."

그는 여러 가지 정황을 고려하여 초기 논문에서는 창조주 자신이 그 메카니즘의 작동을 종료할 때까지는 지구는 파괴와 회복의 순환을 계속할 것이라는 내용을 덧붙였다. 제이 굴드는 이런 허턴의 깨달음을 '토양의 역설'이라고 말했다. 침식은 인류 생존의 핵심인 토양 생성에는 필수적이지만, 자신이 만든 토양을 파괴하기도 한다. 농장에 기거하며 농사일을 하는 동안 경작에 중요한 토양의 손실을 목격한 그가 토양의 손실을 농장 경영에서의 피해를 넘어서는 경지 즉 풍화작용과 침식작용을 단순히 사실적으로 이해하는데 그치지 않고 지질작용의 순환고리로 연결시킨 것은 허턴의 독창성이 뛰어나다는 것을 보여주는 대목임이 분명하다.

그가 농장 생활을 접고 에딘버러에 돌아 온 것은 1767년 말경이다. 그를 에딘버러로 돌아가게 한 여러 가지 이유들 중의 하나는 글래스고와 에딘버러를 연결하는 56km 길이의 포스-클라이드운하(Forth-and Clyde canal)의 건설이다. 허턴과 함께 하이랜드 답사를 했던 조지 맥스웰은 허턴이 이 운하건설을 위한 위원회의 위원이 되기를 원했다. 허턴은 그 위원회에서 1775년까지 일을 했다. 그 일은 그가 일생을 통하여 맡았던 유일한 공식적인 일이었다. 허턴은 운하건설 현장을 관찰하면서 이 지역의 지질에 대한 이해가 커지게 되었다. 에딘버러에서 허턴은 1777년에는 『국부론』을 쓴 경제학자 애덤 스미스(Adam Smith, 1723-1790)와 공기 중에서 이산화탄소를 분리하여 공기가 분리된 기체의 혼합물이라는 사실을 규명한 죠셉 블랙(Joseph Black, 1728-

1799)과 함께 그들만의 사교클럽인 오이스터크럽(Oyster Club)을 만들어 매주 금요일마다 자유로운 모임을 가졌다. 물론 그 모임에서 대화의 주제는 지질학으로 한정되는 것은 아니었다.

허턴이 에딘버러에 돌아온 후 지질답사를 위해 잉글랜드와 웨일스를 방문한 것은 기록으로 남겨져 있는데 다른 답사여행은 기록으로 확인되지 않는다. 1785년 3월 7일 그가 과거 20년이 훨씬 넘는 기간 동안 지질현상을 관찰하고 정리한 내용을 에딘버러 왕립학회에서 발표하는 날이었다. 발표장소인 에딘버러대학 도서관에 들른 청중들은 모두 다 의아해 했다. 발표자석에서 허턴은 보이지 않았고 조셉 블랙이 앉아 있었다. 그러나 원고는 이미 제출되어 인쇄되어 있으므로 대신 친구인 조셉 블랙이 발표해주기로 한 것이었다. 블랙은 글라스고대학의 교수로 잠열(潛熱)과 비열(比熱)을 발견하였다. 그런 연구 결과는 제임스 와트(James Watt, 1736-1819)가 토마스 뉴커먼(Thomas Newcomen, 1664-1729)에 의해 1710년대 개발되었던 증기 엔진의 효율을 크게 향상시켜 새로운 증기엔진을 개발하는것으로 연결되었다. 이젠 더 이상 광산에서 배수펌프나 가동시키는 거추장스러운 크기의 효율성이 낮은 그런 기계는 아니었다. 이런 발견은 산업혁명의 원동력이 되었음은 잘 알려진 사실이다. 실제로 제임스 와트는 그의 실험실에서 그런 실험을 블랙과 함께 수행하기도 했다. 그는 또한

제임스 허턴(James Hutton, 1726-1797)의 초상화. 그는 "동일과정의 원리"를 주장하였으며, 지구의 나이가 당시에 생각하는 기간 보다는 장구한 시간이었음을 주장하였다. 동시에 수성론에 반하는 화성론을 주장하여 화강암이 지하의 열에 의해 만들어진 것이라는 사실을 밝혔다.

석회암을 가열하거나 산과 반응시키면 가스가 발생되는 것을 발견하고 이것이 공기보다는 밀도가 높으며 동물이나 불에 치명적이라는 것을 발견했다. 블랙은 그 기체를 처음에는 '고정된 공기'란 이상한 이름으로 부른 이산화탄소의 실체를 밝힌 저명한 과학자였다. 그처럼 유명한 과학자가 허턴을 대신해 논문을 발표해준다는 것은 바로 그 이론을 지지한다는 것을 암묵적으로 인정하는 셈이었다. 그 강연의 제목은 〈지구 이론: 지구 표면 위의 조성, 용해 및 토양의 회복에서 관찰 가능한 법칙의 탐구〉란 다소 장황한 제목이었다. 허턴 자신도 이런 제목이 마음에 들지 않았는지 왕립학회지에 실린 제목을 초록을 만들면서 「지구 시스템 이의 존속기간과 안정성에 관하여」로 논문 제목을 고쳐 사용하였다. 원고의 첫 줄은 이렇게 시작되었다.

"이 논문의 목적은 식물과 동물을 부양하고 있는 이 행성 지구가 존재해 온 시간을 대략적으로 측정해 보고, 지구가 겪어온 변화를 추론해 보고, 이미 흘러간 시간을 고찰하여 이 사물계의 끝이나 종말이 얼마나 먼 장래에 도래할지 살펴보는 것이다"

지구를 통째로 까발리자는 것이다. 그래야만 이해 할 수 있는 그런 목표이다. 블랙이 대신 발표한 첫째 날의 요지는 바로 지구 육지의 대부분이 과거 육지로부터 배출된 물질 즉 퇴적암으로 구성되어 있다는 것이었다. 이런 퇴적물들이 고화되어 암석화된 후 융기에 의해 육지가 되었다는 것으로 당시의 수성론을 부정하고, 암석의 형성은 지하에 매몰되면서 발생하는 열과 압력에 의한 암석화작용으로 설명하였다. 이것이 바로 제임스 허턴이 발전시킨 화성론의 요체이다. 계획된 두 번째의 발표는 4주 후인 1785년 4월 4일 같은 장소에서 건강이 회복된 허턴 자신이 발표를 하였다. 2차 발표에서는 바다 밑에서 생성된 성층암(당시에는 성층암이라고 불렀지만 오늘날의 용어로는 퇴적암이다)이 융기하여 육지를 형성하는 지질현상에 대한 내용이었다. 퇴적암을 상승시키는 것은 지하에 생성된 액체 암석이 위로 올라올 때 들어 올려진 것으로 해석하였다. 이런 증거로 육지에 있는 지층들에서 산출되는 바다에서나 서식하던 생물종들의 화석을 증거로 들었다. 그는 발표의 말미에 이르러 "이런 위대한 작업을 완수하기

위해 필요한 시간은 얼마일까?"라는 질문을 던진다. 그리고 그는 다음과 같은 결론을 내린다.[9,12]

> "인간의 관찰로는 지구 위 대지의 훼손을 제대로 측정할 수 있는 방법이 없기 때문에 이런 추론이 가능할 것이다. 우리는 현재 우리가 보고 있는 대지의 지속 기간을 측정할 수 없을뿐더러 그것이 시작된 시기도 시기를 계산할 수도 없다. 따라서 인간이 관찰할 수 있는 한도에서 이 세계는 시작도 끝도 없다"

지구 위 대지의 훼손을 제대로 측정할 수 없다는 것은 지표에서 일어나는 암석의 풍화작용 속도를 측정할 수 없다는 것이다. 그 시기에는 암석의 풍화작용의 속도를 정량적으로 추정할 수 있는 근거가 마련된 시점은 아니었다. 그러나 그 시간은 매우 긴 시간임을 그는 인식하였다. 지구가 만들어진 것은 우회적인 표현이기는 했지만 성경으로 규정한 시간은 아니라는 것이며 그것은 무한히 긴 시간일 것이라는 점을 명확하게 했다. 지층이 포함하고 있는 시간은 지금까지 생각하던 것 이상으로 장구하다는 점을 그 시작도 끝도 없다는 표현으로 명백하게 드러낸 것이다.

진실의 현장

이제 허턴은 겹겹이 쌓여 수십 혹은 수백 미터 이상의 두께로 쌓여 있는 지층의 시간은 성서의 창세 신화를 뛰어넘었다는 것을 발표하였으며, 과거에도 오늘날 지표에서 일어나고 있는 지질작용이 일어나 풍화와 침식과정을 거쳐 퇴적암이 형성된다는 사실을 밝혔다. 그리고 이들이 퇴적되는 데는 지질학적인 장구한 시간이 필요하다는 것을 발표하였다. 또한 당시 수성론자들이 화강암은 보편대양에서 제일 먼저 침전되어 가장 오래전에 만들어진 제1기 암석으로 주장하던 사실을 전면적으로 부정하고, 화강암은 그렇게 만들어진 게 아니라 지구 내부에서 발생한 신선하고 뜨거운 마그마가 분출하면서 오래된 암석을 뚫고 올라올 때 관입암으로 만들어진 것이라고 발표하였다. 이제 그는 바빠졌다. 여러 사람들이 자신의 주장을 확인할 수 있는 야외에서 보이는 명백한 증거들을 더 보강할 필요가 있었기 때문이다. 그 이전에도 여기저기서 확인 된 사실들을 기초로 완성시킨 이론이었지만 누가 보아도 부정할 수 없는 더 명백한 증거가 필요하게 되었다.

허턴은 그와 친분이 있던 아솔 공작(Duke of Athol)의 사유지인 스코틀랜드 애버딘의 서쪽 글렌틸트에 많은 하천들이 만든 계곡이 있다는 것을 알고 있었다. 그런 계곡은 의례 지질현상을 보여주는 훌륭한 노두의 노출면이 있다는 것을 허턴은 알고 있었다. 허턴으로부터 탐사 목적을 들은 아솔 공작은 그를 그의 영지에 초대하였다. 그때는 허턴이 에딘버러 왕립학회에서 논문을 발표한 해인 1786년이었다. 그곳은 허턴의 기대를 저버리지 않았다. 퇴적암이나 변성암을 관입하고 있는 화강암체가 노출된 노두를 여러 곳에서 확인하였다. 암회색 내지는 검정색에 가까운 운모편암을 발그레한 색의 화강암체가 뚫고 들어와 만든 명확한 암석의 색깔 대비만으로도 전문가가 아니더라도 쉽게 상황이 파악되는 그런 노두였다. 이런 노두에서 두 암석의 선후

관계를 규명하는 것은 전문가의 지식에 의해서만 해석되는 문제가 아니라 상식적인 수준의 눈으로도 확인 가능한 현장이었다. 그렇다. 바로 그곳은 화강암이 보편대양에서 침전되었다는 수성론자들의 주장이 허구임을 보여주는 곳으로, 바로 허턴이 확인하고 싶은 진실의 현장이었다. 그 노두는 용융된 상태의 마그마가 지구 내부에서 형성되었으며 화강암체를 품고 있는 운모편암보다 훨씬 젊다는 것을 누구나 쉽게 확인할 수 있는 그런 노두였다. 수성론에 반하는 그의 주장 화성론이 올바른 점을 보여주는 노두였으며, 지질시대의 시작과 끝을 가늠할 수 없다는 그의 생각이 그대로 나타난 노두였다. 허턴은 자신이 밝힌 대로 거기서 더 이상 바랄 수 없는 최고의 만족감을 느꼈다.

그는 다른 곳에서도 이와 유사한 증거들을 속속 찾아냈다. 화강암체가 기존의 암석을 뚫고 들어온 그런 노두를 발견할 수 있는 곳 중의 하나가 1786년에 답사한 스코트랜드 남서쪽의 갤로웨이와 1787년에 찾은 애런섬이었다.[9] 그곳에서는 화강암체가 기존 암석들을 나뭇가지처럼 뚫고 들어와 만든 관입암맥이나 관입암체를 확인할 수 있는 곳이었다. 갤로웨이에서 그런 증거를 확인한 허턴은

> "여기서 우리는 지층을 관통한 화강암을 발견했는데, 화강암은 마치 광맥처럼 지층 속에 퍼져 있었고, 더 이상 뚫고 나갈 수 없는 곳에서 그 맥이 멈춰져 있었다. (중략) 이것은 이 화강암 주입이론에 대해 가장 회의적인 사람에게도 설득력을 지니게 될 것이다."

라고 말하였다. 마그마 관입에 의해 화성암이 만들어진다는 사실이 너무도 명백한 사실이지만 당시 수성론자와 대립각을 세우고 있던 화성론자들의 입장이 어떠했는지를 단적으로 보여주는 대목이다. 1787년 애런섬을 방문했을 때 화강암 관입체 외에도 그는 섬의 북쪽 뉴턴곶(Newton point)에서 경사부정합을 처음 발견하였다. 이 부정합은 그 이후 '허턴의 부정합'이라고 불리며, 그 부정합이 관찰되는 곳은 지질학의 명소가 되었다. 이런 부정합은 그전에 다른 학자들에 의해 이미 언급되었지만 그들은 그런 형상을 수성론의 입장에서 해석하고, 이들이 바다 속에서 원래 만들어진 1차적인 것

스코틀랜드 해안에 있는 시카곶(Siccar point)의 노두 모습. 하부의 수직으로 선 지층은 425Ma 실루리아기의 그레이와케(사암의 일종임. 허턴 당시에는 그레이와케란 암석 구분이 사용되지 않았음. 허턴은 이를 편암으로 기재했음)이며, 이들이 지각변동으로 수직 층으로 변위되어 육지로 노출되면서 풍화침식을 받은 후 침강되었다. 상부의 수평층은 345Ma 데본기의 연안환경에서 퇴적된 적색 사암. 이 두 지층의 경계를 경사부정합이라고 부른다. 이런 정확한 연대는 절대연령 측정방법이 개발된 최근에야 알려진 사실이다(사진: Dave Souza).

으로 간주하였다. 그러나 허턴의 위대한 점은 그게 물속에서 일차적으로 만들어진 것이 아니며, 부정합은 많은 시간 간극이 존재한다는 것을 인식한 점이다. 부정합이란 시대가 다른 두 지층의 경계면을 나타내는데, 흔히 오래된 암석 또는 지층이 지표에 노출되어 풍화–침식을 받은 후에 새로운 지층이 그 위에 쌓인 경계면을 말한다. 경사부정합이란 바로 오래된 지층의 층리면이 지각변동에 의해 퇴적 당시의 수평층의 상태를 유지하지 못하고 층리면이 경사진 침식면 위에 다른 퇴적층이 쌓인 것을 말한다. 신선한 암석들이 풍화작용에 의해 침식되는 것조차도 오랜 기간이 소요되는데,

그런 지층들이 변위되고 난 후 다른 퇴적물들이 운반 퇴적되어 암석화가 되는 기간은 허턴의 시대에는 알 수 없었던 기간이 소요되었으며, 그 자신이 밝힌 대로 그것은 계산하기 어려운 장구한 기간이라는 사실을 인식하던 시점이었다. 그것도 바로 허턴 자신에 의해 밝혀지고 있던 시기였다. 그렇다면 그 침식면 위에 다른 퇴적물들이 쌓여 암석이 되고, 그 지층이 융기되어 지표에 노출되는 기간이란 더 장구한 계산할 수 없는 기간이 소요되었을 것이다. 실제로 부정합면이란 우리가 상상할 수 없는 오랜 시간의 간극을 가지고 있는 지층의 경계면이다.

애런섬의 경사부정합보다 더 명확한 '허턴의 부정합' 들이 속속 발견되었다. 1788년 제드버러의 경사사부정합과, 1788년에 허턴에 의해 발견된 시카곶(Siccar point)의 경사부정합은 누가 보아도 명백한 것으로 그들 두 지층의 경계 사이에는 시간 간극이 존재하는 게 분명하게 드러나는 그런 노두였다. 그 중 시카곶의 경사부정합은 더 명백하다. 1788년 6월 허턴과 그의 이론을 지지해주던 제임스 홀(James Hall, 1761-1832)과 존 플레이페어는 몇 명의 인부와 함께 배에 올랐다. 동행하는 그 둘은 허턴보다는 젊은이들이었지만 이미 그 지역 과학계의 유명인사들이었다. 그들은 연안을 따라 남쪽으로 내려가기 시작했다. 그들의 목적은 허턴이 주장한 이론이 올바르다는 야외증거를 찾는데 있었다. 그 때 허턴의 나이는 이미 62세였다. 사실 존 플레이페어는 이때까지만 해도 허턴의 의견에 전적으로 동조하는 처지는 아니었다. 그는 수학교수였지만 전직 목사로서 교회의 가르침에 충실한 그에게 허턴의 의견을 쉽게 동조하기에는 너무 충격적인 내용이었기 때문이다. 더군다나 그들도 베르너의 '보편 대양'에 의한 수성론을 들어 알고 있던 처지이기도 했다.

그러나 이 셋은 허턴과 그의 이론에 대한 토론을 해온 사이였기 때문에 어느 정도 그의 이론에 동의하는 구석이 있다고 보아도 될 것이다. 사실 이번 답사만 해도 제임스 홀이 경비를 대는 거였으며, 그들이 향하고 있는 곳도 유산으로 받은 홀의 사유지 중의 일부였다. 남쪽으로 내려오면서 몇 곳을 들렀으나 그들이 원하는 노두는 발견되지 않았다. 시카곶에 이르자 허턴은 배를 가깝게 대라고 다그쳤다. 그들이 바라본 해안 절벽이 바로 그들이 찾던 현장이었다. 절벽의 아래쪽은 암회색의 거의 수직으로 선 층리면을 갖는 암석의 한 면을 경계로 그 위로 붉은색의 수평층인 지층이 놓여 있었다. 허턴은 바로 그런 것을 찾으려고 배를 타고 해안가를 따라 내려왔던 것이다. 허턴은 눈앞에 펼쳐진 노두를 보면서 일행들에게 그 노두가 갖고 있는 의미를 설명 해주었다. 존 플레이페어의 기록에 의하면 허턴이 설명한 모든 내용이 오늘날의 지질학 수준으로 평가하면 다 올바를 것은 아니었다. 특히 부정합면의 하부에 수직으로 서있는 지층이 변위되는 지질과정은 더욱 그러하다. 그렇기는 하지만 당시 허턴이 보여주고자하는 시간의 장구함이나 오늘날 일어나고 있는 지질학적 과정이 과거에도 되풀이되었다는 그의 주장을 그 절벽의 노두가 웅변으로 말해주고 있었다. 그 노두는 모든 것을 말해주는 진실의 현장이었다. 그 진실의 현장은 전에도 그 자리에 놓여 있었지만 허턴에 의해 그 의미가 해석되기 전까지는 그저 해안가의 좀 이상한 절벽에 불과했던 자리였다. 존 플레이 페어는 그 노두를 발견한 순간을 1805년 에딘버러 왕립학회지에 기고한 원고에서 다음과 같이 묘사하였다.

> "이런 현상을 본 첫 인상은 결코 쉽게 잊지 못할 것이다. (중략) 우리는 과거의 시간으로, 즉 우리가 밟고 서있는 편암이 바다 밑에 있을 때 그리고 우리 눈앞에 있는 사암이 대양의 상층에서 온 모래나 진흙의 형태로 막 퇴적되기 시작했을 때로 되돌아가는 것 같았다. 저 먼 신기원이 스스로를 드러내고 있었는데, 그 때는 아주 오래된 암석들도 곧추 세워진 수직 지층의 형상이 아닌 바다 밑에 수평으로 쌓여 단단한 지구의 표면을 산산히 부수는 엄청난 힘에 노출되기 전이었다. 아득히 먼 대변혁의 순간들이 이 놀라운 가시거리 속에서 그 모습을 드러냈다. 저 먼 시간의 심연 속을 들여다보자 머릿속에서 현기증이 일기 시작했다."

지구의 장구한 역사는 그런 증거들이 하나하나 더해지면서 허턴이 말한 깊은 시간(deep time)으로 빠져드는 코스로 진행되었다. 자 이제는 성서에 정한 세계관이 준 지구의 나이를 빠져나가는 문제는 거의 해결된 것처럼 보였다. 이 현장을 본 이후 제임스 홀은 허턴의 신봉자가 되었으며, 그는 후일 찰스 라이엘에게 이 현장을 보여주게 된다.[9,12] 허턴은 자신의 이론을 정리하여 1795년『지구 이론 *Theory of the Earth*』을 출간하였다. 그는 원래 이 책을 3권으로 계획하였으나 1797년 2권까지 출간하고 나머지를 완성하지 못한 채 1997년 6월 3일 세상을 떴다. 그러나 담긴 내용에 비하여 그 책이 일으킨 반향은 크지 않았으며, 더군다나 읽기 어려운 저서로 평가되었다. 허턴의 전기를 쓴 렙첵크는 이 책이 빈약한 저작으로 간주되는 원인을 그가 말년에 시달린 중병으로 설명하고 있다.[9]

허턴이 그 일에 매진하게 만든 원동력은 과연 무엇이었을까? 그에게 오는 상응한 보상은 과연 무엇이었기 때문에 생의 후반기에 지구에서 일어나는 자연현상을 설명하기 위한 집념에 찬 노력을 기울였을까? 그를 가장 잘 이해하고 있던 플레이페어조차도 그 점만은 명쾌하게 밝히지 않고 있다. 아마도 그 해답은 스코트랜드의 작가 루이스 스티븐슨(Robert Louis Stevenson, 1850-1894)의 에세이집인『먼지와 티끌 *Pulvis et Umbra*』에서 "과학은 인간의 정신이 거주할 만한 도시가 전혀 없는 사변의 세계로 우리를 데려간다"는 말이 대답의 일부일지도 모른다. 아마 허턴은 리차드 포티가 말한대로 "사변의 세계로 뛰어든 모험을 감행한 엄청난 정신의 소유자" 중의 하나이거나 "발견의 기쁨을 적어도 목표의 크기만큼이나 중요하게 여기는 신기한 사람" 중의 하나인지는 아닐지 하는 생각을 해본다.

함부로 오를 수 없는 경지

허턴의 이론은 지지자가 없었던 것은 아니지만 모든 사람들을 설득시키기에는 당시 주변 환경이 좋지 않았다. 그가 그의 이론을 발표하고 저술을 출간했을 때 쏟아지는 찬사보다는 부정적인 비평이 훨씬 우세했다. 허턴은 지구의 나이가 영원하다고 한 적이 없었음에도 불구하고 지구의 나이가 장구하다는 표현으로 사용한 그의 표현 "인간이 관찰 할 수 있는 한도에서 이 세계는 시작도 끝도 없다"는 것을 영원으로 해석하여 공격의 날을 세웠다.[7] 그런 인물 중에는 스위스의 지질학자 데루크(Jean-Andre Deluc, 1727-1817)도 포함된다. 그는 "모세 5경의 지구에 대한 설명에 반하여 스스로 고안한 괴상한 과정들을 위해 신성을 끌어들였다"고 비난하였다. 그러나 그는 수성론자로서 그런 현상이 허턴 스스로 고안한 것이 아닌 자연의 과정이었음을 이해하지 못한 것이었다. 그러나 심각한 적은 허턴의 주위에도 있었다. 바로 에딘버러대학의 로버트 제임슨이었다. 이미 앞서 설명한 바와 같이 그는 베르너의 전도사로서 허턴의 이론을 반박하는 선봉에 섰던 인물이다. 그는 수성론의 신봉자로서 대학 내 영향력 있는 지위는 그의 주장을 한결 그럴 듯하게 했다. 그러나 플레이페어는 달랐다. 그는 허턴이 사망한 후에도 그의 업적을 방어하고 확장시키는 방편으로 그 자신이 『허턴의 지구이론의 실례들』을 쓰게 된다. 이 책은 1802년에 출간되었으며 읽기가 쉽지 않았던 허턴의 원저보다 성공적이었다. 이 책의 성공은 바로 그 이론의 신뢰 증가로 연결되었으나 한계는 있었다. 그러나 수학자로 시작한 플레이페어는 이미 지질학자가 되어 있었다.[9]

허턴의 지지자였던 제임스 홀 역시 허턴의 이론을 지지하는 두 가지 중요한 실험을 성공적으로 수행했다. 하나는 현무암을 가열했다가 매우 느린 속도로 냉각시키는 실험이었다. 수성론자(또는 베르너주의자)들은 현무암을 가열시켰다가 냉각 시키면 유리질이 된다고 했다. 그러므로 자연계에서 산출되는 현무암은 바로 제1기 암석이라는 주장을 했기 때문이다. 그러나 홀이 가열하여 만든 현무암 용융체의 냉각되는 속도를 늦추자 자연산 현무암과 똑 같지는 않았지만 유리질이 아닌 결정질 현무암이 만들어졌다. 이것만으로도 수성론자의 주장이 틀린 것은 확인되었다. 이런 실험은 홀이 허턴의 생전에 제의하였으나 허턴은 이를 만류하여 허턴이 죽고 난 다음에야 이루어졌다. 또 다른 실험은 높은 압력에서 석회암에 열을 가해 분해여부를 실험하는 것이었다. 허턴은 지하열이 퇴적물을 고화시키는 역할을 하며 압력이 그 구성요소들을 유지시켜 주어 분해를 막는다고 주장했지만 그런 사실을 입증하지는 못했다. 홀의 실험은 성공이었다. 상온에서 가열하면 분해가 되던 석회암도 압력을 조절한 용기 내에서는 분해되지 않았다. 질량손실이 발생하지 않았기 때문이다. 이 역시 수성론자들이 열이 퇴적암을 만드는 요인이었다면 열에 의해 분해되었을 것이라는 주장에 반하는 결과였다. 홀이 명성이 있는 화학자였기 때문에 그의 실험 결과는 학계에서 신중하게 받아들여졌다. 그렇다고 허턴의 이론이 학계에서 전반적으로 수용된 것은 아니었다.

1824년 노년의 제임스 홀은 자신의 별장에서 찰스 라이엘(Charles Lyell, 1797-1875)이라는 젊은 지질학자를 만났다. 라이엘은 에딘버러 북쪽지역의 조사를 마치고 런던으로 돌아가는 중이었다. 홀은 라이엘의 열성과 학식에 반해 자신이 허턴과 플레이페어와 함께 발견한 시커곶을 보여주기로 했다. 공교롭게도 라이엘의 나이는 홀이 그 현장을 보았던 때와 비슷한 젊은 시절이었다. 시커곶의 '허턴의 경사부정합'은 라이엘의 생각을 돌려놓기에 충분하였다. 왜냐하면 그가 옥스퍼드 대학에서 받은 교육은 베르너의 구도에 기초한 교재로 교육을 받았기 때문에 수성론에 회의를 품고 있기는 했지만 완전히 허턴의 이론에 동조하는 상태는 아니었기 때문이다.

라이엘은 허턴이 죽은 해인 1797년에 태어났다. 그는 아버지가 변호사인 부유한 가정의 10남매 중 맏아들로 태어났다. 그가 태어난 곳은 스코트랜드의 중부저지대(Central Lowland)라고 부르는 지역의 북동부로서 던디란 곳으로부터 북쪽으로 약 20여 km 떨어진 곳이었다. 그의 아버지는 변호사였으며 식물학자였다. 그러나 식물학자로서의 평판은 이렇다 할 업적이 없는 수준이었다. 그가 태어난 곳은 지질학적으로도 매우 흥미로운 곳으로 스코트랜드의 '중부저지대'는 스코트랜드의 가장 유명한 지질학적 현상 중의 하나인 '하이랜드바운더리 단층(Highland Boundary Fault)'에 의해 북쪽의 고지대와 남쪽의 저지대가 확연하게 구별되는 곳이었다. 이 두 지역 즉 고지대와 저지대는 매우 다른 지형적인 특징을 가지고 있는 곳이다. 지금도 구글의 위성사진으로 만든 지도를 보면 이런 지형적인 차이는 전문가가 아니더라도 쉽게 식별되는 그런 곳이다. 이 단층은 고생대의 중부 오르비스기와 중부 데본기에 해당되는 5억 2천만 년–4억 년 전 사이에 일어난 지판의 충돌이 일어난 칼레도니아 조산운동 기간 중에 만들어진 것이다. 이 단층으로 수직방향으로 이동된 거리만도 4,000m에 달해 그 결과로 아래로 떨어진 단층의 남쪽이 저지대가 되었으며, 상대적으로 올라간 단층의 북쪽은 고지대가 된 곳이다. 사실 세계 이곳저곳에 단층에 의한 변위에 의해 지형적인 차이가 만들어지기는 하지만 이 지역만큼 그 결과가 명백하게 나타나는 곳은 그리 흔하지 않다. 물론 라이엘의 시대에는 이런 사실이 알려지기 전이었지만 지질학의 아버지로 불리는 라이엘의 출생지로서는 걸맞는 그런 지질학적 현상을 지닌 고장이었다. 그는 성장한 후 옥스퍼드대학으로 진학하면서 지질학을 공부하게 되었다. 1821년 대학을 졸업한 후 변호사 수업을 받고 잠시 변호사로 일하기도 했으나, 1827 변호사 일을 접고 지질학자로서 일하게 되어 뛰어난 업적을 남긴 학자가 된 이다.[15]

『지질학 원리』를 써서 지질학의 이론적인 수준을 한 단계 끌어 올린 찰스 라이엘(Charles Lyell).

라이엘은 1816년 옥스포드대학에 입학하여 고생물학자인 윌리엄 버클랜드(William Buckland, 1784-1856)로부터 교육을 받았다. 버클랜드는 신앙심이 매우 깊었을 뿐만 아니라 지구에 관한 이론도 베르너와 퀴비에의 이론을 신봉하고 있는 격변론자 중의 한 사람이었으며 당연히 수성론을 신봉하고 있었다. 그는 노아의 홍수는 지구에 일어난 여러 번의 격변 중 최후의 것이며, 그 이전의 격변은 탐구가 불가능하기 때문에 그런 문제들은 생각할 필요도 없다고 여기는 학자였다. 그가 고생물학 분야에 남긴 탁월한 업적은 비록 그가 그런 생각을 한 학자라고 해서 결코 퇴색되지는 않는다. 그는 공룡화석을 처음으로 완전히 기재한 학자이기도 하다. 바로 메갈로사우루스(*Megalosaurus*)라는 공룡이다. 그 공룡의 이름을 버클랜드에게 추천해 준 이는 고생물학자이자 의학자인 파킨스씨병을 발견한 제임스 파킨슨(James Parkinson, 1730-1813)이었다고 한다.

버클랜드는 야외조사를 할 때 학사복을 입고 다니는 것으로 잘 알려져 있다. 당시의 사회 환경을 고려한다고 해도 그런 복장으로 야외조사를 하는 것은 좀 괴팍스러운 일이었을 뿐만 아니라 좀 우스꽝스러운 일이이기도 했다. 어떤 때는 기인처럼 여겨지는 모습을 가지고 있기도 했으며, 특히 생존하는 모든 야생동물을 먹어보고 싶어 했던 것으로도 유명하다. 그의 저녁 만찬에 초대 받은 사람들은 구운 기니피그나, 반죽을 씌워 튀긴 쥐나 고슴도치를 먹을 지도 모른다는 각오가 되어 있어야 했다. 그러나 그는 진지한 고생물학자였다. 버클랜드는 라이엘이 통찰력을 갖추고 있는 학자의 자질을 가지고 있는 이로 보아 그를 좋아 했다고 한다. 이번 라이엘의 스코트랜드 지질여행도 버클랜드와 함께 왔었다. 그런 교수의 가르침과 영향을 받은 라이엘이 그 시절 수성론이나 격변론적 사고를 가지고 있는 것은 이상한 일이 아니었다. 그가 옥스퍼드를 졸업하고 1820년 유럽여행을 하면서 이탈리아에서 관찰한 여러 가지 현상은 그에게 혼란을 가져왔던 차에 제임스 홀과 시카곶을 다녀오면서 생각이 완전히 달라진 것이다. 이제 수성론을 버리게 되었다. 그는 변호사 수업을 완전히 포기하고 지질학자로의 길로 들어서게 된다.

라이엘은 시커곶에서 관찰한 사실이나 영국이나 유럽에서 직접 관찰한 증거들이 모아질수록 지질학적 현상들이 당시 지질학계를 이끌던 보편대양에 의한 또는 한 번의 격변에 의해서만 만들어지는 것은 아니라는 점이 점점 더 명확해져 갔다. 그는 바다 환경에서 만들어지는 석회암의 하부 지층에 육상 식물이나 육상 동물들의 화석이 발견되는 현상만으로도 대륙이 융기와 침강이 반복되었으며 베르너의 이론만으로는 설명이 불가능하다는 점을 인식했다. 이탈리아의 나폴리만의 포추올리를 방문하여 융기의 현장을 직접 목격한 것도 이 시기였다. 이 근처에 있는 베수비우스화산 폭발이 있은 후 2,000여 년이 지난 후 이곳을 방문한 찰스 라이엘에게 지질학 발전에 어쩌면 결정적 영감을 만들어준 바닷가에 방치된 세 개의 대리석으로 만들어진 세라피스 신전 기둥을 만나게 된다. 최근 그 기둥은 신전의 기둥이 아니라 한 상가 건물의 기둥이라는 이론이 제기되기도 했으나 그 기둥이 어떤 건물에 속했는지는 라이엘이 인식한 지질학적 의의와는 전혀 관계가 없는 일이다. 지금도 그곳에 덩그러니 서 있는 세 개의 기둥은 보통 사람들에게는 그리스나 로마의 유적에서 흔하게 볼 수 있는 폐허가 된 건축물의 잔해에 불과하다. 내가 그곳을 방문했을 때도 그 기둥은 그렇게 덩그러니 서 있었으며 그것을 보러 일부러 들리는 사람은 그리 많지 않았다. 그런 폐허가 된 기둥은 이탈리아 전국에 숱하게 남아있는 로마시대의 흔하디흔한 유적 중의 하나이기 때문이다.

그 기둥들은 12.5m로 높이가 같으며, 기둥 전체가 하나의 대리석으로 만들어져 있는 것으로 보아 이 건물을 세울 때 대단한 정성을 들여 건축했음을 나타내주는 정도가 보통 사람들이 느끼는 전부일 것이다. 이전의 많은 사람들 중 아무도 주목하지 않은 그 기둥에 송송 구멍이 뚫려져 있는 것을 라이엘이 보았다. 그 구멍은 리토파가 리토파가(*Lithophaga lithopaga*)라는 이매패류인 조개가 뚫어 놓은 구멍이다. 라이엘은 바로 구멍의 의미를 인식했다. 그 구멍은 원래 육지에 건설하였던 신전이 지반이 침하하여 바다 속으로 들어가 있다가 다시 바다 위로 상승했다는 증거인 것이다. 당시 지질학계를 지배하던 패러다임은 격변설이 판을 치든 시대였다. 이를 한마디로 줄이면 무엇이든지 한순간에 급격하게 변화된다는 것이다. 그러나 그 기둥은 그렇게 급격하게 변화되는 것이 아니라는 사실을 기록으로 남긴 기둥이었다. 그 신전의 기둥은 서서히 점진적으로 바다 속으로 가라앉았다. 포추올리 해안의 깨끗한 바다에 살고 있던 리토파가가 그들의 일상적인 삶의 과정으로 그 기둥에 그들의 서식처로서 구멍을 뚫어 놓았으며, 다시 서서히 지면이 상승하여 기둥이 해수면 위로 올라오자 이매패류는 물속으로 돌아가고 기둥에 구멍만 덩그러니 남겨 놓은 현장이었다. 바로 지층이 침강했다가 상승한 것을 일목요연하게 보여주는 지질학적 현장이었다. 사실 자연은 우리가 아는 만큼만 그들의 비밀을 이야기해준다. 라이엘은 그 기둥을 보자 지질작용 역시 서서히 점진적으로 일어나며 오늘 관찰하는 현상이 과거에도 일어난다는 「제일설(齊一說)」혹은 「동일과정의 원리」를 설명해주는 현장의 증거라는 것을 알아차린 것이다.[16] 그 기둥의 중요성을 알아차릴 수 있는 임자를 만나 지질학의 큰 원칙을 세우게 해준 곳은 그곳만은 아니었으며, 라이엘의 연구여행이 계속될수록 허턴의 주장이 옳다는 것이 점점 더 분명하게 되었다.

현재 지표에서 일어나고 있는 바람과 물에 의한 풍화작용에 의하여 자갈, 모래 혹은 흙의 형태로 낮은 곳으로 운반되어 하천 주변이나 호수 혹은 바다에 쌓이게 되고, 쌓인 퇴적물은 다져지고 굳어져서 퇴적암이 형성된다. 이처럼 지구의 변화가 오랫동

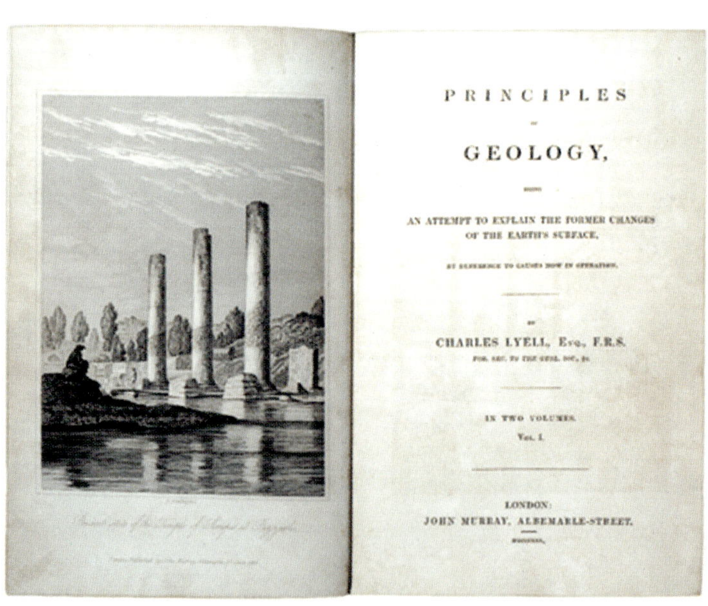

1830년에 발간된 찰스 라이엘의 『지질학 원리』의 제1권의 모습. 이 책의 권두에 삽화로 사용된 이탈리아 나폴리만 포추올리에 있는 세라피스 신전의 기둥. 라이엘에게 동일과정의 원리에 대한 영감을 준 현장이다.

안 서서히 끊이지 않고 일어나는 힘에 의하여 이루어진다고 허턴이 이미 밝힌 지질과정을 「동일과정의 원리, Uniformitarianism」라고 하여 확립시킨 것이 바로 찰스 라이엘이다. 이 원리는 “현재는 과거의 열쇠이다, The present is key to the past”란 말에 가장 간결하게 요약되어 있으며, 그 개념이 잘 함축되어 있다. 스티븐 제이 굴드는 『라이엘의 지혜의 기둥』이란 저서에서 “라이엘이 포추올리의 세 기둥을 자신이 내놓은 제일설의 두 가지 핵심 전제들, 즉 현재에 볼 수 있는 원인들의 영향력과 시간이 흘러도 비교적 변함없이 유지되는 일관성을 올바로 보여준 상징으로 삼았다”고 기술하고 있다.[16] 이는 바로 현재 관찰한 사실을 근거로 과거를 재구성하는 원리는 오늘날의 지질학에서도 여전히 통용되며, 중심이 되는 이론이기도 하다. 하여튼 라이엘이 1830년에 쓴 『지질학의 원리』 1권을 발간했다. 사실 그 책의 권두 삽화로 포추올리의 기둥을 스케치한 것을 사용한 것으로 보아 그 중요성을 알 수 있다. 그 삽화에는 한 사람이 사색하는 자세로 앉아 있는 모습을 볼 수 있다. 그러나 무슨 이유에서인지 나중에 출간할 때는 사람을 지웠다. 사실 그 책 1권은 『지질학 원리, 현재 작용하고 있는 원인들을 증거로 삼아 과거 지표면의 변화를 설명하기 위한 시도』라는 긴 제목이 붙어 있었다. 1832년과 1833년에 이 책의 2권과 3권이 출간되었다. 라이엘은 허턴의 이론을 발전시켜 당시 학계의 수성론이나 대격변설을 완전히 부정하는 지질학의 기본 원리를 확립하였다.

라이엘은 그의 저서에서 허턴을 다음과 같이 소개하고 있다.

> “만약 누군가가 현재 사물의 질서를 창조한 우리의 연구에 대해 감히 그 가능성을 문제 삼는다면, 화강암이 의기양양하게 그 모습을 드러낼 것이다. 화강암 위에는 기념비적인 비문 “나 앞에 창조된 것이란 영원한 것 외에 또 없어 나는 영겁까지 남아 있으리니”가 또렷하게 쓰여 있는 것처럼 보이며, 허턴이 신성치 않은 손으로 많은 이들이 신성하다고 여기던 문자들을 지우려하자 적지 않은 소란이 일어났다. 그 스코트랜드 지질학자는 “자연의 질서에서 나는 어떤 시작의 흔적도 찾을 수 없고, 종말에 대한 전망에 대해서도 마찬가지다”라고 말했다. 선언은 과거 지구의 모든 변화가 오늘날에도 있는 원인들의 느린 작용에 의한 것이라는 학설과 접할 때 더욱 놀라운 것이 되었다. 상상력은 약화되었고, 그렇게 감

지할 수 없는 과정에 의해 전체 대륙의 소멸에 필요한 엄청난 시간을 인식하기 위한 수고로움으로 우리는 압도당하고 말았다."

비록 요즘의 간결한 문장과는 거리가 있기는 허지만 수사로 가득 찬 이 문장은 그의 저술이 허턴 이론의 계승이라는 점을 분명하게 밝힌 대목이다. 이 책을 출간한 시기가 라이엘이 킹스칼리지(오늘날 런던대학의 한 단과대학)의 지질학 교수로서 공식적인 직업을 가지고 있던 유일한 시기였다. 이 책은 지질학 발전을 한 단계 끌어올린 작품으로 평가 받으며 그후 100여 년간 지질학을 공부하는 모든 이들에게 필독서가 된 저술로 자리매김을 한다. 이제 더 이상 산위에서 나오는 화석을 구차한 방법으로 설명할 필요가 없어졌으며, 지구의 나이는 과거 생각하던 수천 년으로는 도저히 설명이 되지 않는다는 사실이 확실해져 갔다. 라이엘의 저서를 읽은 다윈은 진화에 필요한 충분한 시간이 그 속에 있다는 확신을 가졌다.

그렇다면 라이엘은 함부로 오를 수 없는 경지에 이른 진정한 거인일까?라는 질문을 해온다면 지질학을 하는 후학으로 대답하기가 곤란한 질문이 될 것이다. 지질학을 한 단계 끌어올린 그의 자연관찰 능력과 기존의 이론들을 요령 있게 종합하여 지질학의 학문적인 체계를 세운 그의 능력은 탁월한 것으로 함부로 오를 수 없는 경지에 이른 것은 누구나 인정하는 사실이다. 그러나 거기에 진정한 거인이란 수식어가 붙으면 최상이며 유일하다는 의미를 내포하게 되는데 질문이 거기에 이르면 답하기는 더욱 애매해진다. 지질학의 중심이 되는 근본 원리 중의 하나인 "동일과정의 법칙"은 라이엘 자신도 인정한 것처럼 허턴으로부터 시작된 것이기 때문이다. 그래도 누가 거인인지를 선택해야 한다면 나는 허턴을 선택할 수밖에 없다. 단지 이것은 나만의 의견이며 다른 많은 지질학자들이 동의해주기를 바라지는 않는다. 그가 비록 읽기에 난해한 정리되지 않은 듯 보이는 『지구 이론』을 출간하여 널리 그의 이론을 설득하는 데 성공적이지 못했다는 것은 진정한 거인을 선정하는 데 중요한 기준이 될 수 없다고 생각하기 때문이다.

당시 격변론을 따르던 학파들도 그러했지만 모든 사람들이 라이엘의 '동일과정의 원리'를 전적으로 받아들이는 것은 아니었다. 그의 이론을 비판하는 쪽에서는 그 책에 수록된 내용 중 믿기 어려운 부분을 들춰내어 그를 비판하기도 한다. 그런 예 중의 하나가 지구의 기온이 상승하면 과거에 번성하였던 양치류를 비롯한 원시식물들이 번성하여 다시 육지를 뒤덮을 것이라는 내용을 들고 이어 다음과 같이 적고 있다.

> "…… 그 다음 오늘날 우리 대륙의 고대 암석들에 기록이 보존되어 있는 동물속들이 되돌아올 것이다. 숲속에서는 거대한 이구아노돈이, 바다 속에서는 익룡이 다시 출현할 것이며, 그늘진 양치류 숲 사이에서는 익수룡이 날아다니게 될 것이다."

라고 지구상의 물리적 조건에 따라 동식물군들이 나타났다가 사라지는 것으로 보고, 동식물군들이 멸종되지 않고 영원하다는 관점을 피력한 것을 들고 있다. 그렇다 이는 오늘날 지질학자들이 성취한 발전된 지질학적 관점으로 보면 분명 잘못된 견해이다. 그렇다고 『지질학의 원리』가 가진 근본적인 원리나 학문적인 가치가 훼손되는 것은

헨리 드 라 베슈(Henry de la Beche)가 1831년에 그린 해학적인 만평.

아니지만 생물종의 대절멸을 인식한 고생물학자들에게는 격변론이 때로는 그들의 이론을 설명하기 용이한 수단으로 비춰질 수 있기 때문에 동일과정의 원리가 흡족하게 여겨지지 않는 학자들도 있었다. 그러나 라이엘의 이론은 너무 단단하여 시간이 지날수록 수집되는 지질학적 증거들은 드러내 놓고 격변론을 주장하기는 어려운 시절로 접어들고 있었다. 그러던 중 라이엘의 그런 내용을 신랄하게 비평한 만평이 지질학자인 헨리 드 라 베슈(Henry de la Beche, 1795-1855)에 의해 그려졌다. 그 만평의 제목은 "끔직한 변화, Awful changes"이었다. 그림 중앙의 비단 코트를 입고 있는 어룡 교수는 바위 사이에 있는 파충류 학생들에게 강의를 하고 있다. 교수 앞에 있는 사람 해골을 두고 교수는 "우리 앞에 있는 저 머리뼈는 우리보다 하등 동물의 것이다. 이빨은 대단히 시원찮고, 턱 힘은 보잘 것 없다. 이 모두를 고려해 보건대 어떻게 이런 생물체가 먹을 것을 구할 수 있었는지 놀랍기만 하다"라고 강의를 하고 있다. 사람들은 비단 코트를 걸친 교수는 어룡을 주제로 많은 글을 쓰고 괴팍한 습성으로 유명해진 버클랜드 교수를 점잖게 조롱하는 것으로 오랫동안 여겨왔다. 그러나 어룡 교수는 버클랜드 교수가 아니라 동일과정론자인 라이엘을 향한 것으로 알려졌다. 아마도 라이엘의 책에서 앞서 제기한 그의 관점 즉 과거의 기후로 돌아가면 과거의 생물종들이 등장할 수 있다는 설명을 덧붙여 설명한 동일과정론을 겨냥한 것이라는 것이다. 아마도 라이엘의 동일과정론에 불편한 심기를 가졌지만 드러내 놓고 비판하기 어려웠던 격변론자들에게는 고소한 만평이었는지도 모르겠다. 라이엘의 점진적인 동일과정론은 당시 학계의 거장들인 세지윅이나 머치슨과 같은 학자들조차도 전적으로 동의하지는 않았지만 드러내 놓고 반박하기에는 어려웠던 점을 해학으로 다룬 한 가지 예이다.

산으로 올라간 조개 화석

지질학에서 시간은 이제 장구하다는 점이 밝혀졌지만, 모든 문제가 다 해결된 것은 아니다. 허턴이나 라이엘은 지구의 나이를 계산할 시도조차 하지 않았으나 다른 학자들에 의해 지구의 나이는 잘 늘어나는 질긴 고무줄처럼 늘어가고만 있었다. 초창기 지질학자들은 암석들을 생성된 시기에 따라 분류하려는 시도를 했지만 확실한 나이를 알지도 못하는 초기의 지질학자들에게 그것은 매우 힘든 시도였다. 빌 브라이슨의 말대로 과거 시대를 구분하는 일은 "19세기 지질학자들은 대부분 희망을 근거로 한 짐작에 의존할 수밖에 없었다"는 표현이 맞는 지적일 것이다.[8] 어찌 보면 아예 불가능한 일이었는지도 모른다. 라이엘의 스승이었던 버클랜드는 이크티오사우루스(*Ichthyosaurus*)의 화석을 관찰하고 "1만 년 또는 1만 년의 1만 배 이전에 살았을 것이라고 밖에는 추정할 수 없다"고 밝힌 것이 단적으로 당시의 상황을 말해주는 답일 것이다. 오늘 날에는 이 생물종이 서식하던 시기가 초기 쥐라기인 2억 년 전 경이라는 것을 지층의 절대 연령측정 결과로 확인하였다.

일찍이 지질학자들은 지층 속에서 나오는 화석을 인지하고 그 중요성을 눈여겨보았다. 그리스의 사람들은 바다로부터 멀리 떨어진 깊숙한 산속이나 산 정상부에서 발견되는 조개 화석을 보고 여러 가지 생각을 했다. 한때 바다였던 곳에서 묻혔다가 바다가 물러나서 노출된 것으로 생각한 이가 아리스토텔레스(Aristotle. BC 384-BC 322)이다. 그러나 다른 사람들은 이들 화석이 지층 속에서 다른 결정들이 성장되는 것처럼 만들어지는 것은 아닐까 하는 의문을 갖기도 했다. 생각이 거기에 미치자 화석은 정말 유기물인지부터 의심되었다. 그게 정말 생물의 유해라면 어떻게 거기에 있게 되었으며, 어떻게 단단한 암석처럼 변했을까 하는 의문들이 뒤따랐다. 당연한 수순을 따라 제기되는 의문이었다.

중세 아랍과학자의 저술 외에 뜻밖에 화석의 중요성을 기재한 이는 르네상스기의 천재 레오나르도 다빈치(Leonardo da Vinci, 1452-1519)이다. 그는 생전에 그의 관찰결과를 책으로 출간하는 일을 게을리했다. 그의 노트들은 19세기에 출간되기 시작하였으며 그 중의 하나가『레스터 사본 *Codex Leicester*』이다. 이 책의 이름은 후일 소장자인 레스터경의 이름을 붙인 것으로 1506년 밀라노에 만든 72쪽짜리 레오나르도 다빈치의 노트로 암석, 물 그리고 화석에 대한 스케치와 설명 그리고 해부학에 대한 메모가 수록된 것이다. 이 책에 언급되는 내용을 말하기 전에 세속적인 책의 값을 말하면, 이 책은 빌 게이츠가 1994년 11월 경매에서 418억 원에 구입하였다. 한쪽당 대략 5억 8천만 원이다. 게이츠는 해마다 그의 조건을 충족하는 공공도서관에 전시용으로 책을 대여해 준다고 한다. 여기서 말하려는 것은 그 책의 값도 희귀성도 아니고 바로 암석과 화석에 대한 그의 관찰을 소개하려는 것이다. 제이 굴드(Stephen Jay Gould)는『레오나르도의 조개의 산과 벌레들의 식사』라는 저서에서 "레오나르도의 관찰은 종종 놀라울 정도로 정확하다. (중략) 그의 연구를 보고 있으면 빅토리아시대(19세기 말)의 지질학자가 어쩌다 16세기에 갇혀 이런 저서를 남긴 것이 아닌가 하는 인상을 강하게 풍긴다"라고 쓰고 있다. 다빈치의 관찰력과 그의 혜안이 시대를 앞서 있음을 매끈하게 표현 한 내용이다.[1] 이 책의 번역본은『레오나르도가 화석을 주운 날』이라고 의역을 하고 있다. 의역을 했다고 해서 원본의 제목이 풍기는 의미를 퇴색시키는 것 같지는 않지만 원래의 제목을 그대로 사용했더라면 하는 아쉬움은 남는다. 사실 그 책은 예의 제이 굴드의 설득력 있는 필치로 그가 암석과 화석을 관찰하는 것으로 시작된다. 레오나르도 다빈치는 북부 이탈리아에서 산출되는 패각류의 화석을 보고 그 지역이 바다였을 거라는 추론을 한다. 당시 전통적인 사고의 틀에 묶여 있던 많은 사람들은 산 위에서 나오는 조개화석들은 성서에 기록된 노아의 대홍수의 산물이라고 주장하였다. 다빈치는 그런 조개는 40일간에 수백 킬로미터를 결코 갈 수 없다는 말로 그들의 주장을 일축하였을 뿐만 아니라 그의 세심한 관찰결과를 통하여 제자리에 묻힌 것과 운반되어 퇴적된 조개들을 구분해 기술하여 그런 주장이 들어설 자리를 주지 않았다. 그가 어떤 목적으로 그런 관찰을 했는지는 자신이 밝히지 않아 불분명하지만 한가지 분명한 사실은 그의 노트에 기술된 관찰결과는 당시에 통용되던 화석에 대한 이론을 부정하는 것이었다. 제이 굴드는 "레오나르도가 화석을 관찰한 것은 지구에 대한 자신의 독특한 이론을 지지하고자 시도한 노력의 일환이었다"고 주장하고 있다.[17]

한 세기가 지난 후 니콜라스 스테노(Nicolas steno, 1638-1686)에 의해 1669년 중요한 지질학적 발견이 이루어졌다. 바로 퇴적암의 지층은 수평으로 차례로 쌓이며 아래에 있는 지층이 오래된 지층이라는 개념이다. 이는 지층에 대한 아무 의미가 없던 시대에 지층에 시간 개념을 아마도 처음으로 도입시킨 중요한 업적이다. 이런 이론을 '지층 누중의 원리, principle of superposition'라고 한다. 그렇다 지각변동에 의해 원래의 층리면이 변위되지 않는 한 지층은 수평으로 존재할 것이다. 우리는 이미 그랜드캐년의 지층들로부터 오랜 지질학적 기간 동안 수평의 층리면을 유지하고 있는 예를 이 장의 시작 부분에서 설명하였다. 그리고 그는 지층 사이에 존재하는 부정합의 의미도 알아차렸을 뿐만 아니라 광물학에도 뛰어난 업적을 남겼다.

지층 속에서 화석을 찾고 그것을 수집하는 것은 지질학이라는 학문이 자리 잡기 이전부터 호사가들의 취미로 있어왔다. 그들은 진귀한 화석들이 갖는 지질학적 의미는 전혀 관심이 없었으며, 그저 잘 보이는 곳에 화려하게 만든 장식장 속에 진열하여 방문객들에게 깊은 인상을 주는 것으로 만족하던 사람들이었다. 그것들이 갖고 있는 학술적 의미를 몰랐다고 표현하는 게 더 정확할지도 모르겠다. 그러나 지질학이 발전하면서 지층 속에 산출되는 화석은 더 이상 호사가들의 취미로 끝날 일은 결코 아닌 중요한 연구대상으로 변했다. 스테노가 '지층 누중의 원리'를 발표할 즈음 영국의 자연철학자 로버트 후크(Robert Hooke, 1635-1703)는 자신이 발견한 현미경을 이용하여 암모나이트 화석을 세세하게 사진처럼 묘사하면서 연구를 하였다. 그리고 그는 1703년에 이런 화석들은 동시대의 지층의 연대를 확인하는데 사용할 수 있다는 것을 보고하였다.[18] 오늘날의 지식체계로 보면 너무 당연한 주장이었지만 그런 사실을 확인하는 단계는 지질학 발전에 획을 그을만한 중요한 일이었다.

거시세계를 연결하는 통로

지질학의 발전에 현미경의 등장은 지구를 이해하는 새로운 분야를 개척해주었다. 처음으로 현미경이 개발된 것은 17세기로 거슬러 올라가지만 이를 과학 연구에 이용한 이가 바로 로버트 후크이었다. 현미경의 개발은 바로 렌즈에 비춰진 미시세계의 인식을 통하여 거시세계를 해석하는 지름길을 개척한 초기 지질학 발전에 기념비적인 사건이었다. 현미경이 만들어지는 데는 유리의 발견과 유리공업의 발달이 한몫을 담당하였다. 유리는 참으로 우연한 기회에 등장하였다. 대 플리니의 기록에 의하면 기원전 5천 년 전에 오늘날의 시리아 지역의 페니키아인들이 음식을 조리하기 위해 설치한 화덕의 바닥에서 불에 의해 용융되어 음식을 조리하던 이들의 의도와는 무관하게 저절로 만들어진 것이 인류가 접한 최초의 유리라고 한다. 초기 인류가 만든 유리제품은 BC 3500으로 거슬러 올라가는데 당시 만들어진 유리는 불투명한 것들이었다. 메소포타미아나 이집트에 만들어진 유리들은 단순한 용기로 사용되는 것들이었다. 중국이나 미케네와 같은 곳에서도 독립적으로 유리제조 기술이 알려지게 되었다. 하여튼 이런 제조 기술은 기원전 9세기를 전 후해서 유럽으로 전파된 것으로 알려지고 있다. 그런 유리가 14세기에 이르러서야 광학용으로 사용되기에 이른다. 유리를 만드는 과정에서 투명한 유리에 우연히 볼록한 표면이 만들어졌는데 이런 뜻밖의 발견이 렌즈를 만드는 계기가 되었다. 중세의 베니스는

로버트 후크(Robert Hooke, 1635~1703). 후크의 초상화는 남겨진 것이 없어 후일 그의 동료들의 기억을 전해 들은 화가에 의해 그려진 것이다.

서방세계의 유리공업의 중심지로 부상하였다. 베니스정부는 유리제조 기술이 베니스 밖으로 유출되는 것을 방지하기 위해 유리기술자의 해외 이주를 엄격하게 통제하였지만 이 같은 조치는 실효를 거두기 어려운 일이었다. 이들이 가지고 있던 유리제조 기술은 유럽의 다른 나라에 빠른 속도로 전파되었다.[19] 사실 이런 유리제조의 기술이 발전되지 않았다면 현미경의 출현이 불가능했으리라는 점을 우리 모두는 알고 있다. 유리는 여러 가지 원료 광물을 사용한다. 그러나 그 중 가장 중요한 것은 바로 석영이다. 우리가 흔히 접하는 보통유리는 70% 정도의 석영에 탄산나트륨이나 산화칼슘 등을 적정한 비율로 섞어 용융시켜 만든 것이다. 주성분인 규소 사면체의 배열 방식이 구조 내에서 단범위 질서는 존재하는데 장범위 질서는 존재하지 않기 때문에 이런 물질을 비정질 혹은 유리질이라고 부른다. 투명한 유리의 굴절율은 1.5 정도이며 이런 유리는 렌즈로 제작하여 사용되었다. 그러나 광학용 렌즈는 투명한 광물을 이용하여 제작되기도 하였으며 오늘날에는 플라스틱 제품도 광범위하게 이용된다.

로버트 후크는 암모나이트 외에도 규화목이라는 화석과 나무의 세편을 현미경으

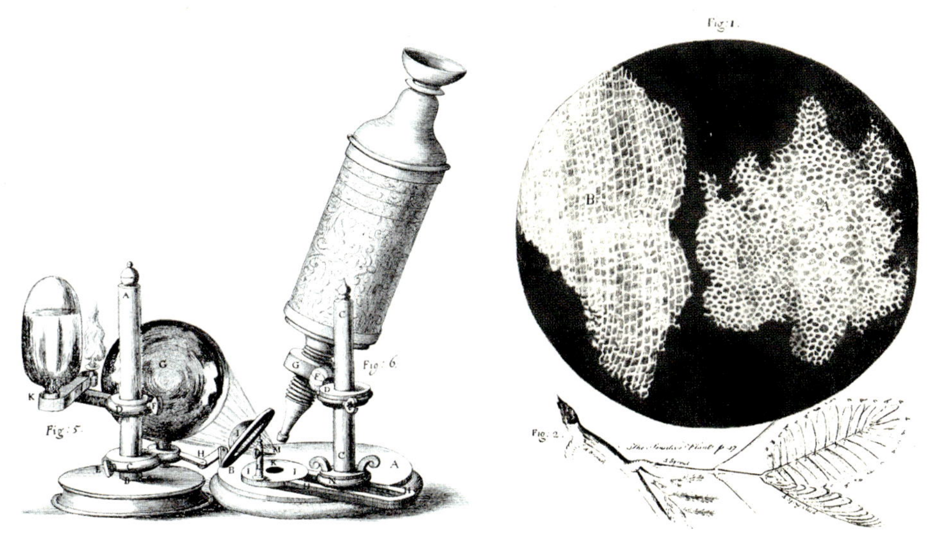

로버트 후크가 1665년도에 출간한 마이크로피아에 수록한 그가 사용한 현미경과 그 현미경으로 관찰한 미모사(함수초) 잎의 구조의 삽화. 이런 구조를 보고 세포란 용어를 처음으로 사용하였다.

로 관찰하고 이 둘이 동일한 조직을 가지고 있다는 사실을 확인하였으며, '세포' 란 용어를 처음으로 사용하였다. 그것 이외에도 많은 생물체들을 관찰하여 그 결과를 1665년 『마이크로그라피아 *Micrographia*』란 도록으로 출간하여 현미경의 유용성을 널리 알린 계기가 되었다. 이 책은 성공을 거두었다. 과학자들은 물론이려니와 여유 있는 신사들의 장서 목록에도 들어가는 성공을 한 것이다.[18] 사실 그는 변형하는 물체의 단면적에 작용하는 응력은 탄성계수와 변형률의 곱과 같다는 '후크의 법칙' 을 발견한 학자로, 현미경을 이용하여 세포를 처음으로 기재한 학자로 더 잘 알려져 있다. 그러나 후크가 사용한 현미경은 편광현미경은 아니었으며 결정을 관찰하는데 유용한 편광현미경은 빛에 대한 이해가 증진되기를 기다려야 했다.

광선이 진행하면서 진행방향에 수직한 모든 방향으로 진동하는 것으로부터 한 방향으로만 진동하는 편광의 이론은 호이겐스(Christiaan Huygens, 1629-1695)에 의해 밝혀졌지만 이를 실제로 이용할 수 있는 장치는 에딘버러대학의 광물학 교수였던 니콜(William Nicol, 1768-1851)에 의해 1828년에 만들어졌다. 사실 이 장치는 매우 간단하다. 능면체의 결정 아이슬란드 스파를 한 쪽 모서리가 68°가 되도록 절단하여 이를 대각선 방향으로 두 조각으로 쪼갠다. 쪼갠 두 쪽을 다시 카나다발삼(Canada balsam)이란 접착제를 이용하여 이를 다시 부치면 되는 간단한 것이다. 이런 장치를 그의 이름을 따서 니콜 프리즘(Nicol prism)이라고 부른다. 니콜은 그 외에도 오늘날 우리가 암석의 박편을 만들어 관찰하는 기술을 찾아낸 학자이기도 하다. 얇게 연마한 암석 편을 유리슬라이드에 붙여서 시편을 통과한 광선을 이용하여 관찰하는 기술을 처음으로 개발하여 박편관찰의 새로운 경지를 연 학자이기도 하다. 물론 이때 얇게 잘라 연마한 암석의 시편을 유리 슬라이드에 붙일 때 사용하는 접착제도 역시 카나다발삼이다.

카나다발삼이란 발삼전나무에서 얻은 물질로 만든 천연수지(樹脂)의 한 가지이다. 이 물질의 굴절율이 1.55로서 유리의 값과 매우 유사해서 유리를 통과한 빛의 광학적인 성질에 변화를 만들지 않는다. 특히 이 수지는 고화(固化)되면 무색투명하게 되어 지질학자들은 박편을 만들 때 의례히 이것을 접착제로 사용한다. 발삼전나무의 학명은 아비에스 발사메아(*Abies balsamea*)라고 하는 것이지만 크리스마스 때만 되면 의례히 크리스마스트리로 등장하는 나무로 우리에게는 매우 친숙한 나무이다. 그래서 오늘날에도 박편을 만드는 지질학자들은 얇게 연마한 시편을 유리판에 붙이기 위해 가열판 위에서 수지를 적당하게 녹일 때 나는, 싫지만은 않은 송진 냄새를 맡고 있으며, 그 냄새에 익숙해져 있다.

니콜 프리즘은 외견상으로는 간단한 장치처럼 보이지만 이는 실제로 편광을 얻는 대단한 장치이다. 자연광처럼 편광되지 않은 광선이 이 프리즘으로 들어오면 방해석이 갖는 복굴절 때문에 두 가지의 편광된 선속으로 바뀐다. 하나는 정상광이라 하고, 다른 하나는 이상광이라고 한다. 사실 이렇게 만들어진 두 광선은 한 방향의 진동을 하고는 있지만 서로 수직인 진동면을 가지고 있는 두 가지 광선이다. 그래서 한 방향으로만 진동하는 광선만을 얻기 위해서는 니콜 프리즘이 필요한 것이다. 이 프리즘을 통과한 한 광선(정상광)은 굴절율이 카나다발삼보다는 크고(no=1.658), 다른 한 광선(이상광)은 카나다발삼보다는 작다(ne=1.586). 정상광의 굴절율은 카나다발삼보다 크기 때문에 이 프리즘의 접합면에 도달하게 되면 반사가 일어나며. 카나다발삼보다 작은 굴절율을 갖는 이상광만이 이 접합면을 통과하여 진행을 하게 되어 이 프리즘을 무사히 통과한다.

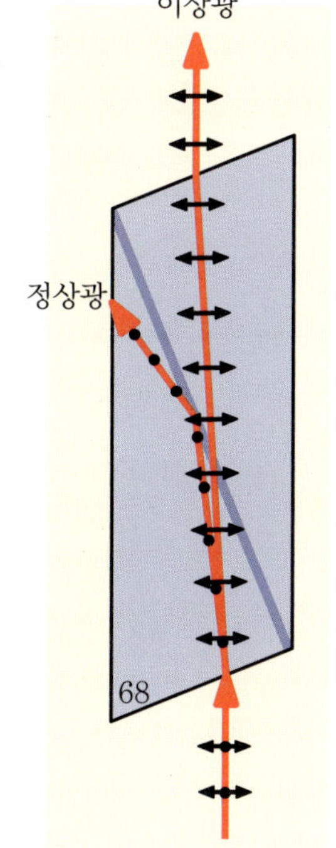

1828년 윌리엄 니콜에 의해 두 개의 방해석 결정으로 만들어진 니콜 프리즘의 개념도. 방해석을 쪼개어 부친 결정내로 편광되지 않은 광선이 들어와 정상광과 이상광으로 분리되는데, 발삼의 굴절율보다 큰 정상광은 반사되어 빠져나가고, 한 방향으로만 진동을 하는 이상광만이 통과되는 경로를 보여준다.

니콜 프리즘을 통과한 빛은 한 방향으로만 진동하는 것으로 이런 광선을 만드는 편광판의 개발이야말로 편광현미경의 가치를 높이는데 그친 것이 아니라 현대 암석학의 거보를 내딛는 시발점에 드디어 도달하였음을 알리는 신호탄이었다. 편광판의 원리야 적어도 고등학교 과학시간에 졸지 않은 현대인이라면 모두 알고 있는 사실이 되었지만 그 당시에는 그렇지 않았다. 설령 알고 있었다고 해도 이런 장치를 만드는 일은 탐구정신으로 가득 찬 시대를 이끄는 선구자들만이 이룰 수 있는 일이었다. 이 프리즘은 나중에 니콜프리즘으로 명명되었다. 니콜프리즘을 통과한 편광은 광물 내부를 지나면서 광물들이 가지고 있던 속내를 하나 둘씩 밝히기 시작하였다. 육안으로 보기에는 매우 유사하여 식별이 불가능했던 광물들의 광학적인 특성이 밝혀지면서 실체를 파악할 수 있게 되었다. 이제 암석들의 본질이 차례로 밝혀지는 단계에 접어들었다. 그래서 겉보기에는 서로 구분이 되지 않았던 암석들이 분명하게 구분되는 시대로 접어들게 되었다.

그러나 이런 편광현미경이 등장하기 이전 눈의 한계를 뛰어넘는 단순한 현미경의 관찰결과만으로도 자연을 들여다보는 시야의 한계를 한없이 넓힌 계기가 되었음은 물론이다. 로버트 후크의 그런 현미경 관찰보다도 과학계의 관심을 불러일으킨 일은 힘의 크기가 거리의 제곱에 반비례한다는 중력의 법칙을 뉴턴보다 먼저 발견했다고 주장하고 나선일이다. 이 일로 뉴턴과는 불편한 관계가 지속되는 계기가 되었다. 과학계에서 선점에 관한 일은 그게 처음의 일도 마지막의 일도 아니었지만, 그것이야말로 리차드 바이스가 『빛의 역사』에서 지적한 대로 과학자들을 아이처럼 행동하게 만드는 문제의 본질이다. 후크가 이 법칙을 발표할 당시 뉴턴 역시 그의 연구 노트에 그런 연구결과가 10여 년 간 들어 있었기 때문에 1687년 뉴턴이 그의 위대한 저서인 『프린키피아』를 발간할 때 로버트 후크의 연구결과에 대해 언급하지 않은 것이 화근이 되었다. 둘의 원한은 후크는 죽을 때까지 계속되었다. 후크는 뛰어난 과학자이기는 했지만 그의 사생활은 자유분방했던 것으로 알려져 있다.[21]

사실 후크가 만들어 사용한 현미경은 아주 원시적인 것이었지만 이전에 경험하지 못한 세계를 보여주기에는 충분하였다. 규화목이란 나무가 지층 속에 묻힌 후 나무의 구성성분이 규소로 치환된 나무화석이다. 이들 규화목들은 원래 나무가 가지고 있던 조직을 보관하고 있기도 하다. 그는 현미경을 이용하여 규화목을 자세하게 관찰하였다. 그의 저서에는 이와 벼룩을 현미경으로 상세하게 관찰하여 그린 그림도 수록되었는데 어떤 교수는 이런 작업 내용에 대해 "과학자들이 숭배하는 것은 이와 벼룩 그리고 자신들밖에 없다"라고 비난을 퍼붓는 일도 일어났다. 후크는 화석 관찰을 통해 어떤 종들은 사멸한다는 주장을 했는데 이를 두고 성직자들은 이런 주장을 창조주도 실수를 한다는 불경스러운 생각으로 받아들이는 일도 벌어졌다. 후크는 그런 주장에 대해

> "이 세상은 종말을 피할 수 없으며, 그것은 모든 종이 사멸하는 형태로 나타날 것이다. 어쩌면 창조주께서 각각의 종을 한 번에 하나씩 차례대로 사멸시키는 방법을 택했을지도 모른다"

라고 받아 넘겼다.

그는 그가 연구한 많은 화석종들이 그 종들만의 일정한 생존기간을 가진 것을 인식하였으며 그 증거로 현생 종에서는 그에 상응하는 생물종이 없다는 점을 지적하였다. 그것은 예리하고 정확한 관찰이었으며, 생물종의 절멸을 시사하는 대목으로 당시 6천여 년 전에 모든 생물종이 창조되었다는 기독교 세계관에 반하는 것이었다. 그러나 생물종의 절멸조차도 창조론의 완전한 증거로 인용되던 그 시절에 후크의 관찰은 그리 큰 주목을 받지는 못했다. 당시에 불붙어 있던 더 큰 논쟁에 많은 관심이 집중되어 있던 시절이었다.

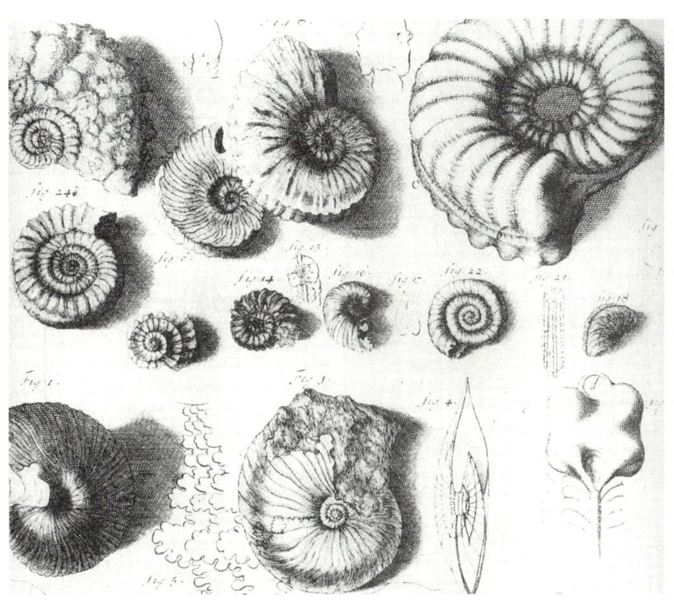

17세기 로버트 후크에 의하여 그려진 암모나이트 화석의 그림. 그는 이런 화석들이 동시대의 지층을 대비하는데 사용될 수 있음을 제의하였다.

화석이 지층의 층서 대비에 이용되는 것은 느린 속도로 진

척되었다. 1723년에 영국의 박물학자 존 우드워드(John Woodward, 1665-1728)는 화석을 이용하여 유럽의 지층과 영국의 지층이 대비된다는 것을 발표하였으며, 그 후 대비되는 지층의 분포를 나타낸 지질도라고 부르기엔 너무 단순한 도면을 발표하였다. 그러나 화석을 층서 대비에 본격적으로 이용한 것은 지질학 교육을 받지도 못한 옥스퍼드셔 시골뜨기 출신의 탄광 측량기사로 일하던 윌리엄 스미스(William Smith; 1769-1839)에 의해 이루어졌다. 그가 후크의 논문을 읽었으리라고는 상상되지 않는다. 그는 그가 일하던 탄광에서 지층들을 관찰하면서 특정한 지층들이 일정하게 쌓여 있다는 사실을 확인하고, 특정한 지층에는 특정한 화석들이 산출된다는 사실을 알아차렸으며, 그런 현상은 인근 광산에서도 모두 같게 나타난다는 사실도 확인하였다. 그가 운하 건설을 위해 일할 때 건설을 위하여 절개한 사면은 그에게는 다시없는 자연 관찰 기회를 허용하였으며, 그런 사실은 석탄을 채광하던 지하의 굴 안에서 관찰한 사실을 어둠의 세계가 아닌 굴 밖에서도 확인하는 계기가 되었다. 그는 특정 지층 속에 들어 있는 화석의 특징을 파악하였으며, 이로서 지층의 대비가 가능하다는 것을 인식하고 지질도 작성을 시작하였다. 처음 그는 그가 일하던 영국의 탄광 근처의 바스 부근지역(영국 남서부의 한 지역)의 지질도를 만들었다. 지질도의 의미와 중요성을 알아챈 그는 영국 지질도를 만들기 시작하였다. 그것은 오늘날의 관점으로도 거의 무모한 도전이나 다름없었다. 하지만 오랜 기간 어려움을 겪으면서 영국 전역을 탐사한 결과로 1815년 〈잉글랜드와 웨일스의 지층 및 스코트랜드 일부 지층에

영국의 지질학자 윌리엄 스미스(William Smith, 1769-1839). 그는 최초로 지질도를 작성하였으며, 혼자만의 힘으로 1815년 영국의 지질도를 완성하였다.

대한 개설, A Delineation of the Strata of England and Wales, with Part of Scotland〉이라는 긴 이름이 붙어 있는 영국 거의 전역의 지질도를 완성하였다. 그의 지질도는 현대의 지질도와 비교해도 전체적인 경향이 거의 같은 탁월한 것이었다. 스미스의 전기를 쓴 윈체스터는 그런 일은 땅 속의 지식을 끌어 올려 과학의 얼굴을 바꾸고 새로운 과학을 탄생시킨 위대한 작업이라고 표현하였다.[22] 그가 그린 영국 지질도의 원본 중 하나는 영국지질학회가 있는 런던의 유서 깊은 건물 벌링톤하우스 로비를 가리고 있는 두터운 커튼 뒤에 지금도 걸려있다. 그 지도를 보기를 원하는 사람들이 사전 예약에 의해 그 두꺼운 커튼이 열리면 스미스 스스로 공들여 채색했던 고색창연한 세계 최초의 지질도의 위용을 지금도 볼 수 있다.

그런 큰 성과를 이룬 그에게 지질학계로부터 돌아온 것은 찬사와 존경 대신에 질시와 냉대뿐이었으며, 당시 막 출범한 지질학회의 회원으로 가입하는 것조차 거부되었다. 물론 당시 지질학회장을 맡고 있던 조지 벨라스 그리너프(George Bellas Greenough, 1778-1855)의 개인적인 이익과 주장이 반영된 것이기는 했지만 지금 돌이켜 보면 불공정한 처사임에 분명하였다. 당시 학회 회원들의 업적을 고려하면 비록 출신이 미천하기는 했지만 스미스는 너무 뛰어난 업적을 가진 이였기 때문이다. 스미스가 세계 최초로 지질도를 작성한 이로 지질학계의 공식 인정을 뒤늦게 받았다. 스미스는 그의 말년에 당시 지질학회 회장이던 아담 세지윅 교수로부터 "영국 지질학의 아버지"로 칭송을 받았으며, 지질학계의 노벨상으로 불리는 "울라스톤 메달"의 제1회 수상자가 되는 영예를 누렸다. 스미스가 영국의 지질도를 만든 것과 거의 같은 시기에 프랑스에서는 격변론자의 대표격인 퀴비에(George Cuvier, 1769-1832)와 브롱니아르(Alexandre Brongniart, 1770-1847)가 공동으로 파리지역의 지질을 연구하면서 화석 대비를 통하여 그 지역의 지질도를 완성하였다. 멀리 떨어져 있는 두 지층에서 같은 종류의 화석이 산출된다면 그 두 지층은 바로 같은 시대의 지층이라는 것을 그들도 인식했었으며 그런 이론을 기초로 작성되었으나 완성된 그 지질도는 스미스의 지질도와는 격이 다른 것이었다. 그러나 암석의 절대 연령측정 방법이 알려지기 이전에는 지구가 만들어진 후 어떤 시기에 해당되었는지는 알 수 없었으며 단지 지층들 간의 선후관계만 밝힐 수 있었다. 이들이 화석을 기준으로 지층의 층서를 구분한 것은 과학적인 쾌거 이상의 의미를 갖는다. 그 이후 화석 산출상에 의해 지층을 대비하는 것은 빠른 속도로 확산되었다. 스미스가 만들기 시작한 지질도는 바로 지구 전체를 바라보는 거시세계를 이해하는 초석이 되었음은 물론이다.

박편이 개척한 새로운 시각

암석을 구성하는 광물들 중 어떤 것은 투명해서 광선을 잘 통과시키는 것도 있지만 모든 광물들이 그런 성질을 가지고 있지는 않다. 투명한 광물이라고 해도 결정의 두께가 두꺼우면 광선이 전부 통과되기가 어려워진다. 그래서 어떤 학자들은 광물들을 아주 작은 조각으로 만들거나 얇게 쪼개서 관찰을 하였다. 작은 조각들은 편광된 광선을 더 효율적으로 통과시키기는 하지만 그렇다고 그런 관찰 방법이 이렇게 어렵게 만든 편광을 적절하게 활용하는 방법은 아니었다. 이런 광선을 이용하여 광물을 관찰하려면 적어도 광물이 이 광선을 통과시켜야 하는 얇은 두께로 가공을 해야만 한다. 이렇게 얇게 가공된 광물이나 암석의 시편을 오늘날 우리는 박편(薄片)이라고 부르며, 대체로 0.03mm의 두께로 만든다. 니콜은 박편을 처음으로 만든 이로 알려져 있다. 니콜이 박편을 만드는 방법은 에딘버러의 보석 세공인으로부터 배웠다고 전해진다. 니콜이 박편 만드는 방법을 기록으로 남겨 놓지는 않았지만, 그가 만들어준 식물화석 박편을 사용한 고생물학자 헨리 위탐(Henry Whitham, 1779-1984)은 그의 연구 결과를 니콜의 공으로 돌린 것만 보아도 그의 박편 만드는 기술이 상당하였음을 알 수 있다. 이 방법의 유용성을 알아차린 그는 화석 연구에 박편을 만들어 사용할 것을 권유하고 있다.[13] 아직도 에딘버러에 있는 스코틀랜드 왕립박물관에서는 당시 니콜이 만든 박편을 보관하고 있다. 이처럼 초기에는 박편은 고생물학자들에 의해 활용되기 시작하였다. 그러나 이런 기술이 암석과 광물분야 연구에 전파되는 것은 시간 문제였다. 새롭게 등장한 진보된 연구 수단을 기피할 과학자는 없기 때문이다.

프랑스 쪽으로부터 영국을 건너올 때 나타나는 순백의 빈 캔버스처럼 솟아 올라오는 해안 절벽이 바로 백악기 바다에서 만들어진 쵸크이다. 지금은 영국과 유럽을 갈라놓은 도버해협 밑으로 뚫린 터널을 지나는 기차 때문에 프랑스의 깔레항을 떠나 영국의 도버항에 이르면서 수평선 위로 나타나는 이 백색의 초크 절벽을 즐길 기회는 줄어들기는 했지만 그 절벽들은 지금도 그 자리를 지키고 있다. 이 백색의 초크층은 바로 중생대 백악기 유럽대륙이 낮은 바다일 때 만들어진 지층으로 이 지층을 구성하는 암석들의 대부분은 알고 보면 미생물 화석들의 집합체이기도 하다. 그러나 19세기에 이르기까지 이 쵸크가 육안으로는 식별이 어려운 미생물의 집합체라는 것을 알고 있던 이는 없었다. 윌리암 윌리암슨(William Crawford Williamson, 1816-1895)이란 고생물학자가 영국 남부에 지천으로 널려 있는 백악(쵸크, chalk)을 연구하여 1845년에 발표한 결과는 학계에 새로운 바람을 일으켰다. 그가 일반적인 광원을 이용하여 쵸크의 박편을 들여다 본 순간 이들은 그냥 광물이 아니라 아주 작은 생물체의 집합체로 된 화석 덩어리라는 것을 알아낸 것이다. 그가 박편을 만드는 기술을 전수 받은 것은 니콜이 그랬던 것처럼 보석 세공사로부터 배웠는데 그 세공사는 다름 아닌 그의 할아버지였다. 보석 세공사인 할아버지로부터 배운 기술로 만든 박편의 미시 세계에서 확인한 백악은 유공충과 규조라는 화석의 수를 헤아리기도 어려울 정도로 많은 집합체였다. 이런 사실을 알아내는 데는 한 방향으로만 진동하는 편광을 사용해야 될 필요도 없다. 이 사실을 발견하여 유명해진 윌리암슨은 1851년에 맨체스터대학의 자연사 교수가 되었다. 당시 옥스퍼드대학의 지질학 교수이던 죤 필립스(John Phillips, 1800-1874)는 석회질 퇴적암의 박편연구를 수행하였다. 필립스는 지하공간의 세계를 지상으로 올려 인류의 지식체계로 편입시켜 지질학의 아버지로 추앙을 받게 된 스미스(William Smith)의 외조카이다. 스미스가 그린 영국 지질도는 그가 발로 뛰어 만든 집념의 산물로 만들어진 것으로 세계에서 처음으로 만들어진 지질도이다. 그러한 공로로 영국 지질학회의 회장은 스미스를 주저 없이 지질학의 아버지라고 불렀던 것이다.[22] 스미스가 어려움에 처해 있던 어려운 시절에 양육하였던 필립스는 스미스의 영향인지 확실하지는 않지만 지질학을 공부하였으며, 후일 옥스퍼드대학의 지질학 교수가 되었던 이이다.

편광현미경을 이용하여 암석의 박편을 연구하는 것은 헨리 소비(Henry Clifton

Sorby, 1826-1908)에 의해서도 독립적으로 수행되었다. 그는 부유한 중산층 가정에 태어나 성장을 하였다. 그의 아버지는 공구를 제작하는 공장을 소유하고 있었으며 그가 가업을 승계하기를 바랐다. 그의 부친이 그가 대학에 진학을 하기에 충분한 재력을 가졌음에도 불구하고 집을 떠나지 않고 개인 교습을 통해 교육을 받았다. 주된 이유는 그가 살고 있던 쉐필드에서는 과학에 대한 강좌를 열고 있지 않은 것도 이유가 되었다. 그가 21세 되던 해에 아버지가 죽자 남겨진 유산은 그가 돈을 벌지 않고도 풍족한 삶을 사는 데는 아무 어려움이 없게 되었다. 그는 바로 자신의 저택에 자신이 하고 싶어 하던 과학실험실을 차렸다. 그때가 바로 자유스러운 아마추어 과학자로 과학계에 첫발을 들여 민 순간이었다. 다양한 분야에서 여러 가지 과학적인 연구에 몰두하였지만 역시 그의 성과는 지질학 분야에서 이루어 냈다. 정상적인 지질학 교육을 받지는 않았지만 그는 지질학의 새로운 분야, 현미경을 이용한 암석학 분야의 본격적인 시동을 건 인물이 되었다.[23]

현미경 관찰의 새 지평을 연 헨리 클리프톤 소비의 초상화(리드대학 소장).

소비가 편광현미경을 발견한 것은 아니었지만 편광현미경을 지질학 연구에 이용하는 과정에 그가 끼친 업적은 대단한 것이었다. 1850년대 소비는 그가 살고 있던 요크셔 해안가의 석회질 모래를 박편으로 만들었다. 그의 박편 만드는 기술은 상당하여 1/1,000 인치 두께로 인내심을 가지고 조심스럽게 얇은 판으로 만드는 기술을 가지고 있었다. 그는 박편만 만든 것은 아니었으며, 그 모래들을 묽은 염산으로 녹여 보기도 했다. 사실 석회질 물질은 염산과는 격렬한 반응을 하기 때문에 염산으로 쉽게 녹여낼 수 있다. 염산에 용해시키고 난 후 남은 찌꺼기를 현미경으로 관찰한 그는 더 놀랐다. 그저 해안가의 흰 모래 알갱이로만 생각을 하던 그 녀석은 그저 작게 부스러진 돌 조각이 녹다가 남겨진 물질이 아니라 아게이트화한 생물체의 껍질부분이 남겨져 있었던 것이다. 편광현미경 관찰결과 이들 미생물의 파편은 방해석으로 된 것도 있었을 뿐만 아니라 아게이트로 구성되어 있다는 사실을 명확하게 알아낼 수 있었다. 그는 그 모래 1 입방 인치 당 2~3백만 개의 미생물체의 껍질이 들어 있는 것으로 계산하였다. 그의 이러한 발견은 헤아릴 수 없는 모래 알갱이라는 말을 무색하게 만드는 것이었다. 지금까지는 그저 평범한 모래 알갱이로 알았던 것이 실상은 헤아릴 수도 없이 많은 미생물체의 유해임이 들어난 순간이었다. 소비의 업적은 거기서 그치는 것은 아니었다. 그의 왕성한 실험정신은 계속되었다.

현미경의 유용성을 알아차린 소비는 본격적인 박편 연구를 차례로 수행하였다. 그런 연구의 일환으로 소비는 1853년에는 웨일스 북부지역과 데본셔지역에서 각 지질시대별로 수백 개의 박편을 만들어 관찰을 하였다. 그는 이 지역의 점판암에서 만든 박편으로부터 운모의 결정형에 주목을 하였다. 점판암이란 퇴적암인 셰일이 압력을 받아 변성작용의 결과로 만들어지는 일종의 변성암이다. 변성작용은 온도와 압력이 커지면서 변성도를 달리하는데 점판암을 만드는 변성작용은 가장 약한 변성작용에 해당된다. 이런 변성작용은 광물의 변질보다는 조직의 변화가 더 우세하게 나타나는 변성과정을 거친다. 변성도가 높아질수록 온도와 압력은 커지면서 광물상들도 고온과 고압에 안정한 다수의 광물상이 새롭게 만들어진다. 소비가 박편을 만들어 관찰하던 시기에는 이런 변성작용이 자세하게 구분되는 시절은 아니었다. 하여튼 셰일과 같은 퇴적암들이 상대적으로 낮은 온도와 압력 조건에서 일어나는 변성작용의 결과로 만들어진 변성암이 점판암이다.

점판암(粘板岩)이란 이름은 이 돌이 판자처럼 얇게 잘 쪼개지는 성질 때문에 붙여진 이름이다. 오늘날에도 어떤 지역에서는 건축물의 지붕에 기와 대신에 사용하기도 하는 녀석이 바로 점판암이다. 점판암은 변성시 작용한 압력의 방향에 일정한 각도로 절리나 벽개가 만들어지는데, 이런 절리나 벽개 때문에 그런 방향으로 얇게 잘 쪼개지는 성질을 가지고 있다. 소비는 이 절리와 벽개에 수직한 방향으로 박편을 만들었다. 그는 점판암에 들어있는 운모란 광물에 집중했다. 운모는 납작한 얇은 판상의 외형을 갖는 광물이다. 백운모의 큰 결정은 실용적인 측면에서도 쓰임새가 많다. 지금은 그리 널리 사용되지는 않지만 한때 우리나라에서도 많이 사용되었던 적이 있는 알라딘이라는 원통형으로 만들어진 석유난로가 있었다. 장년에 이른 나이 지긋한 분들은 아마도 그 난로를 사용해 본 경험들이 있을 것이다. 바로 그 난로의 원통에 불꽃을 들여다 볼 수 있도록 만들어진 창이 하나 있는데 그 창이 바로 거정질화강암에서 산출되는 투명한 백운모의 큰 결정을 사용한 것이다. 운모는 광물이기 때문에 그런 난로가 내는 열기에는 끄떡도 하지 않았기 때문에 그런 용도의 창을 만드는 데는 제격이었다. 그것은 운모의 싼 용도 중의 하나이다. 그런 큰 결정은 아니지만 점판암 내에도 이들 운모가 들어있다. 다른 퇴적암 속에서와는 달리 점판암 속에서는 이들 운모가 일정하게 발달한 벽개의 방향에 평행하게 꾸부러져 있는 것을 관찰하였다. 그는 이것이 무엇을 의미하는지 단번에 알아차렸다. 이는 점판암이 만들어질 때 횡압력을 받아 만들어진 것이며 그 결과로 운모 역시 그렇게 휘어진 것으로 결론지었다. 그것은 변성작용시 압력이 간여된다는 사실을 밝힌 그가 이룬 업적 중 괄목할만한 것이었으나 당시의 지질학자들은 쉽게 인정하려들지 않았다. 다른 그의 업적이 바로 인정을 받지 못했던 것처럼 이런 중요한 발견도 학계의 많은 주목을 받지 못했다. 그는 후일 당시를 다음과 같이 회고 하였다.

> "내가 박편연구를 하던 초기에 사람들은 나를 비웃었다. 현미경으로 산을 검증한다는 것은 적절한 일은 아니다 라는 소쉬르(Saussure)의 말을 인용하면서 모든 점에서 나의 행동을 조롱하였다. 그러나 다행스럽게도 나는 그들의 말에 귀를 기울이지 않았다"

자신이 밝힌 대로 그가 소쉬르(Henry Louis de Saussure)의 말에 귀를 기울이지 않았던 것은 잘한 일이었다. 그가 말한 대로 소쉬르의 비평이야 말로 적절한 일이 아니었음이 곧 밝혀졌으며, 점판암의 생성과정을 설명하는데 중요한 근거가 되는 발견이라는 것이 밝혀졌다. 소비의 현미경을 통한 연구를 두고 현미경으로 산을 검증할 수 없다는 소쉬르의 생각이 틀린 것이었음이 밝혀지고 있었다. 그러한 작은 현미경적 규모에서 관찰된 결과들이 거대한 규모의 지질현상을 설명하는 결정적인 증거들로 사용되기 때문이다. 이 일은 박편으로 관찰한 미시세계가 거시세계로 연결시키는 단초에 불과했다. 오늘날에는 현미경적 규모의 이런 증거들만 모아 거시세계를 해석하려는 전문분야도 있는 형편이다. 사실 이런 분야는 구조지질학 분야의 중요한 한 분과로 성장했다. 그가 관찰한 것은 슬레이티 클리베이지(slaty cleavage)였다. 그는 그런 발견으로 그가 31세 되던 해인 1857년에 영국 왕립학회의 회원으로 선출되는 영예를 누렸다. 그는 현미경을 이용하여 암석학의 새로운 지평을 개척한 학자 중의 하나이다. 그런 학문적인 성취는 1869년 울라스톤메달을 수상하는 영예로 연결되었다.

비록 더디게 시작되었지만 현미경을 통하여 미시세계를 들여다보는 과학의 진보는 빠르게 진행되었다. 박편을 통하여 암석의 구조나 조직 연구와 더불어 이를 구성하고 있는 미세한 크기의 입자들 까지도 식별이 가능해졌다. 이러한 광물학적 지식의 증가는 암석학의 새로운 지평을 열어 놓았고, 이들을 체계적으로 구분하는 방법들이 등장하게 되었다. 그렇게 되기까지는 드러나지 않은 수많은 지질학자들의 나름대로의 공헌이 있었음은 물론이다. 그러면서 많은 수의 암석학 저서들이 봇물처럼 터져 나오기 시작하였다. 모두 다 가치 있는 저술이었지만 알프레드 하커(Alfred Harker, 1859-1939)가 1895년에 저술한 『학생들을 위한 암석학 *Petrology for Students*』은 7판이 나올 때까지 하나도 가감이 없었던 훌륭한 교과서였다. 그는 책 제목에서 암석학이란 용어를 사용하였지만 실제로 그 책의 내용은 영국에서 산출되는 암석들의 현미경적 기재를 다

암석학의 새로운 지평을 열기 시작한 하커(케임브리지대학 세지윅박물관 소장).

루고 있었다.

그는 1909년 『화성암의 자연사 *Natural History of the Igneous Rock*』라는 현대 암석학의 가교가 되는 저술을 내놓는다. 그는 방안에만 앉아 있는 학자는 아니었으며 그렇다고 야외만이 그의 무대는 아니었다. 그는 화성암이란 지층들 사이에 들어가 있는 의미 없는 돌덩어리는 아니며, 그 돌이 들어 있는 지층들이 포함하고 있는 지질학적 환경 즉 단층, 습곡과 같은 지각변형이나 지각 운동과 밀접하게 관계되는 대상으로 해석을 하려고 하였다. 따라서 지구 표면에서 관찰되는 대규모 화성활동을 전체적으로 보려는 시도를 하였다. 대양의 주변에 있는 화성활동을 해양의 침강에 의한 거대한 규모로 구조적으로 연결된 것으로 해석하였다. 당시 이런 전 지구적인 지질현상으로 거시적으로 해석하는 것은 전적으로 새로운 시도였다. 오늘날 관점에서 보면 그가 생각한 것들은 오늘날 "불의 고리 ring of fire"로 정의되는 지역에 해당된다. 불의 고리란 후일 판구조론이 정립되면서 확립된 개념이다. 지판의 경계면에서 활발한 화산활동이 일어나는데 태평양 연안지역을 보면 이들이 연속된 고리처럼 나타나는데 이를 불의 고리 또는 안산암대라고 부른다. 이런 그의 관찰들이 오늘날 지식체계에서는 모두 올바른 것은 아니었으나 미시세계를 이해한 바탕 위에 거시세계를 해석하는 기조는 올바른 것이었으며, 그런 새로운 사고를 움트게 한 원동력이 되었던 것이다.[13] 이는 뒤에 다시 논의될 것이다. 그런 관찰결과로부터 조구조적인 관점에서 화산활동을 이해했다는 것은 매우 의미심장한 것이었다. 실제로 '불의 고리'에서 일어나는 화성활동은 대륙지각 아래로 밀려들어가는 해양지각과의 소멸경계 즉 섭입경계에서 일어나는 현상임이 판구조론이 정립된 후 알려진 사실이기 때문이다. 편광현미경의 발명으로 이루어진 미시세계의 이해를 기초로 한 지질학의 학문적인 성취는 이제 지구 전체를 이해하는 본격적인 궤도로 진입하고 있었다. 이러한 성취를 이야기하다 우리가 이야기하려던 지구의 진화와는 다른 방향으로 진도가 너무 나갔다. 그러나 이런 지식들은 바로 지구의 과거 역사를 밝히는데 기초가 되었음은 두말할 필요조차 없다. 다시 지질시대의 구분으로 돌아가기로 하자.

장구한 지질시대의 구분

지층들의 선후관계가 알려지게 되자 지질시대를 체계적으로 구분해야 될 필요성이 제기되었다. 그러나 실제로 그런 시도는 지구의 나이도 모른 채 이미 오래전에 시도되고 있었다. 이탈리아 지질학의 아버지로 칭송되는 지오반니 아르두이노(Giovanni Arduino, 1714-1795)도 그런 시도를 하였다. 그는 1759년 북 이탈리아의 지질을 근거로 지질시대를 네 개의 시대 즉 원시기, 제2기, 제3기, 화산 또는 제4기로 구분하였다. 이처럼 초창기의 지질시대 구분은 제1기, 제2기, 제3기 및 제4기로 구분하는 그런 식이었다. 물론 지층의 절대 연령은 모르는 때이므로 지층의 쌓인 순서와 화석에 의한 상대적인 나이를 기초로 선후관계만 구분되던 시기이다. 그것은 너무 단순한 구분이었으므로 사용하자마자 수정되었으며, 지금 제1기와 제2기라는 용어는 사라져 버렸다. 제3기와 제4기는 지금도 사용되기는 하지만 원래 제의했을 당시 세 번째와 네 번째의 지질시대라는 의미는 옛날에 잃어버렸다.[24]

초기의 지질시대를 구분할 당시 활약하던 지질학자들이 주로 영국인들이 많았기 때문에 지질시대의 이름에는 영국에서 시작된 용어가 대부분이다. 초창기의 지질시대는 주로 그 지층이 함유하고 있는 화석의 산출상에 의해 구분되었다. 기실 그 시대의 생물상이라는 것은 그 시대의 지질학적 변화와 밀접한 연관성을 가지고 있는 것이기 때문에 이는 매우 중요한 인자라는 것을 누구도 부정할 수 없다. 생물종이 서식하는 환경의 변화는 바로 지각변동과 같은 지구의 진화과정과 밀접한 관계를 갖고 잇기 때문이다. 최근 발전된 판구조 이론에 의해 지판이 움직인다는 것은 명백한 사실로 확인되었다. 지판의 이동에 따른 바다 환경의 변화나 대륙의 이동에 따른 위치 변화는 모두 생물종의 서식환경을 지배하는 기후와 밀접한 연관성을 가지고 있다. 따라서 지질시대에 따른 환경의 변화는 생물종에서도 나타나게 마련이다. 사실 고생물학적 증거는 판구조론의 모체가 되는 베게너의 대륙이동설을 제의할 당시에도 매우 중요한 증거로 사용되었다. 그리고 지층 중에 포함되어 있는 화석들의 종류는 시대의 변화에 따라 일어나는 지질작용 즉 지각의 융기나 침강 또는 해수의 침입이나 해퇴를 웅변으로 말해주는 것으로 화석이 지층의 식별 기준이 되는 것은 합리적인 처사이기도 하다. 또한 지구상에 출현하는 생물종들은 종에 따라 번성하고 쇠퇴하거나 멸종되는 그들만의 생존기간이 있었기 때문에 산출되는 화석의 종류와 산출빈도 그리고 그들로부터 관찰 가능한 진화의 경향성 등은 지층의 생성 시대를 나타내는 충분한 증거로 사용될 수 있다. 다만 화석만으로 알 수 있는 시대라는 것은 상대적인 개념의 시간으로 지층들의 선후관계를 파악하는 것이지 확실한 연령을 알려주는 것은 아니었다. 그래서 과거 지질시대의 구분은 전적으로 화석으로 보전된 생물종들의 변화에 기초한 구분이었지만 각 지층의 선후관계는 그런 자료만으로도 확실하게 밝혀졌다.

오늘날 우리가 사용하는 지질시대에는 의례 한 옆에 절대 연령이 표기되어 있다. 이런 지질시대에 절대 연대가 추가되는 것은 실험에 의해 그 암석이 생성된 시기를 측정하는 방법이 개발된 후에나 가능해진 일이다. 지구가 생성된 46억 년을 거슬러 올라갈 수 있는 시계가 발명되기 이전에는 아무도 그런 시도를 할 엄두를 내지 못했다. 물론 이 시계는 우리가 손목에 차고 다니는 그런 시계가 아니란 것쯤은 얼른 짐작이 갈 것이다. 그런 시계는 핵종 원소들의 존재를 파악하고 난 후에야 가능한 일이었다. 지구의 나이는 바로 암석 중에 들어 있는 핵종 원소들의 반감기를 이용하여 그들의 생성 시기를 측정하는 것이다. 우리가 암석의 생성연령을 측정하는 방법은 몇 가지가 있다. 주로 사용되는 방법은 암석이나 광물 중에 들어 있는 방사성 동위원소인 우라늄, 토륨, 칼륨, 루비디움, 네오디미움 및 탄소 등을 이용하는 방법이다. 그 외에도 고지자기를 이용하는 방법, 나무의 나이테를 이용하는 방법, 유기물의 분해 속도를 이용하는 방법 등 다양한 방법이 있지만 장구한 지질 시간을 측정하는데 부적합하거나 적용상의 제한점이 따르는 등의 이유로 사용이 제한된다. 가장 신뢰도가 높은 지질시대로 오래된 암석의 연령 측정방법은 방사성 동위원소를 이용하는 방법이다.

그 방법이 한 가지 방법이 아니라 여러 가지 방법이어서 실험 결과를 비교할 수 있어 측정한 결과의 신뢰성을 높여주기도 한다.

방사성동위원소들은 원래 불안정한 원소로 붕괴되면서 다른 원소로 변화된다. 이들이 원래의 방사성동위원소로부터 딸 원소로 변화되는 것은 동위원소들에 따라 속도가 다르지만 원소별로 일정한 속도로 진행된다. 한 가지 방사성동위원소가 절반이 붕괴되어 다른 원소로 변화되는 시간을 반감기라고 한다. 그래서 지구의 나이를 측정하는데 반감기가 5730년인 ^{14}C(딸 원소는 ^{14}N)는 10만 년이 넘는 대상에서는 사용할 수 없다. 그래서 장구한 지구의 나이를 측정하기 위해서는 반감기가 긴 방사성동위원소들을 사용한다. ^{40}K의 경우는 붕괴하면서 ^{40}Ar이 되는데 이의 반감기는 12.5억 년이다. ^{238}U는 ^{206}Pb로 붕괴되는데 이의 반감기는 무려 45억 년이나 된다. 존재비가 낮은 ^{235}U는 ^{207}Pb로 붕괴되는데 이의 반감기는 7억 년 정도이다. 이런 원소들은 반감기가 길기 때문에 지질시대가 오래된 암석들의 연대를 측정하는데 주로 사용된다. 지질연대표에 병기되는 연대는 바로 여러 가지 방사성 동위원소를 이용하여 측정된 값이다. 이런 핵종 원소들을 이용한 방사성 시계는 오직 화성암에서만 작동된다. 화성암들은 마그마로부터 만들어지기 때문에 결정화 되는 순간에 자원소를 가지고 있지 않기 때문에 방사성 원소를 포함하고 있는 광물들이 측정 대상이 된다. 퇴적암들은 방사성 원소들을 이용해서 그 암석의 생성연대를 측정할 수 없다. 방사성 원소들을 함유한 광물들이 없어서가 아니라 퇴적암이 만들어지는 과정이 문제이기 때문이다. 퇴적암들은 다른 화성암, 변성암 또는 퇴적암들이 풍화침식에 의해 만들어진 퇴적물들이 모여 고결된 암석이다. 그래서 퇴적암들이 그런 광물을 포함하고 있다고 해도 각개 입자들은 제각기 다른 시기 다른 장소에서 만들어진 광물들이 모여 만들어진 암석이기 때문이다. 방사성 시계의 영점화가 전혀 이루어지지 않았기 때문에 측정한 자료가 의미가 없기 때문이다. 오늘날 우리가 받아들이고 있는 지구의 나이는 1956년 클레어 패터슨(Clair Cameron Patterson, 1922-1995)이 운석을 이용하여 U–Pb법으로 측정한 4,550±20Ma를 사용한다. 그래서 흔히 우리는 지구의 나이가 46억 년이 되었다고 말

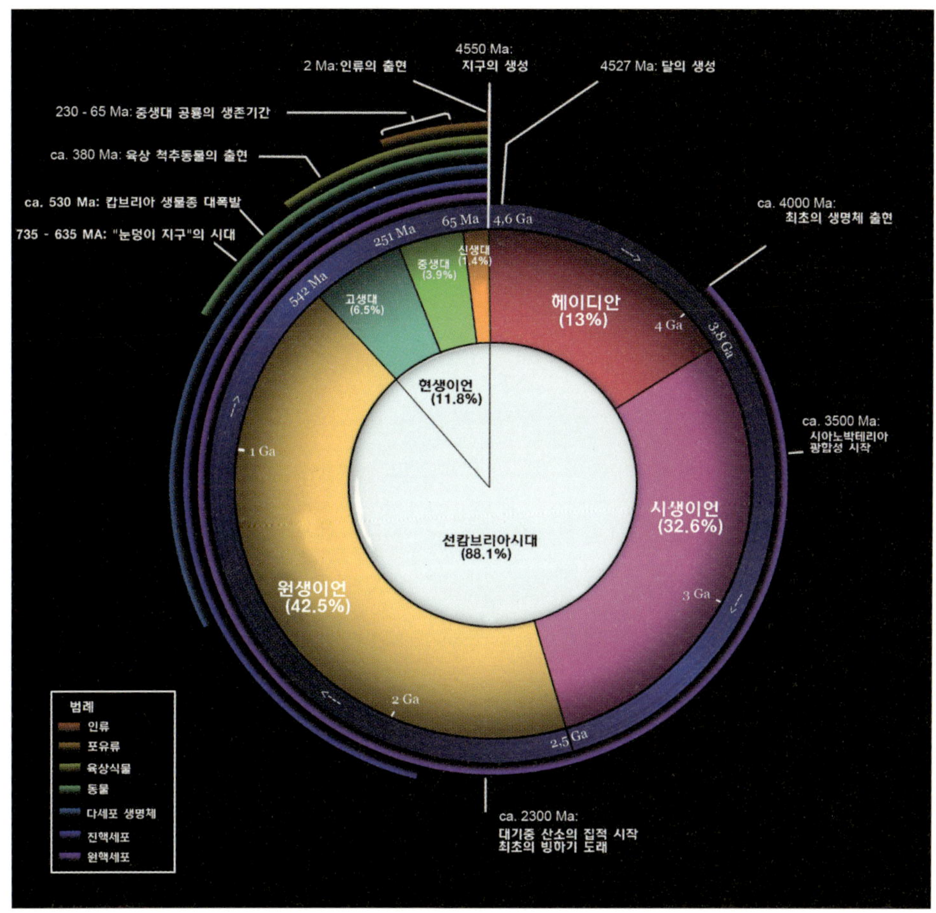

현재 우리가 사용하고 있는 지질시대를 파이도표로 나타낸 그림. 선캄브리아시대가 전 지구 역사의 88% 정도를 차지하고 있으며, 지구 진화의 비교적 명확한 정보를 가지고 있는 현생이언은 불과 12% 정도에 불과하다.

한다.[25]

이제 오늘날 46억 년의 지구역사를 구분하는 지질시대를 알아보기로 하자. 이미 위에서 지질학자들이 아닌 일반인들에게는 생소한 여러 가지 지질시대를 많이 언급하였다. 이제 이런 지질시대가 어떻게 구분되는지를 좀 더 상세하게 알아보기로 하자. 지질시대의 가장 큰 단위는 이언(또는 累代라고도 함, eon)이며 그 아래로 대(代r, era), 기(紀, period), 세(世, epoh), 절(節, age) 및 크론(chron)으로 구분된다. 조금 복잡하게 여겨질는지 모르겠지만 장구한 지질시대를 세분하기 위해서는 불가피한 구분이라는 점을 이해해 두자. 오늘날에는 지질시대를 국제지질과학연맹 산하 국제층서위원회(International Commission on Stratigraphy: ICS)에서 합의된 안을 따른다. 그러나 아직도 나라마다 조금씩 다른 기준을 이용하는 경우도 있다.

지질시대는 크게 두 시기, 선캄브리아시대와 현생이언으로 구분한다. 그 시점은 542±1.0Ma (Ma: Megaannum, 일백만 년 전) 전과 후로 나눈다. 선캄브리아시대는 다시 헤이디안이언(지구생성–4,000Ma), 시생이언(4,000-2,500Ma), 원생이언 (2,500-542±1.0Ma)으로 구분되며, 각 이언은 몇 개의 대(代)로 세분된다. 실제로 선캄브리아시대는 전 지구 역사의 88%에 해당되는 오랜 시기이다. 그러나 화석의 산출이 미미하고 당시의 지질현상에 관한 정보 역시 지구의 재순환 과정이나 지표에서 일어나고 있는 풍화와 침식작용 등에 의해 지워진 것이 대부분이다. 설령 일부가 남아 있다고 해도 해석이 되지 않거나 어려워 지질시대를 구분하기 시작한 초기에는 각 이언을 오늘날처럼 세분하지도 않았다. 그러나 선캄브리아시대의 각 이언으로부터 세분된 각 대의 기간은 현생이언보다도 훨씬 더 긴 기간의 지구역사를 포함하고 있다. 과거 지질시대를 구분할 때 지질학자들이 구분의 기준으로 삼은 것은 전적으로 그 지층에서 산출되는 화석을 근거로 하였다. 선캄브리아시대는 눈에 띠는 화석의 산출이 전무하였기 때문에 지질시대를 확립하던 초기 지질학자들이 시기를 세분하기에는 역부족이었다. 그것은 오늘날에 이르러서 많은 새로운 정보들이 추가되기는 했지만 아직도 불명확한 점이 많이 남아 있는 지질시대라는 것을 인정해야만 한다.

지구의 나이가 젊어지면서 사정은 달라진다. 5억 4천2백만 년 이후의 지층 중에는 우리가 쉽게 인식할 수 있는 크기의 생물종들의 화석들이 등장하기 시작하였다. 지질시대 중 현생이언(顯生累代라고도 부름, Phanerozoic Eon)은 바로 이 시기의 지층에서부터 생물종의 출현이 분명하게 확인할 수 있기 때문에 붙여진 이름이다. 현생이언은 전 지구 역사의 약 12%에 해당되는 상대적으로 짧은 기간이지만, 이 시기는 때 맞춰 등장한 골격질 생명체의 출현과 함께 풍부한 화석 정보를 제공해주고 있다. 그래서 현생이언의 지질시대는 오늘날 우리가 사용하는 지질시대로 세분이 가능해졌다. 현생이언은 고생대, 중생대 및 신생대로 구분된다. 고생대란 Paleozoic이라고 하는데 이는 그리스어로 '고대 생물'이란 의미이다. 그렇다면 중생대와 신생대 즉 Mesozoic과 Cenozoic은 저절로 해석이 가능하다. 바로 '중간 생물'과 '새로운 생물'이라는 의미이다. 이 시대의 이름만 들어도 지질시대가 바로 화석에 의한 구분이었음을 누구나 짐작할 수 있다. 그런데 대(Era)는 다시 기(紀, perios)로 세분된다. 그래서 고생대는 캄브리아기(Cambrian), 오르도비스기(Ordovician), 실루리아기(Siluria), 데본기(Devonian), 석탄기(Carboniferous) 및 페름기(Permian)의 6개의 기로 나누어지며, 중생대는 트라이아스기(Triassic), 쥐라기(Jurassic) 그리고 백악기(Cretaceous)의 세 기로 구분된다. 신생대는 고제3기(Paleogene), 신제3기(Neogene) 및 제4기(Quaternary)의 3개의 기로 구분된다. 현세에 가까워질수록 지층에 기록된 또는 숨겨진 정보의 양은 증가되어 신생대에 이르면 기(period)는 세(epoch)로 세분된다. 그래서 고제3기는 팔레오세(Palecene), 에오세(Eocene)및 올리고세(Oligocene)로, 신제3기는 마이오세(Miocene)와 플라이오세(Pleiocene)로 그리고 제4기는 다시 플라이스토세(Pleistocene)과 현세(Holocene)으로 구분된다. 신생대 지층의 암층서를 말할 때 지질학자들은 흔히 기의 명칭 대신 세의 명칭을 더 자주 사용한다. 이 정도만 해도 머리가 어지러워질 정도로 복잡한 것처럼 비춰지기는 하지만 지질시대의 구분은 그리 복잡한 것은 아니다. 더구나 지질학자가 아니라면 지질시대의 각 명칭을 통째로 외워야 할 필요도 없다. 여러분들이 문헌에서 접하는 지질시대의 명칭이 나오면 그게 어느 시점에 해당되는지 궁금하면 지질시대표를 한번 찾아보면 된다.

이들 지질시대가 구분될 때는 절대연령 측정 방법이 개발되기 이전이었으므로 모든 지질시대의 구분은 지층 속에 함유되어 있는 화석과 암석의 차이에 의해 선후의 관계만 아는 상대적 연령으로 구분되어진 것이다. 그런 구분을 기초로 절대연령 측정이 가능해진 현대에 이르러 각 지질시대의 나이가 병기된 것이다. 그래서 각 지질시대를 구분하는 나이는 몇 백만 년 혹은 몇 천만 년으로 딱 떨어지는 숫자로 구분되지 않는다. 이런 지질시대의 구분과는 달리 암석들은 계(系, system), 통(統 , series) 및 기

(期, stage)라는 전혀 다른 이름으로 구분하기도 한다. 지층들의 이런 분류기준은 보통 사람들에게는 생소한 단위이기는 하지만 지질학자들에게는 친숙한 분류이다. 여기서는 암석의 구분단위를 애써 설명하지는 않겠다. 그것은 지질학자들의 몫으로 남겨두

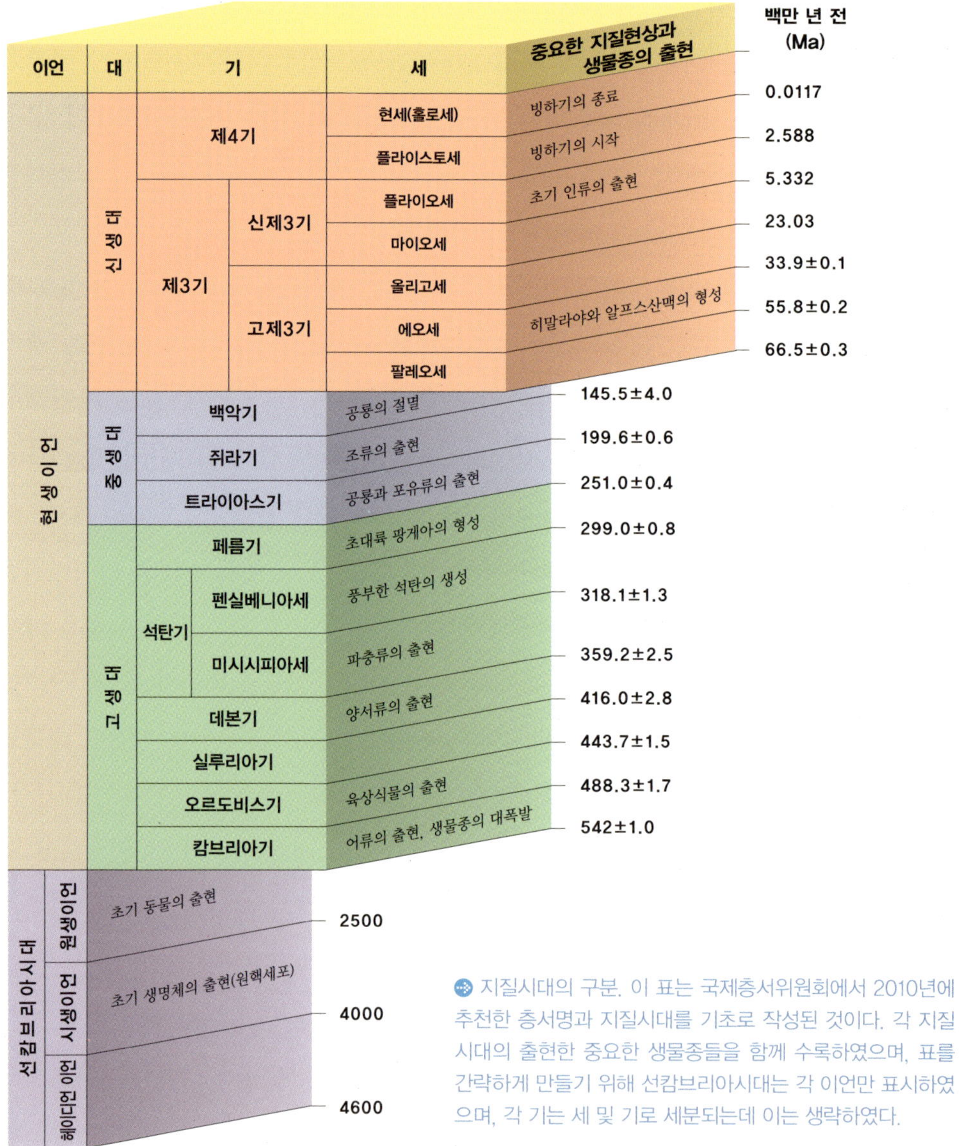

지질시대의 구분. 이 표는 국제층서위원회에서 2010년에 추천한 층서명과 지질시대를 기초로 작성된 것이다. 각 지질시대의 출현한 중요한 생물종들을 함께 수록하였으며, 표를 간략하게 만들기 위해 선캄브리아시대는 각 이언만 표시하였으며, 각 기는 세 및 기로 세분되는데 이는 생략하였다.

기로 하고 지구의 장구한 시간을 나타내는 지질시대에 얽힌 몇 가지 이야기만을 살펴보기로 하자. 지층 중에 산출되는 화석이 지질시대를 나누는 분류의 중요한 기준이 되었던 만큼 지층의 절대 연령을 측정할 방법이 없었던 시절 지질시대를 구분하는 것은 가장 골치 아픈 일 중의 하나였다. 오늘날 사용하고 있는 지질시대로 정착되는 게 순탄한 것만은 아니었다. 그 중에서도 초기 고생대의 지질시대 구분을 두고 벌린 지질학자들의 논쟁은 대단했으며, 이론의 대립으로 시작된 논쟁은 감정싸움으로 연결되어 이전투구(泥田鬪狗)라는 사자성어가 적절할 정도의 단계에 이른 경우도 있었다.

이제 이 표를 보면서 각 지질시대가 언제 누구에 의해 어떻게 구분되었고, 그 시대에 일어난 중요한 지질학적 변화를 한두 가지씩만이라도 소개하기로 하겠다. 실제로 각 지질시대에는 실로 다양하고도 엄청난 변화가 일어났다. 이런 모든 변화를 다 설명하는 것은 매우 어려운 일일뿐만 아니라 저자의 능력을 벗어나는 일이기도 하다. 그러나 각 지질 시대별로 일어난 중요한 사건 한두 가지씩만 열거하여 설명해도, 46억 년 전 지구가 만들어진 후 어떤 진화 경로를 거쳐 오늘날의 지구로 진화를 거듭해 왔는지 이해하는데 도움이 될 것이다. 이런 지구의 진화과정은 바로 고체 지구를 구성하고 있는 지층 속에 숨어 있었으며 이런 숨어 있는 진실은 실로 많은 지질학자들의 노력으로 하나둘 그 실체가 파악되어 우리의 과학적인 지식체계에 차례로 편입되었다. 지구가 만들어진 초기 과정의 지질시대부터 이야기를 시작하기로 하자.

마그마의 바다, 헤이디언이언

제임스 허턴은 지구의 나이를 계산하지는 않았지만 그 시간이 장구한 것이라는 점은 알고 있었다. 그가 계산할 수 없는 시간을 그는 "깊은 시간(deep time)"이라는 은유적 표현을 하였다는 것은 이미 앞에서 밝혔다. 어쩌면 깊은 시간이란 영어의 직역은 아마도 '시간의 심연' 쯤으로 해석하는 게 더 적절할지도 모르겠다. 선캄브리아시대 이후의 지질시대인 현생이언도 5억 4천2백만 년 전으로 거슬러 올라가므로 이것만으로 허턴이 말한 깊은 시간의 영역에 해당될 것이다. 그것만 해도 허턴 당시에 통용되던 지구 나이의 10,000배나 되는 긴 시간이다. 그러나 러더포드에 의해 방사성 원소들의 붕괴를 이해하게 되었으며, 뒤 이어 홈스가 지구의 절대연령을 측정하기 시작하면서 "시간의 심연"은 가시권으로 들어오게 되었다. 최종적으로 확인된 지구의 나이는 이제 46억 년으로 밝혀지게 되었다. 그런 시간 단위로 표현되는 지구의 나이는 아마 허턴조차도 예상한 일은 아니었을 것이다.

우리는 지구의 초창기를 선캄브리아시대라고 부르는데 이는 전적으로 고생대 맨 처음의 지질시대인 캄브리아기 이전의 시대라는 말이다. 과거에는 이 시기를 고생대 이후의 시기인 현생이언에 대비되는 용어로 은생(隱生)이언이라고 부르기도 했다. 이 말은 바로 화석이 산출되지 않는 시기라는 의미를 가지고 있다. 그러나 이 시기에도 생명체의 존재를 나타내는 화석이 산출되는 것이 확인되면서 저절로 은생이언이라는 용어의 사용빈도는 줄어들었으며, 최근 국제층서위원회(ICS)는 아예 선캄브리아시대로만 사용하고 있다. 선캄브리아시대는 헤이디안이언, 시생이언 그리고 원생이언으로 구분된다는 점은 이미 밝힌 바 있다. 사실 전 지질시대를 통하여 가장 긴 기간이 이 시기에 해당되나 연구 자료의 부족 등으로 단지 이들 각 이언들을 전기, 중기 및 말기 등의 지질시대 구분법을 사용하는 게 고작이었다.

46억 년이란 시간은 우리가 헤아리기도 어려울 정도의 장구한 시간이며, 이미 우리의 상상력을 초월한 시간이다. 고대 그리스의 3대 비극 시인 중 한 명인 에우리피데스(Euripides, 480BC-406BC)는 "모든 것은 변한다"라고 말했다. 에우리피데스보다 앞선 인물인 기원전 6세기 그리스의 철학자 헤라클리투스(Heraclitus, BC 535-BC 475)는 "만물은 유전한다" 또는 "흐르는 강물에 두 번 발을 담글 수 없다"라고 이보다 앞서 그런 말을 남겼다. 말하기 좋아하는 사람들은 "세상에서 변하지 않는 것은 모든 것이 변한다는 사실일 뿐이다"라고 말한다. 그렇다 우리 주변의 모든 것들은 세월과 함께 변한다. 누구도 세상의 일이 세월과 함께 변해간다는 사실에 이의를 제기하지는 않을 것이다. 지구도 마찬가지이다. 세월과 함께 지구는 그 생성이후 진화를 거듭해 오늘날에 이르게 되었다. 지구 초창기의 역사는 아직도 확실하게 밝혀진 사실보다는 장막에 가려 그 실체를 가늠하기조차 어려운 일들이 더 많은 형편이다. 오래전의 일들을 기록한 암석들이 살아 남은 게 적은 것이 그 시대의 역사를 이해하기 어렵게 만든 주요한 이유이다. 지구 초창기에 만들어진 암석들은 지구의 순환과정에 의해 이미 사라져 버렸거나 살아 있다고 해도 그 수가 적거나 이미 다른 상태로 변해있기 때문이다.

우주를 떠도는 수많은 항성 가운데 하나인 태양을 도는 행성 지구는 46억 년 전, 존재하지도 않았을 것 같은 그런 오랜 시간 전에 만들어진 암석덩어리의 집합체이다. 태양계는 성간 먼지와 가스가 회전 운동에 의해 응축되어 만들어진 것으로 이해하고 있다. 그런 태양계의 생성 이론을 성운설(Nebular theory)이라고 부른다. 물론 이런 성간 먼지는 이전에 존재했던 초신성의 폭발로 만들어진 것이었다. 이런 이론은 1734년 엠마뉴엘 스베덴보리(Emanuel Swedenborg, 1688-1772)에 의해 제의되었지만 그리 큰 주목을 끌지는 못했다. 그 2년 후 1755년 임마뉴엘 칸트(Immanuel Kant, 1724-1804)에 의해 유사한 이론이 발표되었지만 당시의 그런 이론은 과학적-철학적 사유를 넘는 수준은 아니었다. 그러나 이런 가설은 프랑스의 천문학자이지 수학자인 라플라스(Pierre-Simon Laplace, 1749-1827)에 의해 역학적인 설명이 더해지면서 힘을 얻었지만, 이 이론이 자리를 잡는 데는 더 오랜 시간이 필요했다. 라플라스는 노르망디의 가난한 집에서 태어난 미천한 신분이었지만 그가 20세가 되었을 때 1769년 이미 파리 군사학교의 수학교수가 되었을 정도로 뛰어난 인재였다. 그가 군사학교 교수시절 나폴레옹을 학생으로 가르친 게 계기가 되어 그는 나중에 상원의원이 되기도 한 이이다. 그가 1796년 출간한 그의 저서에서 성운설을 발표하였다. 그는 그 책의 서두에서 "나는 진실로 증명될 가능성이 매우 높아 보이는 한 가설을 소개할 것이다. 내가 얼마나 소심하게 소개하든, 아무리 관찰과 계산의 결과와 다르더라도, 그 가설은 반드시 적용될 것이다"라고 써 자신감을 숨기지 않았다. 이미 가설을 제기했던 이전의 두 사람과는 달리 그는 실질적인 관찰결과를 기초한 이론을 제시하였던 것이다. 그러나 그의 자신과는 다르게 과학계에서 그 이론을 전적으로 수용할 수 있는 그런 수준은 아니었다.[27]

1950년대에 이르면서 현대 천문학자들이 이룩한 많은 과학적인 성취에 의해 성운설은 이제는 많은 사람들이 믿는 태양계 형성이론으로 자리매김을 하게 되었다. 태양계의 행성들은 금성과 같은 예외가 있지만 하나 같이 태양이 자전하는 방향으로 태양 주위를 공전하고 있다. 태양계의 행성 중의 하나인 지구는 다른 행성들과 마찬가지로 거의 같은 평면에서 공전을 한다. 과거 신비주의와 결합한 천문학자들은 태양계 행성들이 태양을 향하여 일직선의 배열을 하는 날이 지구가 멸망하는 날이라고 사람들을

헤이디언이언의 '마그마 바다'의 모습. 지구 생성 초기 46–40억 년 전 사이는 빈번한 운석충돌 결과로 발생된 막대한 에너지에 의해 지구 표면의 대부분은 용융상태로 '마그마 바다'를 형성하였을 것으로 추정하고 있음(이 그림은 Melvin H. Schwetz가 그린 상상화이다).

현혹시키기도 했다. 그러나 2000년 5월 5일 태양, 수성, 금성, 지구, 화성, 목성 그리고 토성이 일렬로 배열한 적이 있었지만 그날이라고 전날이나 그 다음날과 다른 것은 아무것도 없었으며 지구는 그저 다른 하루와 같은 하루를 보냈다.

다른 행성과 마찬가지로 지구 생성 초기에는 수많은 운석과 파편들의 충돌에 의해 오늘날의 지구 크기로 성장하는데 약 1억 년이 소요된 것으로 추정하고 있다. 혼돈 속에서 먼지와 암석으로부터 태어난 태양계 행성 중 지구는 절묘한 자리 잡기에 성공한 행성이다. 태양으로부터 적당한 거리는 지구에 물을 남기는 것을 허용했다. 그것은 바로 지구에 생명체의 출현을 가능하게 만든 가장 근본적인 원인이기 때문에 무엇보다도 중요한 일이다. 지구가 생성되는 초창기 지구의 몸집을 불리는 과정은 우주 공간에 흩어져 있던 응축물들의 충돌과 첨합이 일어나는 과정의 연속이었다. 충돌과정에서 발생되는 막대한 에너지는 막 태어난 지구의 모습이 오늘날과는 전혀 다른 모습으로 만들었다. 우리는 과거 지질시대의 생물종의 대절멸을 몰고 온 이유가 운석 충돌과 관계된다는 것을 정설로 받아들이고 있다. 이 점은 다시 뒤에서 논의될 것이다. 하여튼 지구 생성 초기 이런 연속적인 운석 충돌은 지구 표면에서 막대한 에너지를 발생시켰다. 지구 표면은 막대한 충돌 에너지에 의해 용융된 암석의 바다, 즉 마그마 바다로 덮여 있을 것이라고 과학자들은 추정한다. 지구 표면을 끝없이 덮고 있는 마그마(용암)의 바다를 상상하는 것은 신비한 일이다. 이 시기는 지구가 만들어진 46억 년 전부터 38억 년 전 사이를 말한다. 지구 표면이 막대한 양의 용융된 마그마에 의해 덮혀 있던 그 시대를 헤이디언이언(Hadean eon)이라고 부른다. 헤이디언이란 이름은 프레스톤 클라우드(Preston Cloud, 1912-1991)란 미국의 고생물학자가 그리스어의 지하 세계란 의미를 가지고 있는 Hades에서 당시 지구 상황을 고려하여 1972년에 붙인 이름이다. 헤이디언이언이란 지구의 역사 중 가장 오래된 시대이나 가장 최근에 명명된 지질시대이다.

시간이 지나면서 운석충돌의 횟수는 줄어들고 지구의 몸집 불리기는 더디어진다. 그러면서 표면의 온도 역시 내려가기 시작하였다. 지구 표면의 온도가 내려가는 것과는 다르게 지구 내부의 온도는 상승되고 있었다. 지구 내부 온도의 상승 원인으로서는 초기 빈번하던 충돌과정에서 발생한 에너지의 일부가 축적되었으리라고 추정하고 있다. 4톤의 운석이 고속으로 충돌할 때 발생되는 에너지의 양은 약 1kiloton의 핵폭발과 견줄 만큼 강력한 에너지를 발생시킨다. 초기의 빈번했던 충돌을 상정하면 일부의 에너지가 지구 내부에 축적되었으리라는 상상은 쉽게 된다. 또한 지구의 크기가 커지면서 증가되는 압력의 증가는 온도의 증가를 초래하고, 지구 생성 이후 방사성 원소들의 붕괴시 발생되는 열에너지는 지구 내부의 온도를 증가시키는 요인이 되었다. 이밖에도 중력에너지의 열에너지로의 전환 역시 지구 내부의 온도를 높이는 원인이 되었다. 지구 내부 온도가 철의 용융온도에 이르게 되자 지구를 구성하는 철질 물질들이 용융되기 시작하였다. 철질 물질보다 암석을 구성하는 다른 결정질 물질의 용융온도는 더 높기 때문에 선택적으로 먼저 용융된 철질 물질은 비중이 높아 지구 내부로 가라앉기 시작하였다. 용융된 철질 물질은 상대적으로 높은 비중 때문에 지구 깊숙한 중심으로 이동되어 용융된 상태의 철질물질이 뭉쳐진 핵을 만든다. 그런 과정을 거치면서 이제 지구는 더 이상 균질한 상태가 아닌 불균질한 층상구조를 만들어 지표 근처의 물질과 지구 내부의 구성 물질이 확연하게 달라졌다. 이것은 지구 진화의 중대한 변화이다. 초기 우주의 잡동사니가 모여 있을 당시 지구의 균질한 상태로부터 처음 탈피를 한 시기이다. 무엇보다도 중요한 사실은 지구의 중심에 모인 용융된 철질 물질들의 대류에 의해 지구에 자기장이 만들어졌다는 점이다. 이런 분화가 완결된 시점이 대략 42억 년 전 즉 지구가 만들어진 후 4억 년쯤 경과된 시점으로 추정하고 있다. 지구의 자기장은 태양으로부터 날아오는 강력한 파괴력을 갖는 우주선을 막아주는 역할을 한다. 지구의 자기장이 생성되지 않아 태양으로부터 오는 태양풍을 막지 못했다면 과연 지구에서 생명체의 출현은 가능했을까? 태양풍은 말이 그렇지 그저 바람이 아니라 태양에서 쏟아져 나오는 전자, 양성자 및 헬륨원자핵 등으로 구성된 대전입자의 흐름을 말한다. 자기장에 의한 보호벽이 만들어지지 않았다면 그 결과는 어떠했을까. 이 역시 지구의 생명체 출현에 매우 중요한 대목이다. 만약 생명체의 출현이 가능했더라도 지금과는 많이 다른 생명체가 출현했을 것이다.

지구 생성 초기에 지표에 만들어진 충돌의 흔적은 찾아보기 어렵게 되었다. 마그마의 바다가 충돌의 흔적들을 지워버렸으며, 그 후 지표에서 일어난 풍화와 침식작용이 요행히 남아 있던 충돌의 흔적들 마저 지워 버렸기 때문이다. 그러나 대기와 물이 없는 달의 표면은 사정이 다르다. 지구의 반면교사라도 자처한 양 달 표면에 일어난 충돌의 흔적을 고스란히 간직하고 있는 것이다. 성능이 그만그만한 망원경만 가지고 있어도 달 표면에서 어디 한곳 빈곳 없이 다닥다닥 붙어 있는 충돌구를 쉽게 볼 수 있다. 덩치가 달보다 더 큰 지구의 인력은 달의 인력보다 더 컸기 때문에 우주 공간에 떠돌아다니던 운석과의 충돌 횟수는 달보다 더 심했으리라는 것은 쉽게 짐작이 간다. 그러나 태양계 형성이 거의 마무리되면서 충돌 횟수가 줄어들고 지구 표면의 온도는 서서히 내려가기 시작하였다. 지표의 온도가 내려가는 것은 표면에서 관찰할 수 있는 지구진화의 출발을 알리는 신호와 같은 것이었다. 지구는 전과는 상상할 수 없는 다른 모습으로 스스로를 변화시키는 대장정에 들어간다.

지구 표면에서 운석의 충돌과 용융 과정에서 발생되는 많은 가스와 수증기와 함께 충돌로 발생한 미세한 먼지 등이 지구 주위에 집적되기 시작하면서 대기가 만들어졌다. 그 때의 대기는 오늘날의 대기와는 질적으로 다른 것으로 여겨진다. 아무도 당시 대기의 조성을 정확하게 말할 수는 없다. 그러나 다량의 이산화탄소, 황화수소 및 메탄과 같은 가스를 포함하고 있으리라는 것은 과학적으로 추정할 수 있으며, 특히 높은 이산화탄소가 만든 높은 분압은 대기의 온도를 높여 수증기의 응축을 허용하지 않았다. 수증기가 응축되지 않는 환경이어서 비가 내리지 않았으며, 지상에 물이 존재하는 상태는 아니었다. 그러나 최근 연구 결과는 지표의 온도가 물의 비등점보다 높은 상태인 초기 지구에도 대기 중 높은 이산화탄소의 함유량 덕분에 대기압이 높아 지상에 물이 일부 존재했던 것으로 밝혀지고 있다. 물의 생성은 대기 중의 이산화탄소의 양을 줄이는 역할을 하게 된다. 최근의 연구 결과는 44억 년 전에 이미 액체 물이 존재했다고 하며, 지구 표면의 온도가 이미 44-40억 년 전에는 상당히 내려가 있었다는 주장들이 제기되고 있어 지구가 냉각되는 속도는 과거에 우리가 생각하던 것보다는 훨씬 빠른 것으로 추정하고 있다.[28,29]

그러나 본격적으로 지표의 온도가 내려가고 따라서 탄산가스 분압이 내려가면서 수증기의 응축을 전면적으로 허용하는 시점이 오게 되었다. 오랜 시간 응축을 기다려온 대기 중의 수증기들은 순식간에 응축되면서 하늘이 구멍이라도 난 듯 일시에 빗물이 쏟아져 내렸다. 다른 적당한 표현이 없어 빗물이라고는 했지만 그 빗물은 차라리 폭포수에서 흘러내리는 물줄기에 가까웠을 것이다. 아베(Abe)와 같은 학자는 원시대양을 형성하는데 불과 1000년 미만 안에 가능하였을 것으로 추정하고 있으며, 강수량은 대체로 7,000mm/년의 수준이었을 것이라는 구체적인 숫자를 제시하였다. 이 정도의 강수량이면 오늘날 강수량이 많은 적도지방의 10배 이상에 해당되는 양이다.[30] 초기에 내린 빗물은 뜨거운 암석에 의해 다시 수증기로 증발했지만 일시에 내리는 거대한 빗줄기는 지구의 표면을 적셔 낮은 곳에 물이 모이기 시작하여 대양을 형성하였다. 그게 바로 원시대양이 지구에 출현한 시점으로 약 38억 년 전으로 추정하고 있다. 지구에는 이 시기 대양에서 침전된 퇴적물의 변성산물을 가지고 있기 때문에 그런 추정을 가능하게 만들었다. 그러나 실제로 원시대양의 형성이 시작된 시점은 그 이전으로 올라가 42억 년 전이나 44억 년 전으로 보는 이론들이 등장하고 있다. 아마도 그런 이론들이 올바른 해석일지도 모른다. 그러나 현 시점에서 모든 학자들이 동의하는 것은 아니다.

원시 대양에 모인 물은 오늘날의 바닷물과는 조성이 전적으로 다른 "무서운 물"이었다. 더군다나 물의 온도 역시 매우 높았을 것으로 추정하고 있다. 사실상 대기 중의 탄소 분압이 내려가기 전까지는 원시해양의 수온은 높은 온도를 유지했음이 분명하다. 이런 사실들은 당시 생성된 쳐트의 산소 안정동위원소 조성이나 유체포유물 연구결과로부터 도출된 결론이다. 그 결과의 신빙성이 완전하지는 않지만 온도가 높았다는 사실은 다른 정황으로 판단해보아도 알 수 있는 일이다. 이 시기의 물을 무서운 물이라고 부른 것은 원시 대양의 물에는 많은 이산화탄소와 황 등이 녹아 있는 강력한 산이나 다름없는 조성을 가지고 있었기 때문이다. 그래서 당시 물과 암석의 반응 또한 매우 격렬한 수준으로 진행되었던 시절이기도 하다. 지구를 구성하는 암석들의 화학적인 반응은 암석과 물과의 반응. 암석과 공기와의 반응 그리고 암석과 암석과의 반응 세 가지가 있다. 지표에서 일어나는 이런 반응 중 가장 빠른 반응은 바로 고체와 액체의 반응인 물과 암석과의 반응이다. 거기다 반응하는 액체가 온도가 높은 강한 산과 같다면 그 반응 속도는 매우 격렬하며 빠르게 진행될 것이다. 그래서 지표에서 진행되는 화학적인 풍화작용은 오늘날 진행되는 풍화작용과는 비교될 수 없는 다른 수준의 속도로 반응이 진행되었던 시점이었다. 따라서 해양의 순환속도 역시 오늘날보다는 매우 빠른 속도로 이루어졌을 것으로 여겨진다. 과학자들은 이때 내린 빗물의 총량을 대체로 1×10^{21}kg으로 추정하고 있다. 이 양은 오늘날 물의 총량에 거의 육박하는 수준이다. 원시대양은 점차 대기로부터 다량의 이산화탄소를 용해시켜 대기 중의 이산화탄소의 농도는 감소하게 된다. 이런 이산화탄소의 감소는 대기의 압력을 낮추었으며 또한 대기의 기온을 더 빠르게 낮추는 계기가 되었다.

달의 탄생

우리는 지구의 초기 진화과정을 이야기하면서 지구의 위성인 달을 피해갈 수 없다. 1969년 7월 20일 아폴로 11호로 두 명의 우주비행사 닐 암스트롱(Neil Amstrong)과 버즈 올드린(Buzz Aldrin)이 인류역사상 처음으로 달에 두발을 딛기 전 달은 우리의 조상들에게는 현대인이 생각하던 것과는 전혀 다른 존재였다. 누구나 들었던 이야기를 나도 들으면서 자랐다. 어린 시절 나에게 달은 계수나무 밑에서 절구를 찧는 토끼가 살고 있는 곳이었다. 나도 미국의 우주비행사 둘이 지금까지는 동경의 대상이었으며 전설 속의 대상이었던 달에 착륙하던 순간을 텔레비전의 생중계를 지켜보면서 벅찬 감동을 느낀 경험을 가지고 있다. 암스트롱이 달 착륙순간 "이것은 한 사람에게는 작은 한 걸음이지만, 인류에게는 위대한 도약이다"라고 한 말은 이미 전설이 되었다. 먼지와 같은 작은 입자로 구성된 달 표면에 남겨진 암스트롱의 발자국은 현대인들의 기억 속에 깊게 각인되었다.

달은 인간의 역사에서 최초로 시간을 측정하는 대상으로 태음력의 기본이 되었다. 2만 5천 년 전에 살았던 우리의 선조 중의 한 사람이 뼈 위에 새겼던 태음력이 약 백 년 전 프랑스의 라스코 지방에서 그리 멀지 않은 동네에서 발굴되었다. 고고학자들은 그 뼈가 2개월분의 태음력과 일치한다고 믿고 있다. 그게 태음력을 사용한 인류 최초의 유물이다. 달에 대한 인간의 낭만적인 감성은 동서양을 아우르는 모든 영역의 예술 장르에 동원되는 대상이었음은 지적할 필요조차 없다.

달은 지구의 위성이다. 달은 지구 주위를 가깝게는 363,104km의 거리로, 멀게는 405,696km의 거리로 지구 주위를 29일 12시간 43분 걸려 한 바퀴씩 회전하는 적도 반경이 3,476.2km인 태양계 내 위성 중 다섯 번째의 크기이다. 지구로부터 달까지의 평균 거리는 384,403km이다. 크기로만 보면 달의 지름은 지구의 지름의 약 1/4에 해당되고 지구 질량의 1/81에 해당된다. 실제 크기는 어마어마한 차이가 있지만 지구에서 볼 때 태양과 달의 크기는 똑같아 보인다. 이는 묘한 인연이랄 수밖에 달리 표현할 방법이 없다. 실제로 태양은 달보다 400배 크지만 지구와 달과의 거리는 지구와 태양과의 거리에 1/400이기 때문에 그런 일이 가능해진다. 지구가 오늘날의 크기로 성장되기 이전 자전속도는 몇 시간에 불과해서 당시 하루는 매우 짧기만 했다. 그리고 자전축도 안정화되지 못했다. 그게 지구의 초창기 모습이었다. 그러나 지구가 오늘날의 크기로 성장하고 그리고 위성인 달이 만들어지고 나서야 지구는 비로소 오늘날처럼 변하게 된 것이다. 그러나 지구의 위성인 달의 생성 기원은 얼마 전까지만 해도 오리무중이었다. 달의 생성기원이 밝혀지기에는 넘어야 될 산이 너무 많았다.

전설 속으로부터 과학적인 방법으로 달을 설명하기 시작한 것은 오래전의 일이 아니다. 17세기에 이르러 갈릴레이(Galileo Galilei, 1564–1642)는 그가 만든 망원경으로 달을 관측하였다. 그는 1609년 망원경을 스스로 제작하여 천체관측을 처음으로 하였다. 이는 편광현미경이 개발되기 훨씬 이전의 일이었다. 그는 스스로 망원경을 발명했다고 주장했지만, 망원경 제작 특허권은 이미 네델란드의 한스 리페르세이(Hans Lippershey, 1570–1619)가 1608년에 취득한 후였다. 갈릴레이의 뛰어난 점은 리페르세이가 만든 것보다 더 나은 기능을 가진 과학적인 기구로 변형시킨 것이며, 그런 기구를 적합한 용도로 활용한 위대한 과학자라는 점이다. 그가 맨 처음 당시 최고 성능을 가진 망원경을 개발한 후 베니스 총독에게 육안으로는 볼 수 없는 적 군함의 접근을 망원경으로 식별하는 시연을 보여줬다고 한다. 이 시연에 대한 보상은 즉각 이루어져 총독은 그의 봉급을 두 배로 올려주었다고 한다. 그러나 그는 망원경의 올바른 사용법을 고상한 대상으로 바꿨다. 그는 달의 표면을 관찰하여 인간의 시계로 확인할 수 없는 여러 가지 사실들을 관찰하였다. 그는 달은 "광대한 고원과 깊은 골짜기, 굴곡들로 가득 차 있다"라는 사실을 밝혀냈다. 그러나 그는 달의 관찰 초기 조심스러운 자세를 유지했다. 그가 관찰한 달에서 명암의 경계선이 움직이는 것을 확인하고도 그 대상을 "산이 아니라 아이러니하게 작용하는 그늘이다"라는 식으로 표현을 했다. 오늘날 우리의 지식체계에서는 너무 명확한 사실이지만 달의 표면을 처음으로 관찰한 그에게는 오로지 객관적인 사실 기술로 그의 표현을 절제한 노력이 나타나는 대목이다. 그것은 신비에 쌓여 있던 달의 실체를 밝히는 시작이었지만 그렇다고 달이 만들어진 과정을 설명하는 것은 아니었다. 그리스의 철학자 플라톤은 대화록인 『티마이오스』에서 "시간과 하늘은 함께 태어났다. 사라질 때도 함께 없어지기 위함이다. 그것들이 없어질 수 있다면."이라고 쓰고 있다. 사실 갈릴레이가 달의 모습을 관찰한 그때까지 우리가 달에 아는 것이라고는 거기서 크게 나을 것도 없는 그런 형편이었다. 과학적 사유라기보다는 철학적 사유에 더 가까운 생각들이 나돌고 있는 정도였다고 보면 우리 선현들의 생각을 너무 폄하한 것일지도 모른다.

달의 생성에 대한 과학적인 가설은 1898년 찰스 다윈의 둘째 아들인 조지 다윈(George Howard Darwin, 1845-1912)에 의해 처음으로 제의되었다. 조지 다윈 이전에도 몇몇 사람들이 달의 기원에 대해 간단하게 피력한 적은 있었지만 달의 생성에 관한 문제를 행성들의 형성과 별개의 문제로 생각한 사람으로서는 그가 처음이다. 그는 처음 지구의 자전이나 지구와 달 사이에 작용하는 조석작용 등에 관한 연구를 하고 있었다. 그가 그 일에 얼마나 심각하게 생각하고 있는지는 1876년 4월 25일 아버지 찰스 다윈에게 쓴 편지에서도 나타난다. 그는 달의 생성과 관련하여 그 편지에서 "저는 지구 자전축의 변화에 대해 에반스가 제기한 문제점을 밤낮 없이 생각했습니다. 저는 오랜 고민 끝에

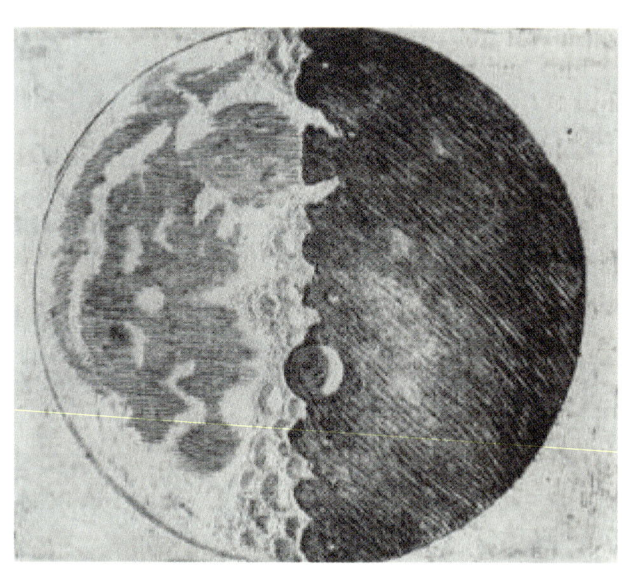

1609년 11월 30일 갈릴레이가 망원경으로 관찰하여 그린 달의 모습.

가장 어려운 부분을 해결했고, 이젠 여기에 어떤 수학적 문제가 관련되어 있는지 정확하게 안 것 같습니다. .....어쩌면 달걀이 부화도 되기 전에 닭의 수를 세는 것인지도 모르겠습니다만, 제 머리는 지금 이 문제에 대한 샘솟는 아이디어로 가득 차 있습니다."라고 했다. 그는 달의 기원을 태양계 다른 행성과는 별개의 문제라고 생각한 최초의 과학자였다.[27] 그런 그의 연구결과는 조수(潮水)에 관련된 저술을 통해 발표되었다. 그가 조석이론을 연구하면서 얻은 결론은 지구생성 초기 뜨거운 상태를 유지했다는 당시의 이론에 근거를 둔 것으로 달의 형성은 원래 지구의 용융된 부분이 지구의 자전에 의한 원심력에 의해 떨어져 나간 것으로 추리하였다. 그러나 그런 가설은 역학적인 계산에서 문제점이 드러났다.

달이 지구로부터 떨어져 나갔다는 이론은 오스먼드 피셔(Osmond Fisher, 1817-1914)라는 지질학자에 의해 1882년도에 제의되었다. 그는 아마도 태평양은 달이 지구로부터 떨어져 나갈 때 만들어진 일종의 탄생흔(誕生痕)이라고 주장했다. 조지 다윈은 이 이론을 자신의 이론에 결부시키지는 않았지만 그의 이론의 보급에는 영향을 미쳤다. 조지 다윈은 달이 현재의 궤도로 운행하기까지는 약 4400만 년이 결렸다는 계산을 했다. 그런 계산은 지구의 나이를 둘러싼 오랜 논쟁과 충돌하는 값이었다. 오늘날 우리가 알고 있는 나이보다는 턱없이 부족한 것이었지만 당시 지구의 나이를 계산한 결과와 비교하면 너무 길었기 때문이다. 당시의 지구과학자들이 지구의 나이를 정확하게 제시하지는 않았지만 적어도 수억 년은 되리라는 생각을 가지고 있었다. 그러나 영국의 위대한 물리학자 켈빈 경(Lord Kelvin, William Thomson, 1824-1907)은 그런 나이를 일축했다. 그는 그런 나이는 "물리 법칙에 대한 완벽한 오해의 산물"이라고 단정적으로 무시했다. 그는 1862년 암석의 용융온도로부터 계산한 지구의 나이는 2000만 년에서 4000만 년 사이로 추정하였다. 그러나 켈빈은 낮은 수치를 선호했다. 조지 다윈의 최소 추정치는 캘빈의 나이를 해명해주는 자료처럼 보였다, 그런 계산 즉 지구는 생성 초기 뜨거운 구체였으며 지구가 현재의 온도로 냉각되는데 소요되는 시간으로부터 계산되었다. 그는 암석들이 1,200℃ 정도의 온도에서 용융된다는 새롭게 알려진 자료를 근거로 계산한 것이었다. 지구의 나이를 그런 식으로 계산하는 방법은 프랑스의 뷔퐁(Comte de Buffon, 1707-1788)이 켈빈 경보다는 오래 전인 1779년에 약 75000년으로 이미 발표해 놓은 상태였다. 그러나 그런 나이는 오류라는 것은 얼마 지나지 않아 밝혀지게 된다. 지구가 만들어지는 과정이 그런 과정이 아니었으므로 그런 계산은 오류일 수 뿐이 없다. 지구의 원심력에 의해 떨어져 나간 부분이 달이 되었다는 이론 역시 사실이 아님이 드러나게 된다.

지구가 회전하면서 떨어져 나가 달이 만들어졌다는 분리설은 점차 지지기반을 잃어갔다. 그러나 조지 다윈의 조석문제 연구는 남달랐다는 점을 인정해야만 한다. 그 뒤에 출현한 것이 포획설이다. 포획설은 미국의 말썽 많았던 천문학자인 토머스 제퍼슨 잭슨 시(Thomas Jefferson Jackson See, 1866-1962)에 의해서이다. 그의 전력이 말해주듯 달의 기원을 밝히는 포획설 조차도 전문학술지를 통해서가 아니라 1909년 〈샌프란시스코 롤〉과 〈뉴욕 타임스〉란 신문을 통해 처음 발표하였다. 과학계의 새로운 이론을 발표하는 순서로서는 해괴한 수순을 따르고 있었다. 달은 지구와는 관계없이 형성된 것으로 달에서의 에너지가 고갈되어 지구에 포획되었다는 것이었다. 그는 많은 저술활동을 하였지만 전문가들로부터 관심을 끌지 못하는 위치로 전락했다. 그렇지만 당시 그가 제의한 포획설은 달의 생성을 제의한 가설 중 상당한 설득력을 가진 것으로 평가되었다. 사실 이 이론은 중수소를 발견하여 1934년 41세의 젊은 나이로 노벨 화학상을 받았던 해롤드 유리(Harold Urey, 1893-1981)의 지지를 받았는데 그 점이 사람들의 관심을 끌었다. 그는 달은 지구보다 오래전에 형성되었으며 한 번도 용융된 적이 없는 원시적인 물체여서 막 형성된 태양계의 화학적 원소가 그대로 보존되어 있다고 주장을 했다. 이런 주장은 학자들의 관심을 끌기에는 매력적인 것이었다. 그러나 그의 주장이 모두 올바른 것은 아니었다. 케플러의 제3법칙은 만약 달이 지구와 거의 같은 속도로 움직이고 있었다면 달도 역시 지구와 거의 같은 궤도에서 움직여야 한다는 것을 말한다. 기본적으로 달은 매우 느린 속도로 매우 좁은 우주의 창을 통과해야 된다는 문제점을 가지고 있다. 여러 모의 실험이나 계산결과들이 달이 지구

에 포획되는 조건을 만족하기 어렵다는 사실이 알려지면서 이 이론 역시 지지기반을 잃게 된다.[27]

그 후에 등장한 이론으로 융합설이 있다. 이 이론은 프랑스에서 시작되어 소련 과학자들을 중심으로 활발하게 논의되었다. 이 이론은 프랑스의 수학자이자 천문학자인 로슈(Edouard Albert Roche, 1820-1883)에 의해 1873년에 제의되었다. 그는 결혼하고 8일 후 아내를 병으로 잃고 나서 다시는 결혼을 하지 않고 독신으로 일생을 연구에만 매진했던 것으로 잘 알려져 있는 과학자이다. 이 가설은 달과 지구가 태양계 내의 같은 지역에서 동시에 성장했다는 가설이다. 이 이론에 따르면 달의 생성은 독특하지도 않으며 극적인 사건도 아니라는 것이다. 로슈는 1881년 지진학적 자료도 없이 지구의 내부는 철로 구성되어 있다고 추론했다. 그는 지구의 자전에 저항하는 힘을 측정할 수 있는 운동량을 근거로 지구의 외부는 암석이고 중심부는 철로 되어 있다는 추론을 하였다. 당시의 지질학계에서는 지구의 내부는 균질한 용암으로 되어 있다고 믿었던 시절이므로 그런 그의 추론은 시대를 한참 앞서 나간 생각이었다. 그리고 그는 라플라스의 성운설의 수학적인 연구를 통해 그 이론을 지지하였다. 비록 그가 발견한 로슈의 한계는 하나도 수정되지 않은 채 인정을 받고 있지만 융합설은 사정이 달랐다. 로슈의 한계란 어느 정도의 크기를 가진 천체에 이보다 작은 질량을 가진 천체가 질량이 큰 천체의 중심에서 그 반경의 2.44배 이내로 접근하면 조석력 때문에 파괴되어 버린다는 것이다. 그러나 융합이론은 잘못된 것으로 지지기반을 잃었다. 이 이론은 뒤에 구소련의 사프로노프(Victor Sergeevich Safronov, 1917-1999)에 의해 1950년대 이후 다시 주장되었다. 그는 성간 먼지들로부터 태양계의 행성들이 응집되는데 1억 년이면 충분하다는 계산을 한 장본인이기도 하다. 사프로노프와 그의 아내이자 동료였던 에프게니아 러스콜은 달의 형성을 융합설로 설명하였으며, 그들의 모델에 의하면 달이 만들어지기 위해서는 현재 지구 반경의 250배 되는 공간에 미소행성체가 분포되어 있어야 된다고 했다. 그런 미소행성체의 무리들이 모여 고리로 되었다가 나중에 응집되어 달이 되는 과정으로 지구와 동시에 생성되었다는 것이다. 이

지구 생성 후 5천만 년이 경과된 후에 화성 크기의 행성 테이아와 충돌에 의해 지구의 표면 물질이 떨어져 나가 지구의 중력권에 잡혀 달이 만들어졌다는 거대충돌설을 나타낸 화가의 상상도(그림 제공: Gary Hincks).

이론은 각운동량과 지구와 달의 조성이 차이를 보이는 것을 설명하기에는 부족하였다.[27] 그러나 사프로노프의 이론은 후일 대충돌설의 모체가 된다.

달의 형성에 대한 논의가 한동안 주춤해졌다. 미항공우주국의 아폴로 계획은 달의 기원에 대한 논의에 불을 지핀 계기가 되었다. 아폴로 11호가 달에 착륙한 시점에는 모든 문제가 한꺼번에 풀릴 것처럼 사회분위기는 무르익어가고 있었던 시점이기도 하다. 실제로 서방세계에 달에 대한 관심을 고조시킨 것은 아폴로 계획 이전 의외의 한 책으로부터 시작되었다. 그게 바로 랄프 볼드윈(Ralph B. Baldwin)이 1949년에 쓴 『달의 얼굴 *The Face of the Moon*』이다. 그는 소위 제도권 과학자는 아니었다. 잠시 여러 대학에서 천문학 강의를 하기는 했지만 그는 자유롭게 달에 관한 연구생활을 한 학자이다. 그도 처음에는 달을 달빛 때문에 천문관측에 방해가 되는 거추장스러운 존재로만 인식하였다. 그러나 학업을 마치고 1941년 시카고 대학의 천문대에 취직하면서 달 표면 사진을 접할 기회가 생겼다. 그는 사진으로부터 재미있는 패턴을 발견하였다. 달 표면에 있는 원형의 흔적들은 갈릴레이가 관찰한 이후 화산활동 결과로 생성된 분화구로 여기던 시절이었다. 물론 그가 처음으로 주장한 것은 아니었지만 그는 그게 분화구가 아니라 충돌의 흔적으로 만들어졌다는 것을 인식하였다. 그러나 과거 그게 운석 충돌의 결과라고 주장하던 시절은 운석의 존재마저도 언급되지 않던 그런 시대였으므로 그것을 심각하게 받아들이는 이가 없었던 시절이었다. 볼드윈은 1948

년 그가 연구하던 달 표면의 분화구로 알려졌던 원형의 흔적들은 운석충돌 결과로 생성되었다는 연구 결과를 발표하였다. 그가 쓴 달의 얼굴에 그런 내용을 소개하였다. 포획설을 지지하였던 해롤드 유리가 평생 달과 연애하도록 만들었던 계기는 바로 볼드윈이 쓴 그 책을 읽고 나서였다는 게 유리의 전기를 쓴 동료들의 전언이다. 유리는 미항공우주국의 아폴로 계획에 참여하여 달을 연구하면서 자신이 주장한 차가운 달 이론이 사실이 아니라는 점을 스스로 확인하였지만 달의 연구 기법 개발에 여러 가지 기여를 했다. 그렇지만 정작 달의 기원을 밝히는 데는 이렇다 할 성과를 얻지 못했다. 다시 아폴로 계획으로 이야기를 돌려 보자. 아폴로 계획으로 달 착륙 횟수가 늘어나면서 원형의 구조물 중의 일부는 실제로 분화구도 있음이 확인되었다. 우주비행사들이 채취하여 가져온 시료들에서는 분출산물로 만들어진 감람석 결정들이 발견되었다. 감람석 이외에도 사장석이나 휘석 그리고 티탄철석 등 지구상에서 발견되는 광물들이 들어 있었다. 이런 광물들은 다양한 해석으로 연결되었다. 마그마 바다가 존재했다는 설이 등장하였는가 하면 거대한 화산 분출을 상상하기도 했으며, 대폭격이론도 등장하였다. 확실한 정설이 등장하기 전에 제의 되는 가설이 많은 것은 여기서도 통했다. 소설가 마크 트웨인은 "과학에는 뭔가 매혹적인 게 있다. 한 가지 사실이라는 아주 사소한 투자 대상에서 그토록 다양한 추측들을 수익들로 거둬들이니 말이다"라는 글을 쓴 적이 있다. 그런 글귀가 연상되는 대목이었다. 하여튼 달의 구성물질들은 지구의 것과 유사하다는 증거들이 점점 더 확보되었다.

이런 달의 화학조성이 지구의 것과 유사성을 보이는 것은 달의 생성을 설명하는데 분리설에게 가장 어울리는 자료였다. 그러나 달의 구성 물질들 중 휘발성 물질이 지구나 운석보다 작다는 것은 달이 만들어질 때 높은 온도를 경험했다는 것을 말해주는 증거였다. 그리고 결정적인 다른 증거로는 동위원소 조성이 있는데 달의 조성이 지구의 조성과 매우 유사하다는 것이었다. 이런 아폴로 계획으로 얻은 과학적인 결과물들은 포획설과 융합설에 반하는 증거들로 넘쳐났다. 이제 남은 것은 분리설이다. 그러나 분리설은 현실적으로 인정받기 어려운 여러 가지 문제점들이 이미 잘 알려진 상태였다. 이제 다른 이론이 등장할 시점이 되었다.

하버드대학의 댈리(Reginald Aldworth Daly, 1871-1957)는 1946년 거대한 운석과의 충돌에 의해 달이 생성되었다는 이론을 〈미국철학협회지〉지에 발표하였다.[33] 댈리의 가설은 큰 주목을 끌지 못했을 뿐만 아니라 일부 학자들은 그의 주장을 엉터리라고 주장하는 이들도 있었다. 그의 15쪽에 이르는 논문은 당시 과학자들이 받아들이기에 아주 부적절한 시점에 출간되었는지도 모른다. 그러나 이런 사실은 과학계에 정식으로 등장하지 못해 주목을 받을 기회조차도 얻지 못한 거나 다를 바 없었다. 그러나 거대충돌설은 1975년 하트맨(William Hartman)과 데이비스(Donald Davis)에 의해 〈이카루스, Icarus〉란 학술지에 발표되면서 다시 주목을 끌기 시작하였다.[34] 그렇지만 누구도 댈리의 연구결과를 인용하지는 않았다. 의식적으로 기피한 게 아니라 그의 연구 결과가 어둠에 묻힌 듯 아무도 기억해내지 못했기 때문이라고 알려져 있다. 오늘날처럼 모든 자료들이 전산화되기 이전에는 그럴 가능성도 있다. 하트맨과 데이비스의 논문이 발표된 직후 과학계로부터 즉각적으로 호응을 받은 것은 아니었다. 대충돌설이란 지구가 거의 오늘날의 크기로 성장된 후 화성 크기의 행성이 지구와 충돌하면서 그들 중 일부가 튕겨 나가 지구의 중력권에 잡혀 모여진 것이 달이 되었다는 가설이다.

하트맨의 회상에 의하면 1974년 코넬대학에서 열린 학술회의에서 이 이론을 처음 발표했을 때 그의 이론이 한 순간에 거부되는 것을 염려했다고 한다. 발표가 끝이 나고 질문을 하기 위해 손을 든 이는 당시의 거물 천체물리학자인 카메론(Alfred G. W. Cameron)이었다고 한다. 그는 그의 손이 올라가는 순간 "그는 내가 말한 모든 것을 쓰레기로 만들어 버릴 거라고 생각했다"고 했다. 그러나 그의 발언은 그 자신 역시 대충돌 가설을 연구해왔다고 하면서 그 가설이 가능하다는 것을 확인했다는 것이었다. 하트맨의 회고대로 "그건 마치 대충돌 아이디어에 성수를 뿌려준 격"이었다. 하트맨과 데이비스는 지구가 거대한 충돌체와 부딪쳐 달을 생성시켰다는 가설을 가지고 있었지만 정작 충돌 이후에 일어나는 일련의 과정을 설명한 것은 카메론과 그의 동료였다. 그래서 대충돌설이 등장한 것이다. 달을 구성하는 물질의 대부분은 지구의 표면에서 떨어져 나간 물질로 추정하고 있다. 달의 핵에 존재하는 철질 물질의 양이 적은 것으로 이런 이론은 뒷받침된다. 하트맨은 그 이론을 발표한 후 충돌설을 가시화하는 미술작품을 만드는데 많은 시간을 할애하고 있다. 그는 단지 달의 생성과정 뿐만 아니라 우주에서 일어나는 여러 가지 현상을 캔버스에 옮기는 작업에 많은 시간을 할애하고 있다. 그의 그림은 여러 언론 매체나 교과서에도 자주 등장하는 그림 중의 하나가 되었다. 그림이야 말로 가장 쉽게 쓰는 과학적 언어일지도 모른다.

많은 학자들이 1983년 하와이에 모여 달과 관련된 학술회의가 개최되었다. 그 모임을 주도한 것은 하트맨과 로저 필립스와 제프 테일러였다. 하트맨이 대충돌설을 발표한지도 9년이나 지나고 있을 시점이었다. 학술회의 속성상 어떤 이론이 옳고 그른지를 결정하는 것은 아니다. 그러나 하와이의 휴양지에서 개최된 코나회의는 달랐다. 『암석질 달에 대하여; 지질학자들의 달 탐사 역사』의 저자 돈 빌헬름즈는 당시의 분위기를 이 책에서 하트맨의 회상을 근거로 다음과 같이 기술하고 있다.[35]

> "정말 믿을 수 없는 회의였다. …… 주최측에서는 결론도 나지 않는 가설이 나올 거라고 지레 짐작해서 분과를 둘로 나누어 "달의 기원과 관련된 나의 모델 I"이란 세션과 "달의 기원과 관련된 나의 모델 II"란 이름을 붙였다. 그런데 놀랍게도 한 연사가 끝나면 그 뒤를 이어 다른 연사가 계속 '우리들의 모델'을 들고 나와 발표를 했다. 정말 다행스럽게도 거의 모든 참석자가 원형 그대로의 기존 이론들을 버렸다"

이 회의 후 분위기는 달라졌다. 모두 그런 것은 아니었지만 대부분의 과학자들이 달 탄생을 대충돌설로 설명하는데 동참을 하였다. 당시 제의되었던 이론들 중에서 어떻게 그런 큰 달이 만들어졌는지, 지구와 달의 각운동량을 설명하고, 달에서 휘발성 물질과 철이 상대적으로 결핍되는 이유와 미량원소 및 산소안정동위원소 조성이 지구와 유사한 점 등을 설명하는데 가장 높은 점수를 받을 수 있다는 점이 다른 과학자들이 이 이론에 동의하는 계기가 되었다. 이후 카메론 등의 컴퓨터를 이용한 충돌 모사 실험결과는 충돌설의 불완전성을 보완해주는 계기가 되었다. 카메론의 이러한 일련의 연구결과는 대충돌설 이론이 더욱 지지를 받는 계기가 되었다. 그러나 아직도 충돌설은 해결하기 어려운 여러 가지 문제점들을 내포하고 있는 것 역시 부정할 수 없다. 어떤 이는 지금도 다른 이론이 타당성이 부족해서 부각된 이론이지 그 자체가 훌륭한 것은 아니라고 폄하하고 있는 학자들도 상당수 있다.

그렇다면 무엇이 지구와 충돌을 했다는 것인가? 하트맨이 대충돌설을 제의한 지 20여 년이 지날 때까지도 그냥 지구 충돌체라고 불렀다. 할러데이(Alex N. Halliday)가 그 충돌체에 격에 맞는 낭만적인 이름을 붙여 주었다. 그리스 신화에 등장하는 달의 여신 셀레네는 히페리온과 테이아의 딸이다. 그래서 지구 충돌체에 달의 여신을 만든 테이아(Theia)라는 이름을 붙였다.[36] 예쁜 이름이지만 아직 학계가 공식적으로 인정한 것은 아니다. 그래도 현재는 여러 사람들이 달을 만든 충돌체를 테이아라고 부르는데 익숙해져 있다. 하여튼 초속 15km의 속도로 날아온 테이아와 충돌한 지구로부터 달이 만들어진 시기는 지구가 만들어진 후 약 5천만 년이 지난 후라고 밝히고 있다. 오늘날 지구과학자들은 지구가 만들어지기 시작한 시점으로부터 5천만 년이 경과된 시점 지구의 크기는 오늘날 크기의 약 90%에 이르렀을 것으로 추산하고 있다. 바로 지구가 온전히 성장하기도 전 화성 크기의 테이아와의 충돌에 의해 달이 만들어졌다고 믿는다. 물론 테이아는 지구와 충돌이후 형체도 없이 사라져 버렸으며 그 때 떨어져 나간 파편들이 식어져 뭉쳐진 것이 달이 되었다는 것이다. 달은 현재 지구로부터 40만km 떨어진 거리에 위치하고 있었으나 달이 만들어진 초기에는 불과 2만2천km 거리에 위치하고 있었다고 한다. 아마 그 당시 달은 아마도 엄청나게 크게 보였을 것이다. 그러나 달은 지구와 서서히 멀어져 오늘날의 거리에 자리 잡게 되었다. 충돌 후 발생된 먼지와 암석의 파편들이 모인 달이 단단한 달이 된 것은 상당한 시간이 경과된 후라고 믿고 있다.

그런 거대한 충돌이 지구 생성 직후에 일어난 일이 얼마나 다행스러운 일인지 모르겠다. 이 거대한 충돌로 만들어진 달의 중력 때문에 지구의 자전속도는 점점 느려지게 되었으며 자전축은 기울어지게 되었다. 그러나 아이러니하게도 달의 생성은 달의 중력으로 지구를 안정화시켜 멈춰가는 팽이처럼 비틀거리는 것을 막아주었을 뿐만 아니라 지구에 계절의 변화를 가져오게 되었다. 어떤 학자들은 이런 봄, 여름, 가을, 겨울로의 계절 변화는 후일 생물종이 지구에 출현한 후 종의 다양성을 가져온 주요한 원인 중의 하나로 생각하기도 한다.

생명체를 잉태한 지질시대

헤이디언이언 뒤에는 시생이언(38억 년 전-25억 년 전)이 온다. 역시 이 시대의 열류량은 현재보다는 현저히 높았으며, 시생대와 원생대의 경계인 25억 년 전의 열류량도 현재의 2배로 추정하고 있다. 열류량은 지구 내부로부터 표면으로 방출되는 열로 이해하면 된다. 과거 지질시대 열류량이 현재보다 높다는 것은 다른 말로 하면 지구전체는 지금보다는 더 뜨거운 상태였음을 의미한다. 물론 그것은 지구 내부로부터 방출되는 에너지 상태를 상대적으로 비교한 것이며, 지구의 표면은 식은 상태로 이미 변해있었다. 아직도 논쟁이 진행되고는 있지만 이 시대의 지구조 운동은 매우 활발하였고 지금보다는 더 빠른 속도로 진행되었을 것이라고 한다. 그래서 이 시대의 초기에는 그나마 막 만들어지기 시작한 대륙이 살아남기에는 힘든 시기였다. 모든 지질작용이 빠르게 진행되었던 시점이었기 때문이다. 이런 관점에서는 오늘 일어나고 있는 지질작용이 과거에도 일어나고 미래에도 계속될 것이라는 라이엘이 정립한 '동일과정의 원리' 가 적용되지 않는 것처럼 보이는 대목이다. 그러나 다만 진행 속도가 빨랐을 뿐이므로 그렇게 확대 해석할 필요는 없을 것 같다. 하여튼 시생이언 말기까지는 큰 규모의 대륙은 존재하지 않았으며, 대륙으로 성장하기 위한 덩어리들이 소규모로 존재하던 시기로 추정하고 있으며, 대기 중 산소는 결핍되어 있었다. 하여튼 이 시생이언은 지구 대륙의 50-60%가 만들어진 시기이며, 지각이 만들어진 두 번의 주요한 시기는 바로 3600-3,500Ma와 2,800-2,600Ma라는 점이 맥쿨로크와 베네트에 의해 최근에 제의되었다.[37] 지구 역사상 가장 중요한 지각의 성장 시기는 바로 시생이언의 두 번째의 시기이다. 이 시대의 퇴적 기원의 변성암류가 발견되는 것은 이 시기 이전에 대양에서 만들어진 퇴적암이 있었다는 것을 지시한다. 시생이언 말기에 이르면서 현대의 판구조 이론으로 설명되는 지판의 이동을 증거 하는 여러 가지 지질학적 증거들인 화산, 호상열도, 퇴적 분지, 열곡대, 대륙-대륙 충돌대 그리고 이런 충돌에 기인되는 조산운동의 증거들이 남겨져 있으며, 무엇보다도 중요한 것은 생명체의 시원이나 다름없는 원핵생물들이 출현한 시기라는 점이다.

캐나다 북서부의 동토지대에는 캐나다순상지의 일부인 오래된 대륙인 슬레이브 육괴(Slave craton)가 분포되어 있다. 이 육괴는 대체로 시생이언 말기의 암석들이 주된 구성암석이나 아카스타편마암이 산출된다. 이 암체는 1989년 발견되었으며 그 지역을 흐르는 아카스타강의 이름을 따라 지층명이 명명되었다. 맥길대학의 연구팀이 1999년 이 아카스타편마암내에 들어 있는 지르콘 결정으로부터 측정된 절대 연령은 40억 년 전(4.03 Ga)으로 헤이디언이언의 시대를 가르키고 있었다.[38] 이어 각섬암을 이용하여 네오디미움법으로 비교적 최근 측정된 절대연령도 유사한 값을 보여 주었다.[39] 이런 연령은 지금까지 밝혀진 지구상에 노출된 암석 중 가장 오래된 헤이디언 시대의 암석이었다. 슬레이브 육괴는 시생이언 말기(2.69Ga)에 서쪽의 초기 육괴들과 동쪽의 호상열도(화산암류)가 분포된 지역이 합쳐지면서 만들어진 것이다. 바로 그곳에 지구 초창기에 만들어진 지각의 파편이 들어가 있었던 것이다. 아직도 이 결과에 대해 의문을 제기하는 학자들도 있으나 다른 실험 방법에서도 같은 연대를 보여주는 것으로 보아 그 암체 내에서 헤이디언이언 지각을 구성하던 암석의 파편을 찾아낸 것은 분명한 것 같다. 이것은 지구 초창기에 형성된 지각의 잔류물로 초기 지구의 진화과정에서 암석의 재순환과정 중 파괴되지 않고 살아남은 흔적이라는 점을 상기하면 그 돌은 다른 어떤 암석들과 비교할 수 없는 신비한 존재이다.

이 시대의 초창기는 지구 역사의 후반기에 비교해서 그때까지도 우주를 떠돌던 행성의 크기로 자라지 못한 크고 작은 운석들이 지구와 충돌하는 일이 심심치 않게 일어났다. 그리고 때에 따라 그 충돌의 파괴력은 대단한 규모로 발생되었다. 이런 운석 충돌은 지하의 마그마방을 흔들어 놓아 큰 화산활동으로 연결되기도 했다. 그런 증거들을 어렵사리 보존하고 있는 그 시대의 일부 지층들에 의해 확인된다. 그런 지질학적 기록들을 찾아내는 것은 지질학자들의 몫이었다. 마치 경험이 많은 형사들이 범죄의 현장에서 범죄와 관련된 더 많은 증거를 찾아내는 것처럼 망치만 든 지질학자들이 미처 인식하지 못했던 사실들이 지질학이 발전되면서 신기술로 무장한 지질학자들에 의해 돌 속에 숨겨진 그런 진실이 차례로 드러나기 시작했다. 오래전 그것도 수십억 년 전 지구에서 일어난 충돌의 흔적을 찾아내기란 쉬운 일이 아니었다. 운석이 지구와 충돌할 때 발생한 큰 폭발과 충격파에 의해 기화된 물질들이 식으면서 응축된 물질이 유리구슬처럼 만들어지는 게 텍타이트이다. 시생대에 일어난 운석충돌 결과로 이런 물질들이 시생대 초기의 암석인 오스트레일리아의 필바라 육괴(Pilbara craton)와 남아프리카 카프발 육괴(Kaapvaal craton) 등의 암석 속에서 발견되었다. 그리고 이어지는 원생이언에서는 대규모의 충돌구조까지도 남겨져 있어 이 시기의 운석충돌이 확인되고 있다. 그리고 운석을 구성하던 백금, 이리듐, 닉켈 및 크롬과 같은 물질들이 집적되어 대규모 광상을 만들기도 했다.

지질시대가 말해 주는 것처럼 시생대(始生代)란 마치 생명체가 시작된다는 의미를 포함하고 있는 것처럼 느껴진다. 이 시대의 암석 중에 처음으로 원핵세포의 화석과 시아노박테리아가 만든 스트로마톨라이트(stromatolite)가 이 시대의 암석 중에서 발견된다. 박테리아에 속하는 조류(藻類)이다. 오늘날 까지도 존재하는 이 미생물은 해수나 담수 환경 어디에서든지 산출된다. 바로 스트로마톨라이트는 이들 광합성 기작에 의해 산소를 생산하는 시아노박테리아가 집적되어 35억 년 전부터 만들어졌다는 사실이 최근에 발표되었다. 오스트레일리아의 시생대 말기 암석인 와라우나층의 쳐트 속에서 발견한 미화석을 빌 쇼프(J. William Schopf)와 보니 팩커(B. Packer)가 1987년에 사이언스에 발표한 논문들을 근거로 이런 사실을 정설처럼 받아들여져 지구의 역사를 다루는 많은 교과서에는 그가 발표한 사진들과 함께 소개되는 중요한 내용이 되었다. 그들이 발견한 것은 길이가 1–20마이크론의 작은 필라멘트였다. 전문가가 아닌 사람들의 눈에는 박편을 만들 때 생긴 흠집이거나 불순물들이 모여 생긴 것으로 여기기 쉬운 형태이지만 그가 스케치한 형태를 보면 조금 더 분명해진다. 그러나 최근 이 이론에 대한 의문을 제기하는 반론이 제기되었다. 빌 쇼프가 사용한 시료는 아니지만 거의 동시대에 발견된 다른 화석으로부터 그런 흔적을 발견하고 그들은 그 흔적을 생명의 시작을 알리는 원핵세포로 보지 않고 몇 번에 걸쳐 일어난 열수변질작용의 결과로 탄소에 의해 만들어진 것으로 해석하였다. 아직도 이 논쟁이 해결된 상태는 아니다. 스트로마톨라이트가 생성되는 시점으로 보아 이들이 시작된 시기는 그 언저리로 여겨지나 최초의 생명체인지 여부를 결정하는 것은 기다려야 할 것 같다.[43] 하지만 이런 발견은 1950년대를 지나면서도 지구상에 생명이 출현한 시점을 6억 년 전쯤으로 생각하던 것에 비교하면 경이로운 발견이다. 그렇지만 이들 조류의 최 전성기는 시생이언 후에 온 원생이언의 12억 년 전을 전후한 지질시대였다. 그들 조류가 생존하는 데 필요한 것은 물, 이산화탄소 그리고 햇빛이 비추는 환경이면 족했다. 이들은 현생종으로도 오스트렐리아의 샤크만의 부분적으로 고립된 바다에서도 오늘날 관찰된다. 해수의 염도(鹽度)는 보통 바다의 2배 정도로 매우 높은 하멜린풀(Hameline Pool)이 바로 그곳으로 지금도 자라고 있는 스트로마톨라이트가 관찰된다. 이런 염도에서는 시아노박테리아를 먹이로 하는 다른 생물종의 서식을 허용하는 범위를 넘어선다.

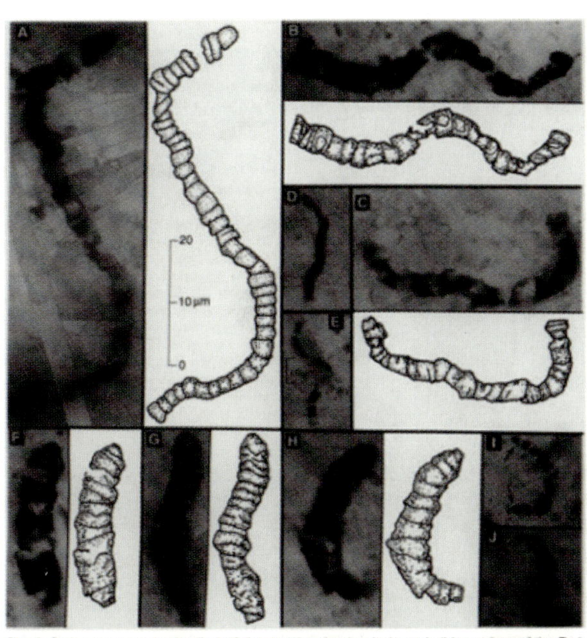

Fig. 4. Carbonaceous microfossils (with interpretive drawings) shown in thin sections of the Early Archean Apex chert of Western Australia. Magnification of (D, E, I, and J) denoted by scale in (E); magnification of all other parts shown by scale in (A). (A, B, C, and D) and (F, G, H, and I) show photomontages of the sinuous three-dimensional microfossils. (**A, B, C, D**, and **E**) *Primaevifilum amoenum* Schopf, 1992 (A, holotype) (*3*). (**F, G, H,** I, and **J**) *P. conicoterminatum* Schopf, 1992 (H, holotype) (*3*); arrows in (I) point to conical terminal cells.

SCIENCE • VOL. 260 • 30 APRIL 1993

1993년 사이언스에 발표된 빌 쇼프의 논문에 수록된 3.5Ga의 지층에서 발견된 원핵세포들의 모습. 이 연구로 원핵세포들의 출현 시기를 이 시점으로 끌어올렸다.

이 시생대의 지층에서는 단세포 화석들이 산출된다. 그런 것들은 화석으로 보기에는 지질학자들도 그냥 넘겨 버릴 정도로 그 형태도 불명확한 현미경으로나 관찰이 가능한 크기이다. 아키아(Archaea)의 화석이 산출되는 가장 오래된 암석은 바로 그린랜드의 이수아 지역에서 채취한 38억 년 전의 암석이다. 바로 시생대는 단세포 생물이 출현한 시기인 것이다. 그러나 세포들이 핵막을 가진 진핵세포로 진화되어 나타나는 시기는 21억 년 전에 만들어진 암석에서 발견된 것이 가장 오래된 것이다. 그러나 오스트레일리아의 셰일에서 발견된 스테란(steranes)은 진핵세포의 존재를 지시하는 증거이다. 그렇다면 27억 년 전에 이미 진핵세포는 출현했다고 보아야 한다. 이들 미생물의 화석들은 앞서 언급한 것처럼 점이나 짧은 끈처럼 보이는 것들로 비전문가들이 보면 박편을 만들 때 생긴 흠집이거나 광물들의 변질산물로 만들어진 것으로 오인되기 십상인 것들이 많다. 이런 흔적으로부터 생물체의 시작으로 여겨지는 세포의 존재를 인식한 고생물학자들이야말로 대단한 상상력을 가진 이들 임에 분명하다. 이런 생물체의 출현은 화석으로만 기록을 남기는 것은 아니며 동위원소조성은 이들 미화석을 함유한 탄산염암에도 영향을 미친다. 신기술로 무장한 지질학자들은 새로운 증거들을 찾아내었다. 이런 증거들이 등장하지 않았다면 아마도 논쟁은 더 계속되었을 것이다. 그런 문제를 해결하는데 도움을 준 예가 바로 동위원소 지화학이다. 탄산염암 즉 석회암류들은 탄소를 구성 원소로 함유하고 있다. 탄소는 ^{12}C과 ^{13}C의 동위원소가 존재한다. ^{12}C는 양성자 6개와 중성자 6개를 갖는데 반하여, ^{13}C는 중성자가 7개가 되어 원자량이 13이 된다. 탄소의 99%는 ^{12}C이나 나머지 1% 정도가 ^{13}C이다. 이들 생물체들이 탄소를 받아들여 유기분자를 만들 때 ^{12}C와 더 쉽게 결합을 해서 $^{13}C/^{12}C$비가 달라진다. 이게 이해하기 어렵다면 간단하게 유기물과 관련된 녀석들이 ^{13}C의 함유량이 낮아지는 것으로 생각하면 된다. 이런 동위원소 분별작용의 결과로 그들이 생성될 당시 유기물이 관여했는지를 알아내는 것이다. 이럴 때 이용되는 안정동위원소로는 황(S)도 이용된다. 따라서 질량분석기를 통해서 구한 안정동위원소 조성은 그 암석이 퇴적될 당시 유기체의 간여가 있었는지를 밝혀주는 증거가 된다. 그런 증거들이 확실하게 이들 암석들이 생명체의 출현과 연관되어 있음을 말해준다. 그렇게 오래전에 출현한 것을 고려하면 초기 생명체들의 진화과정은 매우 더디게만 진행되었던 셈이다.

풀리지 않는 수수께끼, 생명체의 기원

생명체는 어떤 과정을 거쳐 지구상에 출현한 것일까? 이들 생명체의 기원을 밝히는 것은 지금까지는 여러 가지 가설이 제기되기는 했지만 아직도 오리무중에 있다. 이들이 나타난 시기는 암석 속에 들어 있는 화석의 산출상으로 결정할 수 있지만 그 기원 문제는 짙은 비밀의 장막에 가려진 것이나 다름없다. 제기된 가설의 수는 많고 제각기 그럴듯한 설명이 따르기는 하지만 생명체의 기원을 밝혀줄 명백한 이론이나 증거는 제시되어 있다고 여기기는 힘들다. 알렉산더 오파린(Alexander Ivanovich Oparin, 1894-1980)은 1924년『생명의 기원』에서 초기의 지구 대기는 메탄, 암모니아, 수소와 수증기를 포함하고 있는 강한 환원형이며, 이들이 생명체의 근원물질이며 그것으로부터 생명체가 시작되었을 것이라는 가설을 제시하였다. 시카고대학의 해롤드 유리(Harold Urey, 1893-1981)의 박사과정 학생 스탠리 밀러(Stanly Miller, 1930-2007)는 1953년 이를 증명하기 위한 계획을 세우고 실행에 옮겼다. 진공상태의 비이커에 오파린이 말한 초기 지구 대기 구성물질을 넣고 에너지원으로 전기 스파크를 일으켰다. 비커를 면밀하게 관찰한 그는 거기에 생명체의 근본 물질인 아미노산 등 몇 가지 간단한 아미노산이 검출된 사실을 확인하였다. 밀러의 지도교수는 1934년 이미 노벨 화학상을 받은 명망 있는 화학자였기 때문에 그 파급 효과는 더 컸을 지도 모른다. 이 실험은 후에 "밀러-유리 실험"으로 불리어진다.

밀러-유리 실험으로 몇 가지 간단한 아미노산이 합성된 사실이 알려지자 세상은 뒤집힐 것 같은 반응을 보였다. 누군가는 마치 비커에 몇 가지를 넣고 잘 흔들어만 주면 생명체가 튀어 나올 것 같은 흥분상태가 되었다고 지적하였다. 그러나 생명체의 기원 문제는 그렇게 간단하게 해결될 성질의 일은 애초에 아니었다. 아니 그보다 더 간단한 조건으로부터 시작되었는지도 모를 일이지만 그 가설은 설정부터가 잘못된 것이었다. 비록 그들의 실험이 생명체의 기원을 밝혀주지는 못했지만 생명의 기원을 밝히기 위한 고전적인 실험기법으로는 영원히 기억될 것이다. 아미노산만으로는 복잡한 세포로 진화하는데 필요한 스스로 복제하는 분자를 합성할 수 없기 때문에 벽에 다다른 것이다.[8] 이 실험이 비록 완벽한 결론을 끌어내지는 못하였지만 이에 관심을 가진 과학자들이 일련의 후속적인 실험으로 연결되는 촉매제 역할을 하였다. 많은 과학자들이 생명의 발생과정을 밝히기 위해 실험실에서 많은 노력을 기울였지만 생명체는 재현되지 않았다. 오히려 리차드 도킨스는 시험관 속에서 생물을 자연 발생시키는 것이 쉽다면 그거야말로 우려할 만한 일이라고 했다.[44] 과연 그럴 것이다. 우리는 예기치 않게 많은 기괴한 생물종들이 튀어나오는 비커를 상상하는 일조차도 힘겹기 때문이다.

영국의 천문학자 프레드 호일(Fred Hoyle, 1915-2001)은 찬드라 위크라마싱헤(Chandra Wickramasinghe)와 함께 우주에서 발생한 생명체가 혜성에 실려 지구로 들어왔다고 주장을 하였다. 생명의 기원은 좀처럼 해결되지 않는 난제이므로 동원되는 인간의 상상력은 어디서 멈출지 모르겠다. 이들의 그런 주장은 1980년에 했으며, 이런 소식을 들은 많은 이들은 이제 호일 경이 과학계의 정상에서 내려올 때가 되었다고 비난하는 이들도 있었다. 그 후 천문학자들은 성간 구름에서 아미노산인 글리신의 흔적을 발견하기도 하였으며, 미국 항공우주국에서는 성간구름을 재현한 조건 속에서 생화학물질을 합성하는데 성공했다. 그렇다고 모든 문제가 해결된 것은 아니며 아직도 생명체의 기원에 대한 논쟁은 계속되고 있다. 그러나 운석들에서 발견되는 방향족탄화수소, 정확하게는 PAHs(polycyclic aromatic hydrocarbons)는 우주에서의 생명체를 시사하는 논쟁을 일으켰다. 특히 남극에서 1984년 12월 27일 채취한 화성으로부터 온 운석 1.93kg의 ALH84001은 논쟁의 중심에 자리했다. 논쟁의 불씨를 제공한 이는 미항공우주국의 존슨우주센터의 지질학자 데이비드 매케이(David McKay)였다. 매케이와 그의 동료들은 그가 화성에도 미생물의 생태계가 있었다는 가능성을 1996년 8월호 〈사이언스〉에 「화성에서 과거 생명체의 탐색: 화성 운석 ALH84001 내에서의 생명체 활동의 가능한 흔적」이란 논문(Science, 273:924-930)을 발표하였다. 그들이 증거로 제시한 것은 모두 네 가지였다. 운석 속에 들어 있는 어떤 것이 탄산염 광물박테리아가 활동하는 곳에서 만들어진 지구의 것과 닮았다는 점, 이 탄산염 광물 안에 자철석 알갱이가 들어 있는데 이것이 박테리아 세포 안에서 만들어지는 것과 유사하다는 점을 지적하였다. 그는 그 외에도 탄산염 안에 보존되어 있는 유기분자는 생물분자에서 온 것으로 보인다는 점과 탄산염 광물 안에 들어 있는 둥글거나 막대기 모양의 작은 구조는 미화석으로 보인다는 점을 들어 생명체의 우주 기원설을 제의하였다. 앤드류 놀(Andrew J. Knoll)의 지적대로 운석이 보여주는 확실한 정보란 운석 안에 생긴 틈으로 한때 탄산염을 비롯한 이온들이 용해된 액체가 통과한 점을 제외하면 모호한 점이 많다.[45] 화성의 조건을 알지 못하기 때문에 안정 동위원소 연구 결과로부터 그런 탄산염이 형성되는 온도를 추정할 수도 없다. 생명의 흔적이 있다는 주장을 확실하게 해 줄 명확한 증거는 제시되지 않은 상태이다. 찬반의 논의가 진행되고는 있지만 그러나 과학자들은 이 운석에서 발견했다는 미생물의 화석에 대해서는 아직도 합의에 도달하지 못하고 있다. 그렇기는 하지만 40억 년 전에 만들어진 화성의 돌에서도 유기분자가 발견되었다는 것은 확인한 셈이다. 만약 운석에서 발견된 미생물의 존재가 사실로 밝혀진다면 배종설(胚種設)이 무게가 실릴 것이다.

그러나 데이비드 매케이가 제시한 네 가지의 증거들 중 자철석만이 끈질긴 명맥을 잇고 있다. 우주에서 생명의 기원을 찾을 수만 있다면 그 결과는 지구에서 생명의 기원 문제를 해결하는데 중요한 정보를 줄 것이다. 그런 노력이 언젠가는 결실을 맺을 날이 있을 것이다. 우리가 지금은 운석으로부터 모든 과학자들이 동의할 수 있는 증거를 찾는 데는 실패했지만 앞으로 과학자들이 다른 운석에서 생명체의 기원을 밝혀 줄 중요한 단서가 될 만한 무엇을 찾아낼지도 모른다. 그런 가능성은 아무도 예상할 수 없다. 그 대답은 앤드류 놀이 인용한 헤르만 헤세의 『유리알 유희』에서 인용한 다음 글귀가 말해주는 것 같다.[45]

“존재할 확률도 희박하고, 존재하는지 증명할 수도 없는 것을 말하는 것은 무엇보다 어려운 일이지만, 그럼에도 꼭 필요한 일이다. 진지하고 양심적인 사람들이 그러한 사물을 존재하는 것으로 취급한다는 사실이야 말로, 존재에, 또 탄생의 가능성에 한발 가까이 다가서는 것이다”

만약 우주로부터 생명체가 유래되었다면 과연 우주의 다른 어딘가에도 생명체가 존재하는 행성이 존재할 것이다. 우주에는 수많은 행성이 존재하기 때문에 그 가능성을 지금 우리의 지식수준으로 이를 전적으로 배제하기도 어려운 일이다. 그러나 지구에 생명체가 있기 때문에 다른 행성에도 존재할 가능성이 있다는 것은 가정에 불과하다.

생명체의 시원에 대한 과학적인 사고는 거기서 멈추지 않는다. 영국의 케언스스미스(A.G. Cairns-Smith)는 지구에 출현한 최초의 생물은 스스로 복제하는 능력을 가진 점토에서 발견되는 무기물의 결정이었을 것이라고 추정하고 있다.[46] 재미있는 발상이다. 그게 사실이라면 유기물의 복제 능력은 무기물로부터 비롯되었다는 것을 의미한다. 사실 결정이란 원자들이 구조 내에서 내부배열이 3차원적으로 규칙적으로 이루어진 것을 말한다. 간단한 예 한 가지만 들어보자 바닷물을 증발시켜 소금 결정이 침전될 때 수용액 중에 자유스러운 이온상태로 존재하던 Na 이온과 Cl 이온이 정확하게 제 자리를 찾아 들어가 결합된 것이 소금 결정이다. 자연계에 존재하는 모든 결정들은 모두 소금과 같은 그런 규칙성을 가지고 있는 물질로 광물에서 예외란 없다. 이런 규칙성이 깨진 것들은 결정질 광물과는 구분해서 비정질(비결정질) 또는 유리질 물질이라고 부른다. 그런 비정질 물질은 광물이라는 고상한 이름으로 불리어질 자격조차 주어지지 않는다. 그러나 결정질 광물이라 해도 그들 결정들이 성장되면서 그런 규칙성이 부분적으로 유지되지 못하기는 하지만 결정 전체로 보면 원소들의 배열되는 방식은 항상 마찬가지이다. 화학결합에 의해 어떤 특정 결정이 특정 규칙성을 갖고 원소들이 배열되는 방식은 생명체의 자기복제 능력과는 다른 것으로 이를 연관시키는 상상력이 대단하다. 그러나 케언스스미스의 생각은 거기서 멈추지 않았고, 점토 중 일부가 촉매 역할을 해서 자신의 목적에 맞는 새로운 물질 즉 유기분자를 만들 수도 있다는 것이다. 이들 유기분자들이 자기복제가 가능한 능력을 가지게 되었다는 것이다. 케언스스미스는 매우 진지하게 이 이론에 몰두하였으며 자신의 견해를 『생명의 기원에 대한 일곱 가지 단서들』이란 책으로 출간하였다.[46]

사실 이 분야의 비전문가인 나에게는 밀러-유리의 실험이나 케언스스미스의 점토 이론 역시 황당하게 들리기는 마찬가지이다. 어떤 경우이거나 지구상에 존재하는 어떤 화학적인 원소들이 어떤 방식으로 결합하여 스스로 복제할 수 있는 능력을 갖는 생명체로 탄생한다는 것은 무기물인 광물의 형성과정을 설명하는 단순한 기작과는 차원이 다른 것임을 알고 있기 때문이다. 굳이 생명은 무생물 재료로부터 새롭게 탄생된다는 자연발생설을 들추지 않으면 해결될 기미가 보이지 않는다. 생명의 기원이 어떻게 결말이 날지는 지금으로서는 예측하기 힘들다. 그러나 다윈이 1871년 벤자민 후커(Benjamin Hooker)에게 보낸 종의 궁극적인 기원에 대한 서간문에 그의 견해가 드러난다.

> "사람들은 생물이 처음으로 탄생한 조건들이 지금도 존재하고, 언제나 존재했던 것처럼 말합니다. 하지만 우리가 만일(정말로 만일) 따뜻하고 작은 연못에 암모니아, 인산염, 빛, 열 및 전기 등 온갖 것들을 넣어주면, 단백질이 화학적으로 합성되어 더 복잡하게 변할 준비를 할지도 모르겠습니다. 지금은 그런 물질이 생기면 먹히거나 흡수되어 버리고 말겠지만, 생물이 존재하기 전에는 그렇지 않았을 것 갔습니다"

이 편지의 몇 줄 안 되는 구절 속에 그의 생각의 한 단면이 포함되어 있는데 이는 결국 자연의 물질들이 자연이 준 에너지에 의해 결합을 하면서 복잡한 화합물을 만들다가 마침내 자기복제를 할 수 있는 능력을 가진 녀석이 등장했다는 점을 시사하고 있다. 그러나 다윈과 동시대의 인물이며 자연발생설에 강한 의문을 가진 루이 파스퇴르(Louis Pasteur, 1822-1895)는 "생명은 반드시 생명으로부터"란 의미의 간단한 라틴어 문장 "omne vivum ez viva"로 이를 반박했다.

아직도 해결되지 않은 생명의 기원을 접어두고, 한 가지 분명한 사실은 지구에서 언젠가는 생명체가 출현했다는 점이다. 지금으로서는 지구 생명체의 기원을 명확하게 밝힐 수는 없지만 헤이디안이언이 끝나고 시생이언이 막 시작되는 시점, 38억 년 전 지구상에 단순한 생명체인 원핵세포가 출현했다는 점에 많은 학자들이 동의하는 것으로 보아 그 점만은 분명한 것으로 보인다.[45] 그것은 현 시점에서 과학이 확인한 사실이다.

인류를 위한 준비, 호상철광층

지구가 진화하면서 극적으로 변화되는 데는 대기와 바다도 한 몫을 하였다. 바로 시생이언 말기에서 원생이언 초기에 해당되는 2.8-2.2 Ga(Ga, 10억년)전에는 지구의 대기가 극적으로 변화된 시기이기도 하다. 대기 중에 산소의 양이 증가하기 시작한 시점이다. 지구의 역사 초기 대양을 직접 강타한 자외선은 물을 산소와 수소로 분해했다. 가벼운 수소는 우주로 날라 갔고 산소는 대기에 집적되어 조금씩 늘어나기 시작했다. 그러나 그것만으로는 대기 중에 갑자기 늘어난 산소의 양을 설명할 수는 없다. 바로 생물종의 출현이 대기 중의 산소를 집적시키는 원인이 되었다. 광합성을 하는 생명체의 등장으로 생명체로부터 배출되는 산소가 이의 집적을 가속화 시킨 것이다. 이들 생명체로부터 처음 발생되는 산소는 물속을 벗어나기도 어려웠다. 당시 초기 대양에는 많은 철이 용해되어 있었는데, 물속에서 만들어진 산소는 바로 철과 화학적인 반응을 일으켜 산화철을 대양의 바닥에 침전 시킨 것이다. 이런 철광이 처음 만들어지기 시작한 것은 35억 년 전으로 거슬러 올라가지만 이 시기에 형성된 것은 그리 많지 않다. 21-25억 년 전을 정점으로 생성된 철광상이 가장 많으며, 또한 가장 규모가 큰 철광상을 만든 시기이기도 하다. 원생이언인 18억 년 쯤에 이르면 그 양은 줄어든다. 그리고 원생이언 말기 10~5억 년 전에도 이런 유형의 광상이 이전과는 규모가 작지만 다시 만들어졌다.[47,48] 바로 이런 철광이 만들어진 시기는 산소의 양이 결정적으로 증가된 시기임을 지구과학자들이 밝혀냈다.

이때 만들어진 철광은 자철석과 적철석 등 철산화광물의 층과 철분이 결핍된 셰일이나 쳐트층이 마치 띠 모양으로 반복되면서 퇴적되기 때문에 두껍고 얇은 띠가 발달되는데, 이를 호상철광층(Banded Iron Formation, BIF)이라고 부른다. 당시 해수에는 규산이 포화된 상태로 쳐트의 침전이 가능하였으며, 이런 침전작용은 해수 중에서 규산을 제거하는 계기가 되었다. 이런 쳐트층과 철광층이 교대로 나타나는 것은 쉽게 설명되지 않는 부분이기도 하다. 이 두 층이 아주 얇은 교호층으로 산출되기도 하는데 이는 일변화로 설명하고 있다. 즉 낮에는 광합성작용을 해서 산소를 공급하므로 철광물이 침전되고, 이런 미생물의 활동이 뜸해지는 즉 상대적으로 산소가 부족한 밤에는 규산이 침전되었다는 것이다. 좀 더 두꺼운 규모로 반복되는 층은 계절적인 변화로 설명하고 있다. 즉 여름철에는 생물체의 활동이 활발하여 주로 철광물들이 침전되는 대신 겨울철에는 생물체의 활동이 미약해져 주로 쳐트가 생성되었다는 것이다. 그러나 최근에는 박테리아가 조절하는 침전기작, 생광물화작용으로도 설명하기도 한다.[49]

대규모의 호상철광층은 오스트레일리아의 필바라 육괴에서만 산출되는 것은 아니며, 남아프리카, 우크라이나, 미국, 브라질, 캐나다 등지에 있는 이 시대의 낮은 바다에서 만들어진 지층들에서도 엄청난 규모로 산출된다. 현대 문명은 철의 기반 위에

오스트레일리아의 원생이언 초기에 생성된 호상철광층. 여기서 붉은색으로 보이는 층이 자철석과 적철석으로 구성된 철 광물층이며, 밝게 보이는 층이 함철-쳐트층이다. 이런 철광층은 시아노박테리아의 출현으로 산소가 생성되는 초기에 해양에서 침전된 것이다.

건설된 것이나 다름없다. 2006년도 철의 세계 총 수요량은 11억 톤에 이른다. 철광으로는 거의 15억 톤 이상을 생산을 해야 한다. 이런 거대한 수요를 충당시키기 위해서는 작은 규모의 맥상 철광상 생산기반으로는 꿈도 꾸지 못할 엄청난 양이다. 다행스럽게도 시생대나 원생대(주: 시생이언과 원생이언은 흔히 과거에 사용되던 시생대 또는 원생대와 혼용된다)의 바다의 대륙붕에서 퇴적된 BIF는 엄청난 규모로 만들어졌기 때문에 근대 문명사회에서 필요한 양을 공급할 수 있게 되었다. 오스트레일리아의 웨스턴 오스트레일리아 해머슬리에 있는 마운트훼일백철광산의 확인된 매장량은 18억 톤에 이른다. 이 광산에서 산출되는 원광석은 우리나라의 제철소에서도 수입을 해서 철을 만들고 있다. 이런 광상의 생성은 인류를 위한 지구가 마련해준 확실한 선물이었다. 이런 광석은 철 광물로만 구성되어 있는 것은 아니며 층상의 쳐트와 공존하기 때문에(113쪽 그림 참조) 원래 광석에서의 철의 함유량은 대체로 20-30%의 수준에 불과하다. 이 정도의 철의 함량으로는 제철소에서 필요로 하는 광석으로서는 부적합하다. 따라서 원래의 BIF는 철의 함유량이 부화되는 과정을 거쳐야 한다. 이들이 부화되는 과정은 매우 다양한 지질학적 과정을 거치면서 일어난다. 이를 간단하게 설명하면 이들 원래 광석들이 지표 근처로 노출되어 풍화작용을 받는 과정에서 쓸데없는 성분들은 규산이나 알루미나 등은 용탈되어 사라지고 상대적으로 철광물들의 함유량이 높아지는 것으로 이해하면 된다. 그런 과정을 거치면서 현대의 제철소들이 필요로 하는 50%를 훨씬 상회하는 철 함유량을 가진 광석으로 만들어진다.[49]

이런 풍화과정은 광석을 단단한 돌로부터 캐내기 쉬운 부드러운 광석으로 변화시켜 채광비용 역시 감소시켜주는 일석이조의 효과를 갖고 있다. 이런 작용을 지표 근처에서 일어난다고 해서 표성부화작용이라고 부르는데, BIF는 표성부화작용에 의해서만 부화되는 것은 아니며 조산운동시 발생되는 유체에 의해 부화되기도 한다. 과거 지질시대에 원생대 후기로 가면서 점차 BIF 생성이 줄어드는 것은 대양의 철분이 산화철로 침전되어 그 양이 줄어들었기 때문이다. 이런 유형의 철광상 생성이 종료되는 시기는 바로 대기에서 산소의 양이 증가하기 시작하는 시점이었다. 시아노박테리아에서 발생시킨 산소는 그 당시 혐기성 미생물에게는 독이나 마찬가지였다. 차라리 살상무기나 마찬가지였다. 세균들은 새로운 환경에 적응하기 위해 새로운 변신이 필요해졌다. 그때 등장한 것이 바로 세포소기관에 둘러싸여져 있는 핵을 가진 진핵세포이다. 이들은 원생이언 전 기간, 그 긴 시간을 통하여 이렇다 할 큰 변화를 겪지 않고 생존했는데 지구 자신이 겪은 변화와는 크게 대조되는 부분이다.

이 시기에 만들어진 광물자원은 철광이 유일한 것은 아니며 여러 가지 다른 광물자원을 만들었다. 그들 중 하나가 바로 금이다. 남아프리카의 위트워터스랜드에는 세계 최대의 금 광산이 있다. 이 지역 역시 지구에서 가장 오래된 대륙이 두껍게 남아있는 지역이기도 하다. 이 지역에서 금 광산이 발견된 것은 1886년도이다. 과거 고대 대륙의 모래와 자갈로 만들어진 여러 가지 종류의 퇴적암류로 구성된 12km에 이르는 두꺼운 퇴적층 내에 8개소의 금 광화대에서 생산된 금의 양은 인류가 지금까지 생산한 전체 금의 약 40%에 해당되는 엄청난 양이다. 지금도 가행되고 있는 이 지역 금광산들은 땅속 깊은 줄 모르는 양 아래로 파 내려가고 있다. 이런 수많은 광산 중 일부 광산들은 금을 채광하기 위해 개설된 수직항의 깊이가 무려 4km를 상회하고 있으며, 광부들이 지상으로부터 작업장까지 내려가는데 대형 엘리베이터를 몇 번이나 갈아타고 몇 십 분이나 걸려야 도착하는 거리가 되었다. 땅속의 열기로 작업장의 온도가 너무 높아 냉방을 해야만 일할 수 있는 곳이 그런 깊은 광산이다. 이들 금광은 약 31억 년 전부터 27억 년 전 사이에 만들어진 것으로 퇴적층이 쌓이던 선상지나 삼각주에서 살고 있던 원핵세포들이 금을 선택적으로 흡수하여 만들어진 좀 특별한 금광상이다.[49] 진핵세포들이 등장하기 전 원핵세포들의 활동 결과로 남긴 흔적이다. 물론 이때 만들어진 금들은 후에 변성수 등에 의해 재차 농집되는 과정을 거치기는 했지만 말이다. 이들 금을 배태하고 있는 모암인 역암 내에는 황철석과 우라니나이트가 동반산출되는데 이는 당시의 대기에는 산소가 없다는 것을 의미한다. 역암은 지표에서 대기와 물과 접촉하면서 만들어지는데 오늘날 만들어지는 역암의 주변에는 대기 중의 산소 때문에 황철석과 우라니나이트가 만들어지지 않는다. 이는 당시에 서식하던 원핵세포들 즉 세균들은 무산소 환경에서 서식하던 종이었음을 추정할 수 있다. 완벽한 해답은 아닐지언정 초기 생물종의 진화가 더딘 것을 무산소 환경으로 돌리는 학자들도 있다. 대기 중의 산소가 오늘날의 수준으로 된 시기는 대체로 지구가 만들어진 후 20억년 후라고 믿고 있다. 그 이전까지는 생물체들이 움직이기에 충분한 에너지를 얻을 수 없었기 때문에 진화가 늦어졌다는 것이다. 대체로 새로운 형태의 세포기관을 가진 진핵세포의 생명체들이 출현한 시기가 바로 이 시기이다. 어떤 지질학자는 원핵세포는 진핵세포와 비교하면 마치 한줌의 화학물질에 불과한 것으로 표현할 정도로 진핵세포는 원핵세포에 비하면 발전된 생명체였다. 진핵세포는 매우 빠른 속도로 거의 마술과 같은 변신을 하면서 생명체의 진화를 주도하였다.

눈덩이 지구

원생이언 말기에는 헤어져 있던 대륙들이 다시 뭉쳐서 초대륙 로디니아(Rodinia)가 만들어진 시기이다. 한 덩어리로 뭉쳐진 초대륙 로디니아는 1,100–1,000Ma 사이에 만들어졌으며, 이 초대륙이 본격적으로 분리되기 시작한 것은 750Ma경으로 추정하고 있다. 그러나 로디니아는 마지막 초대륙인 팡게아처럼 명확하게 대륙의 이합집산이 알려져 있지는 않다. 이미 그런 지구 진화의 역사가 뒤 이은 대륙의 이합집산에 의해 지워져 있거나 덧씌워져 있기 때문에 당시 대륙의 분포를 재현하는데 불확정성은 커지게 마련이다. 그러나 이들이 합쳐진 과정보다는 분리된 과정이 신기 원생대의 지층에서 더 잘 관찰되는데, 당시에 만들어진 열곡대에서의 화산활동 결과는 비교적 잘 알려져 있는 셈이다. 그리고 원생대 말기 7억 년을 전후한 시기의 지구는 "눈덩이 지구, snowball Earth"라고 불릴 정도로 적도 근처에나 겨우 얼지 않은 바다가 남아 있을 정도의 극심한 빙하기와 간빙기가 단기간에 교차되는 시기가 있었다. "눈덩이 지구"란 말은 칼텍의 조셉 커쉬빈크(Joseph Kirschvink)가 1992년에 붙인 이름이다.[50] 이 시대의 빙하기는 최근 많은 연구결과가 나오면서 조금 더 확실하게 이해된 지구가 경험한 가장 혹심한 빙하기 중의 하나이다. 일반적으로 온난한 기후에서는 탄산염암들이 퇴적되는 것으로 알려져 있다. 그러나 원생대의 빙하기에 만들어진 빙하퇴적층들은 탄산염암층과 명확한 경계를 이루며 산출된다. 이들 탄산염암들의 탄소 안정동위소비($^{12}C/^{13}C$비)는 이례적으로 높은 값을 갖는데 이는 유기물의 기여도가 높은 것을 의미한다. 빙하기 퇴적층에 나오는 탄산염에서 유기물의 기여도가 높다는 것은 여러 가지 해석을 가능하게 만든다. 그리고 이 시점은 바로 초대륙 로디니아가 분리되는 시점과 맞물려 있다. 거대한 대륙들이 갈라질 때 좁은 바다가 열렸고 그 바다에 빠른 속도로 쌓이는 퇴적물 속에 유기물들이 함께 매몰되었다. 유기탄소의 매몰되는 속도가 커지자 대기 중의 이산화탄소는 낮은 수준으로 변화되면서 기후는 다시 한랭해지기 시작하였다. 이것은 빙하기의 시작을 의미한다. 이때 빙하기의 위력은 대단하여 적도 지방 근처에서도 빙하의 증거인 빙퇴석이 만들어졌다.

원생이언 말기 빙하기의 존재를 처음으로 추정한 사람은 오스트레일리아의 더글라스 모손(Douglas Mawson, 1882-1958)이었다. 그러나 이를 고지자기학적 자료와 빙퇴석의 존재 등의 증거를 제시하며 원생이언 말기의 극단적인 빙하기가 도래하면서 적도 지방까지고 빙하에 덮인 사실은 1964년 브라이언 할랜드(W. Brian Harland)가 제의하였다.[50] 빙퇴석이란 암석의 이름은 지질학자들에게는 익숙한 용어이지만 일반 독자들에게는 다소 생소할 것이다. 빙퇴석이라는 암석은 빙하의 끝부분이 녹으면서 얼음 속에 들어 있던 퇴적물들을 바닥에 내려놓아 퇴적된 것들이 고화되어 암석이 된 것을 말한다. 이런 퇴적물들은 물의 운반작용에 의해 쌓이는 퇴적물처럼 입자들의 크기가 일정하지 않고 입자들의 크기가 제각각이다. 작은 것은 점토입자의 크기에서부터 모래, 자갈 및 자갈보다 더 큰 역들이 뒤죽박죽 섞여 있기 마련이다. 빙하가 아무렇게나 내버린 것으로 온갖 크기의 잡동사니가 쌓여 있는 것처럼 보여진다. 이런 퇴적암들은 빙하에 의해서만 만들어지기 때문에 빙퇴석은 빙하의 존재를 알려주는 지시자로서 이용된다. 지금은 열대 지방인 아프리카나 인도 등지에서 발견되는 이런 돌들은 우리의 상상력을 자극하기에 충분한 돌들이었으며 원생대 빙하기의 존재를 밝혀 주었을 뿐만 아니라 판구조론을 정립하는데 중요한 증거로도 이용되었다. 그리고 원생대 초기에 만들어졌던 호상철광층이 거의 10억 년 후 다시 이 시기에 만들어졌다는 것을 밝힌 것은 커쉬빈크였다. 1992년 커쉬빈크는 그 시대 빙하기의 진행 모델을 제시하였다.[50]

빙하작용은 고위도나 고지대에서 시작되었지만, 대륙빙하가 적도지방으로 확장되면서 지구 기후시스템은 임계점을 넘는다는 것이다. 빙하는 태양에너지를 우주로 반사시키기 때문에 빙하가 커질수록 지구의 냉각 속도는 가속화된다는 것이다. 바로 양성 피드백 고리가 만들어져 빙하가 적도의 30° 이내에 들어오면 결국 지구는 수천 년

안에 얼음으로 뒤덮인다는 것이다. 바로 "눈덩이 지구"가 만들어지는 시점이다. 빙하에 덮인 지구는 대륙의 풍화작용을 막아 대기 중의 이산화탄소의 양을 늘리기 시작하고, 빙상에 덮여 있는 지구이지만 화산활동으로 공급되는 이산화탄소는 이의 집적을 가속화시켰다. 그 결과로 발생되는 온실효과에 의해 지구는 다시 더워진다는 것이다. 그러나 빙하기에서 어떻게 빨리 빠져나오느냐는 반론도 제기되었다. 모든 새로운 혁명적인 가설이 초기에 배척 받았던 것처럼 좀처럼 이 이론 역시 학자들이 진지하게 받아들이려 하지 않았다. 그러나 1998년 하버드대학의 폴 호프만(Paul Hoffman)과 댄 슈래그(Dan Schrag)가 구원투수로 등장하였다. 바로 빙하퇴적층과 호층으로 나오는 탄산염암층에서의 안정동위원소 연구 결과는 커쉬빈크의 모델이 가능하다는 점을 이 둘이 밝혀 준 것이다.[51] 그렇다고 "눈덩이 지구" 가설이 제기하는 모든 의문점들이 해결된 것은 아니지만 괴짜 커쉬빈크의 가설은 이제는 교과서에도 자주 등장하는 그림이 되었다. 이것은 논쟁은 계속되고 있지만 학계가 이 가설을 받아들이기 시작했다는 시그널로 보아도 무방할 것이다.

눈덩이 지구 가설의 증거로 산출되는 원생대 나미비아의 빙하퇴적층의 상부를 가리키고 있는 하버드대학의 폴 호프만 교수. 그가 지목하고 있는 지점의 암석은 빙하기가 급격하게 끝나고 온난한 시기로 접어들면서 퇴적된 탄산염암층이며, 그 하부는 빙하에 의해 운반되어 떨어진 역들이 박혀 있는 해성층이다.

원생이언의 신기원생대는 2004년 국제층서위원회(ICS)에 의해 캄브리아기로 이어지는 원생이언의 마지막 지질시대로 에디아카라기(6365-542Ma)를 설정하였다. 이 시기에는 크기는 어느 정도 되었지만 각질부가 없는 연체생물종인 에디아카라란 다세포 생물종이 출현한 시기이다. "눈덩이 지구"가 계속되던 빙하기에 갑자기 출현한 이 생물종은 등장만큼이나 빠르게 캄브리아기에 일어난 생물종의 대폭발과 함께 사라져 버렸다. 지구의 역사는 고생대 직전의 시기에 이르렀으며, 그 시기에 출현한 생물종인 에디아카라 화석은 뒤늦게 발견되었다. 고생대의 화석 창고인 버제스 셰일에서 대량의 화석이 발견된 시점보다는 40여 년 후인 1946년 오스트레일리아 남서부인 애들레이드 북쪽 500여km 지점의 오지 에디아카라힐이란 지역에서 한 젊은 지질학자인 레지널드 스피리그(Reginald C. Sprigg, 1919-1994)에 의해 한 가지 화석이 발견되었다. 주 정부의 지질조사소에서 일하던 초년병인 그에게 맡겨진 임무는 폐광지역을 탐사하여 재개발 가능성을 검토하는 것이었다. 그가 우연히 발견한 화석은 6억 2천만 년 전의 암석에서 산출되는 화석이었으며, 선캄브리아시대의 암석 속에서는 결코 보지 못했던 덩치가 큰 다세포 생물이었다. 그런 복잡한 생물종의 출현은 당시 알려진 지구 역사의 진화과정으로 볼 때 너무 갑작스러운 일이었다. 그는 그 화석의 중요성을 알아차리고 네이처지에 논문을 투고하였다. 그러나 그 시대에 그런 복잡한 생물종의 출현을 예상하지 못했던 이들에 의해 그 논문은 수록이 거절되었다.

아마도 위대한 발견이 전문 학술지에 게재가 거절된 것은 그것이 처음은 아니었지만 새로운 사실이 과학계에 등장하는 과정이 복잡하다는 것을 알려주는 한 가지 예이다. 아마도 그가 이름난 고생물학자도 아니었고 신출내기여서 그의 발견은 쉽게 인정을 받지 못한 것 같다. 지구에 암호처럼 기록된 진화의 증거는 때로는 중간에 빠져 있기도 하다. 지구에 기록된 진핵세포로부터 이런 다세포 생물로 발전하는 중간과정이 알려져 있지 않았기 때문에 갑작스럽게 출현한 복잡한 생물을 인정할 준비가 되어 있지 않았던 것도 그이의 발견을 수용하지 못한 중요한 이유 중의 하나일 것이다. 그는 오스트레일리아의 학회에서도 논문을 발표했지만 돌아온 것은 "우연히 생긴 무기물의 흔적"이며 생물에 의해서 만들어진 것은 아니라는 반응만 얻었다. 우여곡절 끝에 그는 그의 논문을 「사우스 오스트레일리아 왕립학회 회보」란 지방 학술지에 발표하는 것으로 만족해야 했다.[52] 스피리그는 그 화석을 초기 캄브리아기의 해파리의 화석으로 인식하였다. 그러나 실제로 이 화석을 산출한 지층의 지질시대는 고생대 이전에 해당되는 선캠브리아기의 최후기에 해당되는 시점이었다. 이런 논문이 발표된 후 한 십 년이 경과되면서 영국에서 같은 화석이 발견되면서 스피리그의 에디아카라 발견의 공적은 인정되었지만, 스피리그는 이미 그때는 고생물학계를 떠나 석유업으로 거부가 되고 난 이후였다. 그가 고생물 학계를 떠난 이유가 그가 거둔 성취에 대한 학계의 합당한 인정이 없었기 때문인지는 확실하게 언급되지는 않았지만 부분적으로는 관계가 있었을지도 모른다는 생각이 든다.

오스트레일리아의 에디아카라라는 지역에서 처음으로 발견된 에디아카라(*Dickinsonia costata*)의 화석.

사실 에디아카라를 인식한 것은 스프리그가 처음은 아니었으며, 캐나다 뉴파운드랜드 지질조사소 소장을 지낸 뮤레이(Alexander Murray, 1810-1884)에 의해 1868년 발견되어 그 지역의 지층들의 대비에 이용되기고 하였다. 그러나 그 시기에 이 화석은 화석으로 대접을 받지 못하였으며 무기과정에 의해 만들어졌거나, 지층 속에 들어 있던 가스가 방출되면서 만들어진 것으로 여기는 수준이었다. 가스가 방출되면서 만들어진 형상 치고는 설명하기 어려운 부분이 많았지만 그것을 생명체의 잔재로 여기는 것보다는 더 수월했다는 게 당시의 사정이었을지도 모른다. 스프리그의 시대에도 화석으로 대접을 받지 못했던 점을 상기하면 이 시기의 이런 인식은 놀랄만한 일은 아니었다. 1950년대에 진입하면서 영국에서 이 화석들이 발견되자 인식은 달라졌고, 1960년대에 들어서면서 이 화석의 이름이 에디아카라라고 명명되는 수순을 거쳤다.

비록 원생대 말기에 이런 다세포 생물인 에디아카라 생물종들이 출현하기는 했지만 이들이 캄브리아기의 생물종으로 발전하는 모체가 되지 못했던 것으로 해석되고 있다.[53] 대륙의 이동에 따라 원생이언의 말기에 이르면서 낮은 바다 환경이 도처에 만들어진 것이 이 시점이었으며, 지구는 현생이언의 고생대로 들어서면서 생물종의 대폭발을 일으킬 준비를 하고 있던 셈이다.

생물종의 대폭발

선캄브리아시대가 끝이 나고 현생이언으로 접어들면서 지구상에서는 현저한 변화가 일어났다. 이 시기의 지층들 속에 들어 있는 눈에 띄는 크기의 생물종들의 화석이 발견되는 것이 대표적인 예이다. 그것도 이전의 지질시대에 비교하면 양적으로도 많이 발견되었다. 그런 화석의 풍부한 산출은 이 시기가 생물종들이 이제 다세포 생물로 왕성한 활동을 한 시기로 접어들었음을 보여주는 두드러진 증거들이었으며, 이런 지층과 그 이전 화석의 산출이 거의 없는 지층이 구분되는 것은 당연한 수순이었다. 이런 기준이 고생대를 나누는 기본적인 자료가 되었다. 우선 고생대 지질시대의 몇 가지를 예로 들어보기로 하자. 캄브리아기는 고생대의 가장 먼저 시작되는 지질시대이다. 이 시기는 오늘날 절대 연령으로 나타내면 542±1.0-483±1.7Ma의 기간에 해당된다. 여기서 사용되는 절대연령의 기준은 국제층서위원회(ICS)에서 2008년에 수정 발표한 지질시대의 경계이다. 그러나 지질시대는 오차한계로 나타낸 것처럼 몇 백만 년의 차이를 갖는다. 따라서 이미 발행된 지질시대표에서 정수로 나타낸 연대가 책마다 조금씩 다르게 나타나는 것은 피할 수 없는 일이기는 하지만 보통사람들에게는 혼동을 주는 원인이 되기도 한다.

캄브리아기는 다윈의 스승이었던 옥스퍼드대학의 아담 세지윅(Adam Sedgwick)에 의해 1852년에 제의되었다. 세지윅은 캄브리아기를 제의하기 전에 로데릭 머치슨(Roderick Murchison, 1792-1871)과 함께 이미 데본기(416±0-359.2±2.5Ma)를 제의하였다. 캄브리아기의 이름은 이 시기의 암석들이 가장 잘 분포된 지역(지질학에서는 표식지역이라고 함)인 웨일스의 로마시대 명칭인 캄브리아(Cambria)를 따라 지어진 것이다. 데본기의 데본 역시 표식지의 이름을 따서 지은 것이다.

캄브리아기는 흔히 고생물학자들에 의해 '생물종의 대폭발'이 일어난 시기로 기술된다. 특히 눈에 띌만한 크기의 화석 산출이 갑자기 증가한 시점이기 때문이다. 캄브리아기 화석산출지로 가장 유명한 곳은 캐나다 브리티시 콜럼비아 록키산맥의 일부인 아름다운 경관을 가지고 있는 요호국립공원 남동쪽의 스테펜산 중턱에 위치해 있다. 그곳에서 1909년에 찰스 두리틀 월콧(Charles Doolittle Walcott, 1850–1927)에 의해 화석이 발견되었다. 캄브리아기 지층 속에 협재된 불과 210–240cm 두께의 버제스셰일에서 발견된 화석의 산출지는 이 시대의 생물종의 대폭발을 알리는 신호탄이 되었다. 산위 빙하가 녹은 물들이 만든 녹색의 에메랄드 호수가 내려다보이는 언덕빼기에 위치한 이 얇은 셰일층에서 이처럼 엄청난 양의 다양한 생물종의 화석이 산출되었다는 사실이 놀랍기만 하다. 그 화석산출지를 발견한 두리틀 월콧이 받은 정규교육이라고는 고교 중퇴가 전부였으며, 그는 생계를 위해 일찍이 화석채집가가 되었다. 그러나 그의 화석에 대한 집념은 그가 후일 미국지질조사소 소장을 거쳐 스미소니안 박물관 관장으로까지 그의 활동영역이 커진 고생물학자로 인정받는 시발점이 되었다. 그가 우연히 발견했다고 주장하는 진위는 떠나서라도 그 산출지 스테펜산 버제스셰일에는 캄브리아기의 모든 생물이 다 들어 있는 것처럼 엄청난 화석을 산출하였다. 5억 년 전 중기 캄브리아기에 퇴적물들이 빠른 속도로 퇴적된 셰일층에는 화석으로 산출되기 어려운 부드러운 생명체들까지도 고스란히 그 모습을 보전하고 있었다. 그곳에서 월콧은 도합 65,000개 이상의 화석표품을 채취하였으며, 그 장소는 오늘날 '월콧의 채굴적'으로 명명되어 있다. 지금 월콧의 채굴적을 포함한 이 일대는 요호국립공원으로 지정되어 보호를 받고 있어 아무나 그곳에서 화석을 찾기 위해 셰일을 쪼갤 수는 없다.

채취된 표품의 수는 연구되기에 너무 많은 양의 화석이었으며, 이들 표품들은 스미소니안으로 보내졌다. 이들 화석들은 그 자신에 의해 완벽한 연구가 이루어지지는 못했으며, 제이굴드는 그의 저서 『새끼돼지 여덟 마리』에서 월콧은 불행하게도 자신이 발견한 것이 얼마나 중요한 것인지 인식하지 못하고 끔찍할 정도로 잘못 해석하여 승리의 문턱에서 주저앉았다고 말했다. 승리의 문턱을 넘은 것은 의외로 영국에서 건너온 젊은이였다. 한동안 그 진가를 드러내지 못하고 스미소니안 보관창고에 박혀 있던 그 화석들은 1973년 콘웨이 모리스(Simon Conway Morris)라는 박사 논문을 준비하던 케임브리지대학의 대학원생이 관찰할 수 있는 기회가 생겼다. 그는 단번에 그 화석들의 중요성을 알았고 기존의 연구가 너무 부실한 것을 확인했다. 그 이후 화석들은 그의 지도교수인 해리 휘팅턴(Harry Blackmore Whittington)과 함께 자세한 연구가 이뤄졌다.

캐나다 브리티시콜럼비아의 록키산맥의 일부인 스테펜산 중턱에 있는 "월콧의 채굴적"으로 알려진 버제스셰일의 모습. 이곳의 화석산출지는 월콧에 의해 발견되어 "월콧의 채굴적"이라고 불린다.

그러나 이 화석 산출지를 유명하게 만든 것은 제이굴드가 이 화석을 대상으로 1989년에 쓴 『생명, 그 경이로움에 대하여 *Wonderfull Life*』가 베스트셀러가 되고서 부터이다. 제이굴드는 이 책에서 어느 지질시대도 따라올 수 없는 생물체의 다양한 체형이 만들어졌다는 것을 널리 알렸다. "생명의 역사를 담은 테이프를 버제스셰일까지 되감은 후에 똑같은 출발점에서부터 다시 되돌리면, 인간과 같은 지능을 가진 생물이 출현하게 될 확률은 놀라울 정도로 낮다"는 유명한 말을 한 그는 우리와 같은 인류가 출현한 것은 요행이라는 점을 밝혔다. 그러나 삼엽충 전문가인 포티는 『생명: 40억 년의 비밀 *Life: An Unauthorized Biography*』에서 이와는 다른 견해를 밝히고 있다. 버제스셰일에서 산출되는 화석에 대한 기존 기록에 등장하는 많은 새로운 문(門, Phylum, 동물 분류의 최상위) 분류는 잘못된 점이 있다는 점을 밝히고, 이런 몸집이 커지고 단단한 껍질을 갖는 생물종의 출현을 위한 진화적 토대는 선캄브리아시대에 마련되었을 가능성을 제기하고 있다. 리차드 도킨스는 특히 캄브리아기의 진화가 오늘날의 진화와는 다른 종류로 본 제이 굴드를 통렬하게 반박하고, 캄브리아기는 새로운 문(門)과 강(鋼)이 만들어지던 시기였고, 오늘날은 기껏해야 새로운 종(種)이 생겨날 뿐이라는 주장에 분노를 표현했다. 이 점은 포티 역시 마찬가지였다. 그러나 선캄브리아기 지층에서 발견되는 맨눈으로 확인되는 크기의 화석이 에디아카라란 몸집이 부드러운 생물체가 전부인 것을 감안하면 캄브리아기의 지층에서 이렇게 다양한 생물종이 출현한 것은 분명 제이 굴드의 이론의 타당성을 떠나 경이로운 일임에 분명하다.

우리나라에도 캄브리아기 지층들이 분포된다. 강원도 태백시 장성동 근처의 직운산층의 셰일이 언덕빼기에 몸체를 드러낸 곳이 있다. 내가 지질학을 공부하면서 야외에서 직접 화석을 찾아 본 최초의 현장이 그곳이라서 그 언덕배기에 위치한 셰일 노두가 아직도 기억에 새롭다. 제대로 된 지질용 망치는 아니었지만 그런 망치로 셰일을 쪼개다 보면 갑자기 화석이 튀어나오듯 내 눈에 띄였는데 그 화석의 이름은 지질학의 문외한들인 그 동네사람들도 다 알고 있는 삼엽충(Trilobite)이다. 그곳 화석산출지는 이제는 더 이상 아무나 파헤칠 수 있는 곳이 아니라 화석산출지로 보호를 받는 장소로 지정되었다. 이 화석 군락지는 처음 강원도가 1986년 강원도 기념물 57호로 지정하였다. 그러나 2000년 강원도 기념물로부터 해제되었으며, 천연기념물 제416호 화석산지로 승격되었다. 삼엽충이라는 이름은 머리부분, 가슴부분 및 꼬리부분으로 배열되는 모양에 따라 붙여진 이름이다. 머리부분에 반원형으로 눈이 달려 있는 게 이 시대 이전에 발견한 화석들과는 차이점이다. 삼엽충이 캄브리아기에만 나타나는 것은 아니지만 캄브리아기의 생물종의 대폭발을 설명하는데 꼭 등장을 하는 생물종이다. 우리나라 태백시의 이 화석산지는 캄브리아기의 바로 뒤에 오는 오르도비스기에 해당되는 지층이다. 화석이 나온 지층을 수 센티미터 건너뛰어 다시 돌을 쪼개도 삼엽충이 나타난다. 고생물학자가 아닌 비전문가들 눈에는 그놈이 그놈인 삼엽충들이다. 그러나 전문가의 눈에는 다른 종이기가 십상이다. 삼엽충은 이 시기의 대표적인 생물종으로 단단한 껍질을 가지고 있던 절지동물(節肢動物)이다. 이 녀석은 그 이전에 출현한 동물들에 비교하면 상당히 발전된 것으로 신경계, 일종의 뇌와 눈, 다리, 아가미 그리고 더듬이를 가지고 있으며 몸 끝에는 꼬리를 가지고 있다. 이 화석이 캄브리아기 지층 어디에서나 흔하게 발견되는 것으로 보아 캄브리아기의 얕은 바다에서는 이들이 우글거렸을 것이 분명하다. 캄브리아기에 나타난 삼엽충은 거의 고생대 전 기간에 해당하는 3억 년 동안 생존했다. 인류가 출현하여 생존한 기간은 그들이 지구상에서 누린 생존기간의 0.5%에도 미치지 못한다. 과거의 생물 종들의 생존기간은 비단 삼엽충만이 그런 것은 물론 아니라는 점은 나를 왜소하게 만드는 대목이다. 오늘날 우리에게 잘 알려진 거미, 벼룩, 파리, 게 및 진드기 등이 바로 이 절지동물에 속하는 것들이다.[53,55]

삼엽충은 고생대 캄브리아기에 출현하여 캄브리아기 생물종의 진화적 대폭발을 일으킨 주인공 중의 하나라는 것은 우리 모두 잘 알고 있다. 반원형의 머리 부분에는 그 시대의 다른 녀석들과는 다르게 몸체에 비교해 상대적으로 큰 눈을 가지고 있었다. 물론 그 시대에 살던 생물종들은 삼엽충 말고도 많이 있다. 그러나 이들이 캄브리아기 생물종 대폭발의 주인공 중 하나로 남아 있을 수 있었던 것은 다른 여러 가지 요인들이 있었지만 이들이 눈을 가지고 있었다는 점을 강조하는 학자들도 있다. 그 녀석이 가진 눈은 우리가 생물종에서 확인할 수 있는 가장 오래된 시각계(視覺界)이다. 비록 그들의 눈은 수많은 홑눈이 모여 만들어진 겹눈으로 마치 모자이크처럼 사물을 인식하는 것으로 추정하고 있기는 하지만, 그러나 이 녀석은 다른 놈들이 할 수 없는 적이 어디에 있는지 확인할 수 있었고, 그들의 생존을 위한 먹이가 어디에 있는지를 확인할 수 있는 시각계를 가지고 있었기 때문에 당시의 주인공으로 생존과 번성을 하는 게 가능했다.[55] 이런 장점을 가진 생명체가 진화의 문턱을 넘는 주인공이 된 것은 자연스러운 일처럼 여겨진다. 비록 우리가 처한 환경이 캄브리아기의 삼엽충과 직접

캄브리아기에 번성하였던 삼엽충의 모습. 이 시기의 지층에서는 세계 어디에서나 산출되는 종이다.

비교되는 것은 아니지만 우리도 우리의 눈을 통하여 자연을 보는 시각을 가져야 한다. 현대 사회를 살아가는 모두에게 자연을 이해하는 시각도 요구된다. 과학자에겐 남이 보지 못하는 것을 볼 수 있는 시각을 갖는 것은 더더구나 중요한 일이다. 새로운 시각은 저절로 만들어지는 일은 아닌듯하다. 우리가 지구 자체에 대한 기본 지식이 있다면 우리가 태어난 이후 일상적으로 대하고 있는 지구의 새로운 모습이 부각될 것이다. 그게 어디 지구에 대한 이해만으로 그치겠는가 하는 생각으로 이어진다.

이런 삼엽충을 포함하여 많은 생물종들이 갑자기 캄브리아기에 출현해서 이를 생물종의 대폭발이라고 부른다. 리차드 포티는 그의 『삼엽충』이라는 저서에서 "이 폭발은 파괴적인 폭발이 아니라 창조적인 폭발"이라고 썼다. 이 단단한 껍질을 갖는 생물종이 출현하면서 지층 속에 보전된 화석의 수가 극적으로 증가되었기 때문이다. 포티의 설명은 이렇게 이어진다. 그러나 원생대 말에 출현한 부드러운 몸체로 된 기이한 동물군인 에디아카라는 캄브리아기에 출현한 동물들의 조상으로 보기는 어렵기 때문에 수많은 화석들의 출현은 마치 캄브리아기 배우들이 다른 어딘가에 몰래 의상을 차려입고 분장을 한 뒤에 갑자기 튀어나온듯하다는 재미있는 표현을 하고 있다.[55]

왜 그 시기에 생물종의 진화적 대폭발이 일어났는지에 대해서는 여러 가지 학설이 제기되어 있다. 찰스 다윈도 그 시기에 삼엽충이 폭발적으로 산출된다는 사실을 알고 있었지만 그는 『종의 기원』에서 그런 사례를 해석하는 것은 불가능하다고 지적하였다. 그렇다. 당시로서는 이런 문제를 풀 정도의 지식이 축적되어 있지 않았다. 아직도 이런 진화적 대폭발을 설명하는 이론들은 초라하기만 하다. 어떤 학자들은 이 시기에 급격한 진화적 변화가 일어났다는 설이 있는가 하면, 대기에서의 산소가 증가되어 복잡한 생물종이 번성하게 되었다는 이론도 제기되었으며, 원생대 말기의 "눈덩이 지구"의 시기를 만든 빙하기의 멸종이 생물 다양성을 유도했다는 설이 제기도 하였다. 또 어떤 이는 먹이사슬의 변화를 들기도 하며, 해수 중의 인산염 농도의 변화가 인산염을 껍데기로 한 생물종의 등장과 관계되며, 풍부한 영양염류의 공급은 생물종의 풍요로운 번성으로 연결되었을 것이라는 학설도 제의되었다. 삼엽충에서 관찰되는 눈의 발달을 진화의 폭발 원인으로 지목하는 이도 등장하였으며, 바닷물 속에 충분하게 들어있는 이산화탄소의 양이 단단한 껍질을 만들었다는 것을 드는 학자들도 있다. 가설이 많이 등장한다는 것은 아직도 명확하게 그것을 설명하는 이론이 없는 것을 반증하는 것이나 다름없다. 생물종들이 폭발적으로 증가한 원인에 대한 해답이 분명하게 제시된 것은 아니지만 캄브리아기에 화석산출 빈도가 증가한 것만은 암석 속에 남겨진 진실이다. 이 폭발이 왜 일어났으며, 과연 폭발인지 여부를 확인하는 것은 독자들의 인내심을 요구하는 대목이다. 최근 고생물학계는 캄브리아기에 생물종들의 폭발적으로 갑자기 등장한 것은 아니란 쪽으로 의견이 모아지는 추세인 것 같다. 그런 이유로는 전 세계적으로 동일한 생물 종이 완전히 구별되면서도 분명하게 관련되는 다양한 종류가, 예를 들면 삼엽충이, 지리적으로 멀리 떨어진 중국이나 유럽에서 동시에 나타나는 것은 공통의 조상이 오래전부터 존재할 때 가능한 것으로 해석하고 있다. 다만 그들은 너무 작았기 때문에 발견되지 않았다는 것이다. 포티는 굳이 그런 용어를 써야 한다면, 캄브리아기 번성기는 새로운 체형이 갑자기 나타난 시기가 아니라 몸집이 커진 시기라는 것이 더 적절한 표현이라는 것이다. 생물종 대폭발에 대한 회의적인 시각을 갖는 의견이 커지고는 있지만 아직 확실한 승자가 가려진 것은 아니라서 아무래도 캄브리아기 생물종 폭발에 관한 논쟁은 계속될 것 같다.

신사들의 경쟁

캄브리아기 바로 뒤에 오는 오르도비스기(488.3±1.7-443.7±1.5Ma)는 그 뒤에 오는 데본기보다도 나중에 결정되었다. 캄브리아기를 정의한 아담 세지윅(Adam Sedgwick, 1785-1873)과 실루리아기를 기재한 로데릭 머치슨(Roderick Murchison, 1792-1871)과의 논쟁을 불러일으킨 대상이 바로 한 지층을 두고 그들이 다른 지질시대로 구분한 지층이었다. 세지윅은 그 지층을 캄브리아기에 해당된다고 했으며, 머치슨은 문제의 그 지층을 실루리아기로 해석하였다. 그 둘은 한 지층을 두고 각기 자기가 설정한 지질시대로 해석하였던 것이 논쟁의 시발점이었다. 논쟁의 처음 시작은 신사적이었다. 그러나 논쟁이 계속되면서 이들의 공방은 치열하게 변해갔다.[56] 그들의 이견은 처음에는 신사적인 논쟁으로 시작되었지만 결국은 서로에게 피할 수 없는 감정대립으로까지 연결되었다. 그러나 심각한 이 논쟁은 다른 고생물학자에 의해 해결

오르도비스기의 지시화석으로 사용되는 필석류. 화석 이름 graptolite는 "암석에 쓰인 글"이라는 의미이다.

되었다. 그 지층에서 산출되는 화석들이 캄브리아기와 실루리아기의 화석들과는 다른 것으로 확인한 찰스 랩워스(Charles Lapworth, 1842-1920)에 의해 1879년 독립된 지질시대 오르도비스기로 기재되었다. 캄브리아기와 실루리아기 사이에 다른 지질시대가 있었던 것이다. 그가 제시한 표준화석은 해양 무척추동물인 필석류(graptolites)였다. 그가 검은 셰일 속에 길죽한 문양을 새겨 넣은 듯한 필석류의 가치를 알아보았다. 사실 graptolite라는 이름 자체가 그리스어의 '바위에 쓰다'라는 의미이므로 이 말만 듣고도 그게 어떤 형상일지는 대충짐작이 가는 사람도 있을 것이다. 사실 셰일에 박혀 있는 이 화석은 이름처럼 바위에 내갈긴 글씨처럼 보이기도 한다. 무엇보다도 독특한 이런 모양은 식별이 매우 쉬우며 지층마다 독특하게 나타나는 이들의 존재는 오르도비스기를 결정하는 단서가 되었다. 그 화석을 자세히 들여다보면 마치 톱날처럼 생긴 모습을 보인다. 아직도 생물학적 분류체계에서 위치가 불명확한 필석류이지만 오르도비스기를 나누는 지시화석으로 사용되게 만든 것은 전적으로 랩워스의 공적이다. 이 아무렇게나 들어 있는 듯한 필석류가 칼레도니아 조산운동에 의해 뒤틀린 셰일속의 특정 층준을 따라 산출되는 것을 확인하는 순간이 바로 세지윅과 머치슨의 싸움을 종식시키는 계기가 되었다. 바로 필석류의 지시화석을 이용하여 이 화석을 함유한 지층보다 더 오래된 암석은 캄브리아기로, 이 지시화석을 함유한 지층보다 더 젊은 지층은 실루리아기로 보고, 바로 이 화석을 함유하고 있는 지층을 오르도비스기로 분류했다. 그 결과로 험악하게 진행되던 세지윅과 머치슨 사이의 논쟁을 종식시켰다. 랩워스는 평범한 교사로 출발하여 버밍햄대학의 석좌교수가 되었다. 아직도 버밍햄대학에는 그의 이름을 딴 석좌교수 자리가 그대로 남아 있다. 그가 스스로 독학을 한 지질학자라는 사실이 거의 믿어지지 않을 만큼 큰 업적을 남겼으며, 그는 그 공적으로 1899년 지질학계의 가장 큰 영예인 울라스톤 메달을 영국지질학회로부터 받았다.

고생대의 오르도비스기란 지질시대의 이름은 머치슨이 실루리아기라는 이름을 그 시대의 지층들이 분포되어있는 웨일스 지방에 거주했던 고대 켈트족인 실루레스족의 이름을 따서 붙여진 것을 따라 그 지역에 거주한 다른 오르도비세족의 이름으로부터 지었다. 랩워스에 의한 오르도비스기의 제의는 영원히 끝날 것 같지 않았던 세지윅과 머치슨 간의 논쟁을 종식시킨 현명한 타협안이었다. 영국에서 오르도비스기는 세지윅과 머치슨의 논쟁 때문에 공식적으로 고생대의 독립된 한 지질시대로 인정하는 일은 국제사회가 인정한 1906년 이후로 미루어졌다. 오르도비스기는 육상식물이 처음 출현한 시기이며, 어류처럼 생긴 척추동물이 출현한 시기이기도 하다. 그러나 고생대에 처음으로 빙하기가 도래한 시기이기도 한다. 4억 3천만 년 전 지구의 기후는 점점 추워지면서 빙하기가 찾아왔다. 그런 지질학적 증거는 빙퇴석으로 나타나기 때문에 쉽게 인지할 수 있다. 빙하가 운반한 물질들이 빙하가 녹으면서 가라앉아 퇴적되어 만들어진 것이기 때문에 진흙부터 모래나 자갈 또는 거대한 암석들이 뒤죽박죽 섞여 만들어진다. 그래서 신출내기 지질학자도 알아볼 수 있는 게 빙퇴석이다.

실루리아기(443.7±1.5–416.0±2.8Ma)는 오르도비스기가 결정되기 이전인 1831년 로데릭 머치슨 경에 의해 제의되었다. 다른 지질시대에 비교해서 이 시대의 경계는 명확하게 결정되었다. 나중에 밝혀진 것이지만 오르도비스기–실루리아기 절멸 때문

오르도비스기 지층을 대상으로 캄브리아기로 해석한 세지윅(왼쪽)과 실루리아기로 해석한 머치슨(오른쪽). 이 둘의 논쟁은 '오르도비스기 논전'으로 지질학계의 유명한 일화가 되었다.

에 화석산출의 변화가 비교적 명확하게 나타났기 때문이다. 특히 오르도비스기 말에 도래한 빙하기 때문에 사라졌던 산호초 암초들이 실루리아기에는 다시 등장을 한다. 머치슨은 귀족 출신이었으며 주머니 사정을 염려하지 않고 웨일스지방의 오래된 암석을 연구하기에 충분한 재력을 가지고 있었다. 그가 부유한 생활에 안주하지 않고 과학 연구에 정진하기로 하기로 마음을 먹고 스코틀랜드 인버니스 외곽에 위치한 가문의 영지를 팔아 런던으로 거처를 옮긴 것은 지질학 발전을 위해 다행스러운 일이었다. 장모로부터 받은 유산은 그를 더 큰 부자로 만들어줬다. 그가 여우 사냥이나 즐기는 한가한 귀족으로서 안주하지 않고 그의 열정을 지질학 연구에 쏟은 것은 자신에게도 매우 만족스러운 일이었다. 더군다나 웨일스의 명문가와 인척으로 얽혀 있어 그들의 환대를 받으며 아울러 지적 후원을 받는 유리한 위치에서 연구를 수행할 수 있는 처지였다.[53]

지질용 햄머를 들고 자연을 여유롭게 관찰하며 사색하는 것을 신사들의 일로 여기던 시대였다. 당시 신사들의 학문으로 알려진 그런 일에 관심을 갖게 된 것은 아마도 귀족인 머치슨이 여가를 지적으로 선용하는 가장 최적의 방법이었을지도 모른다고 다소 비아냥거리는 투의 글을 남긴 후세의 사람도 있다. 그러나 그가 행한 작업은 단순히 신사들의 멋내기 용이나 오락적인 차원의 일은 아니었으며 1839년 『실루리아계 *The Silurian System*』와 1854년 『실루리아기 *Silurian*』란 웨일즈 지방의 지질학적 체계를 밝히는 두 권의 명저를 남겼다. 지질시대를 결정한 업적은 가볍게 넘길 그런 성질의 성취는 결코 아니다. 포티(Richard Fortey)는 『생명: 40억 년의 비밀』이라는 저서에서 머치슨을 "그는 파렴치하고 거만하고 독선적이었지만, 그때까지 도저히 추측조차 할 수 없었던 수수께끼의 지질학적 세계인 웨일스라는 기이한 땅의 고대 역사를 요약하고, 그것을 대중의 구미에 맞게 요리할 수 있었던 사람은 그 밖에 없었다"고 기술하고 있다.[53]

빙하기와 산호초

오르드비스기 말에 찾아온 빙하기에 사라졌던 산호초 때문에 지질시대가 명확하게 밝혀지게 되었다. 이미 원생이언 말기에는 지구 전체가 빙하로 덮일 정도로 추워져 눈덩이 지구로 부를 만큼 혹심한 빙하기와 간빙기가 지속된 시기가 있다는 것도 이미 앞서 소개하였다. 그렇다면 지구에 빙하기는 왜 생기는 것인지 궁금해진다. 그러나 빙하기에 대한 이해가 시작된 것도 그리 오래전의 일이 아니며, 인류가 지구에 빙하기가 있었다는 사실을 인식한 것은 겨우 한 세기 전이었다. 1840년 스위스의 지질학자 루이스 아가시(Louis Agassiz, 1807–1873)에 의해 빙하이론이 발표되었을 때만 해도 많은 지질학자들은 믿으려 들지 않았다. 빙하를 모자처럼 쓰고 있는 알프스 산의 영향을 받으면서 스위스에서 태어나고 자란 그가 빙하기의 존재를 알아차린 것은 우연이 아닌 일로 여겨진다. 그가 빙하기의 발견으로 명성을 얻은 후 미국의 하버드 대학 교수로 자리를 옮겼다. 그렇다고 빙하기의 모든 게 해결된 것은 아니었으며, 빙하기가 왜 생기는지는 학계의 오랜 논란거리였다. 지구가 여러 번의 추운 시기와 더운 시기가 거쳤다는 것을 인정하면서도 정작 그 이유는 분명하게 설명되지 못했던 게 당시였다. 당시의 지구과학 수준에서 지구의 기후가 변화되는 이유로 제시된 이론들은 만족스럽지 못했다. 차라리 어떤 것은 너무 허무맹랑하기까지 했다. 그시기에 지구의 기후가 변화된 이유로 제시된 것들로 지구의 자전축이 바뀌어 한때 극지방에 위치했던 지역은 적도에 원래 적도 지방은 극지방에 가깝게 변위되었다는 이론이 등장하였는가 하면, 지구가 우주를 관통해 지나가면서 차가운 곳과 따뜻한 곳을 번갈아가면서 통과했다는 이론도 등장했다. 어떤 이는 태양은 변화가 많아서 발생되는 에너지의 양이 시대에 따라 변화된다는 말을 하기도 했다. 또 다른 학자들은 과거 육지와 해양의 분포가 오늘날과 달라 대륙이 극지방에 모여 있을 때 빙하가 만들어졌다는 이론을 제시하기도 했다. 근거가 없는 것이긴 했지만 이건 대륙이동설의 전조가 될 만한 것이었다. 그 시기는 대륙이동설이 등장하기 훨씬 이전의 시기였으므로 대륙이동을 증명할 만한 과학적인 증거들이 제시된 설명은 아니었다.

그러나 정작 올바른 해답은 의외의 인물로부터 시작되었다. 정식으로 대학 교육을 받지 않고 오로지 독학으로 자연과학자의 길을 스스로 개척한 스코틀랜드의 제임스 크롤(James Croll, 1821-1890)이 바로 정답을 제시하였다. 그는 스코틀랜드의 석공이자 소작농의 아들로 태어났다. 그가 어렸을 적 정식학교에서 공부만 할 처지는 아니었다. 그러나 그는 어린 시절 힘든 농사일에 매달리면서도 독서를 게을리 하지 않았다. 그가 성장하면서 세상을 살기 위하여 가진 직업의 종류는 무수히 많았다. 그러나 매 순간 그가 손에 놓지 않았던 것은 다양한 종류의 책이었다. 그는 나이 40세가 다되어서야 글라스고의 한 사립학교 관리인이 되면서 그의 독서량은 더욱 늘어났다. 제대로 된 교육을 받아 보지도 못한 그가 과학에 두각을 나타내기 시작한 것은 그때부터이다. 그는 후일 자서전에서 그 시기의 주된 지적 관심사는 철학과 종교였다고 밝히고 있다. 그러나 그가 일하게 된 대학의 도서관에서 과학에 대한 흥미로운 서적을 발견하면서 철학과 종교에 대한 관심은 잠시 접어두게 되었다. 그가 과학적인 기고를 하기 시작한 것은 그 도서관에서 일한 후 2년째부터였다. 당시 스코틀랜드의 지질학자가 펴낸 빙하기에 관련된 저서를 접한 그는 빙하기의 원인을 밝히는 도전적인 과제를 해결하기로 마음먹었다. 후일 그는 그의 자서전에서 빙하기의 발생 원인을 연구하겠다는 결

독학으로 자연과학자의 길을 스스로 개척한 스코틀랜드의 제임스 크롤(James Croll, 1821~1890). 빙하기를 천문학적인 원인으로 해석하였다.

심을 했을 때는 그런 문제는 쉽게 해결 할 수 있는 문제로 생각하였으며, 결론에 도달하기 위해 20여 년을 바쳐야 할 거라고는 생각하지 않았다고 술회하고 있다.[57]

그는 이 문제를 해결하기 위해 지배적인 원리를 이해하려고 애썼다. 그가 제시한 이론은 생각하기에 따라서는 좀 복잡하게 여겨지는 천문학적인 해결방법으로 빙하기와 간빙기의 주기가 천문학적인 원인이 있을 것이라는 생각을 처음으로 했다. 그는 빙하기의 기후를 결정하는 핵심적인 요인은 지구가 태양으로부터 받는 에너지의 차이에 기인하는 것으로 생각을 하였다. 그 이전에 이런 생각을 가진 학자가 없었던 것은 아니었으나 그렇게 심각하게 고려하지는 않았었다. 지질학의 고전으로 읽히고 있던 라이엘의『지질학 원리 *Principle of Geology*』에서도 기후 변동의 천문학적 원인이라는 항목이 수록되어 있었다. 그러나 항목은 있었지만 정작 근본적인 원인에 대한 구체적인 내용의 기술은 없었다. 그러나 프랑스의 조셉 에드히머(Joseph Adhemar, 1797-1862)는 1842년에 발간된 그의 저서『해양의 혁명 *Revolutions de la mer*』에서 이심율과 자전축의 기울기기의 변화가 빙하기에 중요한 역할을 했다는 주장을 했다. 사실 아직도 자전축이 기울어진 정확한 이유는 지금도 해결되지 않은 과제로 남겨져 있으며 다만 지구 생성 이후 화성만한 크기의 행성과 충돌하면서 달이 만들어졌고 그때 자전축이 기울어진 것으로 해석하고 있는 형편이다. 크롤은 에드히머의 저술에서 많은 영향을 받았다. 그는 에드히머의 계산에서 오류를 찾아냈다. 그는 1864년에 투고한 빙하기에 관련된 논문을 발표하면서 "차고 더운 기간의 반복은 위대하고, 고정되고, 지속적으로 작용하는 우주의 법칙을 나타낸다"라는 점을 지적하였다. 크롤은 지구궤도의 변화가 빙하기를 일으키기에 충분한 지구 기온을 내리는 직접적인 원인이 아니라는 사실을 알아내었으며, 그런 변화가 해류에 영향을 주어 빙하기를 일으킨다고 생각하였다.

하여튼 그가 계산한 빙하기의 시기는 8만 년 전이었다. 그의 연구결과에 깊은 인상을 받은 스코트랜드 지질조사소의 소장 아치발드 가이키(Archibald Geikie, 1835-1924)가 있었다. 그 자신도 빙하에 대한 연구를 하고 있었기 때문에 크롤의 연구 성과의 중요성을 알아차린 것이다. 가이키의 설득으로 크롤은 1867년부터는 지질조사소에서 일하게 되었으며, 그가 은퇴하기까지 인생의 13년간 연구에 매진하였다. 그가 그곳에서 활동하는 기간 동안 그는 영국왕립학회의 특별회원이 되었으며, 뉴욕 과학아카데미의 명예회원이 되는 등의 영예를 안았다. 그는 1875년『지질학적 관계에서의 시간과 기후: 지구 기후의 장기변화에 대한 이론 *Climate and Time in Their Geological Relations: A Theory of Secular Change of the Earth's Climate*』이란 저서에서 그의 연구 결과를 종합하여 발표하였다.

그러나 크롤이 계산했던 마지막 빙하기의 시기는 8만 년 전에 물러났다고 주장하였는데, 실제로 마지막 빙하기가 약 3만 년 전으로 알려지면서 그의 이론은 퇴색되었다. 그러나 20세기에 접어들어 세르비아의 수학자인 밀란코비치(Milutin Milankovitch, 1879-1958)에 의해 크롤의 이론을 기초로 재정립되어 제의된 "밀란코비치주기"는 모든 사람들이 수용하는 이론이 되었다. 후대에서 이 이론은 원래 이 아이디어를 낸 크롤을 기념하여 크롤-밀란코비치이론이라고 부른다. 밀란코비치는 오늘날 크로아티아 지역에 해당하는 다뉴브강변의 부유한 가정에서 출생하였다. 그는 10세 때까지 가정교사에게서 교육을 받다가 인근의 중등학교에 진학을 했다. 성적은 우수했지만 평범한 학생이었다. 그가 과학에 흥미를 느끼기 시작한 시점은 그는 가업을 승계하는 대신 비엔나로 건너가 과학 공부를 시작한 시기이다. 그가 박사학위 연구를 위해 선택한 주제는 수학이나 천문학이 아니라 콘크리트에 관련된 일이었다. 그가 콘크리트 전문가가 되어 대규모 건설회사에 취업을 했다. 그것은 빙하기와는 전혀 관계가 없는 일이었다. 그가 1909년 베오그라드대학에서 교수직을 구하여 응용수학 강좌를 열어 새로운 경력을 쌓으면서, 과학의 문제를 수학으로 해결하는 방식을 깨달아가고 있었다. 그는 자신의 수학지식을 과학적인 문제 해결에 도입시킬 분야로 선정한 것이 바로 기후와 빙하기의 문제였다. 크롤의 논문을 읽은 밀란코비치는 크롤이 제시한 기후변화의 요인들을 그만의 방법으로 계산하기로 했다.

그는 지구의 회전축이 도는 것과 지구의 타원궤도축이 도는 것이 합쳐 작용한 결과로 춘분, 추분, 하지 및 동지점의 위치가 달라지는 점을 인식하였다. 세차운동과, 회전축의 기울기가 변화되는 것과, 지구의 공전궤도의 이심율(얼마나 원에 가까운지를 나타내는)의 차이에 의하여 지구상 특정 위치에서 복사에너지의 양이 10% 정도가 달라진다는 점을 계산하였다. 그가 그런 연구결과를 발표한 것은 1920년으로 「태양 복사열에 의한 열 현상에 대한 수학적 이론」이란 논문으로 발표되었다. 그는 자전축의 기울기의 차이가 크롤이 이전에 생각했던 것보다는 훨씬 더 중요하다는 사실을 확인하였다. 그 이론은 13만 년 전의 지구 표면의 온도를 계산했음에도 불구하고 처음에는 지질학자들에게 큰 반향을 얻지는 못했다. 그러나 그의 연구결과의 중요성은 우연한 기회에 인식되기 시작했다. 이런 난해하게 보이는 수학적인 계산 결과가 이해할 수 없거나 풀기 어려운 퍼즐은 아니라는 것을 지질학자들이 밝혀주었다. 독일의 두 과학자 펜크(Albercht Penck, 1858-1945)와 브뤼크너(Eduard Brückner, 1862-1927)는 알프스산맥의 계곡에서 단구를 관찰하고 4번의 빙하시대가 있다는 사실을 확인하였다. 밀란코비치에 의해 독립적으로 계산된 결과와 그들이 야외에서 직접 관찰한 결과를 비교해보고 싶었다. 이를 근거로 기후변화의 역사를 복원한 결과 빙하기와 간빙기 주기변화가 일치되는 사실이 확인되었다. 이론적인 계산 결과와 야외에서 관찰한 결과가 거의 완벽하게 일치되었다. 쾨펜(Wladimir Köppen, 1846-1940)과 그의 사위였던 베게너(Alfred Wegener, 1880-1930)는 이의 중요성을 알아차렸으며 1924년에 출간한 그들의 저서 『지질학적 과거의 기후 *Climates of the Geological Past*』에서 이를 상세하게 다루었다. 이 저서는 당시 상당

빙하기의 형성을 최초로 천문학적인 관점에세 제기하였던 제임스 크롤의 이론을 완성시킨 밀루틴 밀란코비치(Milutin Milankovitch, 1879~1958)의 모습.

한 인기를 끌었던 것으로 밀란코비치가 세계적인 명성을 얻는데 큰 도움이 되었다. 이제 빙하기의 존재와 그리고 빙하기가 주기성을 갖는 원인도 밝혀졌다.

이런 빙하기가 지구에서 반복되면서 해수면의 변화가 일어난다. 해수면의 수위 변화는 너무 당연하다. 빙하기가 도래하면 많은 물들이 빙하로 변신하기 때문에 해수면이 낮아지는 것은 피할 수 없는 현상이 된다. 그 변화를 알아내는 방법은 여러 가지가 있다. 만약에 바다 밑에서 과거의 하천의 흔적을 발견한다면 적어도 그 하천이 흐르고 있을 때는 그 지역이 바다보다는 높은 위치의 육지에 있었다는 것을 말해주는 직접적인 증거가 된다. 해양 생물종들을 화석으로 포함하고 있는 해성층이 지금은 해수준면을 훨씬 상회하는 고도에 위치한다면 지층이 상승하였거나 바다가 물러났거나 그 원인은 둘 중의 하나이다. 해수준면의 변화를 보여주는 증거들은 그것 말고도 여러 가지가 있지만 정확한 해수면의 변화속도를 알아내기에는 단순한 그런 증거만으로는 역부족이다. 다른 지질학적 기록으로도 해수면의 변화를 정량적으로 알아내는 방법이 있기는 하지만 산호초 역시 과거 해수면의 변화를 알아내는데 요긴하게 이용된다. 산호는 아주 낮은 수심에서 자라는 성질이 있기 때문에 이들 깊이별로 채취된 산호초의 나이를 측정하면 당시의 나이를 정확하게 알 수 있다. 사실 마지막 빙하기가 최전성기인 약 2만 년 전의 해수준면이 지금보다 약 120m 정도 아래에 있었다는 사실도 바로 콜롬비아대학의 리처드 페에뱅크스(Richard Fairbanks)가 카리브해에 있는 산호섬 바베이도스에 있는 산호초로부터 구한 값이다. 그는 얕은 바다에서나 성장이 가능한 이들 산호초의 나이를 측정함으로서 2만 년 전의 산호가 현재의 해수면보다 거의 120m 아래에서 자랐다는 사실을 밝혀냈다. 그리고 그는 빙하기가 최고조에 이른 다음 해수준면이 일정하게 상승하지 않고 다른 속도로 상승했다는 사실도 밝혀냈다.[57] 빙하기와 간빙기의 해수면의 변화는 우리가 상상하는 이상의 충격을 준다. 아마도 120m의 해수준면의 변위를 그게 어쨌다는 거냐는 식으로 대수롭지 않게 여기는 사람들이 많을 것이다. 그러나 지금보다 해수준면이 120m 정도 높아진 지구의 모습 아니 한반도의 모습을 한번 상기하는 것으로도 그게 미칠 영향을 생각하면 아찔해질 것이다. 이 정도로 해수준면이 높아지면 서울은 바다 밑으로 통째로 종적을 감출 것이다. 그리고 한반도의 대부분의 곡창지대는 사라져 버릴 것이다. 그것만으로도 해수준면이 변위가 미치는 영향을 더 구체적인 숫자를 인용하지 않아도 심각성을 명백하게 인식하는 데 충분할 정도이다. 만약 해수준면이 높아진다면 우리는 선택의 기로에 설 것이다. 우리 삶의 터전을 내륙의 높은 산지로 순차적으로 이동시키거나, 그렇지 않으면 바다의 침범을 막아야 할 것이다. 그러나 솟아오르는 바다를 막는 데는 한계가 있을 것이다. 그러나 앞서 밝힌 지구 기후계의 주기적인 변화 요인에 빙하기와 간빙기가 반복되면서 해수준면의 변화는 과거 지구의 역사에서도 일어났으며 앞으로도 필연적으로 일어날 것이다. 생태계에 미치는 영향은 그 변화되는 속도가 문제일 뿐이다. 과학자들은 평균 해수준면이 지난 100년간 비교적 빠른 속도로 상승하고 있으며, 약 10-15cm 높아졌다고 한다. 이런 속도는 지구에서 일어나는 변화로서는 매우 빠른 속도이다. 과학자들은 이런 상승속도가 인류가 유발시킨 기온상승이라는 점에 대하여 아직도 논쟁을 계속하고 있다.

다시 이야기를 마지막 빙하기가 끝나는 시점으로 돌아가기로 하자. 빙하기가 끝이 나면서 해수준면은 상승하기 시작하였다. 그러나 기후가 불규칙하게 변하되면서 녹는 빙하의 량도 시기에 따라 달라졌기 때문에 그 속도는 달랐지만, 상승하는 해수면에 의해 육지는 바다에 침입당하기 시작했다. 맑고 따뜻한 태평양의 물, 그리고 육지로부터 공급되는 혼탁한 물이 없는 오스트레일리아 대륙 연안의 그런 환경은 산호가 살기에 적당한 환경이었으며 산호초는 해수준면이 높아지면서 차례로 몸체를 불리기 시작한 것이다. 지금으로부터 약 6천여 년 전부터 해수준면의 현저한 변화는 없었다. 지금 여러분이 오스트레일리아의 대보초에서 관찰할 수 있는 산호는 아마도 그 정도의 나이를 가지고 있다고 생각하면 될 것이다. 이 대보초는 육지로부터 가깝게는 100km에서 멀게는 1,000km 정도 떨어져 있으며 900여 개의 산호초들이 2,500여km 길이로 늘어서 있는 장대한 규모이다. 이 대보초는 살아 있는 생명체에 의해 지구상에 만들어진 거대한 구조물로 경이로운 존재임에 분명하며, 자연이 만든 엄청난 괴력을 보여주는 현장이기도 하다. 아무도 대보초를 한 눈에 담아 볼 수는 없다. 이 초는 화산섬이 아니라 대륙의 연변부에 성장한 것으로 해수준면의 변화에 의해 만들어진 것이다. 그렇기는 하지만 찰스 다윈이 말한 산호초 형성과정의 원리에 반하는 것은 아니다. 해수준면의 상승은 상대적인 의미이기는 하지만 육지가 내려가는 것과 다를 바 없기 때문이다.[58]

이런 산호초의 형성과정은 다윈에 의해 밝혀졌다. 다윈이 비글호(HMS Beagle) 항해에서 거둬드린 성과 중의 하나였다. 사실 다윈이 비글호에서 얻은 더 큰 성과는 바로 갈라파고스에서 얻은 자연선택에 관한 아이디어였다. 자연선택에 관련된 이야기는 뒤에서 따로 소개하겠다. 그러나 다윈이 거둔 성과는 그것만이 아니었다. 타히티와 호주를 지나 인도양의 킬링섬(Keeling islands)에 도착해서 산호초의 형성과정을 밝힌 일이다. 킬링섬은 인도양에 위치하는 산호초로 된 섬으로 코코스섬이라고 불리기도 한다. 수마트라에서 900여Km 남서쪽으로 떨어져 있으며, 대략 스리랑카와 오스트레일리아와 중간 정도에 위치하는 섬이다. 이 섬은 1609년 영국 동인도회사에서 일하던 영국인 선장 윌리엄 킬링(William Keeling, 1578-1620)이 쟈바로부터 영국으로 귀환하는 과정에서 발견된 14km^{2}의 무인도로 섬에서 가장 높은 곳이라야 겨우 해수준면으로부터 5m 정도에 불과했으며, 코코넛 나무가 빽빽이 들어찬 그런 섬이었다. 이 섬의 이름은 이 섬을 발견한 선장의 이름을 따 붙여진 것이다. 다윈이 그 섬에 들렀을 무렵에는 스코틀랜드의 쉐틀랜드에서 이주해온 이들이 몇 명 살고 있었다.

인도양의 킬링섬의 인공위성 사진(사진: NASA). U자형의 환초의 모습이 뚜렷하며, 산호초의 안쪽으로 얕은 초호의 바닷물의 색깔은 초록색이다.

산호초로 된 킬링섬은 다윈이 또 다른 자연

의 진실을 확인하는 현장이 되었다. 역시 다윈의 비범한 인식은 그 섬이 그냥 들러 가는 열대지방의 작은 산호섬은 아니었으며, 그 섬은 바로 다윈에게 산호의 형성과정을 지질학적으로 설명해주는 곳이었다. 이 섬은 원형으로 크게 입을 벌린 U자형의 형태였다. 다윈은 그 섬이 주는 경관에 매료되어 '비글호 항해기'에 다음과 같은 인상을 기록으로 남겼다.[59]

> "한 번 들어오면 경치는 대단히 신기하고 아름답다. 그러나 그 아름다움은 전적으로 주위의 색깔이 찬란하기 때문이다. 대부분이 하얀 모래 위 초호의 얕고, 맑고, 조용한 물은 태양이 수직으로 비추면 대단히 눈부신 초록색이 된다. 이 찬란한 호면은 폭이 수 마일이나, 주변에서는 대양의 검푸른 물결이 눈처럼 하얗게 부서지는 파도로 나누어지며, 푸른 하늘과는 평탄한 대지 위에 야자나무가 서 있는 조각 같은 섬으로 나누어진다. 여기저기 떠 있는 구름은 푸른 하늘과 아름다운 대조를 이루고, 초호에서도 살아 있는 산호지역은 어두운 대상으로 녹색의 바닷물과 대조를 이룬다"

열대 산호섬이 만든 경관에 크게 매료되었음이 물씬 풍겨지는 기술이다. 그러나 박물학자로서 다윈의 관찰력은 단지 풍광에 매료되는 것으로 끝난 것은 아니었으며, 바로 그곳에서의 관찰결과를 기초로 후일 지질학계의 논쟁거리로 등장한 산호의 형성과정을 밝혀낸 것이다.

그는 산호섬들을 관찰하면서 산호초를 환초(環礁, atol), 보초(堡礁, barrier reef) 및 거초(裾礁, fringing reef)로 구분하였다. 다윈이 만든 산호초의 구분은 오늘날에도 그대로 사용되고 있다. 그는 산호섬을 면밀하게 관찰한 후 산호초를 만드는 산호는 깊은 물에서는 살지 못한다는 것을 발견하였으며, 보초와 환초는 섬이 차례로 가라앉는 곳에서 산호의 성장이 계속되면서 산호초가 만들어지는 것으로 해석하였다. 화산활동이 종식된 화산섬이 침강을 시작하면 초기에는 섬 주위에서 산호들이 서식하면서 거초를 만든다. 섬이 계속 침강하면서 산호의 성장이 계속되면 이들 거초는 보초로 발달하게 된다. 결국 섬이 해수준면 이하로 침강을 계속하게 되면 육지는 사라지고 섬 위로 환초가 생성된다는 것이다. 그는 항해기에 기술한 킬링섬의 산호초 기재와는 별도로 1842년에 『산호초의 구조와 분포』라는 책을 따로 냈다. 다윈은 이 책에서 “산호가 연약하고 부드러운 몸을 가지고 있다는 사실과 함께 단단한 산호초의 바깥쪽, 즉 계속적으로 파도와 부딪히는 쪽에서만 성장한다는 사실을 알게 되면 자연과학자들은 놀라게 될 것이다”라고 기술하고 있다. 사실 산호는 식물이 아니라 자포동물로서 그들이 생존하기 위해서는 에너지원으로 햇빛이 필요해서 수심이 깊은 곳에서는 살아남기 어렵다. 이는 진화에 대한 그의 사색을 마무리하기 이전이다. 그러나 침강하는 지역에서 산호가 만들어진다는 것은 당대 지질학계의 거물이자 그에게 많은 영향을 주었고 교분을 가졌던 던 라이엘의 생각과는 정반대였다. 라이엘은 산호초는 화산활동의 결과로 융기되는 화산섬에서 만들어지는 것으로 해석하였으며, 지질학계의 비중으로 보아 많은 사람들이 라이엘의 견해에 동조하는 편이었다. 이 『산호초의 구조와 분포』라는 저서는 지질학계에 자신이 만든 수정된 이론을 알리고, 받아들이게 만드는 야심찬 작업이었다. 이 산호의 형성과정은 오랜 논란을 거치게 되며, 후일 영국 학술원은 이 문제를 해결하려는 계획을 세웠다. 1901년 남태평양의 푸나푸티 환초를 굴착하기로 했다. 당시의 장비로 330m 깊이까지 뚫었으나 나온 것은 계속 산호뿐이었다. 이 정도로도 다윈의 이론이 옳다는 것이 확인되었다. 왜냐하면 낮은 바다에서 서식이 가능한 산호가 융기하는 환경에서는 그렇게 두꺼운 산호초를 만들 수 없기 때문이다. 2차대전이 끝

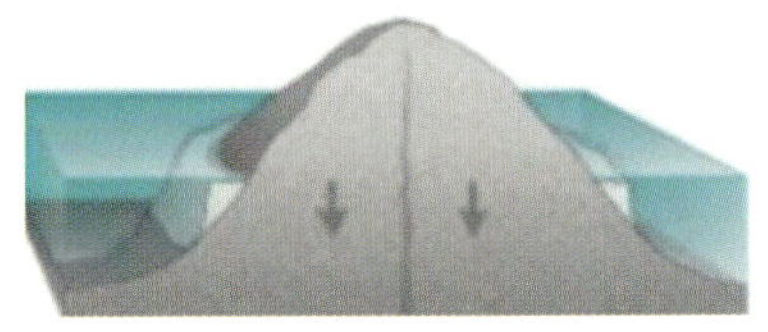
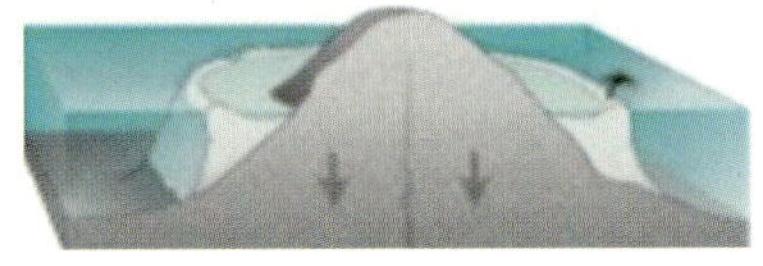

다윈이 설명한 산호초의 형성과정을 보여주는 개념도(그림: USGS). 화산활동이 종식된 섬이 침강을 하면서 섬의 주변부에서 처음 거초를 형성하고(두 번째 그림), 침강이 계속되면서 보초를 형성한다(세 번째 그림). 궁극적으로 섬이 해수준면 이하로 침강하면 환초가 만들어진다.

난 후 미국의 학자들은 마샬제도에서 시추를 했지만 그보다 더 깊은 770m까지 나온 것은 산호뿐이었다. 이런 결과는 다윈의 이론을 다시 한번 입증해주는 계기가 되었다. 나중에 밝혀진 것이지만 다윈의 산호초의 형성과정이 올바른 것이긴 했지만 모든 경우에 적용되는 것은 아니었으며 융기하는 곳에서도 산호초가 형성되는 것이 알려지게 되었다. 오늘날에는 해수준면의 변화 역시 산호초의 성장과 형태에 영향을 미치는 중요한 인자라는 것을 알고 있다.

나는 몇 년 전 산호섬에 들릴 기회가 있었다. 그 여행은 지질답사를 목적으로 한 것은 아니었으며 휴가차 들른 곳이 보르네오섬 북동쪽 끝에 있는 코타키나발루이다. 코타키나발루는 말레이시아 사바주의 주도인 항구도시이다. 그 도시 근처에는 말레이시아 최고봉인 4,101m의 키나발루산이 있으며 도시에 가까운 곳에 산호섬이 있는 곳이다. 비록 휴가차 들른 곳이지만 이 산과 산호섬에 대한 지질학적 호기심 때문에 그곳을 휴가지로 선택하였다. 그때까지 나는 한 번도 제대로 된 산호섬을 방문한 경험이 없었기 때문에 우선 나는 산호섬을 둘러보는 일정을 세웠다. 그날은 구름 한 점 없는 쾌청한 날씨였으며 코타키나발루 선착장을 떠난 쾌속 보트는 10여 분 만에 산호초로 된 사피섬에 도착하였다. 사피섬 선거(船渠)가 있는 곳으로부터 이어진 해안의 모래가 눈이 부시도록 흰 것은 지질학자가 아니더라도 산호초 알갱이라는 것을 짐작케 만들었다. 나는 마음속으로 그곳에서 내가 볼 수 있는 게 무엇일지 궁금해졌다. 바닷물의 빛깔은 녹청색이지만 투명하여 물속 깊은 곳까지도 손에 잡힐 듯 보였다. 나는 마음속으로 비글호 항해기에서 읽었던 다윈의 관찰 내용을 생각해냈다. 그러나 내가 스노클링을 시작하면서 그런 생각은 사라져 버렸다. 물속에 자유롭게 유영하고 있는 열대어 무리를 보는 순간 그런 것은 관심 밖의 일이 된 기억을 가지고 있다. 과학기고가인 케네스 브라우어(Kenneth Brower)는 열대의 얕은 바다에 있는 산호초가 주는 아름다움을 분별할 수 있도록 인간의 망막이나 시신경을 훈련시키지 못했다고 산호초가 주는 아름다움을 극찬했다. 온대 지방의 바다에 있는 어떤 것도 이를 흉내낼 수 없다고 했으며 그것은 지구의 보물이라고 말했다. 그렇다 나처럼 평범한 지질학자

오스트레일리아 퀸스랜드 동부에 있는 대보초해양공원의 일부 모습의 항공사진(사진: Great Barrier Reef Marine Park Authority 제공). 해양의 열대우림이라는 명칭으로 불릴 정도로 해양 생태계의 중심이다. 대보초의 전체 모습은 위성 사진에서나 규모가 확인될 정도로 거대하다.

에게는 산호초가 주는 그런 현란한 아름다움만이 눈에 들어왔으며, 펼쳐진 자연 현상이 자연의 진화과정을 보이는 다큐멘터리로 보이는 게 아니라 그저 한 장의 스냅사진만으로 인식되었을 뿐이다. 그러나 다윈은 달랐다. 그는 자연의 다큐멘터리로 인식하는 단계를 지나 그 본질을 파악하였던 것이다.

이쯤 이르면 산호초에 대한 약간의 설명이 필요한 것 같다. 거초는 육지의 언저리에 붙어 있는 산호초를 말한다. 대부분의 열대 해역의 새로 생긴 화산섬 주위에서는 처음에는 거초가 만들어진다. 보초는 바다에 의해 육지나 섬과 떨어져 만들어지는 산호초를 보초라고 한다. 육지와 산호초와 사이에 만들어지는 얕은 바다를 초호(礁湖)라고 부른다. 보초는 육지의 반대쪽이 영양분이 많아 자라는 속도가 더 빠른 것으로 알려져 있다. 아마도 현생 산호초 중 가장 잘 알려진 것은 거대한 규모의 오스트레일리아의 동쪽 해안을 따라 대륙붕에 발달해 있는 대보초(the Great Barrier Reef)일 것이다. 이 대보초는 외계에서도 관찰이 가능한 생명체가 만든 거대한 구조물이다. 이 대보초는 2,500여km나 연장되는 수많은 산호초로 구성된 거대한 산호초군락이다. 이 보초가 생성되는 단계는 매우 복잡하다. 오스트레일리아판이 북상하면서 적도해역으로 주변지역이 들어서면서 시작되었다. 그건 약 2백5십만 년 전쯤으로 여겨진다. 그러나 지구 기후시스템의 변화에 따라 일어나는 해수준면의 변화는 이들 산호초의 성장과 멈춤을 반복하게 만들었다. 이 대보초에 자라는 현생 산호는 약 2만 년 전쯤 만들어지기 시작하였다. 바로 대보초가 시작되는 곳은 지구상의 마지막 빙하기에는 연안환경에 위치해 있기 때문에 산호초가 만들어지기 시작하였으며 빙하기가 끝이 나면서 해수준면이 상승하고 이들의 성장은 계속되어 오늘날의 거대한 보초를 만들게 되었다. 이런 결과는 다윈이 관찰한 결과와는 다른 것으로 산호초는 이런 환경에서도 만들어진다.

환초란 산호초들이 원형으로 연결되어 있거나 어떤 경우에는 산호초들이 엉성한 고리모양으로 얕은 초호를 둘러싸고 있는 상태로 연결되어 있는 것을 말한다. 보통 환초 내부의 초호에서는 수온이 너무 높거나 염분의 함유량의 변화에 의해 산호의 섭식이 제한되기 때문에 산호가 번성하는 곳은 아니다. 산호는 자포동물에 속한다. 자포동물에는 산호 외에도 해파리나 말미잘 등이 포함된다. 이들 자포동물의 특징은 먹이를 잡을 때 사용하는 자세포가 있다는 점이다. 산호의 폴립은 한 개체의 동물인데 이들은 군체를 이루도록 진화를 했다.

산호의 기본적인 구조는 단단하고 강한 구조의 위에 폴립이 살고 있다. 바로 이 폴립이 만든 석회질 골격이 산호초를 만드는 것이다. 산호 중 연산호는 석회질 조직을 분비하기는 하지만 그 조직이 약하고 느슨하여 죽으면 흔적을 남기기 어렵다. 따라서 이들은 산호초를 만드는데 그리 큰 기여를 하는 종은 아니다. 산호는 성장을 위해 빛이 있어야 되기 때문에 물이 얕고 맑아야 하므로 퇴적물이 유입되는 양이 많은 지역에서는 수온이 높다고 해도 산호초가 발달되지 않는다. 그런 예가 바로 아마존강이 혼탁한 물을 유입시키는 열대지방의 대서양 유역이 산호가 거의 없는 이유이다. 또한 담수의 양이 많이 희석된 지역에서도 서식하지 못한다. 그렇기는 하지만 산호의 폴립이 석회질 물질을 분비하는 능력이 없었다면 산호초는 만들어지지 않았을 것이다. 열대 해역의 따뜻한 해수에는 탄산칼슘이 풍부하게 용해되어 있다. 그러나 폴립은 체내에 많은 량의 탄산칼슘을 가지고 있을 수 없으므로 미세한 탄산칼슘 결정으로 분비를 한다. 폴립의 하부에 축적된 탄산칼슘이 바로 산호초가 되는 것이다. 폴립이 분비하는 탄산칼슘 결정의 양은 아주 적다. 그러니 산호초의 성장속도는 더디기만 하다. 그렇기 때문에 지반의 침강 속도가 산호의 성장속도보다 빠른 곳에서는 산호초는 만들어지지 않는다. 이런 사실을 다윈도 간파하고 있었으며 나아가 지구에서 일어나는 느린 지질작용의 하나로 파악하고 있었다. 그는 그의 항해기 '킬링섬: 산호초'의 장을 다음과 같이 마무리하고 있다.[59]

> "(전략). 지질학적으로 멀지않은 시대에 침강 또는 융기의 변화를 겪은 광대한 지역에 놀라게 된다. 융기운동과 침강운동은 거의 같은 법칙을 따른다는 생각이 든다. 수면 위에 봉우리 하나 남지 않은 환초가 흩어져 있는 공간을 통틀어 볼 때, 침강의 양은 엄청난 것임에 틀림없다. 게다가 침강작용은 계속적으로 일어난다고 해도 산호가 표면에 살 수 있을 정도로 긴 시간적 여유를 가지고 반복하든지, 반드시 극도로 느려야만 한다. (중략) 우리는 이렇게 해서 10000년을 살면서 과거의 변화에 대한 기록을 갖고 있는 지질학자처럼 이 지구의 표면이 갈라지고 땅과 바다가 서로 바뀐 거대한 체계를 어느 정도 통찰할 수 있다"

그렇다. 다윈 자신이 밝힌 것처럼 이런 현상을 관찰할 수 있는 것은 다른 방법으로 연구해서는 얻을 수 없는 결론임에 틀림없다. 적어도 다윈의 시대에는 과학 수준의 정도가 다른 어떤 기법으로도 이런 사실을 확인하기는 불가능한 일이었다. 시대를 초월하여 자연을 인식하는 능력이 있었음이 분명하다. 수많은 사람들이 방문한 인도양에 놓여 있는 작은 킬링섬은 다윈에게 또 다른 자연의 법칙을 일깨워 진실을 확인 시켜준 현장이 되었다.

사실 산호초는 단순히 자연의 풍요로움을 보여주는 존재로서만 가치가 있는 것은 아니다. 지구 기후의 변화를 기록한 대상으로서만 가치를 갖는 것은 더더욱 아니다. 산호초가 차지하는 면적은 전체 해양의 불과 0.17%에 불과하지만 전체해양 생물종의 1/4 이상이 산호초를 중심으로 서식하고 있기 때문에 생물학적 다양성 측면에서 이에 비견할 것은 아무것도 없을 정도이다. 그래서 산호초는 '해양의 열대 우림' 이라는 별칭을 갖고 있을 정도이다. 산호초가 만든 자연경관에 의해 많은 관광객을 모아 주요한 재정적인 수입원의 역할을 하고 있는 카리브해에 있는 작은 나라들이나 주요한 단백질 공급원의 역할을 하고 있는 섬 지방에서 산호초의 기능 또한 매우 중요하다.

산호는 동물이다. 그러나 바위에 붙어 사는 동물이다. 산호 내에는 미세한 조류라는 미생물이 살고 있는데 이들은 대사활동을 통하여 산호에게 산소와 먹이를 제공해주는 매우 특별한 공생관계를 유지하고 있다. 바다의 깊이가 깊어지면 그 단세포 미생물 즉 쥬크산텔레(zooxanthellae)와의 공생관계를 유지할 수 없어 산호의 폴립은 성장할 수 없으며 그 결과 산호 폴립의 분미물인 탄산칼슘의 축적은 진행되지 않는 것이다. 수심이 깊지 않은 따듯한 해역에서 성장하던 산호는 서식지의 환경 변화에 민감한 반응을 보인다. 산호는 수온 증가 등의 다른 요인들에 의해 환경변화에 따른 압력을 받게 되면 갈색의 미생물 쥬크산텔레는 산호의 몸 밖으로 빠져 나오게 되고, 그 결과로 산호의 투명한 조직을 통해 원래의 하얀 탄산칼슘으로 된 석회질 골격이 드러나게 된다. 이게 백화현상이다.[62] 바로 수온의 변화는 가장 작은 생명체인 미생물과의 공생관계의 균형을 파괴해서 결국은 산호초의 죽음으로 연결된다. 이런 산호초의 복잡한 생물학적 특성을 이해한 것은 최근의 일이다. 이들 산호의 변화는 바로 이들이 서식하고 있는 해양환경의 변화 즉 거시적으로 보면 지구환경의 변화를 기록하고 있는 실체인 것이다. 고생대 이후 많은 지층에서 이들 산호로부터 기원된 퇴적암인 석회암이 광범위한 분포를 보이고 있다. 이런 암석 속에는 이런 지구 진화의 숨은 역사가 지질학자들만이 풀 수 있는 암호로 고스란히 기록되어 있는 장편의 역사서인 셈이다.

이야기가 오르도비스기에 도래한 빙하기에 절멸된 산호초로부터 현생의 대보초로 비약을 했지만 다시 고생대의 지질시대로 거슬러 올라가기로 하자.

육지로의 상륙

고생대의 오르도비스기는 488.3±1.7–443.7±1.5Ma 시기에 해당된다. 이 지질시대에 식물들이 드디어 육지로 상륙을 하였지만 당시 육지의 열악한 환경에서는 어렵사리 육지로 올라온 식물들이 쉽게 번성하는 것을 허용하지는 않았다. 이 지질시대 즉 오르도비스기 이전의 육지는 그저 오늘날의 사막과 같은 황량한 곳이었다. 막 육지에 상륙한 식물들이 바닷가 근처에서나 자라고 있었을지도 모른다. 그것은 사실이며 최초의 육상식물들의 화석들이 강가나 강어귀에 퇴적된 암석들에서나 발견되는 것이 그 증거이다. 그러나 실루리아기(443.7±1.5–416.0±2.8Ma)는 드디어 육지에 초록의 옷을 입혀주기 시작한 시기이다. 육지에서 식물군들의 번성이 가능했던 시절이었다. 식물군들의 육지로의 진입은 단지 땅 색의 변화만 가져오는 것으로 그친 것은 아니었으며, 육상식물의 출현은 황량한 육지에서 다양한 생물종들의 활동을 가능하게 해주는 서식 환경을 제공해 주었다는 점에서 더 중요하다.

사실 육상식물이 오르도비스기에 존재했다고 여기는 것은 그 지층에서 수적으로도 아주 적은 포자(胞子)를 발견한 덕이다. 포자는 무성생식 수단으로 만드는 단일 세포로, 방출된 포자는 적당한 습도 및 온도 등의 조건이 맞으면 발아를 한다. 포자의 벽은 스포로폴레닌(sporopollenin)으로 만들어져 있는데, 이는 화학적으로 매우 안정해서 화석으로 남기 쉬운 물질이다. 그 포자의 벽 때문에 불산 용액에 퇴적암들을 집어넣으면 돌은 용해되어도 포자는 그대로 남아 있기 때문에 이처럼 오래된 지층 속에서도 이들의 존재는 확인된다. 이런 포자의 확인은 육상식물의 존재를 의미한다. 그러나 적어도 작은 규모이지만 숲을 이루는 단계는 실루리아기로 들어선 시점이라고 여기고 있다. 이제 지구는 녹색이라는 색을 하나 더하게 되었다. 그러나 여전히 물가를 떠난 지역은 황량함이 가시지 않은 상태였을 것이다.

나는 이 대목에서 당시의 환경을 나름대로 상상해 본다. 당시 지구는 어떤 모습이었을 지를 상상하는 것은 그리 어려운 일 같지는 않다. 내가 가본 황량한 곳은 타클라마칸이나 고비사막이 있지만 그것보다는 히말라야산맥이나 다른 거대한 산맥의 고원지대의 황량함이 더 비슷하지 않았을까 하는 추측을 해본다. 오늘날에는 그런 곳도 납작 엎드린 채 땅에 붙어 있는 듯 군데군데 자라나고 있는 끈질긴 생명을 가진 초목들이 있지만 당시는 그런 것조차도 존재하지 않는 바람과 모래와 돌의 세상이었고, 비라도 한번 내리면 금방 만들어진 급류에 의해 삽시간에 지표에 만들어진 풍화산물을 계곡으로 밀려들게 만드는 그런 곳일 것이다. 그런 상상을 하는 것은 전혀 근거가 없는 이야기는 아니다. 이 당시 존재하던 육지는 조산운동에 의해 높은 산맥을 형성한 시기이기 때문이다. 바로 오르도비스기에 시작하여 데본기 초기까지 계속된 칼레도니아 조산운동(Caledonian orogeny)의 정점에 이른 시기가 실루리아 말기에 해당되기 때문이다. 칼레도니아란 오늘날 스코트랜드의 라틴명이므로 이 조산운동이 어디에 남아 있는지는 짐작이 간다. 그렇다 영국의 스코트랜드에 이 조산운동의 흔적이 남아 있으며 이 조산운동의 명칭 역시 표식지역의 이름을 따 붙여진 것이다. 이 조산운동의 흔적은 영국의 스코트랜드 외에도 오늘날 중앙 유럽이나 그린랜드 등지에도 남아 있다. 이때 만들어진 산맥은 정도의 차이는 있지만 오늘날 대륙의 지형과 큰 차이는 없었을 것이다. 당시 조산운동에 의해 만들어진 결과들이 아직도 그 일부분들이 각 대륙에 잔존되어 있기는 하지만 지금은 침식되어 생성 당시 산맥의 위용을 보이지는 않는다. 리차드 포티는 "지각 위에 있는 생물들은 들소에 올라탄 벼룩처럼 덩달아 이동했다"는 익살스런 표현으로 당시의 조산운동으로 움직이는 지각 위에서 생물종들이 육지로 또는 고지대로의 이동을 설명하고 있다.[53]

그러나 동물이든 식물이든지 간에 원래 살고 있던 물을 떠나 육상으로 진출하기 위해서는 그들 자신도 변신을 해야 했다. 해수로 둘러싸인 환경에서 적응한 생물종들이 공기로 둘러싸인 환경으로 진출하는 데는 그저 몸만 가면 되는 그런 변화는 결코 아니라는 점은 쉽게 상상이 간다. 식물들이 육지로 올라서기 위해서는 체내에 수분을 보존할 수 있는 보호막이 필요하였고, 광합성을 하기 위해 위로 자라려면 그 자신을 지탱할 정도로 단단한 몸체를 지녀야 했으며, 뿌리로부터 공급되는 물의 공급로도 만들어져야 했으며, 또 잎에서 광합성으로 만든 화합물은 분배하는 기작도 가져야 했다. 이런 일은 단번에 개선되는 성격의 일은 아니다. 따라서 육상으로 진출하면서 오랜 시간 동안 자신의 체질을 변화시켰을 것이다. 이게 바로 진화이다.

지구상에서 대륙이 만들어지고 난 후 이들 대륙들은 그저 만들어진 제 자리를 고수했던 것은 아니었으며, 지구 시스템의 작동 기작에 따라 대륙이 이합집산을 한 것은 여러 번 있었던 것으로 알려져 있다. 그런 사실들도 최근 지질학의 발전과정에서 알려진 사실들이다. 지질시대를 거슬러 올라가면 신기 원생대 약 10억 년 전에 모든 대륙이 한 덩어리로 뭉쳐져 있던 로디니아(Rodinia)란 초대륙의 존재가 알려져 있다. 이 초대륙은 약 7억 년 전부터 서서히 분리가 시작되었다. 중기 원생대에도 초대륙이 존재했을 가능성을 보여주는 증거들이 부분적으로 남아 있지만 그 증거들이 지워져 불확실한 점들이 너무 많다. 로저스(Rogers)에 의하면 이런 대륙의 이합집산은 30억 년 전까지 거슬러 올라간다. 여기서 로저스의 모델을 간략하게 인용하면 남아프리카의 카프발, 웨스턴 오스트레일리아의 필바라 초기대륙지괴로 이루어진 우르(Ur)라고 명명된 시생대의 대륙으로부터 시작된다. 이 대륙은 약 30억 년 전에 합쳐진 것으로 추정하고 있다. 약 10억 년 전 로디니아란 초대륙으로 합쳐질 때까지 대부분 분리된 대륙 지괴로 존재했던 것으로 추정하고 있다. 이들 분리된 대륙지괴들은 각기 이름을 가지고 있다. 이들이 처음으로 합쳐져서 15억 년 전에는 상당한 크기의 대륙으로 커졌으며 이 대륙을 네나(Nena)라고 부른다. 이들 대륙지괴들이 합쳐져 우리가 초대륙이라고 부르는 로디니아를 생성하게 된다. 이 이후의 지질시대부터는 대륙진화의 경향을 파악할 정도의 정보가 지층 속에 남아 있어 대륙의 이합집산과정을 그런대로 더 정확하게 파악할 수 있다.

초대륙 로디니아는 세 개의 큰 덩어리 로렌시아(오늘날의 그린랜드와 북미 대륙)와 서부 및 동부 곤드와나(오늘날의 아프리카, 남아메리카, 유라시아와 남극이 대륙이 될 모체)로 나뉘어졌다. 그리고 이 시기에는 다른 작은 조각들의 대륙들도 존재했다. 곤드와나 북부로부터 분리된 발티카와 아발로니아는 북쪽으로 이동하기 시작했다. 이들 대륙들이 합쳐지면서 유럽에 나타난 조산운동이 바로 칼레도니안 조산운동이다. 이들은 초기 캄브리아기에 시작하여 오르도비스기를 거쳐 데본기에 이르면서 정점에 이르게 된다. 이런 대륙의 이합집산은 중생대 이후의 팡게아의 이합집산보다는 불명확한 점이 많지만 그런대로 소상하게 우리에게 알려진 첫 번째 초대륙의 이합집산 과정이다. 그래서 포티는 지구상의 생물종들 역시 들소에 올라탄 벼룩처럼 덩달아 이동했다는 익살스러운 표현을 한 것이다. 이런 조산운동은 생물체에만 영향을 미친 것은 아니며, 이런 지질과정을 거치면서 지구의 여러 곳에 많은 유용한 금속광물 자원을 생성시키는 계기가 되기도 한다.

식물들이 육지로 기오 오르자 동물들이 뒤따랐다. 동물들이 육지로 올라간 것은 식물보다는 명확하지는 않지만 처음 육지에서 생활하기 시작한 것은 지느러미가 변신한 엉성한 모양의 다리가 달린 어류였다. 그 시기가 바로 데본기(Devonian, 416.0±2.8–359.2±2.5Ma)였다. 이 고생대의 지질시대의 명칭은 바로 영국 남서부에 있는 데본이라는 지명으로부터 따온 것이다. 이쪽 시골 경관은 영국 농촌의 아늑함이 배어 있는 그런 풍경이다. 이런 풍광의 바탕이 바로 이 데본기의 암석이 노출되어 오랜 기간 동안 풍화침식을 받으면서 만들어진 것들이다. 데본기의 육성층인 적색계열의 사암과 해성층인 회색 계열의 석회암은 동시기의 지층이라고 여기기엔 너무 겉보기조차 달랐다. 그래서 이 적색의 사암은 많은 논란거리를 당시의 지질학계에 제공했지만 시간이 지나면서 이 두 지층은 같은 지질시대임이 밝혀지게 되었다. 이 시기에는 제법 많은 어류들이 담수에서도 생활하고 있었다. 후일 밝혀진 것이지만 척추를 가진 육상동물들이 유전적으로 매우 유사한 것은 이들이 공통조상을 가졌을 가능성을 말해준다.

육상동물들의 출현은 어류로부터 시작되었다. 턱이 있는 물고기로 진화한 어류에 다리가 생긴 것이다. 이는 생존을 위한 자연선택의 결과로 해석하고 있다. 다윈의 덕으로 쉽게 설명이 가능해진 것이다. 그렇기는 하지만 수서 생물종들이 육상으로 진출한다는 것은 분명 생물의 진화과정에서도 중요한 돌파구로 여겨진다. 적절한 비유인지는 몰라도 물에서 살던 어류가 육지로 상륙하는 일은 아마도 인간이 지구를 떠나 달에서 사는 것만큼이나 어렵고도 힘든 과정이었을 지도 모른다. 서식환경이 변화되면서 이들이 적응하기 위해 진화하는 모든 단계가 고스란히 지층 속에 기록된 것은 아니지만 발이 달린 어류가 등장한 시기가 바로 이 시점이다. 그들이 생활터전인 물을 떠나기 위해서는 그들은 아가미 대신 공기로 호흡하는 폐를 가져야만 했다. 물에서 헤엄치는데 편리한 몸체는 더 이상 유용하지 못했기 때문에 그들이 이동수단으로 발을 가져야 하는 것은 당연한 수순이었다. 그들이 온전하게 발달하지 못한 다리로 뒤뚱거리는 걸음걸이로 육지로 상륙한 시기는 실루리아기에 시작된 것으로 보고 있으나, 완결된 시기는 데본기로 알려져 있다. 아마도 그들의 시작은 오늘날 물이 빠진 갯벌에서 지느러미를 이리저리 움직여 이동하는 망둥어와 비슷했는지도 모른다. 공기로 호흡하는 폐어의 단계를 거쳐 네 다리를 가진 사지류(四肢類)로 발전하는 단계를 거쳐야 했다. 이때 출현한 사지류 중 1932년 그린란드에서 발견된 이크티오스테가(*Ichthyostega*)는 기억해둘 필요가 있는 종이다. 눈과 빙하가 지천인 그린란드에서 발견되었다고 놀랄 필요는 없다. 이 생물종이 살고 있던 데본기 즉 3억 천만 년 전쯤에는 그린란드는 적도지방에 위치하고 있었다. 바로 이 녀석은 물과 육지에서 생존이 가능한 완전한 양서류는 아니었지만 그래도 육지에서 생활이 가능한 어류와 양서류

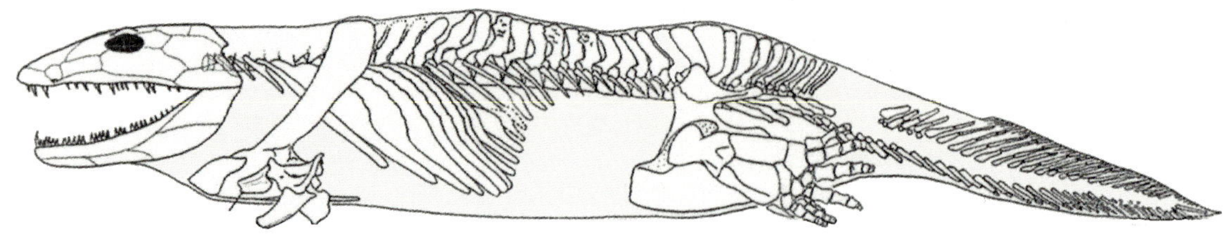

데본기 말에 출현한 사지류 중 이크티오스테가(*Ichthyostega*). 완전한 양서류는 아니었지만 육상에서도 생존이 가능했던 것으로 여겨진다.

(兩棲類, amphibian)의 중간 자리를 차지하는 생물종이기 때문이다. 양서류란 의미는 한문만으로도 의미가 전달되었겠지만 어원적으로도 그리스어의 amphi는 양쪽을 의미하며 bios는 생명을 뜻한다. 바로 물과 육지 양쪽에서 사는 생물을 의미한다. 분명히 이크티오스테가란 녀석이 가진 네 다리는 어설프지만 육지를 뒤뚱거리며 걸었음이 분명하다. 오늘날의 사지류는 거의 모두가 손가락과 발가락이 5개이지만 이 녀석은 일곱 개인 종도 있었다. 이보다 약간 늦은 데본기와 석탄기의 경계에 해당되는 지질시대에 서식하던 아칸토스테가(*Acanthostega*)란 화석 역시 그린란드에서 발견되었는데 이 녀석은 사지의 형태가 더 완벽하게 발달되어 있었다. 이제 어류는 완벽하지는 않았지만 육지로 올라올 준비를 거의 마쳐가고 있었다.

석탄의 등장

영국에서 18세기 일어난 산업혁명의 물꼬를 튼 것은 다름 아닌 석탄이었다. 산업혁명은 흔히 '기계의 등장으로 산업의 기술적 기초가 바뀌어 작은 수공업적 작업장이 기계 설비에 의한 자본주의적 성격의 큰 공장으로 전환된 일대 변혁' 이라고 기술되어 있다. 16세기 중엽 유럽은 심한 에너지 위기를 겪게 된다. 주요한 에너지자원으로 사용하던 삼림이 황폐해진 것이다. 거기에 일조를 한 것은 바로 제철소에서 사용되던 에너지원이 목재라는 점이었다. 한때 삼림을 보호하기 위해 왕의 칙령으로 제철소의 가동을 중단하는 사태까지도 일어났다. 나무를 대체할 다른 에너지 자원의 개발이 절실하였다. 지구에 준비된 에너지원은 바로 석탄이었다. 제철산업에서 목재를 대신하여 코크스가 사용되기 시작하였다. 이제는 제철소 주변의 삼림자원을 염려할 필요가 없어지게 되었다.

18세기에 들어서면서 면직물의 수요가 급증하고 때마침 개량된 증기기관에 의해 대량생산이 주도되었는데 이를 산업혁명의 시발점으로 평가하고 있다. 그런 증기기관의 개발은 실제로 엉뚱하게도 광산으로부터 시작되었다. 영국의 다트머스에서 출생한 토머스 뉴커먼(Thomas Newcomen, 1663-1729)이 산업혁명의 출발을 알리는 신호탄을 올린 선구자 중의 한사람이다. 그의 고향은 주석광산이 있는 지역으로 영국에 주석을 공급하던 많은 광산들이 주위에 있었다. 주석광산들의 갱이 깊어지면서 문제가 발생하였는데, 갱내에 스며드는 지하수를 처리하지 못하는 것이 큰 골칫거리였다. 전도사이자 마을의 대장장이였던 뉴커먼은 광산의 물을 효과적으로 퍼낼 수 있는 기계의 제작에 매달렸다. 주위의 누구도 시골 대장장이의 노력에 큰 관심을 두지 않았었지만 무려 10여 년의 노력 끝에 석탄을 연료로 사용하는 9m 높이의 괴물 같은 혼자 움직이는 증기엔진을 1712년에 발명하였다. 그의 의도는 바로 광산의 지하 갱도에

차 있는 지하수를 퍼 올리려는 것이 목적이었다. 당시 광산의 갱(坑) 내에 스며드는 물은 말 몇 마리로 퍼 올리는 노동집약적인 것으로서 수요가 급격하게 증가하는 광물자원의 효율적인 생산에는 큰 도움이 되지 못한다는 것을 그는 알고 있었기 때문이다. 사실 주석광산만이 그런 문제를 가지고 있었던 것은 아니었으며 점점 깊어만 가는 석탄광산에서도 같은 문제점을 가지고 있었다. 원시적인 펌프와 인력이나 말의 힘만으로는 너무나 비효율적이어서 그 물을 감당하기에 어려움이 많았다. 광산을 하는 사람들은 누구나 갱내에 차오르는 물을 효과적으로 퍼내는 일이 큰 골칫거리였다. 뉴커먼의 괴물 같은 증기엔진은 구세주나 다름없었다. 오늘날 남아 있는 당시의 자료를 보면 그가 만든 증기엔진은 매우 어수룩한 것으로 보여진다. 벽돌로 만든 화덕 위에는 물이 채워져 있는 놋쇠로 만든 보일러가 있다. 보일러에서 만든 증기로 피스톤을 움직인다. 피스톤이 올라갔다 내려올 때마다 다른 한쪽에 매달아 놓은 쇠사슬로 연결된 부위가 올라갔다 내려갔다를 반복한다. 쇠사슬 한 쪽은 탄광의 지하수가 차 있는 갱도와 연결되어 있는 펌프를 작동시키게 만든 것이다. 이 증기 엔진이 작동을 할 때마다 갱내에 차있던 물을 퍼 올린다. 그러나 그 엔진은 만들어진 증기 에너지의 99%를 활용하지도 못한 채 허비하는 기계였지만 그가 만든 기계는 하루 1.5톤의 석탄으로 50마리의 말이 움직이는 펌프와 같은 양의 일을 할 수 있는 경이적인 것이었다. 그 엔진이 발명되었을 1712년의 영국 석탄생산량은 300만 톤이었으나 1750년에는 거의 두 배에 이르는 석탄을 생산하게 된 데에는 바로 뉴커먼의 증기엔진이 엄청난 기여를 한 결과였다. 언제나 초기 발명품은 한심한 수준이기 일쑤이고, 발명가 자신들조차 그게 얼마나 사용될지 확신을 가지지 못하는 경우가 왕왕 있다. 에디슨(Thomas Edison, 1847-1931)이 발명한 축음기도 그 대표적인 예이다. 그는 축음기를 발명하고 그 발명품의 용도를 친절하게 열 가지를 제시하였다. 그 첫 번째가 죽어가는 사람의 마지막 말을 보존하는 일, 시각 장애인들을 위하여 책을 녹음하는 일, 철자법을 가르치는 일 등을 예시하였으며 음악을 재생하는 일은 그가 제시한 용도의 상위를 차지하지 못했다. 그러나 축음기는 에디슨이 예시한 용도의 중요성을 따라 사용되지는 않았다. 초창기에 개발된 증기기관의 기능 역시 이와 크게 다를 바 없었다. 이들이 갖는 진정한 가치는 초창기에는 미상이었다. 축음기의 경우와 일치되는 것은 아니었지만 초기의 증기기관의 용도는 불투명해 보였지만 성능이 개선되면서 빠른 기간 안에 그의 진가가 확인되고 있었다. 뉴커먼의 기계가 등장한 이후 변화는 농경사회에서 산업사회로의 전환은 무서운 속도로 가속화되었다. 석탄을 이용한 증기의 힘은 산업계 전반에 큰 영향을 미쳤으며 이전에는 상상도 못하던 일들이 현실화되었다.

가장 극적인 변화는 풍부한 석탄의 생산으로 철의 생산량이 증가하였으며, 값이 싼 철의 공급으로 증기기관 외의 각종 기계류의 생산이 활발해졌고 생산활동은 몇 배로 증가하였다. 그 결과로 석탄산업은 더욱 활기를 띠게 되었다. 1701년 영국에서는 일인당 0.5톤 이하의 석탄을 사용하였으나, 1850년대에 이르면서 소비량은 3톤으로 증가하였다.[68] 이런 추세는 유럽의 다른 나라도 거의 마찬가지였다. 결국 산업혁명이란 석탄으로부터 기인된 에너지 혁명이라고 해도 과언이 아니게 되었다. 석탄이 무엇인지도 알기도 전에 차례로 석탄광산이 개발되었다. 석탄은 아무 곳에서나 산출되는 것은 아니었으며 특정한 지역의 지층에서만 산출되었다. 17세기 후반 영국의 석탄생산량은 세계 생산량의 80%를 상회하는 수준이었다. 바로 산업혁명의 발상지가 된 그곳은 석탄을 함유하고 있는 지층이 분포되어 있는 지역이었기 때문에 가능했을지도 모른다. 석탄을 함유하고 있는 지층이 바로 고생대 석탄기 지층이다.

석탄기(359.2±2.5–299.0±0.8Ma)는 데본기 이후에 오는 지질시대로 상대적으로 다른 지질시대에 비교하여 일찍이 명명되었다. 바로 이 지질시대의 지층이 많은 양의 석탄을 포함하고 있기 때문에 그런 지층의 인지가 더 쉬웠을지도 모른다. 이 지질시대의 이름 석탄기(Carboniferous period)는 바로 석탄을 의미하는 라틴어 carbo로부터 지어졌다. 이 지층은 영국인 지질학자인 윌리엄 코니베어(William Daniel Conybeare, 1787–1857)와 윌리엄 필립스(William Phillips, 1775–1828)가 펴낸 『잉글랜드와 웨일스의 지질 개요』에서 제안하였다. 미국에서는 석탄기를 둘로 구분하여 미시시피안기(359.2±2.5–318.1±1.3Ma)와 펜실베니아기(318.1±1.3–299.0±0.8Ma)로 구분하여 사용한다.

석탄기는 식물이 번성한 시기였으며 지구를 온통 초록색으로 덮고 있었다. 그러나 아직 식물은 꽃을 만드는 방법을 모르고 있었다. 그러나 그 시대에 껍질이 있는 나무들이 등장하였으며, 현재의 나무보다는 훨씬 두꺼운 어떤 나무들은 속보다 껍질이 더 두꺼운 나무들도 있었다. 이전 지질시대에는 키가 작아 보잘 것 없는 것들이 20-30m의 키다리로 변해 있는 시대가 석탄기였다. 석탄기 나무들의 큰 키는 데본기 식물들과는 완전히 다른 모습이었으며, 더욱 뚜렷한 변화는 식물들이 씨를 만들기 시작했다는 점이다. 나무의 키가 커진 이유는 숲이 무성해지면서 그들의 생장에 필수적인 햇빛을 차지하기 위해 그들이 벌인 경쟁의 결과라는 설이 유력하다. 고생물학자들의 설명은 때로는 잘 써진 탐정소설을 읽는 것처럼 재미있다. 키를 높인 나무는 키에 맞춰 여러 가지 변화를 일으킨다. 두껍고 큰 무거운 잎을 지탱하기 어려워 잎은 작게 변화되고, 영양소나 물을 공급하기 위한 관이 만들어져야 하는 등의 섬세한 조직 변화가 함께 이뤄져야 했다. 그런 변화는 대단한 변화이며 신비스럽기도 한 생명체의 절묘한 변신이다.

데본기에 비하여 해수준면이 낮아져 저지대의 소택지를 넓게 만든 것이 석탄 생성에 유리한 조건으로 작용했다. 그러다가 해수준면이 높아지면 다시 바다로 뒤덮이게 되는데 이를 해침이라고 부른다. 해침은 이런 소택지에 자란 식물들을 대륙으로부터 유입되는 작은 입자의 퇴적물들이 덮어 석탄이 만들어진 것이다. 이런 유기물이 풍부한 작은 입자들의 퇴적물들이 고화되어 만들어진 암석을 셰일이라고 부른다. 석탄기 지층 중 탄층을 함유한 검은 색의 셰일 내에는 석탄의 원료인 식물들뿐만 아니라 암모나이트나 삼엽충과 같은 해양 생물종들의 화석이 많이 함유되어 있다. 해침이 일어나면 식물과 동물들은 고지대로 이동하여 생존했음이 분명한 것은 그런 지층 바로 위에 나타나는 육상생물 종들의 화석으로 알 수 있다. 실제로 해침과 해퇴는 하루아침에 일어나는 그런 빠른 지질작용은 아니다. 서서히 높아지는 바닷물의 침입을 받게 되면 생물종들은 그들이 서식하기에 유리한 환경을 찾아 이동한다는 것은 의심의 여지가 없는 일이다. 지구의 역사상 해침과 해퇴가 반복되었다는 것은 여러 지질시대에서 확인되는 일이다. 그 이유는 여러 가지가 있지만 대륙의 분리와 첨합에 따른 것과 지구 기온의 변화에 따른 빙하기와 간빙기의 도래가 주요한 원인이다. 그러나 석탄기의 식물들에게 일어난 무엇보다도 중요한 변화는 새롭게 껍질 속에 리그닌(목질소)이 발달했으며, 당시는 이를 분해할 능력이 있는 박테리아가 출현하기 이전이었다는 점이다. 더욱 흥미로운 점은 초기의 이 나무들은 현대의 나무보다도 껍질이 매우 두껍게 발달 했다는 점이다. 이런 조건들은 이 시대의 나무들이 지하에 매몰되어 분해되지 않고 석탄으로 보존될 가능성을 높여준 중요한 요인들이다. 이들이 쉽게 부패되어 분해되었다면 석탄기의 풍부한 에너지 자원인 석탄의 생성은 아예 기대하기 어려웠을 것이다.

이 시대의 나무들의 학명은 매우 길게 붙여져 있어서 우리에게는 모두 생소한 이름들이다. 석탄기 이전 데본기의 식물들은 크기가 작아 대부분 1m 정도였고, 줄기는 대체로 똑같은 규모로 두 갈래로 반복하여 갈라지며, 생식기관인 포자낭은 줄기의 끝부분에 발달했으며 잎이 없던 식물이었다. 이들 식물들의 학명 역시 복잡하게 붙여진 것은 마찬가지이다. 그러나 석탄기에 이르면서 식물은 진화를 거듭했고 모양조차도 확 달라져 있었다. 석탄기에 이르면서 양치류를 비롯하여 석송류 및 유절류 등 많은 식물종들이 등장하였다. 이들 중에는 몸체를 크게 불린 종들도 있어서 지구상에 삼림다운 삼림을 보게 된 최초의 시점이었을 것으로 생각하고

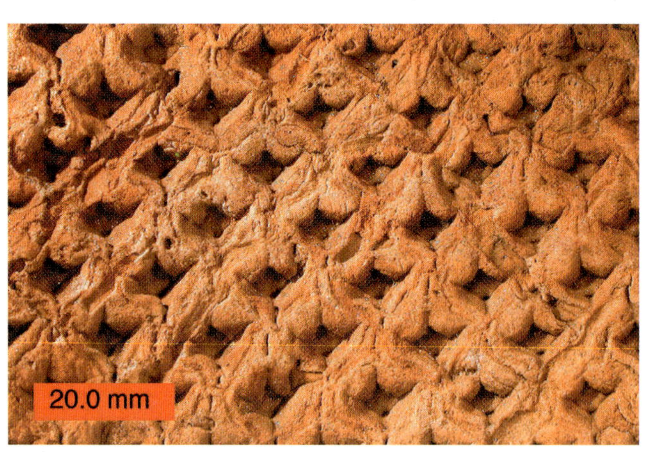

석탄기에 번성했던 석송류인 레피도덴드론(*Lepidodendron*)의 나무줄기 화석. 나무의 패턴이 훌륭한 기하학적인 대칭을 이루고 있어 마치 손재주가 좋은 장인의 조각품을 연상케 만든다.

있다. 석탄과 함께 많은 식물화석들이 도처에서 산출되는 것으로 보아도 이들이 도처에 무성했을 것임을 짐작하게 해준다. 이들 중 석송류인 레피도덴드론(*Lepidodendron*)은 키가 30여 미터에 이르는 큰 키를 자랑했다. 이들의 껍질은 기하학적인 대칭을 이루는 모습으로 위용을 자랑하기도 했다. 잘 보존된 껍질화석은 마치 장인의 손길을 거친 거의 완벽한 기하학적인 대칭성을 갖는 아름다운 장식처럼 보이기도 한다. 이런 나무들이 매몰되어 석탄을 만들어 이미 지구는 미래에 출현할 인류의 산업혁명을 위해 미리 준비를 해둔 것처럼 여겨지는 지질시대가 석탄기이다.

어린 시절에는 하늘을 날고 싶은 생각이 하루에도 여러 번씩 들었던 때가 있었다. 땅을 떠나 날아오르는 것은 양력(揚力)이 요구되는데 사람들은 양력을 만들 수단이 없다는 것은 나이가 들어서야 이해되었다. 그런 사실을 알고 있는 성인이 된 후에도 가끔 출퇴근길에 정체된 도로의 차안에서 내가 탄 자동차가 날 수 있다면 얼마나 편리

석탄기에 출현한 거대한 잠자리, 메가네우라(*Meganeura*). 양쪽 날개의 길이가 75cm에 이르는 크기였다.

할까 하는 실없는 상상을 할 때가 더러 있다. 땅을 박차고 하늘로 올라간 생명체가 출현한 시점은 바로 이 석탄기였다. 바로 잠자리와 같은 곤충이 출현하였다. 크기도 비둘기 크기만 했다. 날개가 어떻게 만들어지기 시작했는지는 초기 곤충의 화석이 발견되지 않아 아직도 해결되지 않았지만 비행이 가능했던 잠자리의 화석이 산출되면서 그 존재는 확실하게 되었다. 날개는 아무래도 필요에 의해 만들어지는 자연선택의 결과물이었을 것이며, 키 큰 나무숲에서 이리저리 이동하면서 먹이를 구하는 등 요긴하게 사용되었음이 분명하다. 발견된 어떤 화석의 양쪽 날개의 길이는 무려 75cm에 이르기도 했다. 작은 크기의 잠자리에 익숙한 우리들에게는 그 정도 크기의 잠자리가 내는 날개짓 소리에도 놀라 자빠질 것 같다는 생각이 든다. 아마도 다른 날 수 있는 포식자들이 없던 세상에서는 비록 약하지만 몸체를 불린다고 해서 해로울 것은 없었을 것이다. 사실 석탄기에는 잠자리만 거대한 것은 아니었으며 다른 곤충들도 크기가 대단한 녀석들이 발견되었다. 이 시기는 양서류가 다양하게 발전한 시기이기도 하며 다른 생물종들도 나무만큼이나 번성한 시기이다. 그리고 동물들의 몸체가 커진 시기이기도 하다. 스코트랜드의 한 지층에서 발견되는 노래기류의 크기는 1m나 되는 끔찍한 크기였다. 그런 포식자들을 피하기 위해 하늘로 뛰어 오른 방법을 선택한 것은 현명한 처사였다. 당시 동물들이 몸집 불리기를 한 원인은 당시 대기 중 산소 농도가 오늘날의 20%를 훨씬 상회하는 35% 정도로 높았던 것을 들고 있다. 그 시대의 산소 농도를 어떻게 알아낼 수 있는지를 염려할 필요는 없다. 최근 발전한 안정동위원소 연구는 그런 정보를 우리에게 주간 일기예보보다 더 정확하게 오늘날의 일처럼 알려주고 있다.

고생대의 마지막 지질시대, 페름기

고생대의 마지막 지질시대인 페름기(299.0±0.8-251.0±0.4)는 로데릭 머치슨이 유럽의 지질학자들과 러시아를 조사하던 중에 기재하였으며, 1841년 고생대 최후의 지질시대로 등장하게 되었다. 머치슨이 페름기를 명명한 논문의 제목은 「제2차 러시아 지질조사의 몇 가지 주요 결과들에 대한 첫 스케치」라는 제목이었으며, 이 논문은 특이하게도 독일 출신의 고생물학자이자 모스크바 자연사박물관장이던 피셔 폰 발트하임(Johann Fischer von Waltheim, 1771-1853)에게 보내는 서간문 형태였다. 그리고 그는 이 보고서를 다른 두 저널에도 발표하였다. 요즘 같으면 장관임용도 탈락되는 논문의 중복 게재이다. 그는 이 시기에 영국 왕립지질학회의 회장으로 권력의 정점에 있던 시기이기도 하다. 아마도 지질시대를 정하는 것 역시 과학계의 선점과도 관계가 있어서 활자화시켜 경쟁자들보다 선점하려는 방편으로 그렇게 서두른 것으로 후학들은 믿고 있다. 하기는 당시의 관행으로 보면 그런 서간문 형태로 생각을 주고 받는 일이 통상적이었다는 점을 상기하면 이상한 시각으로 볼일도 아니었는지도 모른다.

당시 학자들은 런던지질학회에서의 토론 내용을 간단한 형태로 우선 보고하였으며, 연구 논문은 지질학적 증거들을 모아 완전한 논문 형식을 갖춰 발간을 하였다. 지질 논문에 반드시 필요한 지도, 단면도 그리고 화석의 그림은 어떤 학자들은 자신이 준비하기도 했지만 그런 재주가 없는 이들은 전문가의 도움을 받아야만 했다. 그것은 경비가 상당히 들어가는 일이었다. 머치슨은 논문을 내는데 경비를 걱정해야 될 상황은 아니었다. 머치슨이 러시아를 방문하여 페름기를 정립한 것은 사실은 실루리아기와 데본기의 문제를 해결할 수 있는 새로운 증거를 찾으려는 노력의 일환이었다. 그는 러시아 지질답사를 통하여 완벽한 자료가 거의 없었던 그곳의 지질을 파악하여 러시아 지질도를 만드는 중요한 자료를 확보할 수 있다는 자신감을 보였다. 하여튼 그가 관찰한 한 지층은 새로운 지질시대에 해당되는 지층이었다. 이 새로운 지층을 러시아의 과거 페르미아왕조의 이름을 따서 페름기라고 붙였다. 당시의 지질학계의 선각자들은 지질시대를 정립하려는 목적을 가지고 있었다. 머치슨도 그들 중의 하나였다. 1842년 런던지질학회의 기조강연에서 한 머치슨은 지질시대 구분의 범세계적 기준에 대한 당시의 상황을 다음과 같이 밝히고 있다.[56,72]

"최고 권위자인 폰 부흐가 인정해 주었고, 드 브몽과 뒤프레누아가 자신들의 걸작인 프랑스 지질도에 사용하였으며, 미국의 우리 동료 학자들이 채택했던 '실루리아기'라는 명칭이 층서학적 또는 동물학적인 그 어떤 새로운 특징도 기초로 하지 않은 다른 명칭들 때문에 지워지지는 않을 것이라고 믿습니다. 신사 여러분, 영국의 지질학자들이 현장에서 행한 연구를 통해 지층의 순서와 그 안에 포함된 내용물(화석)을 토대로 한 분류체계를 확립한 사람들로 자리매김되는 한, 섬 나라를 떠올리게 하는 그 명칭들이 제아무리 하찮게 들린다고 해도, 우리의 뛰어난 지도자 윌리엄 스미스의 이름처럼 외국 지질학자들의 존경을 받게 될 것임을 확신할 수 있을 것입니다."

MURCHISON NAMES THE PERMIAN

THE

LONDON, EDINBURGH AND DUBLIN

PHILOSOPHICAL MAGAZINE

AND

JOURNAL OF SCIENCE.

[THIRD SERIES.]

DECEMBER 1841.

LXII. *First Sketch of some of the principal Results of a Second Geological Survey of Russia. Communicated by* RODERICK IMPEY MURCHISON, *Esq., F.R.S., President of the Geological Society.*

To the Editor of the Philosophical Magazine.

DEAR SIR,

IT was my earnest wish to have complied earlier with your request when I left this country, to send you from the spot some account of my distant wanderings; but the desire to avoid communicating early conceptions which might be modified by subsequent observation, induced me to stay my pen until I could offer something worthy of a place in the Philosophical Magazine. The short sketch which follows was written at Moscow near the close of the journey, and is, with some very slight alterations, the translation of a letter addressed to M. Fischer de Waldheim, the venerable and respected President of the Society of Naturalists of that metropolis. Since then, besides the official report to the Minister of Finance, the Count de Cancrine, I have submitted to His Imperial Majesty, a tabular view of all the formations in Russia, accompanied by a general map and a section from the Sea of Azof to St. Petersburgh. These documents, which will be engraved in the course of the winter, are to be considered only as the prelude to a long memoir with full illustrations of the organic remains, mineral structure and physical features of the country, which will be laid before the Geological Society of London, as soon as, with the assistance of my fellow-labourers, I shall have prepared the materials for the public eye. In the mean time the friends of science must be happy to learn, that

Phil. Mag. S. 3. Vol. 19. No. 126. *Dec.* 1841. 2 E

머치슨이 서둘러 〈필로소피칼 매거진 앤드 저널 오브 사이언스〉에 서간문 형태로 발표했던 페름기 명명 보고서.

그의 예측은 옳았다. 지질시대의 국제적인 기준을 정하는 일의 중요성을 누구보다도 잘 이해하고 있었기 때문에 지질시대를 정하는데 그처럼 서두른 것이었다. 오늘날 영국뿐만 아니라 미국도 소련도 불란서도 아시아의 한국도 일본을 비롯한 전 세계의 지질학자들은 바로 그들이 정립한 지질시대를 그대로 사용하고 있다. 위의 강연에서 머치슨은 윌리엄 스미스를 우리의 뛰어난 지도자라는 호칭으로 타계한지 3년이 된 그의 업적을 찬양했다는 점이 흥미롭다. 사실 그는 탄광에서 일한 경험으로 층서학의 기초를 세우고 영국지질도를 완성한 윌리엄 스미스의 업적을 가볍게 여기지 않았다는 증거이다. 그것은 세계 최초로 만든 지질도였음은 이미 앞서 밝혔다. 그 이후 각국의 지질학자들은 각 지역의 지질 분포를 수록한 지질도를 만들기 시작하였다.

하여튼 이런 지질시대를 정립하던 이 시기는 라이엘이 『지질학 원리』를 출간한 시점 이후였다. 머치슨은 그런 지질시대의 정립이라는 큰 성과를 거두기는 했지만 라이엘의 핵심 사상이던 "동일 과정이 원리"를 지지하는 편에 서있지는 않았다. 세지윅과 함께 격변론을 옹호하는 입장이었다. 그러나 다른 격변론자들과는 달리 머치슨은 공개적인 석상에서 라이엘의 이론을 반박하는 발언을 하지 않았다. 그러나 사석이나 동료들에게 보낸 서한에서는 "라이엘이 말한 안정상태가 아니라 커다란 파괴적 힘이 반복적으로 작용했음을 거듭해서 보였다"는 식으로 그가 관찰한 화석자료들이 보여주는 점을 격변론적 관점에 기초하여 라이엘의 해석을 자신의 입장에서 설명하려는 노력을 하였다. 사실 그 무렵에 밝혀진 각 지질시대별로 다르게 나타나는 지시화석들은 암석 층서가 어느 정도 예측 가능한 방식으로 반복되는 것으로 나타났기 때문이었다. 그러나 라이엘의 저서는 격변론을 부정하는 일관된 입장을 유지하고 있었기 때문에 지질학적으로 짧은 시간 사이의 암석들에서 동물상과 식물상이 바뀐 사실을 인식한 고생물학자들에게는 시련이나 마찬가지였다.[72]

페름기는 모든 대륙이 초대륙을 형성한 시기로 그 시대의 대륙분포는 오늘날과는 많은 차이가 있었다. 이런 일들은 머치슨의 시대에는 알려져 있지 않았다. 지구 역사상 이것이 처음은 아니었지만 그 시점은 모든 대륙이 한 덩어리로 뭉쳐져 초대륙을 형성하고 있었다. 그 이전의 초대륙은 원생대 말기에 있던 로디니아(Rodinia)인데 약 6억 5천만 년 전에 이 초대륙으로부터 분리되어 지구의 표면을 떠돌던 대륙들이 다시 뭉치기 시작한 것은 데본기나 석탄기 무렵이었다. 로디니아로부터 분리된 세 개의 큰 대륙들인 곤드와나, 유라메리카와 시베리아가 합쳐진 시기는 대체로 페름기인 2억 6천만 년 전이다. 이 남북으로 길게 뭉쳐진 대륙의 큰 덩어리를 팡게아(Pangaea)라고 부른다. 사실 이를 영어식으로 발음하면 팬지아라고 해야 하나 우리는 언제부터인지 팡게아로 정하여 사용하고 있다. 팡게아는 전체 지구라는 의미의 그리스어의 합성어이다. 당시 적도 위쪽으로는 오늘날의 북미대륙과 유럽 그리고 아시아대륙이 위치하고 있었으며, 적도 남쪽에는 그 나머지 남아메리카, 아프리카, 남극 및 오스트레일리아 대륙들이 뭉쳐 있었다. 남쪽 덩어리는 곤드와나(Gondwana)라고 부른다. 오늘날 아프리카 대륙의 서쪽으로는 아라비아와 인도가 매달려 있었다. 그리고 중국은 두 덩어리로 나뉜 채 이들 대륙과는 멀리 떨어진 쪽에 위치하고 있었다. 특히 아프리카와 남아메리카 남단, 인도, 오스트레일리아와 남극대륙은 지금의 남극지방에 뭉쳐져 있어 거대한 빙하가 발달되어 있다. 이들 지역의 석탄기나 페름기 지층에 남겨진 빙하퇴적층이나 빙하침식의 흔적들은 후일 대륙 이동설의 결정적인 증거로 활용되었다. 적도 인도지역에 위치한 인도대륙에서 빙하퇴적층이 발견되는 것은 대륙이동 말고는 설명이 어려운 일이다. 석탄기가 끝이 나면서 페름기가 시작할 무렵 지구는 한 차례의 빙하기가 도래하였다. 그래서 남반구에 뭉쳐져 있던 곤드와나 대륙에서는 남위 35-40° 까지도 빙하에 덮여 있었다. 사실 이런 사실은 고지자기학적 연구 결과로 어렵지 만은 않게 확인된 사실이다. 이때 찾아온 빙하기는 혹독한 것으로 알려져 있다. 빙하기와 간빙기는 해수준면의 잦은 변화를 가져왔고 연안지역에 서식하던 식물들이 범람으로 매몰되어 석탄을 생성시키는 유리한 조건이 되었을 것으로 추정하고 있다. 이 시기에 이르면 파충류와 양서류가 증가하면서 본격적인 중생대의 파충류 시대의 진입을 준비한다.[71]

지구 역사상 가장 참혹한 생물종의 대절멸

지구의 진화과정을 설명하면서 고생대의 페름기와 중생대의 트라이아스기 사이에서 발생한 생물종의 대절멸 (Permian–Triassic extinction event)은 가장 유명한 사건 중의 하나이다. 이런 생물종의 대절멸은 존 필립스(John Phillips, 1800–1874)에 의해 1860년도에 쓴 저서에 수록되어 있다. 필립스는 윌리엄 스미스의 조카로 삼촌으로부터 지질학의 산지식을 익힐 수 있는 기회가 있었지만 정식 교육을 받을 수 있는 처지는 아닌 당시 다른 지질학자들인 머치슨이나 세지윅 등에 비교해서는 낮은 계층의 출신이었다. 그는 박물관의 오늘날의 큐레이터로 시작해서 1834년에 런던의 킹스칼리지, 1844년에는 더블린의 트리티니 칼리지를 거쳐 1856년에는 옥스퍼드 대학의 교수가 되었다. 이때 그는 고생물학의 권위자가 되어 있었으며, 층서학에서 화석의 중요성을 누구보다도 잘 인식하고 있었다.

필립스가 1860년도 발간한 저서 『지구의 생물: 그 기원과 천이 *Life of earth: It's Origin and Succession*』에 수록한 지질시대별 생물종 다양성을 나타낸 도표는 페름기 말기와 백악기 말기에 일어난 생물종 대절멸을 인식한 최초의 사례로 자주 인용된다. 도표는 고생대, 중생대 및 신생대의 종의 다양성을 백분율로 표시한 것이다. 고생대와 중생대 그리고 신생대로 연결되는 시기에는 종의 다양성이 줄어들어 있는 그림이었다. 이 도표는 화석의 산출상으로 추론된 것이었다. 새롭게 만들어진 지질시대를 묶어 고생대라는 상위의 개념을 만든 이가 바로 세지윅이었다. 그는 1838년 고생대를 제안하였으며, 중생대와 신생대라는 단위는 세지윅의 개념을 확장하여 필립스가 1838년과 1849년에 〈페니 사이클로피디어, Penny Cyclopedia〉에 게재한 논문에서 명명한 또 다른 지질시대의 상위 개념의 단위였다. 필립스는 세지윅이 정의한 고생대는 캄브리아기와 실루리아기로 한정했는데 그의 주장은 석탄기와 데본기까지도 고생

중생대와 신생대를 명명한 존 필립스(John Phillips). 그는 자신의 저서에서 종의 다양성이 각 지질시대의 연결부분에서 줄어든다는 도표를 수록하였다. 후일 그 도표는 생물종의 대절멸을 처음으로 인식한 증거로 사용된다.

대 속한다는 제안을 했다. 이런 제의는 당시로서는 새로운 아니 혁명적인 제안이었다. 하여튼 고생대, 중생대 그리고 신생대는 생물종들이 서로 다른 화석군들로 나타나며, 지극히 빈약한 과도기적인 생물종들로 그 시기가 연결된다는 점을 밝힌 것이다. 그러나 오늘날 우리가 인식하는 생물종의 대절멸의 관점으로 생각하기에는 이른 시대였다. 그런 개념이 도입되는 것은 지질학이 한 차원 돌파구를 찾은 다음에나 가능한 개념으로 등장하게 된다.

페름기 말기 이 시기의 지구에는 다양한 생물 종들이 서식하고 있었다. 육상에는 파충류나 양서류들이 활개를 치고 있었으며 많은 육상 식물종들 특히 양치식물이 번성한 시기였다. 바다에는 많은 수중 생물종과 함께 산호가 번성한 시기였다. 이때 지구는 초대륙 팡게아가 존재하던 시절이었다. 바로 2억 5천1백만 년 전 해양 생물 종의 96%와 육상 척추동물의 70%가 사라졌다. 더욱 놀라운 사실은 이런 멸종이 지질시간으로는 짧은 시간에 해당하는 100만 년이 채 안 되는 기간 사이에 일어났다는 점이다. 해양 생물종의 절멸은 가히 절망적이었다. 이런 생물종의 일시적인 큰 손실은 이를 회복하는데 긴 시간이 소요되었다.[72] 미국의 지질학자 커트 테이처트(Curt Teichert)는 이 시기의 생물종 대절멸을 두고 다음과 같이 서술하고 있다.[73]

> "페름기가 끝나가면서 수많은 고생대 생명이 사라져갔던 모습을 보면 하이든의 고별교향곡이 생각난다. 마지막 악장에서 연주자들은 한사람 한사람씩 악기를 들고 무대를 떠나는데, 결국 끝에 가서는 아무도 남지 않는다"

테이쳐트가 이런 글을 남길 무렵인 1990년대만 해도 페름기 중기에서 후기로 가면서 약 1천만 년에 걸쳐 종들이 서서히 절멸해 갔다는 생각이 지배적이었던 시절이었다. 사실은 그렇지 않다는 게 밝혀진 오늘날 테이쳐트의 묘사는 설득력을 잃어버리게 되었지만 그 이벤트가 극적인 이벤트임을 묘사하는 데는 성공적인지도 모르겠다. 초기에는 멸종의 시간을 길게 생각하다가 페름기와 트라이아스기 경계면 지층에 대한 자료가 축적되면서 멸종에 필요한 시간은 점점 줄어들었다. 2000년에 들어서면서 그 기간은 수십만 년에 불과하다는 해석이 제의되었는데 그런 결과는 해당 지층의 경계면을 연구한 결과로부터 도출되었다. 그런 연구결과가 전 세계적으로 적용될지 여부는 좀 더 시간을 두고 다른 지역에서의 연구결과를 기다려 보아야 될 것 같다. 그렇기는 하지만 초기에 생각하던 1천만 년 이상의 긴 시간이 아님은 점점 확실해지고 있다.

그런 연구결과를 이끌어낸 지질단면의 하나로 중국 저장성(浙江省)에 있는 메이샨 단면이 있다. 이 지질단면에는 페름기와 트라이아스기 지층의 경계부 지층들이 순차적으로 잘 나타난 지역이다. 바로 이 지역은 이 시기의 생물종의 대절멸을 설명하는 중요한 단서가 되었다. 생물종이 절멸되는데 소요된 시간을 초기의 학자들이 긴 시간으로 생각한 것은 페름기의 정확한 경계면을 설정하는데 문제가 있었기 때문이었다. 그러나 이 단면에서 이들 지층 경계의 시기가 명확하게 밝혀지게 되었다. 이 단면의 경계면에서 채취된 시료로부터 측정된 연대는 이 경계면의 시점을 2억 5천1백만 년 전으로 결정해주었다. 이런 연구결과를 종합하여 페름기의 층서가 확립되면서 생물종의 대절멸은 짧은 기간 내에 이루어진 것으로 확인되었다.[74]

생물종의 절멸이 일어난 기간은 아주 긴 시간이 아니었을 것이라는 연구결과들이 속속 보고되고 있다. 기간이 짧다고 그 강도가 약한 것은 아니며, 이것은 지구 역사가 기록하고 있는 가장 참혹한 생물종의 대절멸이었다. 비전문가는 대절멸이라는 용어로는 쉽게 이해되지 않는다. 그런 정황을 이해하는데 그림보다 더 나은 게 없다. 마이클 벤턴이 그의 저서 『대멸종』에 수록한 메이샨 지층에서 수집한 화석자료를 근거로 페름기 말과 트라이아스기 초의 해저 생태계를 복원시킨 그림은 그 정황을 그대로 보여주고 있다. 벤턴의 설명을 따라가 보기로 하자. 페름기-트라이아스기 대절멸이전의 풍경 즉 페름기 후기에는 열대 바다에 거대한 규모로 발달하던 산호초는 당시의 생태계에서 중요한 위치를 차지하고 있었다. 그 주위에는 다양한 연체동물들이 서식하고 있었다. 산호초 군집들 사이를 유영하는 어류들과 분사식으로 물을 내뿜으면서 이동하는 앵무조개와 암모나이트가 움직이고 있다. 그 외에도 성게, 달팽이, 유공충 등이 멈추어 선 듯 느리게 움직인다. 이게 바로 페름기말의 바닷속 풍경이다. 그러나 트라이아스기에 이르면서 바다 풍경은 사뭇 달라진다. 우선 산호초가 사라지고, 이를

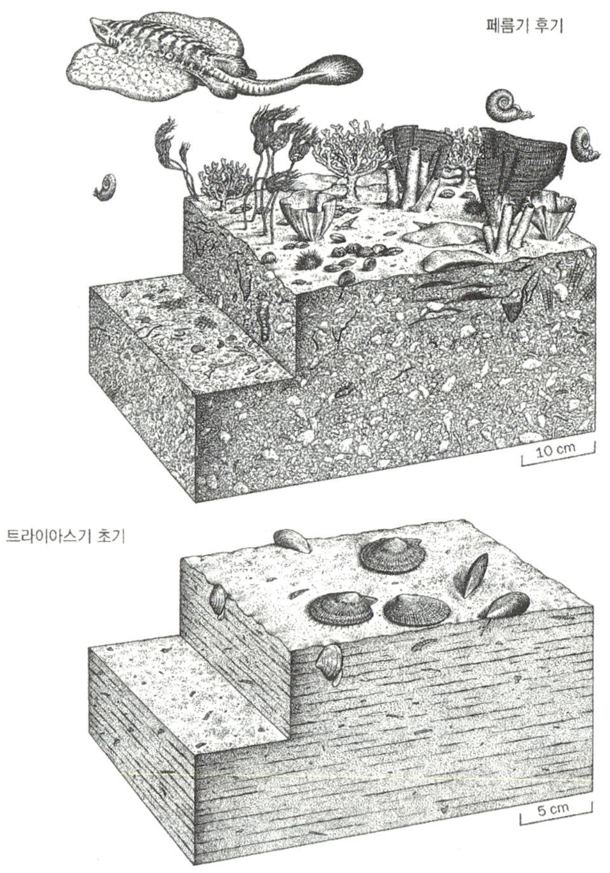

페름기-트라이아스기 생물종의 대절멸이 발생되기 이전의 페름기말과 이후의 트라이아스기 초기 열대 바다의 모습을 중국 메이샨 단면의 화석 자료를 근거로 마이클 벤턴이 복원시킨 그림(자료 출처: Benton, M. J. (2005). When Life Nearly Died: The Greatest Mass Extinction of All Time. Thames & Hudson. Fig. 28).

배경으로 서식하던 해양 생물종들이 사라진다. 산호초의 공백은 트라이아스기 700-800만 년 동안 지속된다. 주위를 둘러보아도 보이는 것은 이매패류 네댓 가지 속이 전부였으며 그 중 클라라이아(*claraia*)만 흔한 황폐한 곳으로 바뀌어 버렸다. 이 그림은 전문가가 아니더라도 이 시기에 닥친 변화가 얼마나 심각한지를 한 눈에 들어오게 해준다. 다른 지역의 이 두 지층의 경계면에서 취득한 화석 자료를 이용하여 당시의 풍경을 복원한다고 해도 이와 크게 다르지 않게 나타날 것이다. 이런 지구가 경험해 보지 못했던 생물종 대절멸의 원인을 규명하는 일이 지질학자들이 해결해야 될 숙제로 부상되었다.

어떤 학자들은 이 시기에 일어난 생물종의 대절멸을 '대절멸의 모체'라고 부를 정도로 가장 참혹한 이 사건의 원인은 정작 오리무중이었다. 1970년대에는 이 멸종 사건이 대륙이 합쳐진 결과로 해석한 가설들이 상당히 설득력 있는 이론으로 지지를 받았던 적도 있었다. 당시에 등장한 판구조론이 역할을 한 것이다. 페름기란 바로 흩어져 있던 대륙들이 합쳐진 게 완결된 시점이었다. 이렇게 대륙이 합쳐지면 부수적으로 해수준면은 하강하기 마련이다. 해수준면의 하강은 해양생물종들의 서식지가 줄어드는 것을 의미했으므로 그저 단순하게 생각하면 그럴듯해 보였던 것이다. 전혀 관계가 없는 일은 아니었지만 그런 생물종의 대절멸을 설명하는 이론으로는 지구의 역사가 이를 부정하였다. 지구는 과거 해수준면의 변화가 있었지만 그때마다 이런 처참한 생물종의 절멸로 연결되지는 않았기 때문이다. 그러나 해퇴가 이 시기의 생물 종 대절멸을 설명하는데 부적합한 이유는 대륙이 합쳐지고 분리되는 속도는 매우 느려 짧은 기간 내에 일어난 이 시기의 생물 종 대절멸을 설명하는 이론으로는 받아들이기 어렵다는 점이다.

그 이후 제기된 원인은 실로 여러 가지가 있다. 모든 가설들이 각기 그럴듯하게 설명되고 있어서 그 실체를 이해하기란 매우 어렵다. 제기된 원인들로서 운석 충돌설과 대규모의 화산 활동 그리고 해저에 들어 있던 메탄 하이드레이트의 대규모 방출 그리고 해수준면의 급격한 변화와 해수의 산소결핍 등의 이유를 제의하고 있다. 이렇게 생물종이 절멸된 원인이 많이 제기 되었다는 것은 어느 것도 확실하지 않다는 의미인지도 모른다. 아직 그 문제가 완벽하게 해결된 것은 아니지만 이들이 동시다발적으로 일어나 그 영향들이 상승작용을 일으켜 지구 역사상 경험하지 못한 참사가 일어난 것으로 추정하고 있다. 가장 무게를 두고 있는 것은 대규모의 운석충돌과 그에 의해 유발된 엄청난 화산활동이다. 그러나 운석충돌의 증거로 제시된 자료들을 가지고 아직도 논란은 계속되고 있는 점은 밝혀둘 필요가 있다.

화산활동이 이 대절멸의 원인으로 꼽는 데는 그럴듯한 이유가 있다. 바로 이 시기에 만들어진 시베리안 트랩(Siberian traps)이 원인으로 지적된다. 러시아의 북극해에 붙어 있는 동토지대 시베리아에는 대규모 화산 분출에 의해 2백만 km^2 넓이의 광대한 현무암 대지가 만들어졌는데 이를 시베리안 트랩이라고 부른다. 이 면적은 인도의 데칸트랩의 4배에 이르는 규모이며, 서부 유럽을 이 현무암으로 다 덮을 만한 면적이

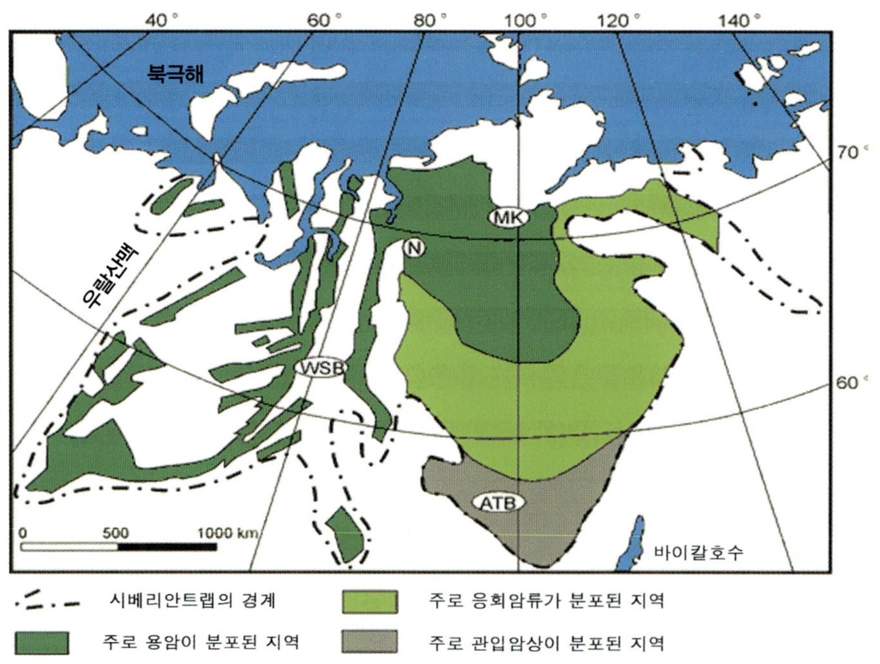

페름기-트라이아스기 경계에서 일어난 대규모의 화산활동으로 생성된 200만 km^2의 시베리안트랩의 분포도. 이 화산분출이 미친 영향은 이 시기의 생물종의 대절멸과 관계되는 것으로 추정되고 있다.

다. 이 시베리안 트랩에서 화산활동의 시기가 최근 2510.3Ma로 페름기가 끝날 무렵이라는 사실이 알려지면서 생물종의 대절멸과의 연관성이 부각되었다. 또한 시베리안 트랩에서의 화산활동은 열점에 의한 것이었지만 다른 것들과는 다르게 약 20%는 용암이 아닌 화쇄류의 분출을 수반했었다는 것이 특징이다. 또한 활동시기 역시 20만 년으로 매우 짧았다. 이런 대규모의 화산활동으로 방출되는 화산재는 태양을 가려 광합성에 의존하는 생물종에 영향을 미치고 먹이사슬을 붕괴시킨다는 것이다. 나아가 이 과정에서 분출되는 이산화탄소와 다른 가스들은 온난화의 주범이 되어 해수의 산소 결핍으로 연결된다는 것이다. 위에 설명과 정확하게 일치하는 것은 아니지만 이런 이론은 오스트레일리아국립대의 이안 캠벨(Ian Campbell) 등에 의해 1992년도에 제의 되었다.[75] 사실 이 모델은 화산활동의 결과로 배출된 이산화황에 의해서 지구가 빠르게 추워진 것을 기반으로 하고 있는데 실제로 이 시기 지구의 기후가 냉각되었다는 증거가 없는 것이 반론을 만드는 계기가 되었다. 그러나 많은 학자들은 시베리안 트랩을 만든 이 화산활동이 방출한 이산화탄소는 지구온난화를 불러왔고 그 결과가 생물종의 대절멸을 일으킨 주체라는 생각에 가장 많은 지지를 하고 있다.

그러나 백악기 공룡의 절멸이 운석충돌 결과임이 확인되면서 이 시기의 생물종의 대절멸도 운석충돌에 의한 결과로 해석하려는 주장들이 강하게 제기되고 있기는 하다. 그러나 이런 엄청난 생태계의 변화를 불러 오려면 충돌하는 운석은 아마도 직경이 수 킬로미터 이상이 되는 크기여야 하며, 그 충돌구의 지름은 적어도 100km를 훨씬 상회하는 규모여야 한다. 그러나 이 시기에 지구상에 만들어진 충돌구로 확인된 것은 브라질의 아라구아인아(Araguainha)에 있는 40km의 지름을 가진 운석 충돌구가 전부이다. 이런 충돌의 결과만으로 이 시기의 생물종 대절멸을 설명하는 것은 역부족이며,[76] 확인된 충돌 시기는 244.40±3.25Ma로 역시 대절멸 시기와 근접하기는 하지만 일치하지 않는다. 그러나 2억 5천만 년 전은 지구의 역사 관점에서도 오래전 일이다. 그래서 정작 그 시기에 그런 거대한 충돌이 실제로 일어났다고 해도 그 후 지구에서 진행된 지질학적 순환과정 즉 풍화와 침식 때문에 충돌의 흔적이 그대로 살아남아 있을 가능성이 희박하다는 점을 염두에 두면 운석충돌에 의한 가능성을 전면적으로 부정하는 것 또한 어려운 일이다. 또한 이 시기는 바다가 지구 표면의 70% 정도를 차지하고 있을 때였으므로 충돌은 바다에서 일어났을 가능성이 높으며, 그런 경우 그 흔적이 우리가 확인할 수 있는 상태로 남아 있을 가능성은 매우 희박해진다. 오늘날 지판의 생성과 소멸되는 순환 관점에서 당시의 해양지각 나이를 생각해보면 그 지각이 살아남을 가능성이 매우 적기 때문이다. 이런 운석 충돌의 가능성 외에도 부분적으로 과학적인 증거들이 모여지고는 있지만 '이게 원인이다'라고 할 정도의 정보는 아직 모여지지 않은 상태이다.

이런 참혹한 생물종의 대절멸을 불러온 대규모의 운석충돌의 증거는 아직 확인하지 못했으나, 최근 남극의 윌키스랜드 운석구(Wilkes Land Crater) 등이 제의되고는 있지만 그 운석구는 거대한 빙하에 덮인 채 모습을 확인할 수 없어 가설로만 제기된 상태이다. 그렇다. 그 시기에 거대한 충돌에 의해 설령 운석구가 만들어졌다고 해도 그 운석구가 지표에 보존될 가능성은 확률적으로도 매우 낮은 게 사실이다. 지표에서 일어나는 지속적인 풍화와 침식작용과 같은 지질작용은 그런 흔적을 지층에 기록으로 남겨 놓길 거부한다. 그래서 우리가 확인할 수 있는 증거가 부족하기 때문에 논란은 계속된다. 지구의 진화를 이해하기 위해 해결해야 될 문제는 아직도 많이 남아 있다. 여기서 "페름기-트라이아스기 대절멸"을 이야기한 것은 이게 가장 큰 사건이었지만 지구에서 일어난 처음이자 마지막이 아니라는 점이다. 생물종의 변화가 중요한 지질시대의 구분점이었다는 점을 상기하면 이들 지질시대의 경계는 바로 크고 작은 생물종의 대절멸을 수반한다는 점을 염두에 두어야 한다. 바로 중생대의 말인 백악기-제3기 경계에서 일어난 공룡의 절멸이 바로 이런 생물종 절멸의 다른 예이다.

이 페름기 생물종의 대절멸은 고생대로부터 진행해온 생물종의 변화 역사를 재편하는 중대한 일이었다. 파괴는 다른 한편 창조를 잉태한다. 시간이 걸려 회복된 생태계의 중심은 고생대와는 다르게 진행되었다. 전혀 살아남지 못한 종도 있었지만 살아남은 종도 있었다. 고생대에 번성하였던 삼엽충은 이 시점에서 완전히 사라져 버렸다

방추충이란 종도 역시 같은 운명이었다. 그런 세세한 이야기는 피하기로 하자. 중생대에 들면서 가장 두드러진 생물종의 변화는 바로 파충류의 번성이다. 그래서 중생대는 파충류의 시대라는 명칭으로 불리기도 한다. 그 시작은 바로 특별히 강인한 생존능력을 가진 생물종은 아니었으며 오히려 뚱보로 둔한 몸매를 가진 다리는 짧고 머리는 무거운 동물이 그저 운이 좋아 페름기-트라이아스기 대절멸을 피했다. 그 동물이 바로 페름기 말기에서 트라이아스기 전기까지 살았던 파충류인 리스트로사우루스(*Lystrosaurus*)로 대절멸을 피한 동물 중의 하나이다.[72] 돼지 크기 정도의 이 초식동물은 팡게아가 분리되기 이전 뭉쳐져 있던 초대륙에 서로 인접해 있던 남극과 인도 그리고 남아프리카에서 살았다. 그래서 오늘날 대륙의 분포를 고려하면 지리적으로나 생태적으로도 유사점이 없는 지금은 지리적으로 격리된 이들 두 대륙에서 산출되기 때문에 초기 대륙이동설의 중요한 증거 중의 하나로 사용된 생물종이기도 하다. 대륙들이 초대륙을 이루고 있을 때 인접한 지역에서 생태학적으로 이들이 서식할 수 있었던 환경에서 번성했던 생물종 중의 하나나가 바로 이 녀석이다. 그리고 초대륙 팡게

페름기-트라이아스기 대절멸에서 살아남은 파충류 리스트로사우루스(*Lystrosaurus*). 중생대 파충류의 선조격이다. 이 동물은 대륙이 한 덩어리를 이룬 초대륙 팡게아에서 서식했기 때문에 오늘날에는 분리된 대륙인 아프리카, 남미, 인도 및 남극 등지에서도 화석이 발견된다. 이 화석의 산출은 대륙이동설을 주장하는데 주요한 증거로 사용되었다(그림: Nobu Tamura).

아가 갈라지면서 다른 대륙으로 흩어진 결과로 이곳저곳에서 이들의 화석이 발견되었기 때문이다. 이 리스트로사우루스는 분포지역도 넓었지만 개체수도 엄청나게 많았다. 벤턴의 말을 그대로 인용하면 "말 그대로 돼지가 지구를 지배하던 시기였다"라고 할 정도로 빠른 시기에 번성한 종이었다. 남아프리카의 석탄기 후기에서 쥐라기까지의 퇴적층이 분포되어 있는 카루분지(Karoo Basin)를 연구하던 고생물학자들은 이 화석을 발견하면 기뻐하기는커녕 너무 많이 발견되어 좌절의 외침을 내지를 정도로 많은 개체수가 발견되었다. 이들 화석 말고는 다른 종류의 파충류는 아주 드물게 발견되었다고 한다. 리스트로사우루스를 명명한 것도 이 카루 분지를 연구하던 남아프리카의 고생물학자인 로버트 브룸(Robert Broom)이었다. 리스트로사우루스보다 큰 파충류는 페름기-트라이아스기 대절멸을 피하지 못했던 것이다. 그러나 살아남은 동물 중 육식동물이었던 키노돈트(*Cynodont*)의 일부도 있다. 이 동물은 먼 후일 신생대의 포유류의 번성을 주도한 현대 포유류의 조상이다.

공룡의 시대

고생대의 끝자락 페름기말에 뭉쳐 있던 대륙들은 중생대에 오면서 흩어지기 시작한다. 지구상의 대륙은 이합집산을 거듭했음은 이미 앞서 여러 번 설명하였다. 그런 대륙의 이동에 관한 이론의 시작은 알프레드 베게너(Alfred wegener, 1880-1930)에 의해 1915년에 발간된 『대륙과 대양의 기원』에서 제의된 "대륙이동설"로부터 시작되었다.[77] 베게너가 대륙이 이동된다는 증거로 제시한 것은 아프리카와 유럽의 지형이 남-북 아메리카 대륙의 지형과 일치된다는 점이었으며, 페름기와 중생대의 트라이아스기의 고생물학적인 분포의 일치성을 들었다. 그리고 다른 한 가지 중요한 증거는 바로 남아프리카, 남아메리카 그리고 인도 등지에 그 지질시대에 남겨져 있는 빙하의 증거들이 제시되었다. 그러나 베게너의 생각은 당시 지질학계의 지배적인 패러다임에 반하는 이론이었다. 누구도 대륙이 이동한다는 사실에 동의하기 어려운 시점이었다. 지구가 움직일 것이라는 생각은 가지고 있었지만 상하 수직 운동만 가능하지 수평적인 원거리 이동은 고려하지 않던 시대였다. 격렬한 논쟁이 이어지는 것은 당연한 수순이었으며, 논쟁의 중심은 이동기작을 설명할 수 있는 방법이 없었다는 점이었다. 그러나 분리된 대륙의 동일 시대의 지층에서 산출되는 화석들은 대륙이동을 보완해 주는 것들이었다. 어떤 화석들은 추운 지방에서만 발견되는 것들이었으며 어떤 화석들은 온난한 기후대에서 서식하던 생물 종이었다. 그러나 추운 지방에서 서식하던 생물종들이 지금은 더운 아프리카의 적도 지방에서 발견되는 것은 이들 대륙들이 움직였다는 것을 인정하지 않고는 설명이 되지 않았다. 더군다나 열대지방에 위치한 빙하의 흔적들은 그 지역이 속한 땅덩어리가 한때 추운 극지방에 위치해 있었다는 것 이외에는 설명하기가 난처한 일이었다. 그리고 이들 대륙이 헤어진 시기 이후로 여겨지는 중생대 후기의 생물들은 이미 다른 방향의 진화를 거쳐 그런 일치성을 보이지 않고 있었다. 대륙의 이동은 지구과학의 패러다임을 바꾼 이론으로 뒤에 이 이론의 발전 과정을 다시 살펴볼 것이다.

대륙의 이동을 인정하자 지금까지 설명하기가 난처했던 여러 가지 지질현상들이 해결되었다. 특히 히말라야나 안데스 산맥과 같은 거대한 산맥의 형성과 같은 것은 아주 자연스럽게 해결되었다. 아주 사소한 것이기는 하지만 아무런 식생이 서식할 수 없는 노르웨이와 북극 사이 북위 74–81° 사이에 위치한 스피츠베르겐 같은 극지나 다름없는 곳에서 석탄이 산출되는 이유도 설명이 가능해졌다. 바로 이런 이례적인 기후대에서 산출되는 석탄은 과거 스피츠베르겐이 열대지방에 위치해 있을 때 석탄을 만들어지고 나서 현재의 위치로 이동되지 않고서는 그곳에 석탄이 있을 수가 없기 때문이다. 그 이후 추가로 새롭게 발견되는 여러가지 고생물학적 증거는 물론이고, 새롭게 발견되는 해저확장이나 고지자기학적 자료 등은 대륙이동설을 보완 설명하는 것

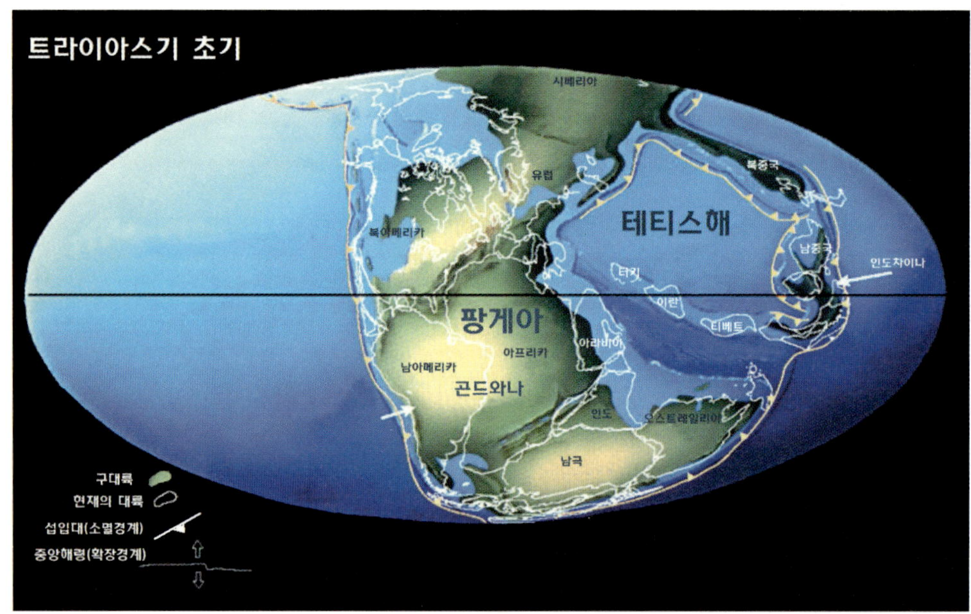

중생대 전기 트라이아스기(237 Ma)의 초대륙 팡게아의 분포도. 이 초대륙은 고생대 말 페름기에 형성되었으며 중생대에 이르러 대륙의 분리가 일어나기 시작하였다. 적도 위로는 오늘날의 북아메리카와 유럽 그리고 아시아 대륙이 합쳐져 있고, 적도 아래로는 남아메리카와 아프리카, 남극 및 오스트레일리아 대륙이 합쳐져 있었으며 아직도 중국은 남중국과 북중국으로 분리된 상태였다.

들이었다. 이런 모든 지식들이 합쳐져 "판구조론, Plate Tectonics"이란 이론으로 발전하였다. 이제는 전 지구적으로 거의 모든 지질현상이 대륙의 이동과 관계되어 있다는 것을 모든 사람들이 인정을 한다. 이 이론의 발전과정은 뒤에 다시 논의될 것이다. 적도 부근에 만들어진 바다는 따뜻하고 낮은 바다로 고생대로부터 진화해온 다양한 해양동물들과 미생물이 번성한 지역으로 당시 이곳에 만들어진 퇴적암들은 유기물의 함유량이 높아 장차 엄청난 석유자원의 보고가 된다. 이 바다의 이름은 위대한 스위스의 지질학자 에두아르트 쥐스(Eduard Suess, 1831-1914)에 명명되었다. 테티스는 그리스 신화에 나오는 물의 신 오케아노스의 부인이었다. 쥐스는 1861년 곤드와나란 대륙의 이름을 명명한 이 이기도 한다.

중생대는 트라이아스기, 쥐라기 및 백악기의 세 기로 구분된다. 고생대 페름기는 중생대 트라이아스기(251.0±0.4-199.6±0.6Ma)와 경계를 이루는데, 이 지질시대는 1834년 폰 알베르티(Friederich August Von Alberti, 1795-1878)에 의해 제의되었다. 그는 북부 유럽의 지질조사를 하면서 세 개의 명확히 구분되는 지층을 발견하였다. 하부에는 적색 사암층이 오고, 그 위로 쵸크층이 그리고 이를 피복하는 셰일층을 발견하였다. 물론 이들 지층에서 산출되는 화석의 종류 역시 달랐다. 그는 이 세 지층이 다른 것을 들어 이 지질시대를 라틴어의 trias에서 트라이아스기(triassic)라고 명명하였다. 알베르티는 암염을 채광할 때 물을 이용하여 채광하는 방법을 개발하기도 했다. 암염 덩어리를 채광하기 위해 광부들이 열악한 갱도에서 일하는 위험을 피하고 안전하게 물에 녹인 후 회수하는 방법이었다. 트라이아스기 초기의 생태계는 매우 황폐한 상태였다. 생물종의 대절멸을 거치면서 남은 것은 리스트로사우루스를 비롯하여 몇 가지의 사지류가 전부였다. 이 시기의 지층에서 산출되는 화석으로 확인된 사실이다. 이 지질시대 초기는 페름기 말에 이룩된 생태계의 다양성을 따라잡기가 어려웠다. 그러나 남아 있던 종들이 지구를 점차 채워가던 시기가 바로 이 시점이었으며 결국 중생대는 파충류의 시대로 연결된다.

트라이아스기 뒤로 계속되는 지질시대는 쥐라기(Jurassic, 199.6±0.6-145.5±4.0Ma)

이다. 중생대에 가장 번성한 생물종은 파충류였으나 파충류만이 그 시대를 사는 생물종은 아니었다. 물론 트라이아스기의 경계에서도 생물종의 절멸은 있었지만 페름기에 일어난 그런 엄청난 수준은 아니었다. 사실 절멸은 과학적인 용어로 풀이하면 "멸종율이 배경 수준보다 통계적으로 의미 있게 상승한다"로 표현된다. 그러나 그런 과학적인 서술은 과학자는 물론이지만 일반인들에게는 특히 시선을 끄는 용어는 아니다. 따라서 전공 서적에서도 "절멸"이나 "대절멸" 또는 "대멸종"이라는 용어를 더 쉽게 접하게 된다. 그러나 지구의 역사를 보면 어떤 생물종이든지 번성과 쇠퇴는 마땅히 겪어야 하는 필연적인 과정이기도 하다. 쥐라기는 독일의 박물학자인 알렉산더 본 훔볼트(Alexander von Humbolt, 1769-1859)가 스위스의 쥬라산맥을 구성하고 있는 암석 중 석회암이 절대적으로 우세한 사실을 관찰하고 층서의 단위로 "jurakalk"라고 명명하였다. 훔볼트에 의해 층서단위로 명명된 이 명칭은 지질시대로 정착되는 데는 1839년 레오폴드 폰 북크(Leopold von Buch, 1774-1853)에 의해 쥐라기의 정의가 이루어진 후이다. 이 시기는 공룡과 암모나이트가 번성했던 시절이며 조류와 포유류가 세상을 모습을 나타낸 시기이기도 하다. 무엇보다도 이 시기는 한 덩어리로 뭉쳐져 있던 초대륙 팡게아가 본격적으로 헤어지기 시작한 시점이었다는 점일 것이다.

공룡은 많은 이야기를 만들어낸다. 세계의 자연사박물관의 가장 좋은 자리는 거의 어디서나 박물관의 학예사들이 정성스럽게 조립한 거대한 공룡의 뼈가 자리하고 있다. 허긴 자연사 박물관의 가장 눈에 잘 들어오는 로비를 장식하는데 이보다 더 적합한 대상은 없을 것이다. 우선 크기로 모든 것을 압도한다. 이처럼 공룡은 항상 사람들의 관심을 끄는 동물이다. 어린 시절에는 누구나 한두 권의 공룡에 관련된 책을 가지고 있었다. 요즘 어린이들은 애완견의 이름만큼이나 친숙한 게 공룡의 이름이 되었다. 누구든지 몇 가지 공룡 이름을 줄줄이 외워댄다. 티라노사우루스(*Tyranosaurus*), 벨로시랩터(*Velociraptor*), 브라키오사우루스(*Brachiosaurus*), 디플로도쿠스(*Diplodocus*), 및 스테고사우루스(*Stegosaurus*) 등 나이가 지긋한 이들에게는 한없이 생소한 이름들 몇 개는 그들에게는 쉽게 나오는 이름이 되었다. 얼마 전에는 재기 넘치는 스티븐 스필버 그 감독이 마이클 크라이튼의 소설을 토대로 만든 『쥐라기 공원』이란 영화로 일반 대중들에게도 더 잘 알려지게 되었다. 호박(琥珀) 속에 들어 있는 유전자로부터 공룡을 복제하여 한적한 섬에 공룡 동물원을 만들면서 일어나는 사건을 다룬 영화이다. 발달한 컴퓨터 그래픽 기술은 마치 공룡들이 살아 있는 생물체처럼 여겨질 정도로 정교하여 과거에 만들어진 어떤 공룡 영화보다 실감이 났던 기억이 새롭다.

그 영화의 공룡에 관한 모든 내용이 과학적으로 올바른 것은 아니었지만 티라노사우루스와 같은 무시무시한 육식 공룡만 있는 것은 아니고 덩치는 크지만 유순한 공룡도 있다는 것을 대중들에게 알려준 영화이다.

1억 6천만 년간 중생대의 지배자로 서식했던 공룡이 세상에 처음 알려진 것은 19세기에 이르러서이다. 공룡을 디노사우리아(dinosauria)라고 명명한 이는 리차드 오웬(Richard Owen, 1804-1892)이라는 영국의 고생물학자이다. 그는 '무서운 도마뱀'이란 의미를 갖는 그리스어에서 따온 이 이름을 1842년 처음으로 사용하였다. 그가 공룡의 학명을 붙인 것으로 널리 알려진 것 외에도 다윈의 자연선택에 강한 반대론자로도 잘 알려진 이이다. 영국을 찾는 방문객들이 거의 필수 코스로 여기는 런던의 남쪽 사우스 켄싱턴에 있는 자연사박물관을 1881년 설립하는데 결정적인 기여를 한 이가 바로 오웬이며, 초대 박물관장을 역임하였다. 이 무렵에는 이미 거대 파충류가 9종이나 발견되었다. 이들 덩치 큰 화석들의 골격 구조를 보고 이들은 도마뱀처럼 납작 엎드려 기어 다닌 게 아니라 소나 사람처

운석 충돌에 의해 절멸이 일어날 때 까지 생존했던 육식공룡의 강자 티라노사우루스(*Tyranosaurus*)를 복원시킨 모습(그림: Nobu Tamura).

럼 다리를 길게 뻗은 것으로 여겨졌다. 그래서 오웬은 새로운 동물군으로 디노사우리아라고 명명했다.[77] 오웬은 찰스 다윈과는 거의 동시대의 사람으로 다윈의 자연선택에 의한 진화를 적극적으로 부정하는 쪽의 선봉장에 섰던 이이다. 그가 비록 다윈이 가져온 거대한 화석들을 식별하는데 동참했지만 그의 생각은 변하지 않았다. 누군가에 의해 이 이름은 우리말로 공룡(恐龍)이라고 붙여졌다. 초기의 학자들은 발견되는 공룡이 매우 몸집이 큰 것을 근거로 굼뜨고, 아주 지능이 낮은 냉혈동물로 간주하였다. 디플로도쿠스는 몸집이 하도 커 뇌가 두 개일 것이라는 잘못된 생각을 했던 적도 있다. 그러나 발견되는 화석의 수와 더 잘 보전된 화석들이 속속 발견되면서 공룡에 대한 이해는 상상하는 수준을 넘는 단계로 발전했다.

공룡은 키가 몇 십 센티미터로부터 50미터를 훌쩍 뛰어넘는 큰 키를 갖는 거대 공룡까지 크기가 아주 다양했다. 크기가 큰 것은 우리의 상상력을 크게 자극한다. 우리가 현생에서 관찰할 수 있는 최대의 동물은 바로 아프리카 코끼리이다. 그들 성체의 몸무게는 5-6톤에 이르는데 이는 디플로도쿠스의 3분의 1, 그리고 브라키오사우루스의 13분지 1에 불과하다. 도대체 그런 거대한 몸체를 가진 공룡은 과연 얼마만큼의 음식을 섭취해야 했을까라는 실없는 궁금증이 들기도 한다. 고생물학자들은 거기에 대한 해답을 가지고 있다. 코끼리의 경우 일정 비율 체중이 증가된 녀석의 음식 섭취량의 증가는 체중 증가분의 제곱근과 같다고 한다. 그래서 디플로도쿠스는 코끼리보다 약 1.7배 더 많은 양의 음식을 섭취했을 것으로 추정하고 있다. 이 보다 몸집이 더 큰 브라키오사우루스는 코끼리가 먹은 양의 거의 4배 이상을 섭취했을 것으로 추정하고 있다. 아프리카 코끼리들이 거의 하루의 대부분인 75-80%를 먹는데 소비하는 것으로 보아

공룡의 학명을 붙인 영국의 고생물학자 리차드 오웬(Richard Owen, 1804-1892)의 말년 모습. 그는 진화론의 반대론자이며, 영국이 자랑하는 자연사박물관의 설립을 주도한 이 이기도 하다.

이런 몸집이 큰 공룡들 역시 먹이를 구하고 먹는데 하루를 거의 다 소비했을 것이라는 추정이 가능해진다.[80] 적어도 코끼리보다 영양분이 월등이 우월한 음식을 섭취하거나, 효율성이 코끼리보다 훨씬 강화된 장기를 갖고 있지 않는 한 그것은 사실일 것이다. 그러나 이 시점에서 그 두 가지 가정을 확인하기란 어려운 일이다.

이들의 몸집이 처음부터 큰 것은 아니었으며 시대가 지나면서 커져가는 경향을 보였다. 아직도 그 이유는 정확하게 모른다. 이 경우에도 제기된 가설은 많다. 가장 그럴듯하게 여기는 것은 나중에 등장하는 종들은 목을 더 높이 내밀어야 더 신선한 나뭇잎을 먹을 수 있었다는 것이다. 먹이습관에 따라 초식공룡과 육식공룡으로 구분하지만 대체로 초식공룡의 크기가 더 큰 점은 그런 가설을 타당하게 보이게 만든다. 발견되는 공룡 화석이 증가하면서 해결되는 문제들도 많이 있었지만 다른 의문들로 이어지기도 했다. 그런 논쟁 중의 하나는 공룡은 온혈동물인가 다른 파충류와 같은 냉혈동물인가의 문제였다. 의문은 육식공룡들의 운동량을 고려하면 공룡은 온혈동물이어야 한다는 것으로부터 시작되었다. 그 문제가 완전하게 해결된 것은 아니지만 항온동물이었다는 중재안이 나왔다.[80] 오늘날 고생물학자들은 초식공룡은 냉혈동물이었지만 육식 공룡은 온혈동물이라는 데 의견을 모은 것 같다. 알려진 공룡의 40%는 최근 20년 이내에 발견된 것이라고 하니 공룡 연구의 열기는 시간이 지나면서도 식을 줄 모르는 것 같다.

이처럼 공룡들은 진화과정에서 몸집이나 먹이 습관이 다른 다양한 종류의 공룡으로 발전하였다. 그러나 일반인들은 공룡하면 몸집이 거대한 녀석을 연상한다. 실제로 몸집이 수십 톤이 넘는 공룡들 역시 파충류이므로 알을 낳게 마련이다. 호기심이 많은 이들은 덩치가 큰 공룡은 도대체 얼마나 큰 알을 낳을지 또 어떤 모습일지 궁금해한다. 다행스럽게도 세계의 곳곳에서는 공룡 알 화석들이 발견되고 있다. 지금까지 발견된 공룡 알 화석 중 가장 큰 것은 중국의 난양지역에서 발견된 것으로 타원형으로 장축의 길이가 45cm이다. 몸집이 크다고 해서 무작정 알의 크기가 커지지는 않는다는 게 고생물학자들의 생각이다. 왜냐하면 알의 크기가 클수록 껍질의 두께가 두꺼워 지므로 그 안에서 생명체가 자라면서 호흡하기도 어려워질 뿐만 아니라 부화할 때 그 껍질을 깨고 나올 수가 없기 때문이라고 한다. 거의 모든 알 껍질에는 미세한 구멍이 발달되는데 이는 알속의 태아가 호흡하기 위한 수단으로 준비된 것이었다. 때로는 부화되기 직전의 상태로 화석화된 공룡의 알도 발견되어 고생물학자들을 놀라게 만들기도 한다.

1999년 봄 경기도 화성시 시화호 주변 간척지에서 보존상태가 양호한 공룡 알들이 무더기로 발견되었다. 이융남 박사는 이 일대를 체계적으로 조사를 하고 있으며 그는 그런 공룡알 화석이 집단적으로 산출되는 것으로 보아 이 지역이 공룡들의 집단적인 산란지역으로 보고 있다. 이런 저런 화석 자료들을 근거로 그는 한반도가 공룡들의 대규모 서식지 중의 하나였다는 확신을 가지고 있다. 이 화석 산출지는 천연기념물 414호로 지정하여 국가적 보호를 받는 대상으로 지정하였다. 중생대의 한반도에도 중생대의 맹주인 공룡들이 우글거리며 살고 있었음이 분명하다.[79] 더군다나 중생대에 퇴적된 경상누층군은 바다에서 퇴적된 지층이 아니라 대부분이 육성층이었기 때문에 육지에서 서식하던 공룡들의 화석이 산출되는 것은 이상한 일이 아니다.

우리나라에도 남쪽 지방 경상도와 전라도 지방에서 중생대의 퇴적층인 경상누층군이 넓게 분포되어 있다. 1972년 양승영 교수가 경남 하동에서 공룡 알 화석을 발견하면서 중생대 지층에서 공룡의 존재가 부각되었다. 그 후 의성 등에서 공룡의 골격의 파편들이 이어 발견되었으며, 경남 고성군과 전남 해남군의 경상누층군의 퇴적층에서 무수한 공룡 발자국 화석이 무더기로 발견되었다. 경남 고성군 하이면 덕명리 일대의 해안가에 노출된 퇴적층 위에는 네 발로 걸었던 초식공룡과 두발로 걸었던 육식공룡들의 발자국들이 무더기로 발견된다. 어떤 발자국은 어미가 새끼와 나란히 걸어간 흔적처럼 큰 발자국 옆에 작은 발자국이 나란히 나 있기도 한다. 이들이 아직 호수가 혹은 강바닥의 굳지 않은 퇴적물 위를 지나가면서 낸 흔적들이며, 그 위로 다른 퇴적물들이 쌓이면서 발자국 흔적들이 고스란히 보존되었던 것이다. 이런 화석의 흔적은 이들이 군집생활을 하면서 이 지역에서 오랜 기간 서식하였음을 말해주는 증거들이다. 고생물학자들의 능력은 거기서 끝이 나는 게 아니었다. 그런 발자국 화석을 보고 그들이 이동하는 속도를 추정하기도 하였다. 동물운동을 연구하던 알렉산더(R. M. Allexander)는 보폭 거리와 동물의 크기 그리고 프라우드 수(Froude Number)와의 관계로부터 일정한 관계를 도출해서 동물의 속도를 계산할 수 있다고 했다. 알렉산더가 이 관계식을 이용하여 계산된 이동속도는 불완전한 가정으로부터 출발했기 때문에 완벽한 것은 아니어서 학자들은 그 결과를 수용하지 않았다. 그러나 그는 그가 계산해낸 방정식을 개선하여 상대적인 속도를 추정하는 방법을 제안하였다. 그러나 그 방법 역시 발자국 화석으로부터 공룡의 절대적인 이동속도를 알려주는 것으로 학자들이 동의하지는 않고 있지만 어느 정도의 가치는 인정하고 있다. 그렇기는 하지만 발자국 화석으로부터 상대적인 이동 속도를 알아내려는 고생물학자들의 노력은 가상스럽기까지 하다. 실제로 발견되는 다리뼈의 화석으로부터 달리는 속도를 추정한다. 동물들의 속도는 보폭 거리와 속도에 의해 결정된다. 일반적으로 빨리 달릴 수 있는 동물 즉 말은 무릎을 기준으로 그 아래가 길어서 그 비가 약 2.5:1이라고 한다. 그러나 달리기에 별로 소질이 없는 코끼리는 그 비가 0.7:1로 오히려 무릎 위의 뼈가 더 길다는 것이다. 그러나 공룡 중의 하나인 람베로사우루스는 그 비가 1.5:1인 것으로 제법 빨리 달릴 수 있었을 것으로 추정하고 있다. 발견되는 화석의 수가 늘어날수록 공룡의 실체는 이것저것 더 소상하게 밝혀질 것이다.

그러나 공룡과 관계된 더 큰 논쟁은 새의 조상이 공룡인가라는 점으로부터 시작되었다. 척추동물의 진화에서 가장 극적인 일 중의 하나가 바로 새의 기원에 관한 문제이다. 진화의 계통으로 보아 공룡으로부터 새가 진화되었다고 추론하는 일은 자연스러운 일처럼 보였다. 독일의 쥐라기 석회암 지층에서 이 지질시대 이전의 지층에서는 관찰되지 않았던 깃털 화석이 발견되었다. 온전한 몸체가 발견되기 이전 약 1억 5천만 년 전 쥐라기 후기 석회암에서는 깃털의 화석이 폰 메이에르(Christian Erich Hermann von Meyer, 1801- 1869)에 의해 발견되었다. 온전한 몸체가 발견되기 이전에는 그 깃털이 어떤 동물과 관계되는지 밝힐 수 없었다. 이 깃털은 베르린에 있는 훔볼드 자연사박물관에 보관되어 있다. 1861년 독일의 다른 지방에서 발견된 화석은 골격 구조와 함께 산출되었다. 이 화석은 런던의 자연사박물관이 구입하였으며, 1863년 리차드 오웬이 이를 아르키오프테릭스(*Archaeopteryx macura*)라고 명명하였다. 아르키오프테릭스란 이름은 바로 그리스어로 오래된 날개라는 의미이다. 그러나 이 화석의 해부학적 구조는 육식공룡과 놀라울 정도로 비슷했다. 특히 날개를 지탱하는 앞 다리에는 갈고리가 달려 있었는데 그것은 벨로시랩터의 앞 다리에 있는 갈고리와 똑 같았다. 이 화석은 깃털이 없었다면 작은 공룡으로 잘못 판단되었을 골격 구조를 가지고 있었지만 깃털을 가지고 있어 새라는 것을 알 수 있었다. 그 이후 많은 수의 조류 화석들이 발견되면서 시조새와 같은 이런 조류는 냉혈동물일 가능성이 높은 것으로 추정하고 있으며 후일 진화한 조류가 획득한 것이 바로 온혈로의 변화라고 믿고 있다.

사실 중생대에 하늘을 나는 것은 그것만이 아니었고 익룡도 날 수 있도록 발달한 생명체였다. 익룡은 앞발이 날개로 변화되어 있어서 공룡으로 분류되지는 않는다. 익룡이 발견된 후기 트라이아스기의 화석을 보면 속이 빈 뼈, 긴 목, 짧은 몸, 긴 뒷다리와 작은 골반 그리고 날개로 변한 앞 발 등 완전히 진화된 형태를 갖추고 있었다. 그러나 익룡의 날개는 깃털이 아니라 박쥐의 날개와 같은 피부막으로 만들어져 있었다. 어떤 익룡은 날개를 펴면 그 길이가 12m에 이르기도 하는 크기였다. 쥐라기는 잠자리나 곤충이 아니라

쥐라기 말기에 출현한 조류 화석 아르키오프테릭스 리소그라피카(*Archaeopteryx lithographica*)(베르린 자연사박물과 소장품).

땅을 박차고 올라간 진정 하늘을 나는 생물종이 출현한 시대이다. 조류가 출현 한 1억 5천만 년 전은 빙하기 시대였으며 대기 중 줄어들었던 산소함량은 26%로 늘어나 있던 시기로 간빙기가 절정에 달했던 시기로 드디어 꽃이 피는 현화식물들이 나타나면서 생태계의 새로운 자리를 메워나가던 시기이기도 하다.[82]

그러나 중생대의 백악기(145.5±4.0–65.5±0.3Ma)는 이 시대에 유렵은 거의 대부분의 지역이 팡게아 대륙이 분리되면서 만들어진 얕은 바다 환경이었다. 이 지역을 덮고 있던 천해 환경에서 퇴적된 파리분지의 대표적인 암석이 바로 쵸크지층이다. 분필처럼 흰 암석의 특성에 따라 1822년 벨기에에의 지질학자 도말리우스 달로이(Jean Baptiste Julien d' Omalius d' Halloy, 1783–1875)에 의해 이 지질시대는 분필을 의미하는 라틴어 Creta로부터 백악기(Cretaceous)라고 명명하였다. 프랑스와 영국을 갈라놓은 도버해엽에서 배를 타고 건너본 경험이 있는 사람들은 영국의 도버에 이르면서 수평선 위로 시야에 들어오는 해안선의 하얀 절벽을 기억할 것이다. 그게 바로 백악기의 퇴적물이 만든 장관이다. 그 돌은 아주 다양한 미생물들의 집합체이다. 그 중에서도 가장 많은 게 유공충의 껍질이다. 그저 눈으로 보기에는 다른 미세한 퇴적물처럼 보이는 것조차도 사실은 미생물 화석의 잔류물이다. 그런 생물체의 단단한 부분들은 대부분이 탄산칼슘으로 구성되어 있다. 그러니 파리분지를 뒤덮고 있는 이런 백색의 지층들이 거의 모두가 화석의 집합체로 보아도 무방하다. 그러나 육지에서는 아직도 중생대의 우점종 공룡이 생태계의 주인이었으나, 다음 지질시대의 주인공들이 꿈틀거리기 시작한 시점이 바로 백악기이다. 식물에서는 속씨식물이 등장하였으며, 동물에서는 이미 트라이아스기에 출현한 포유류가 약간 진화를 하였다. 그러나 포유류는 중생대 전 기간을 통하여 파충류의 눈치만 살피는 그런 존재였으며 그들은 파충류의 먹이가 될 가능성이 높은 한 낮을 피해 밤에만 활동 반경을 넓혔던 그런 존재였다. 밤에 활동하기 위해 그들은 덩치에 비해 다른 동물보다는 더 큰 눈을 가지고 있었다. 그들이 생태계의 주인공으로 등장하기 위해서는 다른 지질시대를 기다려야만 했다.

다시 중생대의 지구로 돌아가자. 초대륙 팡게아가 분리되기 시작한 중생대의 초기

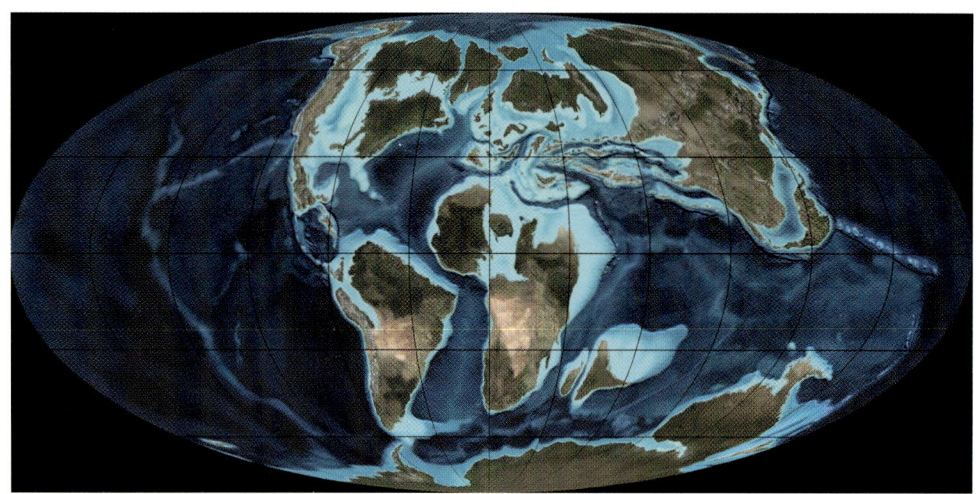

백악기 말기 약 9천만 년 전의 대륙의 분포를 나타내는 그림. 이 시기에 이르면 팡게아로부터 분리된 대륙들이 이동되어 오늘날 대륙의 모습으로 자리를 잡아가고 있다.

만 해도 대륙은 한 덩어리 상태를 유지하고 있었다. 그러나 백악기에 들어서면 설명을 하지 않아도 대륙의 이름을 알아 볼 수 있을 정도로 오늘날의 대륙들의 분포된 모습으로 분리되어 있었다. 아프리카와 남아메리카는 분리되었으며 유럽과 북미도 떨어진 상태가 되었다. 막 대서양이 자리 잡기를 마친 시점이기도 하다. 그 시기에는 북미 대륙의 가운데는 낮은 바다환경이었던 시점이었으며 아시아의 대륙도 모습을 갖추기 전이었다. 일 년에 겨우 10cm 정도로 이동하는 속도였지만 중생대의 지질학적 시간은 여러분들이 인식하기에 충분한 상태로 대륙을 옮겨 놓았던 것이다. 그러나 그때까지도 아프리카대륙으로 막 분리된 인도와 마다가스카르는 함께 붙어 있었으며, 남극 대륙과 오스트레일리아 대륙도 완전하게 분리된 상태는 아니었다. 유럽 대륙도 아직은 형체가 모두 드러난 상태는 아니었으며 대륙의 거의 대부분의 지역은 낮은 바다 환경이었다. 그러나 북중국은 이미 아시아 대륙과 합쳐졌으나 남중국은 북상을 계속하며 아시아 대륙과 막 한 덩어리로 뭉쳐지기 직전의 시점이 백악기였다. 이런 것은 만 번의 설명보다도 그림을 보는 게 이해하기 쉽다.

운석충돌

특히 백악기에서 제3기로 접어드는 기간은 생물종의 대절멸을 수반하는데 이때 중생대의 맹주였던 공룡이 사라진다. 이것을 생물종의 대절멸로 알아차리는데도 오랜 시간이 필요했지만 더구나 멸종의 원인을 밝히는 것은 격렬한 논쟁의 연속이었다. 1920년대부터 1990년대까지 공룡 멸종을 설명하기 위한 제기된 이론은 최소한 100여 가지가 넘었다. 이 100여 가지는 가볍게 제기된 것들이 아니라 전문가들의 손을 거쳐 모두 정상적인 학술발표의 경로를 통하여 공식적으로 제기된 진지한 이론만 포함시킨 것이다.[72] 마이클 벤턴이 그의 저서 『대멸종』에서 그 100가지의 이론을 큰 항목으로 구분하여 요약해 놓았다. 크게 생물학적 원인으로 절멸을 설명한 이론들이 26건이며, 종족노쇠로 설명한 이론들이 6건이며, 생물 간의 상호작용이 6건, 식물상의 변화를 원인으로 지적한 것이 11건이다. 그 이외에도 기후의 변화(12건), 대기의 변화(7건), 해양과 지형의 변화(12건), 다른 지상의 격변(5건) 그리고 외계의 원인(15건)으로 상상할 수 있는 모든 항목들이 여러 학자들에 의해 제시되었다. 그러나 정작 그 직접적인 원인으로 추정되는 운석 충돌은 등장하지 않은 형편이었다. 이렇게 제기된 생물종의 대절멸에 관한 이론들이 옳고 그름을 떠나 헤아리기도 어려울 정도로 많은 이론들이 등장한 것은 지질학계에서 생물종의 대절멸을 분명하게 밝혀야 될 주요한 과학적 명제로 부상하였음을 지시하는 증거이다. 사실 이 시기의 대절멸은 공룡으로 국한되는 것은 아니었으며 당시 서식하던 무수한 생물종들도 포함되는 대규모 멸종이었다.

이 지질시대의 경계 즉 중생대 백악기와 신생대 제3기의 경계를 우리는 간단하게 줄여 흔히 "K-T 경계"라고 부른다. 여기서 K는 백악기(cretaceous)의 어원인 그리스어 Kreta에서 따온 것이며, T는 제3기(Tertiary)에서 따온 것이다. 이 시기 공룡의 절멸은 바로 멕시코 유카탄 반도에 떨어진 직경 5km 정도의 운석 충돌결과로 믿고 있다.

이 운석 충돌구는 너무 거대하고 오래전에 일어났기 때문에 지표에서 이미 충돌의 흔적이 지워져 있어 운석 충돌구를 찾아내는 일은 매우 힘든 일이었다. 오랜 기간 동안 여러 지질학자들의 인고에 찬 노력의 결과로 하나씩 찾아낸 증거들이 모아져 최근에야 그 정체가 밝혀지게 되었다. 그때 만들어진 운석충돌구의 최외각 경계의 지름은 195km나 되었다.

K-T 경계에서 운석 충돌 가능성은 1980년 월터 앨바레즈(Walter Alvarez)와 그의 아버지인 루이스 앨바레즈(Luis Alvarez)와 프랭크 아사로(Frank Asaro)에 의해 시작되었다. 이태리 알프스 산록의 남쪽 끝자락쯤에 위치한 구비오란 마을의 백악기-제3기 경계면에 들어 있는 얇은 점토층에서 채취한 시료로부터 이리듐(Ir)의 이상치를 발견한 것이 계기가 되었다. 그 경계면의 점토층은 지각 평균을 훨씬 상회하는 값을 가지고 있었다. 운석에서 높은 함량을 보이는 이리듐이 높다는 것은 운석충돌결과로 만들

운석충돌 순간의 장면을 그린 화가의 상상도(사진: NASA). 화가의 상상이지만 이런 정도 크기의 운석과 충돌이 일어난다면 지구는 상상하기 어려운 재앙이 일어날 것이다.

어진 비산 물질에 의해 퇴적된 결과라는 것을 알아차린 것이다.[83] 이들은 자료를 정리하여 "백악기-제3기 멸종의 외계원인, Extraterrestrial cause for the Cretaceous-Tertiary extintion"이란 제목으로 1980년 6월 〈사이언스〉지에 발표하였다. 바로 운석 충돌이 공룡 절멸의 원인이었다는 것이었다. 혁명적인 이론이었지만 그를 뒷받침한 자료는 이리듐의 이상치가 전부였다. 그에 대한 반응은 즉각 나타났다. 지각 평균 함량의 30배 이상으로 나타난 이리듐의 함량만 가지고 운석 충돌설을 제기한 것도 그렇지만 그 충돌이 공룡 절멸의 원인으로 지적한 것은 보기에 따라서는 논리의 비약처럼 여겨지기도 하는 대목이다. 그들은 이리듐의 존재비로부터 충돌한 운석의 크기를 계산하였다. 지구와 충돌한 소행성의 무게는 340억 톤 지름이 최소한 10±4km를 상회한다는 계산 결과를 제시했을 뿐만 아니라 충돌시 발생한 먼지들이 기권으로 올라가 적어도 1년 이상 햇빛을 차단시켜 공룡의 절멸로 이어졌을 것이라고 주장했다. 1년 이상 햇빛이 차단되었다면 발생되는 먹이사슬의 파괴에 따른 먹이 부족만으로도 이들의 절멸은 가능했으리라는 점은 전문가가 아니라도 상상이 된다. 실제로 그런 규모의 충돌이 일어났다면 말이다.

찬반 논란은 불을 보듯 뻔한 수순이었다. 논쟁은 상당히 격렬한 수준으로까지 진행되었다. 이 이론은 기존에 제시된 이론과는 다른 것이었다. 당시는 라이엘이 주장한 동일과정설이 지질학계의 패러다임을 지배하던 시점이었으며, 그것은 무엇이든지 점진적인 변화를 기초한 생각이었다. 운석충돌에 의한 공룡의 절멸은 바로 라이엘이 배척하였던 격변설이 부활되는 것을 허용하는 일이었다. 일부 고생물학자들은 생물종의 대절멸이 화석으로 기록된 지층을 보아 알고 있었지만 내놓고 격변설을 주장할 형편은 아닌 그런 미묘한 시점에 이 문제가 불거진 것이다. 그러나 전문가임을 자처하는 집단에서의 이런 가설에 대한 반발은 예견되는 수순을 따라 진행되었다. 더군다나 그 문제라면 전문가임을 자처하는 많은 고생물학자들을 제쳐놓고 한 명의 물리학자와 두 명의 핵화학자와 단지 한 명의 지질학자가 끼어든 꼴이어서 반발이 더욱 거세었는지도 모르겠다. 과학저술가인 로버트 재스트로(Robert Jastro)는 대중잡지에 기고한 글에서 이점을 다음과 같이 지적하고 있다.

"앨바레즈 교수는 고생물학자들에게 위세를 부리고 있다. 물리학자들은 가끔 그런 태도를 취하곤 한다. 자기들만이 명료한 사고를 할 수 있다고 생각하는 사람들이다. 온전한 과학의 힘을 위축시키는 그네들의 힘은 바로 수학과 측정의 정밀도에 있다"

함축적인 표현이었으나 정곡을 찌르고 있다. 실제로 저널리스트인 맬컴 브라운(Malcolm Brown)이 쓴 뉴욕 타임스의 기사에 의하면 앨바레즈는 고생물학자들을 "그들은 훌륭한 과학자들이 아니라 우표수집가에 더 가깝다"라는 부적절한 표현을 하기도 했다. 이것은 나가도 너무 나간 발언이었다. 이론의 옳고 그름을 떠나 반발기류를 부채질하는 거나 다름없는 일로 고생물학자들을 통째로 적으로 만들 만한 경솔한 언사였다. 고생물학자이면서 격변론을 믿고 있는 일부 학자들조차도 그에 대한 반감은 만만치가 않았다. 당시의 상황을 이해하기 위해 시카고대학의 고생물학 교수이자 자신이 격변론자이기도 했던 데이비드 라우프(David M. Raup)가 쓴 책 『네메시스 사건 *The Nemesis Affairs*』에서 공룡학자인 로버트 베이커(Robert Baker)의 글을 인용한 내용을 소개하기로 하자.[84]

저들은 믿기기 않을 정도로 오만방자하다. 진짜 동물들이 어떻게 진화하고, 살아가고, 멸종되는지 그들은 거의 아무것도 모른다. 그렇게 무지한데도, 지구화학자들은 환상의 기계만 돌리면 과학에 혁명을 일으킬 것이라고 생각한다. 공룡이 멸종한 진정한 이유는 기온과 해수면의 변화, 이동에 따른 질병의 확산, 그 외의 다른 복잡한 사건들과 관련된다. 그런데 저 격변론자들은 그런 문제를 중요하게 여기지 않는 것 같다. 사실상 그들은 이렇게 말하고 있는 거나 다름없다. '첨단 기술을 가진 우리들은 모든 해답을 가지고 있지만, 당신네 고생물학자들은 그저 원시시대의 돌이나 사냥하는 자들이다."

이 글로만 보아도 당시 논쟁의 분위기를 읽을 수 있다. 라우프는 그의 동료 잭 셉코스키(Jack Sepkoski)와 함께 1984년 외계 기원의 원인에 의해 2600만 년 주기로 생물종의 절멸이 일어났다는 '네메시스 가설, Nemesis hypothesis' 을 주장하던 격

변론자였다.[85]

공룡의 절멸이 운석 충돌에 의해 기인되었다는 이론은 사실 앨바레즈가 처음 제기한 것은 아니었으며, 이미 1957년 오레곤주립대의 고생물학자 드 로벤펠스(M.W. de Laubenfels)가 발표한 「공룡의 멸종: 또 하나의 가설」이라는 논문으로 발표한 적이 있었다. 아마도 지구를 근접해서 통과한 헤르메스운석이 1937년 보고되었으며, 1907년 시베리아 통구스카 지역의 지표 근처에서 폭발한 운석의 큰 피해가 보고된 시점과도 무관하지는 않을 것이다. 그러나 그의 가설은 학계의 관심을 끌지 못한 채 철저하게 잊혀 가고 있었다. 당시 운석에 대한 지식은 과거보다는 진보된 상태였다. 1807년 예일대의 두 교수가 하늘에서 불덩어리가 떨어졌다고 보고된 코네티컷주에서 330파운드 정도의 돌을 주었다는 말을 들은 당시의 토머스 제퍼슨 대통령은 돌이 하늘에서 떨어졌다는 말을 믿는 것보다는 두 양키 교수가 거짓말을 하고 있다고 생각하는 게 더 나을 거라는 말을 할 정도로 운석에 대한 이해는 거의 바닥수준이었다고 보면 된다. 그러나 그런 생각을 통째로 바뀌게 만든 장본인은 미국의 괴짜 지질학자이자 성공한 광산업자였던 다니엘 베링거(Daniel Moreau Beringer, 1880–1929)이다. 그는 운석충돌에 의해 막대한 양의 철광석이 묻혀 있을 거라는 일확천금의 꿈을 갖고 아리조나에 있는 운석 충돌구와의 인연이 시작되었다. 그가 큰 구덩이 옆에서 발견되는 철질 운석을 보고 그 구덩이는 바로 철질 운석과의 충돌로 만들어진 것이라고 생각을 했으며, 그 구덩이 아래에는 거대한 철 덩어리가 들어 있을 거라는 생각을 하였다. 그가 시추를 하면서 그 구덩이를 탐사했지만 그가 찾는 철질 운석의 덩어리는 어디에도 없었다. 그는 운석이 지구와 충돌하는 속도를 몰랐으며 그때 발생되는 에너지에 의해 폭발이 일어나 모든 게 사라진다는 것을 모르고 있었다. 그러나 지질학자로서 그의 집요한 도전에 의해 그 구덩이가 운석 충돌구임을 확인한 장본인이다. 베링거는 아리조나에 있는 큰 구덩이가 운석충돌구임을 1906년 필라델피아의 학회에서 발표하였다. 그런 발표가 있다고 해서 모든 지질학자들이 운석충돌구를 그의 말대로 믿은 것은 아니었다. 베링거의 발표로 운석구의 존재에 대한 찬반 논쟁이 뒤따르기는 했지만 서서히 그 존재를 학계에서는 인정하던 시기로 접어들었다. 더군다나 충돌의 증거로 만들어진 특별한 석영의 구조나 광물상들 특히 300kbar라는 초고압상태에서 만들어지는 코에사이트란 광물상의 존재가 운석 충돌결과로 만들어진다는 사실들이 슈메이커(Eugine M. Shoemaker, 19928-1997)와 그의 동료 차오(E.C.T. Chao)에 의해 1959년에 규명된 시점이기도 했다.[86]

이런 지질학의 발전과 발견되는 운석충돌의 증거들은 고생물학자들의 거센 반발에도 불구하고 비교적 빠른 속도로 앨바레즈의 가설의 지지기반을 넓혀가는 원동력이 되었다. 나중에 이들 고생물학자들과 앨바레즈 팀과의 논쟁을 분석한 엘리자베스 클레멘스(Elizabeth Cllemens)는 앨바레즈 가설이 빠르게 지지기반을 획득한 것은 과학외적인 요인도 작용을 했다고 분석하고 있다. 드 로벤펠스의 시대와는 다르게 운석에 대한 연구가 많이 진행되어 운석충돌에 대한 가능성을 수용하는 자세가 지질학계에 준비되어 있다는 점을 지적하고 있다. 나아가 가설을 제시하는 양식이 한몫을 했다고 주장하고 있다. 즉 앨바레즈팀이 발표한 K-T 경계면과 관련된 그들의 주장은 입자물리학의 방법론을 따라 맞춰진 것이라는 것이었다. 무엇보다도 중요한 것은 그 이후 지질학자들의 후속작업은 앨바레즈의 가설을 확인해주는 증거들을 찾아내어 더 이상 가설이 아닌 이론으로 자리 잡게 해주는 그런 것들이었다. 세계적으로 K-T 경계면에서는 속속 이리듐을 함유하고 있는 얇은 점토층이 발견되었을 뿐만 아니라 충돌의 충격파로 만들어진 석영의 구조나 텍타이트 구슬들을 발견하였다.

이정도의 증거만으로도 운석충돌을 의심할 필요는 없어지게 되었다. 그러나 운석충돌구의 존재를 확인하는 일은 이 가설을 매듭짓는 일이나 마찬가지였지만 백악기 운석 충돌구는 좀처럼 그 실체를 드러내지 않았다. 여러 과학자들의 끈질긴 노력으로 그 실체가 멕시코 유카탄 반도에서 드러났다. 우선 결과부터 살펴보면 유카탄 반도 끝으로 대기권을 뚫고 초속 30km의 속도로 진입한 직경 10km 정도의 운석은 충돌 당시 발생된 엄청난 에너지로 상상하기 어려운 해일을 만들었을 뿐만 아니라 그 폭발 에너지는 지구의 암석을 순식간에 하늘로 날려 보냈다. 이 운석의 충돌지점은 석회암과 석고가 분포된 지역이었기 때문에 막대한 양의 이산화탄소와 이산화황 가스를 방출하였다. 폭발에 의해 기화된 암석이나 미세한 분진들은 가스와 함께 기권으로 올라갔다. 과학자들의 계산 습성은 여기서도 예외는 아니다. 빠른 속도로 자구를 강타한 운석은 막대한 양의 암석을 순식간에 대기 속으로 날려버릴 때 3,000억 톤의 이산화황과 2,000억 톤의 이산화탄소를 발생시켰으며, 그리고 7,000억 톤의 물도 함께 날려보냈다. 이들이 성층권에서 연무층을 형성하자 태양빛이 지표에 도달하지 못해 광합성에 의존하는 생물은 죽어갔으며, 지구는 추위에 떨어야 했다. 피해는 거기서 멈추지 않았다. 큰 운석이 폭발할 때 산소와 질소는 이산화질소를 만들며 이는 지구에서 자외선을 차단해 주는 오존층을 파괴한다. 살아남은 종들조차도 자외선에 의한 피해를 피해가기는 어려웠다.[87]

성층권으로 올라간 미세한 먼지와 같은 입자들이 세계 곳곳에 서서히 떨어지면서 쌓인 것인 바로 K–T경계면에서 발견되는 점토층이었다. 단순히 두 지질시대를 갈라놓은 얇은 점토층으로만 여겨지던 이 지층의 중요성이 부각되자 세계의 곳곳에서 이 점토층들이 속속 보고되었다. 이 새로운 가설에 동참하려는 학자들의 수는 늘어만 갔으며, 더해지는 정보의 양도 증가했다. 게다가 충돌결과로 만들어지는 결정들도 그 속에서 찾아냈다. 이 정도에 이르자 백악기 말에 운석 충돌을 기정사실화되었으며, 이 충돌 가설은 백악기의 주인공인 공룡의 절멸과 연계되었다. 그렇다면 그 지질시대에 만들어진 운석충돌구를 찾아야 했다.

멕시코 유카탄 반도에 위치한 충돌구를 확인하는 과정은 바로 지구과학 발전의 결과물이다. 결정적인 단서는 석유탐사를 하던 지구물리학자들에 의해 중력탐사 결과로 발견된 지하구조였다. 그러나 석유지질학자들이 발견한 지하구조는 그들이 관심이 아니었으며, 일부 지질학자들이 관심을 가지고 있기는 했지만, 정작 석유회사는 자기들 비용으로 탐사한 결과물이 밖으로 나가는 것을 원하지 않았다. 그러나 석유회사의 일부 지질학자들은 그들이 중력탐사로 얻은 원형 지하구조에 대한 관심을 버리지 못했다. 1966년 그 자료를 미국 소재의 한 전문 용역회사에 보내 의견을 구했다.

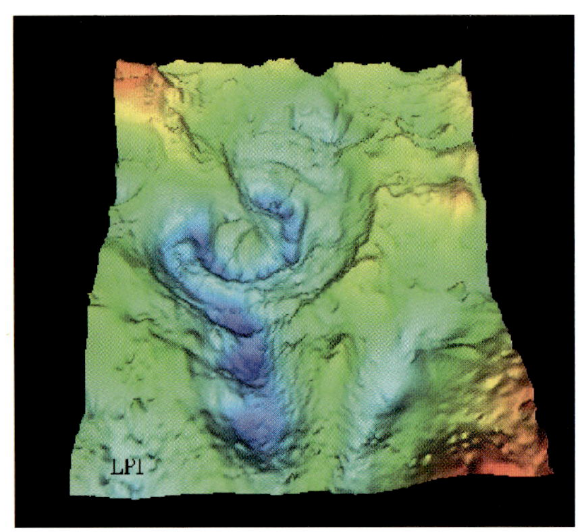

멕시코 유카탄 반도에서 확인된 중력이상도. 지상의 충돌구조는 침식작용에 의해 모두 사라졌지만 중력탐사 결과로 지하에 보전된 충격구조를 뚜렷하게 볼 수 있다(그림: Virgil L. Sharpton). 이 원형 구조의 상부는 제3기 퇴적물로 채워져 있으며, 이 구조가 바로 칙술릅 운석구이다.

그 자료를 검토한 로버트 밸토서(Robert Baltosser)는 그 구조가 운석충돌에 의해 만들어졌다는 의견을 보내왔다. 그러나 그런 사실은 관계자 몇이서만 알고 참고하는 자료정도로 덮여졌다. 운석충돌에 의해 공룡의 절멸이 일어났다는 가설이 제기되면서 그런 사실은 그저 석유회사의 창고에만 남아 있을 정보는 아닌 상황으로 변해가고 있었다. 사실 숨겨지기에는 너무 중요한 정보이기도 했다. 1970년대 후반 멕시코 석유회사의 용역으로 항공자력탐사가 글렌 펜필드(Glen Penfield)에 의해 수행되었다. 항공자탐 결과를 지도 위에 표시하던 펜필드는 자기장 변화의 이상대가 반원형으로 나타나는 것을 확인하였다. 다른 동료들과 탐사 결과를 논의하던 중 과거의 지상 중력탐사 자료가 있다는 말을 전해 들은 그는 그 자료와 비교하면서 크게 놀랐다. 두 자료는 정확하게 일치했던 것이다.

펜필드는 그 사실의 중요성을 알았으며 그게 운석 충돌구의 전형적인 결과라고 믿었다. 그는 멕시코 석유회사 페멕스의 책임자를 설득하여 그 결과를 1981년 10월 초 로스앤젤레스에서 개최된 지구물리학회에서 운석구의 존재를 발표하였다. 이미 1980년도에 앨바레즈 가설이 발표된 시점이었지만 석유회사의 기술자인 그의 발표는 큰 주목을 끌지 못하고 지방신문에 소개되는 것으로 끝이 나는듯했다. 그러나 이 운석구의 존재가 관심을 끈 것은 아리조나대학의 대학원생이었던 힐데브랜드(A.R. Hildebrand)에 의해서이다. 그는 박사과정을 막 마친 후 동료들과 함께 1990년 이 운석구의 존재를 밝힌 논문을 네이처지에 투고하였으나 두 번이나 거절당했다. 사실 네

이처가 이 논문을 거절한 것은 과학계의 중요한 발견을 무시한 중대한 실수였으며 두 번이나 같은 실수를 했다. 그는 다른 저널을 선택했다. 그의 논문은 지올로지(Geology)란 학술지에 발표되었다. 그동안 축적되었던 정보는 운석충돌구의 위치를 밝히는데 부족함이 없었다.

이미 지표에서 이 충돌구의 흔적은 사라졌지만 충격으로 만들어진 지층들의 지하 구조는 그대로 보존되고 있어 이를 확인할 수 있었다. 이 운석 충돌구의 중앙에 해당되는 지역의 이름을 따서 "칙술룹 운석구"라고 명명되었다. 이 충돌 사건이 야기한 생물종의 절멸이 지구 역사에 기록된 가장 큰 것은 아니었지만 많은 사람들이 관심을 가지고 있던 공룡의 멸종을 가져온 일이라 가장 잘 알려진 지구 역사의 한 사건이 되었다. 전에는 이런 설명하기 어려운 현상은 바로 "대격변설"로 포장되어 설명되었거나 연속적인 "창조론" 또는 "대홍수"라는 믿기 어려운 구차한 방법으로 해석을 했던 일들이다. 이미 그런 설명의 효력이 정지된 지 오래이기는 하지만 이런 사실이 밝혀지면서 과거 지구역사에서 반복적으로 나타난 생물종의 절멸들이 외계에서 날아오는 운석 충돌의 결과라는 사실들이 더불어 알려졌다. 이 사건은 운석충돌이 지구 생명체의 절멸과 관계되는 이론으로 강력한 힘을 얻는 계기가 되었음은 물론이다.

그러나 백악기 말의 공룡의 절멸이 순전히 이 운석 충돌결과로만 설명하는 것에 대한 회의적인 시각을 아직도 가지고 있는 학자들이 있다. 이 시기에 일어난 인도의 데칸트랩을 만든 대규모 화산활동을 원인으로 보는 학자들도 있다. 그러나 많은 학자들은 운석충돌이 공룡의 절멸에 더 큰 영향을 주었을 것이라는데 동의한다. 운석충돌이 공룡을 포함한 많은 생물종들의 절멸로 이어지는 참사를 가져왔지만, 그런 중에도 살아남은 종들도 많다. 바로 그런 동물이 조류와 포유류이다. 그들이 살아남은 이유는 명쾌하게 해명되지는 않았지만 이들은 파충류와는 다르게 온혈동물이어서 충돌 후에 찾아 온 추위를 이겨낼 수 있었을 거라는 생각을 가진 학자들도 있다. 속씨식물이 살아남을 수 있었던 것은 단단한 껍질을 가지고 있는 씨를 통해서 위기를 넘긴 결과라고 추정하고 있다.

지구상의 생물종들은 시간이 지나면서 눈에 띠지 않는 속도로 진화를 하고 있었으며, 지구 자체도 진화를 하고 있었다. 이미 말한 페름기의 생물종의 대절멸이나 백악기말의 공룡의 절멸뿐만 아니라 지구에서 느린 속도로 진행되고 있는 일련의 진화는 우리에게 여러 가지 생각을 하게 만든다. 인류가 생존한 이후의 역사에서도 수많은 국가들이 흥망성쇄를 거듭해왔다. 미미한 국력으로 시작된 어떤 민족의 작은 나라가 강대국으로 등장하면서 역사의 한 시기를 지배하다가 결국은 패망을 하여 사라진다. 역사학자들은 이런 과정에서 어떤 의미 있는 규칙성을 찾기 위해 수고를 마다하지 않는다. 어떤 이론은 그럴듯해 보이기도 하지만 어떤 이론은 차라리 허황된 공허한 이론처럼 여겨지기도 한다. 일찍이 1869년 러시아의 다닐렙스키(Nicolai Danilevsky, 1822-1885)는 『러시아와 유럽, 슬라브 세계와 게르만, 로마적 세계와의 정치관계에 대한 견해』란 긴 제목을 가진 저서에서 세계의 12개 문명을 고찰하고, 문명을 탄생-성장-쇠퇴-소멸의 과정을 거치는 유기체로 본 문명사관의 선구자 중의 하나이다. 문명의 단계에서는 진화(?)를 인정한 그였지만 아이러니하게도 다윈의 진화론을 받아들이지 않는 정도가 아니라 적극적으로 반대를 했던 것으로 더 잘 기억되는 이가 바로 다닐렙스키이다. 이런 문명사관을 현대에 와서 이를 완성한 이는 아마도 아놀드 토인비(A.J. Toynbee, 1889-1975)일 것이다, 토인비는 1934-1961년 사이 오랜 기간에 걸쳐 저술한 그의 저서 『역사의 연구』에서 역사의 순환을 주장하였다. 그도 역시 인류의 역사를 문명의 흥망성쇠 과정으로 보는 거시적인 사관을 가지고 있었으며, 문명은 생성-성장-붕괴-해체의 과정을 거치는 것으로 해석하였다. 나는 이들의 문명사관을 논하려는 것은 아니다. 그러나 우리가 알 수 있는 사실은 일련의 패턴이 여기서도 존재한다는 것이다. 지구에서 일어나는 변화 역시 어떤 우리가 아직 인식하지 못한 어떤 패턴 또는 규칙성에 의해 일어나는 것은 아닌지 하는 의문이 든다. 지금까지 수집된 정보의 양이 지구에서 어떤 패턴을 설명하기에는 부족하지만 그런 식의 설명이 불가능한 것만은 아닐 것 같다는 생각이 든다. 그렇다면 백악기말에 공룡의 멸종을 가져왔던 운석 충돌은 그 시기 한 번으로 끝이 나는 것일까? 역사의 순환처럼 어떤 주기성을 가지고 반복되는 것은 아닐까 하는 의구심이 든다. 그러나 자연법칙은 역사법칙과는 다를 것이다. 그렇지만 그런 법칙과는 별도로 충돌 가능성은 열려 있다.

외계의 물질들이 지구와 충돌한 것은 백악기 말에 단 한 번 일어난 것이 아니며, 지구의 생성 자체도, 지구의 위성 달이 만들어진 것도 소행성이나 운석의 충돌과정에 의한 것이었다. 그리고 지구상에는 다양한 지질시대에 일어난 충돌의 흔적을 가지고 있다. 그러나 우리가 더 큰 관심을 갖게 되는 부분은 앞으로의 문제이다. 언제 또 그런 대규모의 충돌이 일어날 가능성이 있느냐는 점이다. 제임스 왓슨(James Craig Watson, 1838-1880)은 1861년 발간한 그의 저서 『혜성에 관한 소고 *A Popular Treatise on Comets*』에서 혜성과 지구와의 충돌가능성을 언급하였다.[89] 그가 내린 결론은 지구의 1/4 정도의 크기를 가진 혜성이 지구와 충돌할 확률은 2억 8천백만분의 1로 계산하였다. 그리고 친절하게도 이런 크기의 혜성이 지구와 충돌하게 되면 전 인류가 멸망하리라는 것을 인정하면서 그 확률의 의미를 애써 줄이기 위한 노력으로 다음과 같은 설명을 추가하였다.

> "어떤 미확인 혜성이 출현하여 개인이 죽음의 위험에 부닥칠 확률은 2억 8,100만 개의 공 가운데 흰 공은 단 하나밖에 없는 항아리에서 한 번의 시도로 흰 공을 뽑으면 사형선고가 내려지는 경우의 확률과 똑같다"

이 정도에 이르면 위험하다는 것인지 그렇지 않다는 것인지 판단이 서지 않는다. 그러나 그의 계산 결과가 사실이라면 충돌 가능성은 있다는 것이다. 그러나 그런 큰 혜성과의 충돌 가능성은 거의 없다는 것을 피력하는 학자들도 후에 등장하였다. 그 이후에도 여러 학자들이 혜성의 충돌 가능성과 주기에 대한 연구 결과가 발표되었다. 그러나 가장 최근이랄 수 있는 1964년 조지 아벨(George Abell, 1927-1983)의 저서에 의하면 지구와 혜성의 충돌 가능성은 대단히 희박하며 아마도 지구가 존재한 46억 년 동안 혜성 충돌을 한두 번쯤 일어났을 가능성이 있는 정도라고 밝혔다.[87] 이들이 언급한 것은 소행성이나 운석이 아닌 혜성이었다. 혜성은 소행성과는 차이가 나는 물질이다. 이는 초기 태양계가 만들어질 때 태양계 외각이 존재하게 된 오르트 구름(Oort cloud)으로부터 태양계 내의 중력 또는 섭동을 받아 태양계 내로 진입한 천체이다. 그래서 이들은 먼지와 얼음으로 된 핵과 핵을 둘러싸고 있는 대기와 수소로 된 구름으로 되어 있는 것으로 알려져 있다. 그러니 이런 혜성의 충돌은 운석과는 파괴력이 차이가 클 것이다. 그러나 이들의 크기가 큰 경우 이들의 파괴력 역시 운석의 파괴력에 버금할 것이다. 실제로 우리는 1994년 7월 16일부터 21개의 조각으로 쪼개진 혜성이 차례로 일주일간 목성에 충돌하는 현장을 생생하게 목격하였다. 어떤 조각이 남긴 충돌 흔적은 지구의 크기를 넘는 큰 상처로 목성 위에 남겨진 것을 웬만한 망원경으로도 확인이 가능하였다. 이 혜성은 유진 슈메이커와 그의 아내가 1993년 3월 24일 팔로마천문대에서 발견하였다. 이후 혜성의 궤도를 계산하여 충돌을 예측하였다. 이 우주 쇼는 세계적인 관심과 반향을 일으켰다. 태양계 내에서 일어나는 이런 충돌 현장을 목격한 우리들에게 충돌 가능성을 설명할 필요가 없는 사건이었다. 언제 그런 충돌이 일어날지 예측할 수 없는 점이 문제이기는 하지만 우리가 살고 있는 지구에 그런 위험성이 존재한다는 점은 분명하다. 혜성이나 운석과의 충돌 위험성은 여러 천문학자들이 피력한 바 있다. 목성에서 혜성 충돌이 일어난 그 이듬해인 1994년 채프먼(Clark Chapman)과 모리슨(David Morrison)이 학술지 네이춰에 발표한 논문에서 다음 세기 안에 대형 천체가 지구와 충돌하여 인류의 문명을 종식시킬 가능성은 1백만분의 1이라고 결론을 내렸다.[90] 다른 말로 하면 100만 년 안에 충돌이 일어나는 게 확실하다는 것이다. 불확실한 것은 그 충돌이 언제 일어날지 모른다는 점이다. 그 확률에 의하면 충돌은 빠르게 올 수도 또는 100만 년 후에 올 수도 있다. 지구로 접근하는 혜성이나 소행성을 발견하는 일은 그리 간단한 일은 아니지만 천문학자들은 이런 분야에서도 노력을 경주하고 있다. 발견한다고 해도 지금으로선 이를 막을 만한 뚜렷한 기술이 없다는 점도 우리를 우울하게 만드는 대목이다. 그러나 그럴 가능성이 없다는 과학자들의 주장도 계속 제기되고 있다.

생물종의 다양성과 대절멸

대륙의 이합집산만큼이나 지구상에 서식하던 생물종들 역시 큰 변화를 겪었다. 지구상에서 화석으로 기록된 생명체의 99% 이상의 종이 사라진 것으로 보고되고 있다. 이런 것들을 이해하기 위해서는 우리는 생물다양성(biodiversity)이란 말을 알고 있어야 한다. 생물은 종류마다 독특한 유전적 특성을 가지고 있으므로 다른 종류와는 교배되지 않고 생식적 격리상태에 놓여 있을 때 이를 생물학적 종이라고 부른다. 이런 생물 종들이 얼마나 많이 있는지 그 정도를 우리는 종다양성이라고 말한다. 이런 종다양성은 지구의 진화과정에서 변화되는 환경에 의해 조절되는 것은 당연한 순서이다. 바로 종다양성이 급격한 변화를 보인다는 것은 지구 환경의 급격한 변화가 일어났음을 시사하는 것이다. "현재는 과거의 열쇠이다"라는 라이엘이 말한 지질학의 근본적인 원리인 동일과정의 법칙은 생물계의 이런 변화를 이해하는 데도 적용된다. 종다양성이 얼마나 변화되었는지를 정확하게 비교 평가하려면 현재의 상태를 이해하는 게 필수적이기 때문이다. 그러나 종다양성에 영향을 준 지구의 진화과정 중 기록된 생물종의 대절멸은 적어도 수억 년 전에 일어난 사건들이다. 그런 사건은 화석 자료에 의존할 수밖에 없다. 그런 영역은 바로 지질학자들 중 고생물학자들의 영역이다. 한때는 이런 생물종들의 급격한 단절이 격변론자들이 즐겨 사용하는 증거로 제시되었던 적도 있었다.

우리는 고생대나 중생대까지의 지구의 진화를 이야기하면서 지구상에서 기록된 두 번의 혹심한 생물종의 대절멸(대멸종이라고도 부름)을 이야기하였다. 하나는 고생대 말기 페름기와 중생대가 시작되는 트라이아스기에 일어난 사건과 다른 하나는 중생대가 끝나는 백악기 말에 공룡의 절멸로 이야기되는 그 두 가지이다. 그러나 지구상에 일어난 생물종의 대절멸은 그 두 번이 전부는 아니다. 모든 것을 다 거론할 수는 없지만 그 중 다섯 가지는 중요한 것으로 취급된다. 사실 어떤 생물종이든지 간에 영원히 산다는 것은 불가능하므로 어떤 종이 출현하여 번성하다가 어떤 종은 점진적으로 또 어떤 종은 빠르게 사라진다. 이것은 지구 역사가 생생히 보여준 피할 수 없는 일이다. 그러나 어떤 지질시대에 당시 생태계를 구성하고 있던 대부분의 생물종이 동시기에 멸종되는 것은 다른 일이다.

어떤 생물종이 자연스럽게 나타났다가 멸종되는 것을 배경멸종이라고 부르는데, 일반적으로 배경멸종 비율은 100만 년에 10–20%에 불과하다는 것이다.[72] 이런 비율이라면 100만 년마다 100개의 종 중 10–20개의 종이 사라진다는 것이다. 언뜻 이 숫자는 굉장한 것처럼 느껴지지만 이는 10만 년 기간에는 100개의 종 중 1–2개의 종이, 만 년 기간 중에는 100개 중 0.01–0.02개의 종이 사라지는 것을 의미한다. 이것을 천 년 단위 또는 일 년 단위로 기간을 줄이면 사라지는 종이 있는지조차 인식하기도 어려운 숫자가 된다. 그러나 우리는 지구의 진화를 논의할 때 항상 기억해 두어야 할 인자(因子), 시간을 염두에 두어야 한다. 지질학적 시간은 만 년, 십만 년의 단위를 항상 뛰어 넘기 때문에 이런 비율이라고 해서 결코 무시해야 될 성격의 일은 결코 아니며 수천만 년 이상의 지질학적 시간척도를 고려하면 이 비율은 두드러진 비율이다. 그러나 우리가 여기서 말하는 대절멸 혹은 대멸종은 분명 이러한 배경멸종비율을 훨씬 뛰어 넘는 것을 의미한다. 그리고 제한된 종이나 속에서의 멸종이 아닌 많은 종류의 생물종에서 이런 현상이 관찰되며 그리고 단기간에 걸쳐 이런 멸종이 진행된 경우가 바로 생물종의 대절멸로 간주된다. 이런 생물종의 대멸종은 마치 자연이 새로운 질서를 확립하기 위해 온 세계를 의도적으로 파괴한 것 같은 인상을 준다.

헤르만 헤세는 그의 소설 데미안에서 "새는 알을 까고 나온다. 알은 새의 세계이다. 태어나려는 자는 한 세계를 파괴해야 한다"라고 써 놓았다. 이는 창조를 위해서는 기존 질서를 깨야 한다는 은유적인 표현이었을 것이다. 사실 대절멸이 일어난 후 생물종의 종류는 처음에는 더딘 속도로 회복되었지만 항상 대절멸 이전보다는 언제나 증가되었다. 그런 사실은 자연은 스스로 창조를 위해 파괴를 했다는 인상이 들게 만드는 대목이다. 이제 중생대 이후 지구상에 일어나는 변화를 알기에 앞서 이런 중요한 생물종의 급격하고도 엄청난 변화가 일어난 시기를 생각해 보기로 하자.

이미 설명한 두 번의 대절멸 즉 페름기 말과 백악기 말의 대절멸 외에 트라이아스기-쥐라기 경계(트라이아스기 말)에 일어난 대절멸과 데본기 말기에 일어난 대절멸 그리고 오르도비스기와 실루리아기 경계(오르도비스기 말)에서 일어난 이 세 번의 대절멸을 포함해서 고생물학자들은 지구상의 '5대 대절멸'이라고 부른다. 생물종의 대절멸을 표시할 때 우리는 흔히 사라진 생물종의 과(科, family), 속(屬, genera) 또는 종(種, species) 들 중 사라진 녀석들이 몇 퍼센트나 되는지 표시를 한다. 사실 생물종을 구분하는 이런 분류체계를 처음 만든 이는 스웨덴의 생물학자 카를 폰 린네(Carl von Linne, 1707-1778)이다. 그가 1753년과 1758년도에 펴낸 책 『식물의 종 *Species plantarum*』과 『자연의 체계 *Systema naturae*』에서 각기 식물과 동물의 종을 명명하고 기록하는 형식체계를 만들어냈다. 이로서 생물종들의 명명하는 이명법의 표준방식이 등장하였다. 우리가 잘 아는 *Homo sapiens*를 예로 들면 앞의 호모의 첫 글자는 대문자로

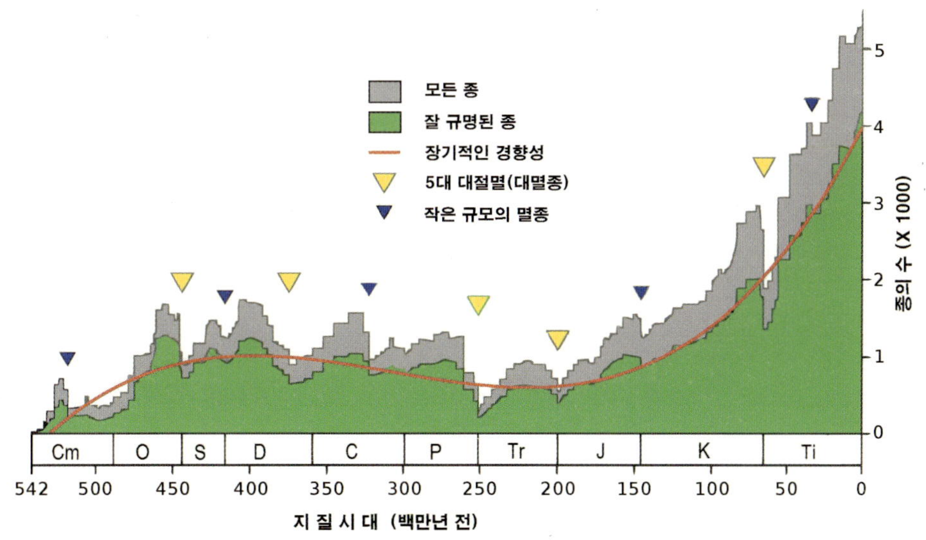

현생이언(5억 4천만 년 이후)의 생물종의 다양성을 속으로 나타낸 도표. 노란색으로 표시한 부분이 소위 '5대 대절멸'로 알려진 대절멸의 시점이다. Cm: 캄브리아기, O: 오르도비스기, S: 실루리아기, D: 데본기, C: 석탄기, P: 페름기, Tr: 트라이아스기, J: 쥐라기, K: 백악기, Ti: 제3기.

쓰고, 사피엔스는 첫 글자는 소문자로 쓴다. 첫째 자리는 속(屬)의 이름이고 둘째 자리는 종(種)의 이름이다. 그리고 이들은 언제나 이탤릭체로 쓴다. 과거 지구에 생존했던 생물종들의 화석들 역시 이런 체계에서 이름 붙여지고 종이 결정된다. 분류체계를 확립시킨 린네는 종의 개념을 명확히 했다. 그는 종이 기본단위가 된다고 보았으며, 당시의 기독교 세계관에 의한 영향으로 종은 고정되어 변하지 않은 것으로 파악하였던 점은 오늘날 과학적인 관점에서는 애석한 일이었다.

지구의 역사를 보면 생물종들은 지구의 진화과정에 따라 놀라울 정도로 빠르게 증가를 하기 때문에 이런 대절멸을 설명할 때 생물종들의 멸종비율로 표시하는 게 이해하기가 쉽다. 그 비율은 당시에 미친 영향을 바로 나타낸 결과이기 때문이다. 이미 우리는 앞서 캄브리아기가 생물종들이 갑자기 늘어난 시점이라는 사실을 이야기하였다. 그 이후 다양성이 증가되는 속도가 점점 더 빨라졌다. 지질시대를 거치면서 생명체들이 확장되는 것은 지층 속에 화석자료로 남겨져 있다. 이런 경향성은 통계적으로 정리한 도표를 보면 이해하기가 더 쉽다. 오르도비스기 말 즉 440-450Ma에 일어난 대절멸은 과(科, family)로는 27%, 속(屬, genera)으로는 57%의 생물종들이 희생되었다. 이는 지구 역사상 기록된 두 번째로 기록된 대참사였다. 바다에 크게 발달하던 산호초가 치명적인 피해를 입었으며, 산호초가 성장할 수 있는 그런 환경에서 서식하던 완족동물과 극피동물 역시 피해의 당사자였다. 무엇보다 캄브리아기 이후 번성한 삼엽충이 사라진 시점이 바로 이 시기이다. 데본기 말기 360-375Ma에 일어난 대절멸은 데본기가 끝나고 석탄기가 시작되는 시점이었다. 생물종의 과(科)로는 약 19%, 속(屬)으로는 50%의 생물종들이 희생되었다. 이 당시에 번성했던 두족류가 큰 영향을 받았으며 캄브리아기 이후 오랜 기간 동안 번성하던 많은 바다 생물들이 심각한 타격을 받은 게 이 시점이다.

트라이아스기말 205Ma에 일어난 대절멸은 생물종의 과(科)로는 약 23% 그리고 속(屬)으로는 약 48%가 사라졌다. 이 시기에는 주로 초기 파충류와 양서류들이 피해 당사자였다. 그러나 공룡은 살아남아 이후 번성을 하게 된다. 가장 참혹한 대절멸로 알려진 페름기-트라이아스기(페름기 말) 대절멸은 속으로 83%의 생물종들이 사라지는 참혹한 변화였다. 해양 생물종만 고려하면 무려 96%가 육상 생물종의 경우에는 70%가 멸종을 한 대단한 변화가 있었다. 고생대 말기의 바다를 점령했던 대부분의 생물종들이 사라진 시기인 것이다. 그런 현저한 변화는 사실 고생대와 중생대의 경계로 인정되기에 이르렀다. 5대 대절멸 중 공룡의 멸종을 가져온 백악기 말의 대절멸은 가장 잘 알려진 대절멸이고 연구도 많이 되었지만 실제로 속으로 50%, 종으로는 75%의 멸종을 일으킨 것으로 상대적으로 약한 대절멸에 해당된다. 약하다고 표현은 했지만 그건 전적으로 상대적인 표현이며, 그런 변화 역시 상상하기도 어려운 생물종의 멸종을 불러온 큰 사건이다.[72] 우리가 주변에서 보던 생물종의 50%에 해당되는 속이 사라진 환경을 상상해보면 지금과는 전적으로 다른 세상이 될 것이다. 새롭게 우점종으로 등장하는 생물종과 그리고 진화의 산물로 새롭게 등장하는 생물종들을 연상하는 것은 상상만으로도 끔찍한 변화가 될 것이다.

사실 5대 생물종의 대절멸을 말했지만 그런데 전혀 문제가 없는 것은 아니다. 문제는 우리가 가지고 있는 화석 자료의 정확성에 관한 문제이다. 과연 현재 고생물학자들이 다루는 화석이 그 시대를 대표할 수 있는 완벽한 자료인가의 문제이다. 그리고 규모가 얼마나 크고, 어느 정도 빠르게 멸종이 진행된 것을 대절멸이라고 규정하느냐의 문제도 있다. 그리고 이런 생물종의 대절멸을 불러온 원인들도 완벽하게 설명된 상황도 아니다. 백악기 말의 대절멸은 멕시코 반도에 떨어진 운석 충돌 결과가 결정적인 영향을 미쳤지만 그것만 유일한 원인은 아니다. 다른 대절멸의 원인으로는 이런저런 가설들이 제기되고 있다. 그런 원인으로는 운석 충돌을 포함하여, 판구조 운동, 급격한 해수준면의 변화, 슈퍼 플룸에 기인되는 대규모의 화산활동(예 데칸트랩이나 시베리안 트랩), 현저한 지구 기후계의 변화, 해수의 산소 결핍, 열염순환계의 이상 등이 제의되어 있다. 이런 원인들은 당연히 지구 생태계에 치명적인 영향을 줄 수 있는 인자들이다. 이런 인자들이 각기 다른 생물종의 대절멸에 어떤 식으로 얼마나 영향을 미쳤는지 명쾌하게 밝히는 단계에 이르지는 못했다. 이런 속도로 지구과학의 발전이 지속된다면 가까운 장래에 이런 문제들이 명쾌하게 해결될 것이다. 한 가지 명확한 사실은 생물종의 대절멸이 있고 난 후 생명체들은 언제나 회복을 했다는 점이다. 비록 회복되는 기간은 멸종된 정도에 따라 짧게는 천만 년에서 길게는 1억 년 정도의 시간의 소요되었지만 언제나 생물종이 종다양성은 멸종 이전의 수준 이상으로 복원되었다. 세상의 주인은 비록 새로운 종으로 바뀌긴 했지만 말이다.

포 유 류 의 시 대 로

공룡 이후 시기인 신생대는 6천5백만 년 전 이후의 시대를 말하며, 포유류가 지구상의 우점종으로 번성한 시기여서 이 지질시대를 포유류의 시대라고 부르기도 한다. 신생대는 최근까지만 해도 제3기와 제4기로 구분하였다. 제3기란 용어는 이탈리아의 지오반니 아루두이노에 의해 1759년 처음 제의되었으며, 제4기는 1828년 찰스 라이엘에 의해 적용되었다. 그러나 최근 국제층서위원회(ICS)에서는 제3기를 고제3기(65.5±0.3–23.03)와 신제3기(23.03–2.588 Ma)로 구분하였으며, 제4기 (0.0117Ma 이후)는 그대로 사용하고 있다. 지구의 가장 젊은 시대인 신생대는 화석의 산출상이 가장 풍부하여 연구가 잘 이루어진 시대로 이를 더 세분할 필요성을 느낀 찰스 라이엘에 의해 기(period)는 세(epoch)로 구분되었으며, 신생대는 에오세, 마이오세, 제4기의 플라이스토세로 구분하였다. 여기에 1854년 하인리히 베이리히(Heinrich Ernst Beyrich, 1815–1896)에 의해 올리고세가 정의되어 추가되었으며, 쉼퍼(Wilhelm Schimper, 1804–1878)에 의하여 팰리오세가 추가되면서 신생대의 지질시대가 자리 잡게 되었다. 이들이 제의한 신생대 지질시대의 이름들, 플라이스토세, 플라이오세, 마이오세, 올리고세 등은 가장 최근, 최근, 비교적 최근 등의 의미를 갖는 라틴어로부터 빌려온 용어이다. 현재 우리는 신생대를 3개의 기, 그리고 7개의 세로 구분하여 사용하고 있다. 이를 정리하면 고제3기는 팰리오세(Paleocene), 에오세(Eocene) 및 올리고세(Oligocene)로, 신제3기는 마이오세(Miocene) 플라이오세(Pliocene)로, 제4기는 플라이스토세(Pleistocene)와 홀로세(Holocene)로 구분된다. 중생대나 고생대는 이처럼 세분된 지질시대가 없지만 화석의 산출빈도가 높은 신생대에 이르면 사정은 달라진다. 지층들은 세분할 수 있을 정도로 지질학적 내지는 화석 자료들이 풍부하여 신생대의 지층들은 더 세분된다. 그 결과 신생대의 지질시대표는 중생대나 고생대보다 더 복잡하다. 우리나라에도 제3기 지층들이 좁은 면적이지만 분포되어 있다. 남한에서는 경상남도 포항과 감포지역이 제3기 지층이 분포되어 있는 지역이다. 우리나라에서 산출되는 지층 중 가장 고화가 덜 진행된 지층이 바로 제3기층이다. 이 시대의 최하부층은 역암으로 되었는데 이런 지층을 기저역암이라고 부른다. 이 지역에서 산출되는 역암은 고화가 덜 진행되어 마치 진흙과 모래에다 자갈들을 섞어 놓은 것처럼 노두에서 쉽게 분리된다. 이 지층은 두꺼운 상부 상부퇴적층에 의해 온도와 압력이 증가되면서 진행되는 교결 내지는 고화작용을 심하게 받지 않은 결과이다. 이 시대의 사암들은 마치 하상이나 해안가에 있는 사구와 큰 차이가 없을 정도로 산출되기도 한다. 셰일 속에 들어 있는 나뭇잎 화석들은 누군가 금방 파묻어 놓은 것처럼 형상이 분명하다.

K-T경계면에서의 운석충돌 결과 중생대의 우점종이자 먹이사슬의 정점에 있던 공룡이 사라진 신생대의 생태계는 새로운 주인의 등장을 기다리는 시기였다. 백악기 말 충돌 후 살아남은 동물은 나름대로 특징을 가지고 있었다. 빌 브라이슨(Bill Bryson)은 『거의 모든 것의 역사』에서 "실제로 어둡고 적대적인 세상에서 작고, 온혈이고, 야행성이고, 아무것이나 먹을 수 있고, 조심성이 많은 동물들이 훨씬 유리하다. 그것이 바로 우리 포유류 선조의 대표적인 특성이다"라고 살아남은 이유를 말하고 있다.[8] 신생대의 주인공은 쉽게 결정되었으며 조류와 포유류가 그 자리를 차지하면서 번성을 하였다. 공룡의 시대에는 덩

날 수 없는 새 타이타니스(Titanis) 화석(왼쪽: 플로리다 자연사박물관 소장)을 근거로 복원시킨 3m 크기의 거대한 새의 모습(출처: L'Encyclopédie des Dinosaures Gallimard). 1963년 화석이 처음 발견되어 존재가 알려졌으며 4.9-1.8Ma 기간 사이에 서식했던 육식성 새이다.

치가 큰 파충류의 눈치나 살피던 크기도 볼품없이 작았던 야행성의 포유류들이 빠른 속도로 덩치를 불리기 시작한 것이다. 더 이상 두려운 대상이 없어진 이 시기에는 포유류가 드디어 밝은 세상 주간의 주인공으로 등장한 시기이다. 리차드 포티는 『생명 40억 년의 비밀』에서 "지배 파충류가 사라진 뒤, 온혈 포유류는 1억 년 넘게 유지 했던 눈에 띄지 않는 존재라는 지위에서 벗어났다"라고 재미있게 쓰고 있다[53] 스탠리(S. J. Stanley) 교수는 제3기 초 포유류의 진화적 변화속도가 같은 시대의 바다에 서식하던 이매패류와 고등류보다 훨씬 빠른 속도였다는 것을 밝혀냈다.[91] 같은 기간에 발견되는 화석 자료를 종합해 보면 포유동물에서 새로운 종이 훨씬 더 많이 발견된다는 것이다. 신생대에 번성한 가장 대표적인 생물종이 포유류이기 때문에 이 시대를 "포유류의 시대"라고 부른다. 기니피그가 코뿔소만큼 컸던 시기가 바로 신생대이다. 몸집 불리기 경쟁에 뛰어든 것은 포유류만이 아니었다. 그 중에는 조류도 끼어있었다. 키가 3m나 되고 몸무게가 400kg이나 되는 무시무시한 육식성 새 타이타니스(*Titanis*)가 활보하던 시기가 신생대였다. 타이타니스는 4백9십만 년 전부터 1백8십만 년 전까지 신생대를 활보하였으나 1963년 화석이 발견되기 이전에는 그 존재도 몰랐다.[92] 이 녀석들의 발견된 화석들의 날개는 아주 빈약하여 날 수 없는 새로 여겨지며 시원찮은 포유류조차도 먹이로 삼아 활동했을 것으로 추정하고 있다. 이 시대에 출현한 생물종들은 현대종으로 이어지기도 한다. 풍요롭기만 한 생물종의 번성은 사실 종수로만 따지면 캄브리아기의 대폭발은 비교도 안 되는 큰 규모로 확장되었다.

그리고 신생대는 지구의 역사 중 가장 젊은 시대에 속하기 때문에 자료 또한 충분하다. 어떤 자료들은 그들이 짧은 시간에 걸쳐 변화시키는 진화의 흔적을 고스란히 보여주는 것도 있다. 그 중에서도 가장 잘 알려진 예가 아마도 모 자동차 회사의 차 이름과 같은 에쿠스(*Equus*) 즉 말의 진화계통일 것이다. 이 녀석의 진화계통은 지구의 진화나 고생물학을 다루는 책이면 빠짐없이 수록되어 있어 우리에게는 웬만큼 친숙한 장면일 것이다. 초기 에오세인 약 5천만 년 전의 지층에서 산출되는 화석이 가장 오래된 것으로 히라코테리움(*Hyracotherium*) 은 크기가 25-45cm인 작은 몸집과 다섯 개의 발가락을 가지고 있었다. 말의 선조에 해당되는 녀석들의 주된 먹이는 부드러운 과일이나 관엽식물이었으나, 세월이 지나면서 목초로 식사습관이 바뀐다. 이런 먹이의 변화는 이들의 치아 구조를 점차 개선시켜야 했다. 특히 어금니는 변화된 먹이를 갈아 씹어 부수기 쉽게 하려면 크기도 커져야 했고 내마모도 역시 큰 단단한 어금니로 변화되어 갔다. 이런 것들은 비교적 화석으로 잘 보존되는 골격부분들이라 비

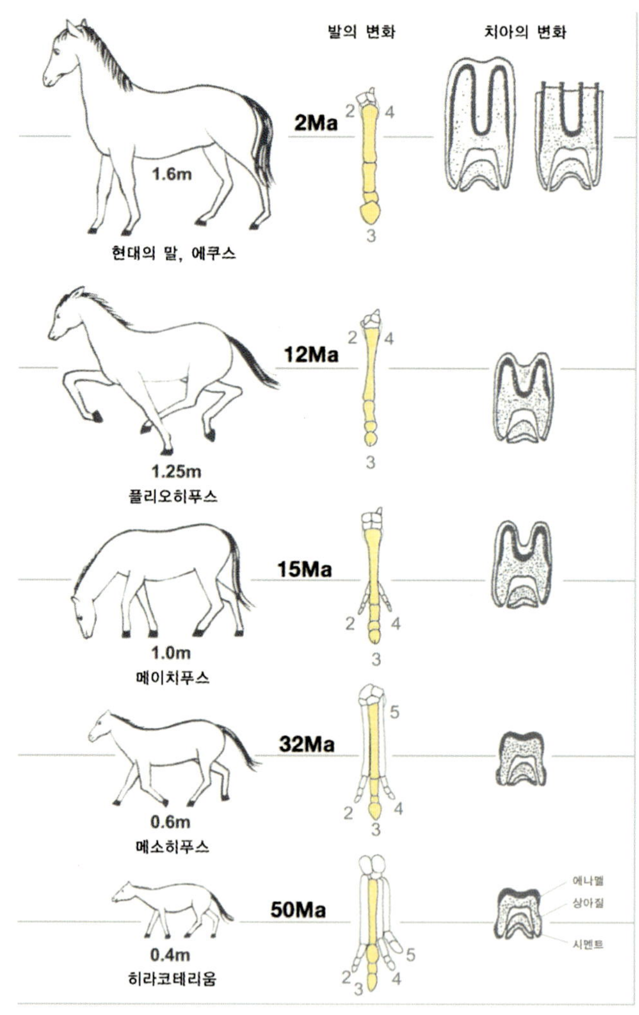

신생대 에오세로부터 현세까지의 말의 진화. 현세에 가까워질수록 몸집이 커지며, 발과 치아의 구조가 변화되고 있다.

교적 풍부하게 산출되는 화석들로부터 쉽게 확인이 되었다. 히라코테리움이 서식하던 삼림지역이 초원지대로 변하면서 이들의 후손들은 포식자들을 피해 도망가기 위해 달리기 역시 더 잘 해야 될 필요성이 제기되었다. 다리는 더 빠르게 달리는데 적합한 구조로 또한 몸집이 커지면서 이를 지탱해줄 정도로 강인한 구조로 자신을 변모시켜 나갔다. 가장 눈에 띄는 변화는 발의 구조이다. 원래 다섯 개의 발가락은 세 번째 발가락이 커지면서 그 기능이 강화되는 대신 나머지 발가락은 퇴화하다가 발가락으로서의 기능을 멈추고 숨듯이 사라져 버린다. 발가락이 발에서 형체 없이 사라져 버린 것은 히라코테리움이 등장한 이후 약 3천5백만 년 이상이 소요되었다. 마이오세 중기 약 1천2백만 년 전에 살았던 플리오히푸스(*Pliohippus*)가 등장하면서 오늘날의 말의 발굽과 유사한 형태로 진화되었다. 이게 히라코테리움으로부터 현생의 말 에쿠스로 진화되는 대체적인 경로이다. 이 녀석은 2천만 년 동안 살면서 현저한 변화를 보이며 더 발달된 기능을 갖는 몸집이 큰 종으로 진화를 한다. 이런 작은 몸집의 다섯 발가락을 갖는 종으로부터 복잡한 진화과정을 거치면서 2-3백만 년 전에 현생 종 에쿠스로의 진화과정을 마감한다.[93]

히라코테리움으로부터 에쿠스로의 진화과정은 그림에 나타난 다섯 가지 종만 있는 것은 아니고 그 사이를 채우는 종은 20여 종이나 된다. 그 중 대표 선수만을 나타낸 게 이 그림이다. 시대가 젊어지면서 관찰되는 현저한 변화를 요약하면 몸체가 갈수록 커지며, 네 다리는 가늘고 길어졌으며, 발가락은 다섯 개로부터 가운데 발가락이 확대되면서 옆 발가락은 퇴화하면서 사라졌다. 몸집이 커지면서 아울러 두뇌의 용적이 커졌고, 눈앞의 얼굴은 치아의 크기가 커지는 것과 조화를 이루며 길어졌다는 것이다. 이런 사실들은 온전하게 발견되는 종들의 화석도 있었지만 몇 점씩 발견되는 뼈와 이빨로부터 알아낸 결과이다. 이런 대목에서는 고생물학자들의 능력이 부럽기만 하다. 아마도 이런 진화의 고리를 명확하게 보여주는 대목은 말뿐만이 아니라 신생대에 발견되는 다른 동물종들에서도 종종 확인되는 일이기도 하다. 그렇다고 모든 포유류의 진화과정이 지층 속에 모두 다 보존되어 있는 것은 아니다. 어떤 것은 그 과정이 거의 알려져 있지 않은 종들도 여전히 존재한다.

그러나 무엇보다도 가장 우리의 관심을 끈 것은 포유류 중 영장목의 출현이다. 영장목은 우리 인류의 진화계통에 있기 때문일 것이다. 영장목은 사지에 5개의 손가락과 발가락을 가지고 있다. 엄지손가락이나 엄지발가락은 왼쪽과 오른쪽이 서로 반대편에 있어서 무엇이든지 움켜잡는데 매우 유리한 조건을 가지고 있으며, 눈이 앞쪽으로 향해 있으며 다른 동물에 비교해 두뇌의 용적이 큰 것이 특징이다. 생물학적 분류에 의하면 인간은 이 영장목에 속한 유인원아목의 한 과에 해당된다. 진화의 모든 연결고리가 해결된 것은 아니지만 우리의 선조가 그쪽에서 시작되었다는데 아직도 불편한 심기를 감추지 않는 사람들이 있다. 우리가 현재까지 확인한 것은 인류의 시발점이 대략 5백만 년 전에서 시작된다는 점이다. 유인원으로 연결되는 인류의 진화계통에 대한 불편한 심기가 만들어진 것은 다윈이 〈종의 기원〉을 발표한 시점으로 거슬러 올라간다. 그 이후 진화가 논의되면서부터 시작된 불편한 심기가 오늘날에도 종식된 것은 아니다. 이런 진화의 근본적인 문제는 그런 부분의 전문가에게 맡기기로 하고, 여기서는 다윈이 자연 선택에 의한 진화의 개념을 정립하는 과정을 되 짚어 보기로 하자. 그 시발점은 다윈이 비글호의 2차 항해에 그가 동승한 것이 계기가 되었다.

잊혀진 섬의 방문객, 다윈

찰스 로버트 다윈(Charles Robert Darwin, 1809-1882)은 1809년 2월 12일 슈르스버리란 조용한 마을에서 출생하였다. 아버지는 의사였으며 어머니는 지금도 도자기로 유명한 웨지우드가의 딸인 유복한 가정 출신이었다. 다윈의 어머니는 다윈이 여덟 살 때 사망하였다. 그의 유년시절 학업성적은 그리 좋지 않아서 그의 아버지는 늘 "사냥개와 쥐잡기에만 몰두하다보면, 너 자신은 물론이고 집안에 부끄러운 사람이 될게다"라는 훈계를 들었다는 사실은 다윈의 전기에서는 의례 등장하는 이야기가 되었다. 그는 아버지의 뜻에 따라 에딘버러대학 의학부에 입학을 했지만 중도에 포기하고, 나중에 법학으로 전공을 바꿨지만 결국은 케임브리지대학에서 신학으로 학위를 받았다. 사실 그가 에딘버러대학에서 의학을 공부하던 시절에도 그로서는 참기 어려운 수술 등의 의학 공부 보다는 자연사연구 그룹인 플리니안학회에 가입하여 자연사 쪽에 큰 관심을 기울였으며, 당시 에딘버러대학의 뛰어난 지질학 교수인 로버트 제임슨(Robert Jameson, 1774-1854)의 자연사 강의에 심취하였다고 한다. 그는 그때 층서학 등 지질학의 기본적인 소양을 닦는 기회가 되었다. 다윈은 당시 수성론의 열렬한 지지자였던 제임슨과 화성론자들과의 논쟁을 지켜보았다. 제임슨의 자연사 강의는 비단 지질학뿐만 아니라 인류의 역사를 포함하는 동물학까지도 포함하고 있었다. 그는 그 외에도 식물분류학에 대한 공부도 했다. 그런 일들은 의학과는 조금 거리가 있는 분야였으며, 그는 결국 의학공부를 포기하였지만 위대한 박물학자로 가는 길로 이미 접어드는 기초과정은 그때 만들고 있는 셈이었다.[94,95]

다윈이 의학을 포기한 일은 그의 아버지를 몹시 화나게 만든 일이었다. 다윈의 아버지는 차선책으로 그가 목사가 되기를 희망하고 다윈을 케임브리지대학의 크라이스트칼리지로 보냈다. 그는 케임브리지대학에서도 신학 외에 식물학자인 헨슬로우(John

Stevens Henslow, 1796–1861) 교수와 지질학자인 세지윅(Adam Sedgwick, 1785–1873) 교수로부터 생물학과 지질학을 공부하였다. 세지윅은 앞서 설명한 대로 지질시대 중 고생대의 데본기와 캠브리아기를 제안한 학자이다. 지질시대 두 개를 세운 그의 업적만으로도 그가 훌륭한 지질학자임을 알 수 있다. 다윈은 세지윅 교수와 함께 웨일스 지방의 지질여행을 하면서 자연을 보는 눈을 열 기회를 가졌다. 세지윅은 다윈이 학생시절 지질학을 가르친 선생이었지만 그는 후일 다윈의 자연선택에 의한 진화를 강력하게 반대하는 쪽에서 목소리를 높인 학자이기도 하다. 아마도 다윈이 대학을 졸업하고 비글호 탐사대의 일원으로 참가하지 않았다면 조용한 시골 마을의 아는 게 많은 목사로 일생을 보냈을지도 모를 일이었다.

그는 비글호의 탐사대의 일원으로 참가할 것을 헨슬로우 교수를 통해 제안 받았다. 탐사대를 이끌 비글호의 선장은 로버트 피츠로이(Robert FitzRoy, 1805–1865)라는 26세의 젊은이였다. 다윈의 아버지는 비글호를 타고 떠나는 2년간의 항해를 시간 낭비라고 여기고 이를 반대하였으나 외삼촌인 조사이어 웨지우드 2세(Josiah Wedgwood

다윈이 탐사여행을 떠났던 비글호가 마젤란 해협에 정박 중인 모습.

II, 1769–1843)의 설득으로 허락하였다. 다윈의 계획을 들은 외삼촌은 놀랍게도 그의 항해를 적극 권유하면서 반대를 하던 다윈의 아버지에 편지까지 써 주었다. 웨지우드 2세는 다윈의 요청으로 아버지를 설득하는데 성공했다. 그의 외삼촌은 편지 말미에 "이 항해에 참가하는 것이 그의 직업에 아무 쓸모없을 수도 있으나, 그를 호기심이 많은 젊은이로 본다면, 이 항해는 여러 문화와 사물들을 극소수의 사람들에만 접할 수 있는 기회라는 측면에서, 그 애는 그것을 누릴 자격이 있다고 봅니다."라고 강력하게 권유하였다. 그 편지를 읽은 다윈의 아버지는 이번 항해에 아들 다윈이 참여하는 것을 허락하였다고 한다. 다윈의 아버지는 웨지우드 2세를 양식있는 신사라고 생각하여 그의 권유를 받아들였던 것이다. 조사이어 웨지우드 2세의 부친은 오늘날에도 영국을 대표하는 유명한 도자기 회사 중의 하나인 웨지우드를 설립한 이이다. 당시 탐험에 참여하는 조건은 급료도 없었을 뿐만 아니라 자신의 식대도 자신이 부담하는 조건이었다.[94]

헨슬로우 교수의 추천을 통하여 다윈을 소개 받은 피츠로이가 22세의 다윈을 선택하게 된 배경에는 우습게도 다윈의 코 모양 때문에 그르칠 뻔했다고 한다. 코 모양이 사람의 인격을 나타낸다고 믿은 피츠로이는 처음 다윈의 코를 보고 다윈에 대하여 회의적인 시각을 가졌었다고 한다. 오늘날 우리의 생각으로는 조금은 어처구니없는 일이었다. 물론 그것이 다는 아니었다. 박물학자로서 지질학, 생물학 그리고 신학을 전공한 다윈이 피츠로이의 공식적인 임무인 해안 지도를 작성하는 일 외에 성서에 나와 있는 창조의 증거를 찾아보겠다는 그의 관심에 부합되는 인물로 여겨졌기 때문에 둘은 곧 친해졌고, 피츠로이는 다윈을 항해의 동반자로 선정하였다. 다윈이 목회를 공부했다는 점은 독실한 기독교 세계관을 가진 피츠로이가 그를 선택하는데 중요한 역할을 했다. 더군다나 항해 중 박물학자는 선장과 선실을 함께 쓰며 식사를 같이 해야 되는 의무도 있었다. 피츠로이로서는 이번이 비글호의 함장으로서 두 번째 항해여서 황량한 대양에서의 장기간의 항해가 얼마나 외롭고 힘든 일인지를 알았기 때문에 뜻이 맞는 동료를 찾는 일이 그로서는 매우 중요했다. 그러나 항해 중 다윈이 기독교 원리주의자와는 거리가 먼 다소 진보적인 사고를 가지고 있다는 것이 밝혀지면서 두 사람의 관계는 소원한 관계로 발전하게 된다. 피츠로이는 출발하기에 앞서 다윈에게 1830년에 출간된 찰스 라이엘의 『지질학 원리』 초간본을 주었다. 실제로 많은 이들은 과학사에서 가장 주목할 만한 상호교환들 중의 하나가 라이엘의 저서가 다윈에게 자연에 관해 사고하는 방법을 가르쳐 준 것이라고 지적하고 있다. 뛰어난 찰스 다윈의 전기를 쓴 재닛 브라운은 그의 저서 『찰스 다윈: 항해 *Charles Darwin; Voyaging*』에서 "라이엘이 없었으면 다윈도 없었을 것이다. 라이엘이 없었다면 보통 알려진 것처럼 지적인 여행도, 비글호의 항해도 없었을 것이다. 젊은 여행자에게 미친 라이엘의 영향과 충격은 아무리 높게 평가해도 지나치지 않다"라고 단정적으로 지적하고 있다.[94] 비글호의 항해에 참여하도록 다윈을 추천한 헨슬로우 교수조차도 그 책에서 주장하는 것을 수용할 가치가 없다는 경고와 함께 라이엘의 저서를 한 권 구해 갈 것을 권유했다. 그럼에도 불구하고 비글호의 첫 기착지인 세인트자고에서부터 라이엘의 시각을 통해 본 지질현상은 그에게 거부할 수 없는 자연의 진리를 알아차리는 지름길로 인도하고 있었다.

비글호(HMS Beagle)호는 1831년 12월 27일 선장 피츠로이의 지휘 아래 신학대학을 마치고 성직자가 되기 전에 세상을 더 보아두려 했던 찰스 다윈을 태운 채 2년의 계획으로 영국 서남쪽에 있는 데본포트항을 출항을 하였다. 심한 폭풍으로 두 번이나 회항한 후에야 출발하여 그 다음해 1월 6일 첫 기항지인 테네리페섬에 도착하였지만 영국에 전염병이 돌고 있다는 소문 때문에 비글호에 의해 전염병이 퍼지는 것을 우려한 섬 주민들에 의해 상륙을 거부당하는 것으로 비글호는 탐험은 시작된다. 다윈은 항해의 목적을 이전항해에서의 연속으로 파타고니아와 남아메리카 끝에 있는 티에라 델푸에고에 대한 조사를 마무리하고, 칠레와 페루 연안 및 태평양의 여러 섬들을 탐사하고, 항해기간 중 전 세계의 경도를 측정하기 위한 것이라고 밝히고 있다. 비글호의 탐사는 계획된 2년을 훨씬 넘겨 1836년 10월 2일까지 4년 9개월간이나 계속되었다.[59,94]

다윈이 비글로호로 약 5년간의 항해를 마치고 영국으로 돌아올 때 그는 27세의 청년으로 성장해 있었다. 그는 항해를 떠나기 전 자신이 관찰한 지질학적 사실을 기초로 한 권의 책을 쓸 수 있을 거라는 생각을 했다. 그러나 자신의 일기를 책으로 발간할 생각은 하지 않았다. 그러나 항해가 거의 끝나갈 무렵 다윈의 일기를 본 비글호의 피츠로이 선장이 책으로 낼 것을 권유해서 1839년 출간된 것이 바로 "1832-1836년 찰스 다윈의 일지와 관찰"이라는 부제가 붙은 『어드벤처호와 비글호의 1826-1836 남아메리카 조사와 비글호의 세계일주-조사항해기』란 다소 긴 제목으로 발간된 보고서의 제3권이다. 그러나 다윈이 쓴 이 3권은 인기가 있어 출간된 그해에 『비글호가 찾아간 여러 지역의 지질학과 박물학 연구』라는 제목으로 두 번이나 재판을 발행했으며, 1845년 제2판은 제1판과는 다르게 다른 과학적 사실이 추가되었으며 제2판은 『영국 해군 피츠로이 함장 지휘 아래 세계일주한 비글호가 찾아간 지역의 박물학과 지질학 연구』라는 제목으로 발간되었다. 이들은 모두 우리가 알고 있는 바로 "비글호 항해기"의 출간 당시의 이름이다.[94] 그가 남아메리카의 이곳저곳을 둘러볼수록 라이엘의 사고는 확고한 것으로 자리 잡았다. 활화산을 관찰하고 안데스 산맥에서의 화성암의 존재를 확인하고, 콘셉시온에서 지진을 경험하고 상승한 육지를 확인한 것으로 충분하였다. 그는 후일 그의 항해기에서

> "육지는 유동하는 녹은 암석 녹은 암석 덩어리 위에 떠 있는 단순한 껍질에 불과하며, 화산들은 이러한 껍질에 난 구멍일 뿐이라는 주장에 대해 많은 지질학적 원인들이 제시되었다. 화산이 몇 시간 동안 막혀 있는 구멍을 폭발시키는 증가된 힘은 당연히 땅 밑에서 흐르고 있는 액체 덩어리에 진동을 일으킬 것이다"

라고 기술하고 있다. 이미 다윈은 그의 스승이기도 했던 세지윅과 헨슬로우가 신봉하던 수성론 관점의 지질관을 버린 것이 확연하게 드러나는 대목이다.

이 책이 발행되고 지금도 읽히고 있는 이유 중의 하나는 자연의 여러 분야를 폭 넓게 다루고 있다는 점일 것이다. 그는 생물학자이자, 지질학자이며, 자연지리학자이며

훌륭한 문필가였다. 그는 그가 쓴 책의 초판본의 제목에서 "....지질학과 박물학의 연구"로 지질학을 앞에 붙인 것만 보아도 지질학적 관심이 더 컸다는 것을 알려준다. 그는 그가 항해 중 들렀던 여러 곳에서 그가 접한 자연을 대상으로 다양한 지질학적 관점에서 기술하고 있다, 화석자료를 이용하여 고생태학이나 고환경학을 기술하였으며, 고생물의 발달과 절멸, 제반 지질학적 현상 즉 화산과 지진, 지층의 융기와 침식, 산호초의 형성 등에 관한 그의 통찰력이 드러나 보인다. 그런 관찰과 해석은 지질학 전 분야에 대한 해박한 지식이 있어야 가능한 일이다. 그가 제기한 자연선택에 의한 진화론은 생물학적 조예뿐만 아니라 이런 지질학적 지식이 기초가 되어야 가능한 일이었을 것이다.

그가 들렀던 새로운 세계에 대한 모든 사실을 여기서 언급하려는 것은 아니다. 바로 스페인의 주교 데 베를랑가가 발견한 이후 해적들이나 포경선의 기지로만 사용되었던 거의 잊혀져가는 갈라파고스에서 다윈의 행적을 더듬어 보려는 것이다. 바로 그 섬이 다윈으로 하여금 진화의 사고를 움트게 했던 현장이기 때문이다. 갈라파고스로 오기 전까지의 항해만으로도 다윈에게는 잊지 못할 항해였으며 여러 가지 새로운 사실들을 확인하는 기회였다. 1835년 9월 15일 다윈을 태운 비글호는 갈라파고스에 도착하였다. 그는 비글호의 항해기에서 10월 8일의 기록으로 그때의 인상을 다음과 같이 적고 있다.[59]

"이 제도의 박물학적 사실을 대단히 신기해서 주목할 만하다. 생물의 대부분은 다른 곳에는 없고, 이 제도에만 특유한 토착종들이다. 같은 생물이라도 섬에 따라 다르다. 그래도 500–600마일이나 대양으로 분리된 아메리카대륙의 생물과는 모든 점이 뚜렷한 관계가 있다. 이 제도는 그 자체가 작은 세계 아니 오히려 아메리카에 연결된 위성이라고 생각되는 것이, 소수의 길을 잃은 생물체도 거기에서 왔고 아메리카 토착 자연산물의 일반적인 특징을 받았기 때문이다. 제도의 크기가 작다는 것을 고려하면, 토착 생물체의 숫자와 그들의 제한된 활동범위가 더욱 놀랍다는 인상이 든다. 꼭대기마다 분화구가 있고 용암이 흘러내린 경계의 대부분이 뚜렷한 것으로 보아 지질학적으로 최근까지 이곳도 대양이었다고 믿게 되었다. 따라서 공간적으로나 시간적으로 위대한 -신비 중의 신비인- 지상에 새로운 생명이 최초로 나타난 사실에 어느 정도 가까이 다가왔다는 생각이 들었다."

다윈은 비글호가 갈라파고스에 머무는 동안 19일간 육지에 올라가 있었으며, 산크리스토발, 산타마리아, 이사벨라 그리고 동쪽의 산타크루스 네 개의 섬을 방문했다. 그는 다른 곳에서와 마찬가지로 생물을 채집하고 지질을 관찰하고 그 사실을 그의 작은 수첩에 차례로 기록을 했다. 다윈은 그곳에서 여러 가지 식물과 동물을 채집하였다. 그 중 방울새 26종을 채집하였다. 이들 중 참새과의 핀치는 다윈이 런던으로 귀환한 후 13종으로 구분되었다. 다윈은 그 새들로부터 매우 흥미 있는 점을 발견했다. 그가 채집한 방울새(핀치)의 부리가 각기 다르게 발달해 있다는 점이었다. 각기 다른 섬에 살고 있거나 먹이가 다른 방울새들의 부리가 다른 점을 찾아낸 것이다. 견과류를 먹는 방울새의 부리는 단단한 껍질을 깰 수 있도록 단단하고 짧게 발달해 있지만, 선인장이나 나무속에 숨어 있는 벌레를 잡아먹는 방울새의 부리는 쉽게 파먹을 수 있도록 가늘고 길게 발달되어 있었다. 먹이 습관에 따라 부리가 아주 다양하게 발달해 있는 것을 다음의 스케치와 함께 수록하였다. 실제로 새들은 환경에 적응하도록 스스로 변화시켜왔지만 그런 차이점이 갖는 의미는 갈라파고스의 다윈에게는 미쳐 생각이 미치지 못하였던 것 같다. 실제로 대학을 막 마친 그것도 조류를 전공한 적도 없는 신출내기 박물학자 다윈에게는 어려운 일이었으며, 그 새들의 분류조차도 그가 항해를 마친 후 조류학자인 존 굴드(John Gould, 1804-

다윈의 '비글호 항해기'에 수록된 방울새의 네 가지 종류. 이들은 다윈의 핀치 혹은 갈라파고스 핀치라고도 불린다. 1: 큰땅핀치(게오스피자 마그니로스트리스, *Geospiza magnirostris*), 2: 중간땅핀치(게오스피자 포르티스, *Geospiza fortis*), 3: 작은나무핀치(게오스피자 파르불라, *Geospiza parvula*), 4: 개개비핀치(세르티데스 올리바세아, *Certhides olivacea*).

1881)에 의해서 행해졌다. 굴드는 그 새들이 별개의 종으로 인식할 만큼 충분한 차이를 밝혔다. 다윈은 그 새들을 채집할 당시에는 아마도 그렇게 좁은 지역에 서로 구분되는 다양한 형태의 조류들이 있을지는 미쳐 생각해본 적이 없었을지도 모른다. 만약 당시 다윈에게 그런 준비가 되어있었다면 더욱 체계적인 관찰과 자료수집이 있었을 것이다. 다윈은 '비글호 항해기'에서 "이 제도에는 원래 새가 드물었는데 한 종류가 들어와 여러 다른 목적에 맞게 변화된 것으로 상상할 수 있다"는 기술을 하고 있다. 그 의미는 매우 중요하다. 그러나 그 새들의 표본을 채집할 당시 그는 그 중요성을 완전하게 이해했던 것은 아니었으며 굴드의 분류가 이루어지고 난 후에야 의미를 파악하기 시작하였다. 이런 사실을 확인하는 것은 바로 종의 변화로 연결되었다. 이 세상에 존재하는 생물들이 창조된 대로 있는 게 아니라 변한다는 것을 의미하는 것이다. 비단 그것은 생물체에만 적용되는 것은 아니었으며, 그가 갈라파고스에 도착하기 전 남미의 여러 곳에서 관찰하고 기술한 지질학적 내용 속에서도 그런 의미가 담겨져 있었다. 다윈의 능력은 단순하게 변화를 상상하는 것만으로 끝이 난 것은 아니었다. 후일 항해에서 돌아와 자료를 정리하면서 방울새의 부리가 달라진 것의 큰 의미를 끄집어 낸 것이다. 방울새의 부리가 바로 다윈이 진화론을 정리한 "종의 기원"을 출간하면서 갈라파고스에서 관찰한 다른 내용과 함께 등장하게 된다.

그는 갈라파고스에서 거북과 이구아나를 기술하고 있다. 거북보다는 기괴한 형태의 파충류인 이구아나에 대한 기술에 더 많은 지면을 할애하고 있다. 다윈은 육지와 바다에 서식하는 두 종류의 이구아나를 보았다. 그는 바다 이구아나를 보고 "혼탁한 검은색을 띠는 소름이 끼칠 정도로 징그럽게 생긴 생물체로 미련해 보이고 움직임이 둔하다"고 기술했다. 물론 바다 이구아나가 헤엄치는 모습에 대해서는 "아주 자연스럽고 빠르다"고 일기에 남기긴 했지만 말이다. 반면 다윈은 육지 이구아나에 대해서 그렇게 큰 관심을 보이진 않았다. 그저 "징그럽게 생긴 동물이지만 먹을거리로 삼을 만하다"고 했다. 최근 보고된 핑크 이구아나는 이런 육지 이구아나에 속한다. 이 핑크 이구아나는 갈라파고스 군도의 이사벨라섬의 울프화산 근처에서만 발견된다. 개체수도 매우 적다. 다윈이 이곳을 방문하지 않았으니 핑크 이구아나를 보지 못했던 건 당연한 일이었다. 아직 연구가 종료된 것은 아니지만 핑크 이구아나의 유전자를 연구한 학자들은 다른 종류의 육지 이구아나와는 다른 종류이며 가장 오래전부터 이 섬에 서식하던 종이 바로 이 핑크 이구아나라는 사실을 밝혀 주목을 받고 있다.

다윈은 갈라파고스에서 지질현상에 대해서는 그리 큰 흥미를 느끼지 못했던 것 같다. 그의 항해기에서 이전 남아메리카를 들리면서 기록한 흥미로운 지질현상은 찾아보기 어려웠던 듯 그곳의 지질에 대한 기술은 거의 없다. 케임브리지에서 만난 세지윅 교수와의 짧은 야외 조사만으로는 그런 눈을 뜰만한 준비가 덜되어 있었는지도 모른다. 그 시대는 아마도 판구조론이나 열점에 관한 개념은 생각조차 되기 이전의 시대이므로 그에게 보인 갈라파고스제도는 여기저기에 뿌려져 있는 작은 화산도의 무리로만 여겨졌을 것이다. 하여튼 비글호의 2차 항해는 4년 9개월의 기간이 소요되었으며, 스물일곱의 그에게는 지질학과 관련된 1,700쪽의 기록, 800쪽의 일기, 4,000여 개의 표본 그리고 알코올 병에 보관된 1,500개의 표본이 있었다. 실제로 영국으로 돌아온 지 6년이 지난 1842년부터 본격적으로 그가 채집한 표본들을 스케치하면서 본격적으로 정리를 시작하였다.

비범한 인식

고향에 돌아온 다윈은 여행의 결과를 정리하기 시작하였다. 자료를 정리하면서 그에게는 새로운 의문이 떠올랐으며, 그가 가져온 표본을 검토하는 과정에서 새로운 사실들이 밝혀지기 시작했다. 고국에 돌아온 그는 지질학회의 회원으로 선출되었으며, 이미 과학계의 중요 인사들과 교류하는 인물로 부상을 하고 있었다. 그가 여행 중에 읽으면서 크게 감명을 받았던 책의 저자인 찰스 라이엘에게 저녁 초대를 받아 처음 만났다. 그는 스스로 자신의 업적의 절반이 라이엘로부터 얻은 영감이라는 말을 할 정도로 큰 영향을 준 인물이 바로 라이엘이었다. 갈라파고스의 핀치가 새로운 종이며 이를 분류한 존 굴드의 분류작업이 이뤄진 시점도 이 시기이다. 다윈이 이 새들을 채취할 당시에는 이 새들이 보이는 차이점이 얼마나 중요한지 인식하지 못했기 때문에 새들이 어느 섬에서 채취되었는지 꼬리표도 붙어 있지 않은 상태였다. 비글호에 승선했던 장교의 도움을 받아 그런 문제를 해결했다. 이들 핀치류를 관찰한 굴드는 일주일 만에 이들이 같은 핀치류로 12종의 서로 다른 종이라는 것이 밝혀졌다. 이들은 부리에서 서로 다른 특징을 보이고 있었는데, 이들은 특정 섬과 연관이 있다는 사실도 알려지게 되었다. 다른 섬에는 없는 그들만의 고유한 형태는 어떤 이유로 만들어졌는지는 의문이었다. 이 보다 조금 뒤에 고생물학자 리차드 오웬은 다윈이 남아메리카에서 가져온 포유류 화석 연구 결과를 지질학회에서 발표하였다. 다윈이 가져온 거대 포유류 화석을 관찰한 오웬은 이들이 그 지역에 사는 작은 몸집을 갖는 종들과 확실히 관련이 있다는 발표를 했다.[94] 다윈은 이런 결과들을 지켜보았다. 그렇다고 오웬이 다윈의 진화론을 신봉하는 이는 아니다. 다윈의 진화론에 대한 격렬한 반대자로 목소리를 한껏 높인 학자 중의 하나로 진화론과 창조론의 논쟁의 중심에서 창조론을 옹호하던 학자였다.

라이엘도 다윈이 관찰한 그런 사실을 확인하고 그런 결과는 특정지역에 서식하던 종들이 시간이 지나면서 다른 종들로 대체되는 것이라고 믿어 진화의 가능성을 동료들에게는 언급하였으나 대중에게 발표하는 것은 신중을 기하였으며, 공식적인 자리에서는 종을 창조한 하느님이 다른 종으로 교체한다는 다른 신중한 표현을 사용했다. 그러나 다윈의 생각은 달랐으며 단호했다. 그가 비글호를 타고 항해하면서 지켜본 결과는 그런 설명으로는 이해되지 않았다. 유사한 환경이라도 거리가 떨어져 있으면 형태가 달라지는 것을 갈라파고스 핀치에서도 확인한 것이다. 그런 예는 비단 갈라파고스 핀치에 한정되는 것은 아니었다. 생물종들의 유사성은 인접한 지역은 물론이고 같은 지역에서 서식하는 과거와 현재의 종들 사이에서 어떤 형태로든 연관되어 있다는 것으로만 설명이 가능해지기 때문이었다.

그는 자료를 정리하고, 사색하면서 얻은 결론은 기존의 사고체계와는 전혀 다른 방향으로 진행되었다. 그는 작업을 정리하면서 만든 노트는 기존 관념과는 다르게 나타났다. 1830년대에 통용되던 학설은 소위 '존재의 대사슬' 이라는 창조론의 개념이다. 이를 요약하면 세계는 복잡하고 차원 높은 순서로 창조되었고, 가장 높고 고귀한 자리에 인간이 있다는 것이다. 당시 높고 낮음의 개념을 매우 중요한 개념이었다. 사슬의 끝부분에는 남자가 있고, 사다리의 제일 높은 단에는 그것도 문명화된 백인 남성들이 차지하고 있다는 것이다. 그런 사고의 틀에서 다윈이 생각하는 진화의 관점은 지금까지의 모든 것을 뿌리 채 부정하는 것이었다. 그가 '종의 기원' 을 써서 진화론을 정식으로 제기하기 이전부터 그의 속내는 이미 결정된 것처럼 보인다. 그가 당시 영국의 동물원에 처음 소개된 오랑우탄을 보고 남긴 비밀 노트 중 다음과 같은 기록이 있다.

> "사람에게 길들여진 오랑우탄을 찾아가 보라. ....그리고 그의 지능을 살펴보라. 거만한 인간은 스스로가 위대한 작품이라고 생각한다. (중략) 좀 더 겸손하게 말하자면 실제로 인간은 동물로부터 창조되었다고 생각한다."

그런 그의 생각은 실로 엄청난 파장을 가져올 내용이었다. 그의 심중을 드러낸 그런 내용은 당시의 사회 환경을 고려한다면 단연코 비밀노트에만 남겨질 성질의 것이었다. 그런 의문을 해결하기 위해 그는 종의 문제에 매달렸다. 라이엘에게 보낸 서한에서도 "저를 줄곧 붙잡고 있는 것은 종의 문제입니다. 제 노트는 종들을 하위 법칙에 맞추어 분류하는 작업들로 가득 채워지며 하나둘 쌓여가고 있습니다"라고 밝히고 있다. 그의 노트에 채워지는 결과들은 그가 생각하는 진화의 그림을 완성하는 단계에 접어들고 있었다.

다윈은 광범위한 분야의 독서를 하고 있었다. 그가 발견한 책은 지질학도 동물학도 식물학도 더구나 층서학도 아닌 동인도대학의 경제학 교수로 일하던 맬서스(Thomas Robert Malthus, 1766-1834)의 『인구론』이었다. 그가 구한 책은 1826년에 나온 여섯 번째의 개정판이었다. 맬서스는 그 책에서 인구증가가 항상 식량 생산의 증가비율을 앞지를 것이라고 주장하였다. 만약 질병이나 다른 이유로 인구가 조절되지 않으면 가난과 굶주림은 인류가 피할 수 없는 운명이라는 것이 그의 주장이었다. 다윈은 그 책에 쏟아지는 비평을 잘 알고 있었다. 그러나 맬서스가 인간 존재의 근본으로 삼았던 식량과 거주지에 대한 경쟁은 자연계에서도 적용될 수 있다는 생각에 까지 이르게 되었다. 자연계에서도 동식물들이 생존하기 위해 경쟁하고 있으며 이런 경쟁에서 이긴 자들만이 번식시킬 수 있으며. 그런 경쟁으로부터 도태되면 사라질 것이다. 그는 그런 사색의 연장선상에서 자연계에서 자연선택에 의한 종의 진화를 확신하게 되었다. 이것은 거대한 논쟁의 출발점을 만든 비범한 인식의 기초였다. 이제 그런 진화가 어떻게 가능했는지, 어떻게 발생했는지를 설명하는 이론과 증거만이 그에게 필요한 시기로 접어들고

1868년에 촬영한 노년의 찰스 다윈(사진촬영, Julia Margaret Cameron).

있었다.

그런 와중에서 다윈의 병세는 그를 괴롭히기 시작했지만 그의 노트는 두꺼워져만 같다. 그 자신이 밝힌 대로 만성적으로 피곤함을 느끼고, 때로는 정신이 혼란스럽게 느껴지기도 했고, 언제나 심한 메스꺼움을 느끼는 등의 증상을 보였다. 후일 그 병은 샤가스병이라는 남미에서 얻은 풍토병이라고 주장하는 이도 있으나 분명한 것은 아니다. 그는 비글호의 항해와 관련된 저술 외에도 그 항해에서 얻은 관찰결과로 1842년에 『산호초의 구조와 분포』라는 책을 발간하였으며, 1844년에는 『비글호 항해 중 방문했던 화산도의 지질학적 관찰』이라는 책을 출간하였다. 그것은 비글호 일지의 2탄이었다. 산호초의 성인을 밝힌 저서와는 다르게 화산섬의 내용은 그리 훌륭한 것은 아니었다. 당시 라이엘은 원추형의 화산은 분화구 외측으로 용암들이 계속 쌓이면서 만들어진다고 주장했는 데 반하여 대륙의 지질학자들은 지하로부터 발생한 압력이 화산의 중앙이 붕괴되고 난 후 분출구가 형성될 때까지 밀어올린 결과로 생각하였다. 그러나 다윈은 지각의 융기와 분출이 원인이 원뿔형 화산섬이 원인이라고 주장하였다. 그런 모호한 설명은 지질학계의 지지를 얻는데 실패한 것으로 여겨진다. 당대의 학자들이 대부분 무관심한 반응을 보였기 때문이다. 그러나 원추형 화산을 기술한 것만이 그 책의 전부는 아니었다.

비글호 탐사 결과로 쓰여진 지질학적 저술의 마지막 편은 바로 남아메리카의 전반적인 지질을 다룬 1846년에 출간한 비글호 항해기의 제3권에 해당하는 『남아메리카의 지질학적 관찰』이다. 이 저술은 남아메리카 대륙의 융기와 침강을 다룬 것이었다. 그와 남아메리카 지질에 대해 경쟁 관계를 보였던 프랑스의 박물학자 알시드 도르비니(Alcide d' Orbigny, 1802-1857)가 다윈에 앞서 남아메리카 대륙의 지질현상에 대한 저술을 1842년에 출간한 것을 보고 위기감을 느꼈다. 그러나 도르비니가 지질현상을 대격변과 홍수이론으로 설명한 것을 보고 적잖게 안도했다. 도르비니는 수성론자인 뀌비에의 문하생이었기 때문에 그의 논조는 수성론을 벗어나지 못했다. 그러나 다윈이 비글호 항해 중 관찰한 파타고니아나 팜파스 등 여러 곳에서 관찰한 결과들은 해저에서 융기된 결과로 안데스가 만들어졌음이 분명하였으며, 라이엘의 시각으로 해석한 자신의 관점이 수용 가능성이 높았던 점을 알고 있었기 때문이다.[94] 사실 그가 발견한 융기의 증거들은 라이엘에게는 그 자신이 주장했던 제일설을 강화해주는 반가운 이론이었다. 그는 남아메리카를 관찰한 결과로부터 지질학적으로 최근에 일어난 대륙의 융기 이외에도 몇 가지 중요한 결론을 유도해 냈다. 그런 것들 중의 하나가 결정질 암석들인 화강암과 화산암의 뿌리가 같을 거라는 점과 결정편암에서 발견되는 선구조들 즉 엽리는 암석이 원래가지고 있던 구조는 아니며 2차적으로 생성된 것이라는 점을 밝힌 것이다. 그런 점들은 당시의 지구과학계로서는 신선한 이론들이었으며 동시에 논쟁을 불러일으킬만한 대담한 주장이기도 했다. 그의 설명이 오늘날의 과학적인 해석으로 모두 올바른 것은 아니었지만 큰 틀에서는 맞는 지적이었으며 지질학의 발전단계에 중요한 위상을 차지하는 내용이기도 했다.

그런 연구와 저술활동 중에서 종에 대한 그의 연구는 계속되었다. 1844년 후커에게 보낸 편지에서 그는

> "마침내 희망의 불빛을 보았네. 나는 거의 확신하고 있어. 내가 처음에 가졌던 의견과는 정반대 것이지만 종이 불변하는 것이 아니라는 사실을 말이야"

라고 자신의 의견을 밝혔다. 나중에 전기 작가들은 거의 확신하고 있다는 그의 편지는 표면적인 겉치레였으며, 이 무렵 그는 그 문제에 관한한 완전히 확신하고 있었다고 말하고 있다. 그러나 그런 이론은 심한 논쟁을 일으킬 것이라는 사실을 너무 잘 알고 있었기 때문에 드러내 놓고 밝힐 게제는 아니었을 뿐이다. 1844년 10월 말경 그는 『창조의 자연사적 흔적』이라는 익명의 저자가 출간한 책을 만났다. 그 책은 지구 생물의 역사를 다루고 있을 뿐만 아니라 우주의 역사, 태양계와 인류의 기원을 밝히고 있었다. 그 책에서 주장하는 것들이 모두 받아들이기에는 질적으로 우수한 것은 아니었지만 그가 주목한 것은 그 책에서 생물체가 진화한다는 점을 기술한 점이었다. 그 점은 다윈을 자극하였다. 저자는 책이 출간되고 40여 년간이나 자신의 정체를 드러내지

않았지만, 12판을 발행하면서 후손들에 의해 이미 고인이 된 저자 로버트 체임버스(Robert Chambers, 1802-1871) 이름으로 출간되었다. 스코틀랜드의 성공한 출판인이었으며, 많은 종교서적을 발간한 출판사를 소유하고 있었다. 교계와의 관계를 고려하면 자신의 이름을 드러낼 처지는 아니었던듯하다. 이 책은 교계나 학계에서 심한 반발을 받았지만 책은 베스트셀러가 되었다. 〈에딘버러 리뷰〉지에 실린 그 책을 조목조목 뜯어 강도 높게 비판한 84쪽이나 되는 글은 바로 다윈의 스승이기도 한 아담 세지윅 교수가 쓴 글이었다. 그런 상황에서 다윈의 진화에 관한 노트가 세상에 나오는 기회를 잡기란 쉬운 일은 아니었다.

사실 다윈의 행보를 재촉한 것은 알프레드 러셀 월리스(Alfred Russel Wallace, 1823-1913)의 등장이었다. 1855년 9월 〈자연사 연보 및 잡지, Annals and Magazine of Natural History〉란 학술지에 실린 「새로운 종의 도입을 규정하는 법칙」이라는 논문을 읽고 변이에 의한 유전 즉 진화를 생각하는 사람이 자신만이 아니라는 점을 깨달았다. 다윈은 이 논문을 읽고 단어 하나까지 거의 모두 동의한다는 말을 전했다. 비록 월리스가 다윈의 위성으로만 여겨지는 거의 잊혀진 존재가 되었지만 그런 까닭을 알기 전에 그를 소개해 둘 필요가 충분한 이유가 있는 이이다. 레셀 월리스는 다윈의 그늘에 묻혀 그가 성취한 업적에 비해 잘 알려져 있는 이는 아니다. 그는 웨일스의 하급 변호사로 일하는 아버지의 여덟 번째 아이로 태어났다. 그러나 그가 채 성장하기도 전에 아버지의 잘못된 투자로 그들 가

다윈과 거의 같은 시기에 진화의 개념을 생각한 알프레드 러셀 월리스(Alfred Russel Wallace, 1823-1913).

족은 경제적인 어려움을 겪는다. 그가 불과 13세에 생계를 위해 그의 형과 함께 런던으로 보내졌다. 그는 런던에서 노동자들을 위한 기계공 학교와 같은 "과학의 전당"이라는 곳에 다니면서 처음으로 지적 추구를 시작하였다. 그의 생애를 통하여 추구한 자연관찰이나, 엉뚱하게도 한때 몰입하였던 영성주의 추구를 위한 기초를 다진 시기가 바로 이 시절이었다. 이런 하층계급 출신들은 후일 월리스와 교류를 나누던 정규 교육을 받은 다윈이나 라이엘과는 다른 부류의 사람이었다. 월리스는 후일 그 시절을 자신의 인생의 전환점이라고 밝히고 있을 정도로 그에게 지적 영향을 준 시기이다. 월리스의 아버지가 1843년에 죽고 가족들과 헤어져 그는 레스터에 있는 한 대학의 강사자리를 구한다. 그때 그는 그가 후일 남아메리카 탐사를 함께한 헨리 베이츠(Henry Walter Bates, 1825-1892)를 만난다. 헨리 베이츠는 월리스에게 자연의 다양성이 얼마나 중요한지를 일깨워 주었다.[94,96]

월리스 역시 젊은 25살의 나이에 훔볼트의 『남아메리카 여행기』와 다윈의 『비글호 항해기』를 읽고, 그와 의기투합한 헨리 베이츠와 함께 그들이 영국에서 연구를 하던 딱정벌레와 곤충이 더 풍부한 아마존으로 가기 위해 저축한 모든 돈을 투자하여 아마존 정글로 1848년 4월 20일 4년간의 예정으로 탐사를 떠났다. 그들은 소지한 돈이 바닥나기 전에 무엇인가 해야 했다. 아마존에서 수집한 표본을 영국의 수집가들에게 팔기 위해 나비 400점, 딱정벌레 450점 여러 가지 곤충 1,300점을 선적을 했다. 그 표본의 판매대금이 들어오자 더 많은 모험을 감행하게 되었다. 그러나 1852년 그가 영국으로 돌아오는 항해 길에 그가 탄 헬렌호가 불이 나면서 어렵게 수집한 귀중한 표본을 모두 잃어버리는 좌절을 당하게 된다. 그는 열흘간이나 구조 보트에 탄 채 표류하다가 버뮤다 근처에서 구조되어 살아남기는 했지만 표본을 잃어버린 것은 큰 어려움의 또 다른 시작이었다. 경제적으로 부유하지 않은 그가 채집한 표본은 그에게는 매우 중요한 수입원이었기 때문이다. 잃어버린 것은 표본만이 아니었다. 불행하게도 동물의 습성을 기록하고, 곤충의 변태를 그린 그림이 들어 있는 노트도 잃어버렸다. 마이클 셔머(Michael Shermer)는 『과학의 변경지대』에서 월리스가 귀국길에 표본들과 그의 연구 노트를 잃어버리지 않았다면 종의 변환이 얼마나 더 빨리 발견되었는지 알 수 없다는 안타까움을 피력하였다. 그러나 그는 화재가 난 배를 탈출할 때 가져온 약간의 노트와 자신의 경험을 토대로 두 권의 책을 썼는데 반응이 그리 대단한 것은 아니었다. 거기서 실망하고 멈출 그는 아니었으며, 31세의 월리스는 1854년 동인도(말레이 제도)를 향하여 다른 표본을 수집하려고 또 다른 모험 길에 나섰다. 그가 그 논문을 쓴 무렵에는 동인도 제도의 테르나테섬의 오두막에 머물고 있던 시절이었다. 이때는 그도 박물학자로서의 위치를 잡아가고 있었던 무렵이었다. 그가 오늘날의 인도네시아의 수마트라와 이리안섬을 헤집고 다니면서 온갖 역경과 싸우면서 얻은 말라리아로 고생하던 중이었다. 그 무렵 그는 종의 단절을 야기한 원인과 그리고 새로운 종의 탄생의 계기 등을 사색하였으며 그가 후일 자신의 저서 『경이의 세계 *Wonderful World*』에서 당시의 상황을 다음과 같이 밝혔다.[96]

> 적자생존이라는 생각이 번개처럼 머리를 스쳤다. 즉 적자생존 규칙에 의해 제거된 개체는 살아남은 개체에 비해 열등하다는 점이다. 곧이어 동물이든 식물이든 새로운 세대에서는 변종이 탄생하고 기후나 음식, 천적이 늘 변한다는 생각을 하자 생물종의 이런 변이가 일어나는 기작이 더욱 뚜렷하게 떠올랐다. 이런 식으로 나는 열병에 시달리던 두 시간 동안 진화론의 핵심 요체를 모두 생각해 낼 수 있었다.

이런 생각은 바로 정리되었으며, 그 논문은 다윈에게 보내졌다.

1858년 6월 18일 초여름 다윈은 월리스로부터 〈변종이 원종으로부터 무한히 멀어져 가는 경향성에 관하여〉라는 원고를 받게 된다. 원고에 들어 있던 편지에는 이 논문을 라이엘에게 보내도 좋을지도 물어 보는 내용도 들어 있었다. 이 당시 이들은 편지로 교류를 하던 사이로 만나본 적은 없지만 전혀 모르는 사이는 아니었다. 다윈은 그 논문을 읽는 순간 소스라치게 놀랐다. 놀란 정도가 아니라 충격은 대단하였다. 그 논문은 지금까지 다윈이 공개적으로 발표하지 않은 채 1856년부터 쓰기 시작한 원고와 그의 노트 속에 들어 있는 그가 그리던 내용과 놀라울 정도로 비슷한 내용이었기 때문이다. 다윈 스스로도 그보다 더 놀라울 정도로 일치되는 것을 보지 못했다는 술회와 함께 만약 월리스가 자신이 1842년에 썼던 연구 노트를 보고 초록을 만들었어도 이보다 더 훌륭할 수는 없을 것이라고 할 정도였다. 월리스의 논문은 "모든 종들은 시간과 공간의 영향을 받으며 이전에 존재한 관련 종들과 밀접한 연관을 가진 존재이다"로 끝을 맺고 있었다.

이제 그는 종의 진화(그는 당시에는 진화란 용어를 사용하지 않았음)에 관한 그의 오랜 기간의 연구결과가 남의 업적으로 나타나는 것을 염려하게 되었다. 과학의 발견에서 2등이란 의미가 없는 거나 다름없다. 유명한 프로골퍼 개리 플레이어는 언젠가 골프에서 2등은 아내와 자기 집 개나 알아주는 것이라는 자조적인 이야기를 한 바 있다. 과학의 발견에서 2등은 아마도 골프대회에서의 2등보다 더 의미가 퇴색되는 일인지도 모른다. 연구에서의 선취권은 그만큼 중요한 문제였다. 그는 라이엘과 그의 절친한 친구였던 식물학자 조셉 후커(Joseph Dalton Hooker, 1817-1911)에게 자신의 이론이 선취권을 잃어버리고 그 오랜 연구 결과가 허사가 되는 고통을 생각하는 게 얼마나 힘든 일인지를 편지로 알렸다. 라이엘과 후커는 다윈과 월리스의 이론을 공동 명의로 발표할 중재안을 만들었다. 그래서 1858년 7월 1일 린네학회에서 일곱 편의 논문 중 하나로 「원종으로부터 변종을 형성하는 경향성에 대하여: 자연선택에 의한 종과 변종의 영속화」란 제목으로 발표되었다. 정작 그날 다윈은 죽은 막내 아들의 장례식 때문에 학회에는 참석하지 못했다. 라이엘과 후커에 의해 발표된 그날 저녁 그 논문은 주목을 받지 못했다. 아무런 토론도 없이 그냥 지나갔다. 학회에 참석한 이들은 19세기 과학의 패러다임을 바꾼 역사적인 과학의 현장을 목격하고 그것이 무엇인지도 모르고 넘어간 셈이다. 그러나 나중에 이 원고를 읽은 더블린대학의 새뮤얼 호튼(Samuel Haughton, 1821-1897)은 다윈의 자서전에서 밝힌 바와 같이 "모든 새로운 것은 오류이며, 진실 된 것은 옛날에 밝혀진 것"이라는 혹평을 받은 게 전부였다.

월리시는 다윈과 공동으로 논문을 발표한 사실을 모든 게 끝이 난 후에야 알았지만 다윈과 함께 논문을 발표한 것으로 만족했던 것으로 여겨진다. 월리스 자신이 후일 이 이론을 "다윈이즘"으로 부른 것도 월리스인 점을 살펴보면 큰 불만이 없었던 것으로 짐작이 간다. 실제로 다음해 1월 월리스는 논문이 발표된 방식에 대해 대단히 만족한다는 서신을 다윈에게 보냈다. 그렇기는 하지만 후세의 어떤 사람들은 이 둘의 역할에서 월리스가 더 큰 업적을 세운 게 아닌가 하는 의구심을 제기하면서 이 둘의 공동명의로 발표된 것을 "미묘한 배려"라고 표현하기도 했다. 미묘한 배려란 말을 처음으로 한 것은 토마스 헉슬리의 아들이 한 말이다. 그는 다윈이 자기 이론을 20년 이상 연구하고 있었고 과학계에 널리 알려진 유명한 과학자였는데, 젊은 아마추어인 월리스가 선배를 밀어내려는 순간에 라이엘과 후커가 다윈이 큰 역할을 하지 않으면 아무도 월리스의 이론은 받아들이지 않을 거라고 생각했다는 것이다. 그래서 이 둘의 공동연구로 발표된 것이 미묘한 배려라는 것이다. 어찌 되었든 간에 이 연구의 선취권에 관한 문제는 이 둘이 보인 상호존중으로 신사적으로 마무리되었다는 점은 누구나 다 인정을 한다.[96]

비글호의 항해가 끝이 난 20여 년 후에야 다윈의 원고는 마무리되어 라이엘의 주선에 의해 출판계약이 이뤄지고, 드디어 1859년 11월 22일 『자연선택을 통한 종의 기원』이라는 제목으로 출간하게 되었다. 출판업자의 염려와는 달리 큰 성공은 아니었지만 초판으로 인쇄한 1,250권은 발매와 동시에 예약 판매로 소진되었다. 많은 찬사가 이어졌지만 신진학자를 대표하는 토마스 헉슬리(Thomas Henry Huxley, 1825-1895)가 "지금까지 그런 생각을 하지 못했다니 얼마나 어리석은가?" 하는 말로 찬사는 요약된다. 찬사만이 전부는 아니었다. 2쇄로 3,000부를 인쇄하면서 책이 널리 읽혀지는 만큼 비난의 목소리도 고조되었다. 그의 스승이기도 했던 세지윅 교수는 비판의 글을 실었을 뿐만 아니라 그 책은 즐거움보다는 고통을 주었다는 자신의 의견을 숨기지 않았다. 천문학자인 허셀 경(John F.W. Herschel, 1792-1871)은 경멸에 찬 조소를 보냈으며, 빙하기를 우리의 지식세계에 편입시킨 루이스 아가시 조차도 다윈의 이론은 진실이 아니며 비과학적인 방법을 사용했으며 유해한 과학적 실수라고 단언하였다. 케임브리지 트리니티대학에서는 그 책을 대학도서관에 비치하는 것조차도 금

지하는 결정을 한 교수의 주도하에 취해지기까지도 했다. 물론 그런 조치는 오랜 기간 유효한 것은 아니었다. 지구 생명의 창조에서 신의 손을 거부한 이 이론은 종교계의 가혹할 정도의 냉담한 반응이 오리라는 것은 이미 예견된 수순이었으며 다윈이 피하고 싶은 일이기도 했다. 그러나 비난은 그를 비껴가지 않았다. 비판의 한 예로 〈스펙테이터〉지에 실린 세지윅 교수의 글 한 구절만 인용하기로 하자.

> "각각의 사실들은 연속되는 가정과 잘못된 하나의 원칙이 반복되면서 교묘하게 짜 맞추어져 있다. 공기방울처럼 허황한 사실들로 이루어진 끈으로 어떻게 좋은 밧줄을 얻을 수 있겠는가?"

이것은 약과였다. 이보다 더 혹독한 비평도 줄줄이 이어졌다. 어떤 부분에서는 예상되는 수순이었는지 모른다. 혹독한 그리고 날선 비판 뒤에는 다윈의 자연 선택이 신의 의도나 간섭을 전적으로 배제한 점이 문제가 되었으며, 동물에 적용되는 이런 진화의 관점이 인간에게도 적용해야 된다는 불편한 사고 역시 한몫을 하였다. 결국 논쟁은 사람과 원숭이의 관계로 돌아왔으며, 당시 창조론에 기반한 '존재의 대사슬'이란 개념을 뛰어넘는데 장벽이 너무 높았던 게 주된 이유이다. 또 다른 이유는 다윈의 이론을 뒷받침하기 위해서는 당시 이해된 지구의 나이가 너무 짧았다는 점이다. 열역학 이론을 확립한 당시 학계의 큰 별인 켈빈 경이 계산한 지구의 나이는 다윈이 주장하는 진화가 일어나기에는 충분한 시간이 아니었다. 켈빈경은 원래 지구는 뜨거운 것으로 가정하여 오늘날의 온도로 냉각되는데 필요한 시간을 역으로 계산하여 지구의 나이를 계산하였다. 그가 1897년 추정한 지구의 나이는 불과 2천만 년에서 4억 년이었다.

이런 연구 결과는 켈빈이 처음은 아니었으며 성서에서 규정한 나이를 넘었다고 주장한 이는 프랑스의 박물학자 뷔퐁에 의해서이다. 그의 가정 역시 원래 지구는 불같이 뜨거운 상태였으며 지금처럼 식어지는 시간을 계산하였다, 그는 1862년 지구의 나이를 7만5천 년-16만 8천 년 사이로 추정하였다. 그의 계산이 틀린 가정하에 출발한 것이기는 하지만 과학적인 시도라는데 의미가 있다. 그런 그의 발표는 기독교로부터 비난의 대상이 된 것은 물론이었다. 사실 켈빈 경에 의한 지구의 이 나이조차도 실제 나이에 비교하면 턱없이 부족한 것이었지만 당시까지 통용되던 성서에 기초하여 1654년 제임스 어셔 주교에 의해서 계산된 창조의 시간 BC 4004에 비교하면 매우 긴 시간이었다. 그렇기는 하지만 그런 시간조차도 진화에 필요한 시간으로는 턱없이 부족하였기 때문에 다윈의 반대파들에게는 그를 공격하기에 그보다 더 좋은 자료는 없었다. 그 정도 지구의 나이로서는 다윈이 설명한 진화에 충분한 시간은 아니었으며 훨씬 더 장구한 시간이 필요했다.

그러나 당시 지질학계는 지구의 나이를 정확하게 계산하지는 않았지만 켈빈의 지구의 나이보다는 더 오랜 시간이라는 믿음을 확실하게 가지고 있는 지질학자들이 많았다. 그래서 시간에 관한 문제는 『종의 기원』에서 다윈은 다음과 같은 확신에 찬 말로 그의 의견을 피력하였다.[97]

> "장래의 역사가가 자연과학에 혁명을 일으킨 것이라고 평가할 만한 찰스 라이엘의 대저서 『지질학 원리』를 읽고도, 과거의 시대가 시간적으로 무한히 광대했다는 것을 인정하려 하지 않는 사람은 당장 이 책을 덮어 버리는 것이 좋다"

여기서 과거의 시대라는 것은 지구의 나이를 말하는 것이다. 무한히 광대했다는 것은 당시로서는 상상하지 못한 긴 시간을 의미하는 것이다. 그러나 지구의 나이가 46억 년이라는 사실이 알려지기 전이었으나 실제로 지구의 나이는 진화에 충분한 시간이 있었음이 라이엘의 저서에서는 기술되어 있었기 때문이다.

진화론의 반대론자들이 다윈을 괴롭힌 또 다른 것은 진화가 명백하다면 그러면 중간단계의 진화 산물은 어디에 있느냐는 질문이었다. 다윈은 자연선택을 느리지만 연속된 과정으로 보았으며, 이런 과정에 의해 생물의 계통이 갈라져 서로 멀어진다고 생각했기 때문이다. 만약 종들이 이렇게 끊임없이 진화해 왔다면 지층에 두 종을 연결하는 그런 진화의 중간 산물이 화석으로 보존되어 있어야 할 텐데 그런 것을 찾는 것은 어려운 일이었다. 그런 질문에 대한 적절한 준비가 되어 있지 않았던 다윈은 초기의 바다에는 그런 생물이 살고 있었지만 어떤 이유로 보존되지 않아서 지금 우리가 찾을 수 없다는 궁색한 주장을 해야만 했다. 그는 확실한 근거가 필요하다는 의견을 피력하기는 했지만 다른 가능성은 인정하지 않았다. 어떤 때는 자신의 주장을 합리화시키기 위해 "캠브리아기 바다는 퇴적물이 쌓이지 못할 정도로 깨끗했기 때문에 화석이 보존되지 못했을 것"이라는 지금 생각해보면 황당한 주장을 하기도 했다. 그런 다윈의 태도는 그의 주장에 대해 호의적인 관점을 가지고 있던 이들에게도 석연치 않은 일이었다. 허지만 지질기록에 대한 다윈의 주장은 인상적이다. 그는

> "세계의 역사는 불완전하게 기록되고, 변화무쌍한 방언으로 씌어진다. 이런 역사 가운데서 우리는 겨우 두세 나라만을 다룬 마지막 한 권만을 가지고 있다. 이 한 권도 드문드문 남은 몇 개의 장만이 보존되었고, 한 페이지 속에서도 드문드문 몇 줄만이 남아 있다"

라고 해학적으로 묘사하고 있다. 올바른 관찰이었다. 앤드류 놀(Andrew H. Knoll)이 최근 그의 저서에서 지적한대로 퇴적암은 지구의 다큐멘터리가 아니라 여기저기서 드문드문 찍은 스냅사진의 연속으로 볼 수 있다고 기술하고 있다.[45] 자연계 지층 속에 담겨진 정보는 실로 지구 진화의 일부만을 보여주고 있음을 재미있게 표현한 것이다. 허나 그런 내용으로 적들을 설득할 수는 없었다. 당시 그의 적은 시간과 더불어 늘어갔지만 다윈은 주장을 바꿀 의사가 전혀 없었으며, 개정판을 낼 때마다 오히려 진화에 필요한 시간을 더 길게 늘이는 주장을 하면서 골은 깊어만 갔다.

다윈의 진화론과 관계된 수많은 논쟁 중 헉슬리와 옥스퍼드 주교인 새뮤얼 윌버포스(Samuel Wilberforce, 1805-1873) 사이의 1860년 6월 30일 옥스퍼드대학 박물관에서 벌어진 논쟁은 가장 많은 사람들의 입에 오르내린 일로 유명하다. 사람들은 윌버포스가 이미 헉슬리와 심한 논쟁을 벌인 적이 있는 오웬과 헉슬리와의 논쟁이 있기 전 날 29일 밤을 함께 한 것을 두고 오웬의 충고를 받았을 것이라는 추측을 한다. 윌버포스는 주교로 신분이 높았을 뿐만 아니라 학식을 겸비한 이였다. 그러나 지금도

인구에 회자되는 것은 윌버포스의 과학적 또는 기독교 세계관에 기초한 진화론에 대한 비판보다는 그가 헉슬리에게 던진 점잖지 못한 질문 때문이다. 윌버포스는 헉슬리를 향하여 당신은 인간이 유인원에서 진화되었다고 주장한다면 당신의 할머니나 할아버지 중 누가 원숭이 후예로 생각하느냐는 것이었다. 그것은 현명한 질문은 아니었으며 주교의 도덕성을 훼손하는 실수였으며, 더군다나 논쟁의 초점과는 거리가 먼 어찌 보면 그 자신도 계획하지 않은 질문이었는지도 모른다. 헉슬리는 자신에 찬 어조로 진화론에 대한 의견을 밝힌 후 윌버포스의 비속한 질문에 대한 답변을 다음과 같이 했다.

> "만약 유인원 할아버지를 둔 사람과, 천부적인 재능을 가졌으되 어처구니없는 웃음거리를 심각한 토론에 끌어들이기 위해 그 재능을 사용하는 사람이 있다면, 그리고 그 중 한사람을 선택하라고 묻는다면, 나는 주저하지 않고 유인원을 택하겠습니다."

헉슬리 역시 윌버포스만큼의 박수를 받았다고 한다. 그 정도면 막가자는 거나 마찬가지인 논쟁으로 여겨진다. 사실 당시의 분위기로 보아서 진화를 받아들이는 것은 어려운 일이었을 것이다. 고대 그리스의 신플라톤주의와 이를 잇는 유럽의 철학사상에 큰 영향을 미치고 있던 "존재의 대사슬(The Great Chain of Being)"이라는 우주관이 팽배하였던 시점이었다. 이 우주관은 세 가지 보편적 특징 즉 충만성, 연속성 그리고 계층성을 가리킨다. 그 중에서도 계층성의 원리 즉 가장 저급한 유형부터 최고의 완전한 존재인 신에 이르는 위계질서를 형성하고 있다고 보았다. 즉 우주만물은 하나의 사다리에 앉아 있는데 그 사다리의 맨 꼭대기에는 신이, 그 아래에는 대천사가, 그 아래에는 다양한 계급의 천사가 있고 바로 그 아래에 인간이 오며 그 아래에 동물 그리고 그 다음에는 식물이 오며 그 다음에는 무생물이 있다는 것이다. 인간이 공통 조상인 동물로부터 진화했다는 것은 그러한 우주관 내지는 당시의 보편적 세계관과는 전적으로 배치되는 것이었다. 물론 인간도 남성이 여성보다는 우월적인 존재였다. 이처럼 위계가 있는 동물계에서 진화라는 개념은 충격적이었다. 하여튼 헉슬리는 '다윈의 불독' 이라고 자칭할 정도로 진화론의 옹호자였다. 뒤이어 연사로 등장한 이는 공교롭게도 비글호의 선장이었던 피츠로이이었으며, 그는 진화론과는 무관한 기상관련 문제를 발표를 하면서 거기에 덧붙여 다윈의 반성서적 이론을 비난했다. 마지막으로 등단한 연사는 후커로 윌버포스가 제기했던 문제점들을 차근차근 논박을 하면서 다윈의 이론이 더 그럴듯한 가정이므로 그 자신은 더 확실한 이론이 나오기 전까지는 다윈의 이론을 기꺼이 수용할 것 이라는 점을 밝혔다.

그날의 논쟁을 지켜본 사람들은 자신이 지지하는 입장에 따라 자기편이 성공을 거두었다고 생각했다. 다윈은 나중에 신문에 실린 헉슬리와 후커의 연설을 보면서 자신을 옹호해준 친구들이 대단한 성공을 거두었다고 믿었으며 그런 자리에 자신이 아닌 그들이 거기에 있었던 것을 다행스럽게 생각하였다. 그러나 그런 논쟁의 중심에 있던 인류 진화의 사다리를 거꾸로 올라가면 사다리의 꼭대기에는 유인원으로부터 시작되고 있다는 것이 오늘날 밝혀진 사실이다. 갈라파고스에서 관찰한

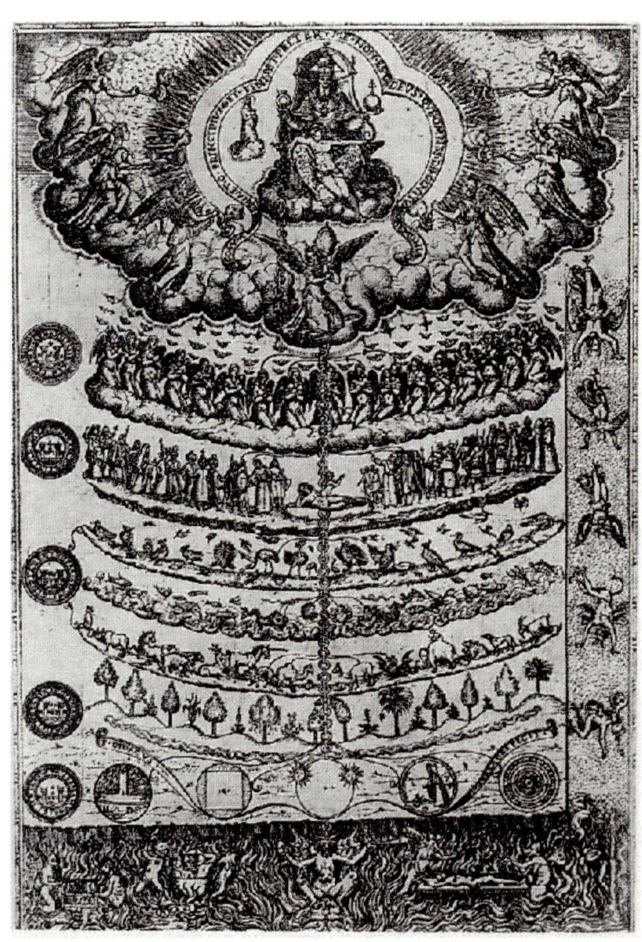

1579년에 저술된 책자에 삽입된 "존재의 대사슬"을 그린 그림.

핀치 부리의 모습이 잉태한 결과물은 실로 넓고 큰 사상의 전환을 불러왔다.

다윈은 『종의 기원』에서 자신의 자연선택에 대한 이론을 "작은 개조가 수없이 거듭되는 것으로도 결코 만들어질 수 없는 어떤 복잡한 기관이 있다는 것이 증명된다면 나의 이론은 붕괴될 것이다"라고 쓰고 있다.[97] 이것은 자신의 이론이 확실하다는 수사적인 표현일 것이다. 작은 개조가 수없이 거듭되면서 만들어진 생명체의 말할 수 없이 복잡한 기관은 수없이 많다. 스티븐 제이 굴드(Stephen Jay Gould)의 『팬더의 엄지』란 뛰어난 저서에서는 진화론을 뒷받침하는 증거로는 완벽한 형태를 갖춘 기관보다는 불완전한, 진화의 불완전한 단계가 불완전한 형태로 남아 있는 게 더 강력한 증거가 될 수 있다는 점을 기록하고 있다.[98] 사실 굴드는 엘드리지(Niles Eldredge)와 함께 1972년 단속평형(puntuated equilibrium)을 주장한 고생물학자이다. 단속평형이란 비선형적 변화 모델로서 지질학적으로 갑작스러운 변화에 의해 진화가 진행되고 장기간 평형이 유지된다는 것이다. 이런 주장은 다윈의 점진적인 모델과는 대비되는 것으로 여겨지는 면이 있다. 다윈 자신도 진화의 중간단계에 해당하는 화석기록이 없다는 점을 자신의 이론의 약점이라는 사실을 스스로 인식하고 있었는데 단속평형은 엘드리지와 굴드는 이런 화석 기록의 단절은 점진적인 변이의 불충분한 증거가 아니라 단절적인 변이를 보여주는 방대한 증거로 생각하였다. 사실 단속평형은 이들에 의해 처음 등장한 이론은 아니었으며 많은 부분이 에른스트 마이어(Ernst Mayr, 1904–2005)의 지역 격리에 의해 일어나는 종분화 즉 이소적 종분화에 기초한 것이다. 이소적 종분화란 종이 지리적으로 격리될 때 작은 집단에서는 빠른 변이를 거치기 때문에 지층에 흔적을 남기기 않는다는 것이다. 그러나 종이 변이를 일으키고 나면 오랜 기간 동안 평형을 유지하기 때문에 화석으로 보존될 가능성이 높은데 반하여 중간단계의 변이된 종이 화석으로 보존될 가능성은 높지 않다는 것이다. 창조론자들은 단속평형을 다윈의 이론을 정면으로 부정하는 것이라고 그들의 목적대로 해석하여 그들의 주장을 합리화시키는데 사용하기도 했다. 제이 굴드는 미국에서 가장 저명한 진화론의 해설가였으며 어떤 이들은 그를 "진화론의 계관시인"이라고까지 불렀다. 그 분야의 전문가가 아닌 나는 단속평형 이론은 마이클 셔머(Michael Shemer)의 『과학의 변경지대』에서 쓴 "진화의 새로운 매카니즘이 아니라 진화에 대한 새로운 서술이다"라는 기술에 동의한다.[96] 그는 다윈의 자연선택에 의한 진화는 전체를 지배하는 패러다임이며 보조적인 단속평형 패러다임은 상충되는 게 아니라 공존할 수 있다고 주장하고 있다. 실제로 단속평형이 다윈의 이론에 반하는 것은 아니었지만 다윈 이론의 신봉자들에게서 비판을 받는 처지가 되기도 했다. 그렇다. 다윈 자신도 진화의 속도가 종에 따라 다양하다는 사실을 이미 언급하였다.

리처드 도킨스(Richard Dawkins)는 그의 저서 『눈먼 시계공』에서

> "자연선택은 눈먼 시계공이다. 눈이 멀었다고 말하는 것은 앞을 내다보지 못하고 절차를 계획하지 않고 목적을 드러내지 않기 때문이다. 그러나 자연선택의 결과이니 생물은 마치 숙련된 시계공이 있어서 그가 설계하고 고안한 것 같은 인상을 준다"

라고 쓰고 있다. 그가 이런 말을 한 것은 시계공 즉 창조자가 있었다는 것을 의미하는 것은 아니며 오히려 역설적으로 그 사실을 반론하기 위해 시작한 서두이다. 도킨스가 창조자를 시계공으로 쓴 것은 1802년에 영국의 신학자 윌리엄 페일리(William Paley, 1743-1805)가 주장했던 지극히 보수적인 종교적 주장으로 그의 논문 「자연 신학」에서 창조자의 설계의 증거라는 점에서 따온 말이다. 그는 회중시계를 본 적이 없는 사람이라도 길가에 떨어진 회중시계를 보면 바로 그 회중시계는 지능을 가진 제작자에 의해 만들어진 것을 알 수 있듯이 자연의 창조물도 마찬가지라는 주장을 했다. 그에게는 자연계에 존재하는 복잡한 기능을 가진 생명체야 말로 창조자에 의해 만들어진 피조물에 속하는 것은 당연하다. 도킨스는 페일리의 이른바 '설계논증, argument from design'을 철저히 비판하고 있다.[44] 이처럼 다윈이 자연선택에 의한 진화를 밝힌 지 150년이 지나도록 자연선택에 의한 다윈의 사상을 옹호하기 위한 책이 출간되고 있다. 이런 사실은 자연선택에 거부감을 갖는 창조론의 반론이 만만치 않게 제기되어 왔다는 것을 의미한다. 그러니 다윈의 이론이 발표될 당시의 분위기가 어떠했을지 짐

작이 간다.

이런 두 그룹에서의 논쟁은 아직도 일부 창조론자들에 의해 계속되고 있지만 창조론으로 설명되지 않는 사실이 더 많아지면서, 창조론의 옹호자들은 "지적 설계론"이라는 더 세련된 포장으로 아직도 논쟁을 계속하고 있다. 도킨스는 그의 저서에서 "………유신론자들이 자연선택을 '신이 창조하는 방식' 으로 받아들인다는 사실에 끊임없이 놀란다"라고 기술하고 있다.[99] 아마도 자연과학에 어느 정도 지식을 가진 이라면 도킨스의 전체적인 논조에 전적으로 동의하지 않는다 해도 이 생물종의 진화라는 관점에서는 동조할 것이다. 지질학을 전공하는 나에게 생물종의 진화는 내가 비록 고생물학자는 아니지만 지질학자들이 연구 대상으로 하는 암석 속에 잘 보전된 화석자료로도 충분히 이해되는 사실이라는 점을 아울러 밝히고 싶다. 이런 논쟁은 도킨스의 "자연선택은 경제적이고 설득력 있고 우아한 해답일 뿐 아니라, 지금까지 제시된 것들 중 제대로 작동되는 유일한 대안이다"라는 말로 마치고 싶다. 내가 여기서 강조하고자 하는 것은 다윈이 그런 위대한 이론을 잉태시킨 곳 중의 하나가 바로 맨틀플룸에 의해 만들어진 태평양상의 작은 섬들, 갈라파고스제도라는 점이다.

태평양의 외딴 섬, 갈라파고스제도

다윈에게 그런 위대한 사고의 영감을 준 갈라파고스제도는 과연 어떤 곳일까? 무엇인가 다른 구석이 있을 것 같다는 생각이 든다. 사실 지질학적으로도 좀 독특한 곳이기는 하다. 남미 에콰도르 서쪽으로 972km 떨어진 태평양에는 18개의 섬과 암초로 구성된 화산섬들이 올망졸망 모여 있다. 넓은 바다에 퍼져 있는 모든 섬의 면적을 합쳐야 7,880km^2에 불과하니 그리 큰 섬들은 아니다. 이 섬이 서구인들에게 알려진 것은 1535년으로 스페인의 주교이던 토마스 데 베를랑가(Fray Thomás de Berlanga, 1487-1551)에 의해 발견되고 난 후이다. 그는 잉카제국을 정복한 피자로(Francisco Pizarro, 1475-1541)와 그의 참모들 간에 일어난 분쟁을 조정할 목적으로 페루를 향해 항해하던 중 바람이 멈춘 바다에서 강한 해류에 의해 항로를 벗어난 범선의 뱃길이 이 섬을 발견한 계기가 되었다. 이 섬의 발견은 순전히 우연이었다. 그는 그 섬에 대해 단지 조류, 물개 및 파충류나 살고 있는 섬으로 토양은 척박하여 초지를 만들 힘도 없으며, 겨우 그 위에 엉겅퀴나 자라는 가치 없는 땅으로 기술하였다. 더군다나 물도 구하기 어려운 쓸모없는 섬으로 기술하였다.

> "우리가 육지에 도착하였을 때 밟힌 것은 작은 돌들이었는데, 다이아몬드처럼 생긴 것도 있었고 호박색 돌들도 있었다. (중략) 이곳은 대부분 큰 돌들로 가득 차 있었기 때문이다. 그것은 마치 때때로 신이 바위 비를 뿌린 것처럼 보였다. 그리고 이곳의 토양은 화산재처럼 가치가 없어 보였다. 우리가 잎을 먹었다고 말한 약간의 엉겅퀴 말고는 풀 한 포기조차 심을 수 없었기 때문이다."

섬의 가치를 인정한 구절은 찾아 볼 수 없다.[100] 신이 뿌린 바위 비로 표현할 정도로 돌과 돌가루 투성이라는 표현만이 그 섬의 실체인 볼썽사나운 화산섬을 연상시키는 구절이다. 이런 사실로 보아 그 넓은 대양의 한 가운데에 자리한 이 섬들은 발견 당시에 그들의 눈에는 대단한 것이 아닌 것으로 보였던 게 분명하다. 그렇다 그런 관점에서 그 섬은 쓸모없는 땅이나 마찬가지였다. 그가 보기에 쓸모없는 화산섬이 태평양을 뚫고 올라와 그 자리에 만들어져 있었다. 그러나 최근에 와서야 이들 스페인인들이 이 섬들을 발견하기 훨씬 전에 이미 남미의 원주민들이 이 섬을 찾았던 흔적이 있다는 사실이 고고학적으로 밝혀졌다.[101]

스페인 사람들의 그 발견으로 1570년대에 출간된 세계지도상에 처음으로 이 섬이 등장하게 되었지만 그 섬은 세월과 함께 사람들의 관심에서 사라졌다. 정작 해도에 비교적 정확하게 이 섬이 등장한 것은 데 베를랑가의 발견 후 150여 년이 지난 1684년 영국인 해적 콜리(Ambrose Cowley)에 의해서이다. 그 섬은 남미로부터 스페인으로 보내는 귀금속을 탈취하기 위한 해적들에게는 아주 중요한 기지의 역할을 했기 때문이다. 그는 해적이기는 했지만 아직도 지도에 등장하지 않았던 여러 개의 섬들을 해도에 올리는 업적을 남긴 이 이기도 하다. 당시의 해적은 합법적(?)인 해적과 그렇지 않은 해적 두 가지 부류가 있던 시절이었다. 스페인은 남미로부터 탈취한 금 은 보석 등 귀중한 물건들을 갤리선으로 스페인 본국으로 수송하는 선단을 공격하여 탈취하는 게 그들의 주된 활동이었다. 일부는 영국의 군주로부터 이런 탈취를 공식적으로 인정해주는 문서를 가지고 있었던 해적들이 있었으며 누구의 구속도 받지 않는 자신의 이익을 위해서만 움직이는 그런 해적들도 있었다. 그러나 스페인

갈라파고스에서 서식하고 있는 육지 이구아나의 모습 (사진: Óskar Guðaugsson).

입장에서는 그 두 부류가 다를 바가 없었다.[100] 오랜 해상활동을 하는 그들에게 이 섬에 서식하던 큰 거북은 중요한 단백질 공급원의 역할도 했다.

한때는 영국 해군으로 복무하였으며 탐험가이자 모피무역을 하던 제임스 콜넷(James Colnett, 1753-1806)이 1792년 이 섬을 방문하면서 이 섬이 태평양에서 포경기지로서 아주 적합하다는 사실이 널리 알려지게 되었다. 그의 보고서가 세상에 알려지면서 그 후 실제로 이 섬은 한때 태평양에서 조업하던 포경선의 중요한 기지로도 활용되었다. 포경선원들에게 이 섬에 서식하던 큰 거북들은 오랜 항해 기간 중 신선한 단백질의 공급원이 되었다. 포획된 거북들은 오랜 기간 먹이가 없이도 배안에서 생존이 가능했기 때문이다. 그러나 이 섬을 발견한 스페인은 이 섬을 소유하기는 했지만 그리 큰 관심을 기울였던 것 같지는 않다. 1832년부터 에콰도르의 영토가 되었으며, 정작 이 섬이 국제적인 관심을 끌게 된 것은 1835년 찰스 다윈의 일행이 탄 비글호가 이곳에 들른 후 '비글호 항해기' 를 출간하면서부터이고, 더더욱 유명세를 타게 된 것은 바로 '종의 기원' 에서 생물체의 자연선택에 의한 진화를 언급하면서 이 섬이 자주 등장하면서부터이다.[102]

현대인들은 이 섬 하면 곧장 연상하는 것으로 그 모양이 조금은 괴기스러운 도마뱀의 일종인 이구아나를 연상한다. 바다에 들어가 해초를 뜯어 먹으면서 사는 어두운 피부를 가진 이구아나가 있는가 하면 육지에서 서식하는 이구아나가 있다. 이구아나는 분명 갈라파고스를 대표하는 동물들 중의 하나이다. 다윈이 이 섬을 방문했을 무렵에도 이구아나를 보았으며 그는 바다 이구아나를 "혼탁한 검은 색을 띠는 소름이 끼칠 정도로 징그럽게 생긴 생물체로 미련해 보이고 움직임이 둔하다"라고 기재하였다. 육지 이구아나에 대해서는 "바다 이구아나에 비교해서 징그럽게 생기긴 했지만 먹을거리로 삼을 만했다"고 기술해 놓았다. 이구아나는 다윈에게만 그런 인상을 준 동물이 아니라 실제 그 섬을 들른 관광객이나 집안에서 자연 다큐멘터리 영상을 통해 이구아나를 본 사람들에게도 이구아나는 그 섬을 상징하는 동물로 각인시키기에 충분한 자격을 가지고 있다. 중생대를 호령하던 파충류들이 그런 모습을 가지고 있었지 않았나 하는 상상을 하게 만드는 동물이다. 하여튼 다윈은 이 섬에 서식하고 있는 생물종들을 관찰하면서 이런 다양한 생물종들이 육지와는 다른 환경에서 적응하기 위해 다양하게 진화했고 그 결과 생물다양성이 다르게 나타난 점을 주목하였다. 다윈은 갈라파고스 방문을 앞두고 그리고 처음 도착했을 무렵에는 그 섬에 대한 지질학적 현상이 주된 관심사였다. 그러나 생태학적 관찰결과를 정리하여 항해기를 출간하면서 진화론에 대한 영감을 얻고 진화에 대한 생각을 다듬는 결정적인 계기를 마련해준 장소가 되었다. 위대한 학자에게는 갈라파고스는 그저 태평양 위에 버려져 있듯이 놓여 있는 단순한 화산섬만은 아니었다. 갈라파고스는 늘 있는 대로 보여주고 있었지만, 드디어 아는 만큼 볼 수 있는 임자를 만난 셈이었다.

이 섬으로부터 가장 가까운 섬은 북쪽에 있는 코스타리카 영토의 코코스섬으로 720km나 떨어져 있으며, 남쪽으로 가장 가까운 섬은 3,200km나 떨어져 있는 이스터섬이다. 태평양상의 이들 두 섬 역시 지질학적으로는 매우 흥미 있는 섬으로 해저 화산활동으로 만들어진 섬들이다. 지각을 구성하는 큰 지판들 사이에 끼어 있는 작은 지판의 하나인 코코스판의 이름은 이 섬의 이름을 따서 만들어진 것이다. 또한 코코스판에서 유일하게 바다 위로 솟아 오른 섬이 바로 코코스섬이다. 갈라파고스제도는 지구

에쿠아도르 서쪽 972km 지점의 태평양 상에 위치한 갈라파고스제도의 위성사진(사진 출처: NASA). 열점에 의해 생성된 화산군도로 주로 현무암류로 만들어진 섬이다. 각 섬마다 동그란 형태의 분화구가 이런 종류의 사진에서도 관찰된다.

상의 가장 작은 지판의 하나인 코코스판과 접하고 있는 나즈카판에 해당된다. 대양의 한 가운데 있는 섬들은 거의 모두 해저 화산활동의 결과로 만들어진 것들이다. 갈라파고스제도 역시 해저 화산활동의 결과로 만들어진 섬들이다. 갈라파고스제도에서 가장 오래된 섬은 이 제도의 가장 남쪽에 위치한 에스파뇰라섬으로 불과 3백5십만 년 전에 만들어진 것이다. 인류의 시계로는 3백5십만 년 전이면 인류의 시작을 뛰어 넘는 아주 오래된 시간일지 몰라도 46억 년이라는 지구의 나이를 고려한 지질시대로는 가장 최근의 일에 해당되기 때문에 불과 3백5십만 년이라고 해도 이상할 게 없는 일이다. 이 갈라파고스 제도에서 가장 큰 섬은 서쪽에 있는 면적이 4,640km^{2}이고 길이가 160km인 이사벨라섬으로 이 제도 중 가장 젊은 나이인 약 1백만 년 전에 만들어진 섬이다. 가장 큰 섬답게 이 제도의 최고봉인 1,707m의 울프화산이 위치하고 있다. 이 섬은 6개의 화산이 합쳐져서 만들어진 것으로 마치 잘 연결된 분화구의 사슬처럼 보이는 섬이다. 인공위성으로 촬영한 사진에서도 이들 둥그런 분화의 모습은 뚜렷하게 보인다. 이 지역의 평균 수심을 고려하면 이 화산들은 태평양의 바닥으로부터 수천 미터를 훌쩍 뛰어 넘는 장기간의 지속적인 분출결과로 만들어진 것이다. 바다 위로 드러난 크기는 비록 작지만 그 아래 숨겨져 있는 화산체의 크기는 결코 작다고만 할 수 없는 몸체를 가지고 있다. 실제로 대양의 한 점으로 보이는 이들 섬들은 쉽게 상상하기 어려운 큰 화산활동의 결과로 오랜 기간에 걸쳐 만들어진 것이다.[103] 대륙으로부터 멀리 떨어진 이 섬에서 서식하고 있는 생물종들이 독특한 종분화를 하기에는 안성맞춤의 위치이며, 이 군도의 여러 섬들 역시 적당한 거리로 떨어져 있어 요행이 대륙으로부터 건너온 생물종이라 할지라도 차별화된 종의 분화가 가능한 조건을 갖추고 있었다. 이런 점이 외딴 화산군도 갈라파고스군도가 중요한 이유이다.

지금은 거대한 화구가 약간은 무너져 내린 채 만들어진 칼데라가 평화롭게 보이지만 그 밑의 마그마방은 살아있으며, 잠시 숨고르기를 하고 있는 중이다. 숨고르기가 끝이 나고 마그마방의 에너지가 보강되면 다시 화산 분출을 계속할 것이다. 이 지역의 지판은 동진을 하기 때문에 서쪽으로 갈수록 섬의 나이는 젊어지며 맨 서쪽에 있는 페르난디나섬에서 분출된 용암들은 킬라우에아에서 분출된 용암처럼 태평양으로 밀려들어가 새로운 해안선을 만들어간다. 이 섬 페르디나도가 만들어지기 시작한 화산활동은 약 70만 년 전에 시작되었지만 이 섬이 바다 위로 모습을 나타낸 것은 불과 3만 년 전으로 추정하고 있으며 그 이후로 계속 키를 키워 이제는 해발 1,500여m로 성장하였다.[100] 이제는 멀리서 보아도 순상화산섬이라는 것을 한 눈에 알아 볼 수 있게 되었다. 한때 이 섬을 마법의 섬(Las Encandatada)라고도 불렀는데 그런 이름이 붙여진 이유를 알 수 있을 것 같다. 대평양 심해의 지각을 뚫고 올라와 만들어진 이 화산제도들을 마법에 의해 만들어졌을 것이라고 상상하는 것은 그럴듯하게 여겨지기 때문이다. 그러나 정작 마법의 섬이라는 이름이 더 널리 알려진 것은 이 섬을 비글호가 다녀간 6년 뒤인 1841년 포경선 아커쉬네트(Acushnet)호의 선원으로 태평양에서 조업하다가 들른 허만 멜빌(Herman Melville, 1819-1891) 때문이다. 그는 그 섬에서의 경험을 토대로 1856년에 『마법의 섬 *The Encantadas*』이란 단편소설을 발표하였다.[104] 멜빌의 이 작품이 갈라파고스를 유명한 섬으로 만든 것은 아니었지만 그 섬에 대한 멜빌의 인상은 악몽과 같은 것이었다고 술회하고 있다. 그의 인상은 낭만적인 태평양의 아름다운 섬과는 거리가 먼 곳이었음을 알 수 있다.

『갈라파고스: 세상을 바꿔 놓은 섬』을 쓴 폴 스튜어트(Paul D. Stewart)는 이런 화산 분출구를 "지옥의 입"이라는 재미난 표현으로 불렀으며 이들 갈라파고스 군도는 지질학적 컨베이어벨트처럼 나스카판이 서진하면서 열점으로부터 솟아 올라와 차례로 질서정연하게 만들어졌다. 지옥의 입은 지질학적으로는 열점이라고 부른다. 열점은 맨틀플륨이 지표에 도달하는 지점이라고 생각하면 된다. 이런 지구 내부의 현상은 뒤에서 다시 설명하기로 하겠다. 지구의 심연 맨틀로부터 기원되는 플륨은 대략 100km 정도의 직경을 갖는 뜨거운 암석의 거대한 기둥과 같은 것이다. 맨틀플륨은 주변의 암석들보다는 상대적으로 더 고온이기 때문에 상대적으로 밀도가 낮아 일 년에 약 10cm 속도로 상승을 한다. 아직도 이 맨틀 플륨이 상승하기 시작하는 깊이는 과학적인 논쟁의 대상으로 확실하게 해결된 것은 아니다. 하여튼 맨틀 플륨의 위치가

갈라파고스제도 중 이사벨라 섬의 북부 일부(가운데)와 페르난디나섬(왼쪽)과 산티아고섬(오른쪽)과 핀존섬(오른쪽 하단)의 위성사진(사진: NASA). 이사벨라섬의 북쪽에 있는 화산이 1,707m의 울프산으로 이 군도 중 가장 높은 산이다. 이사벨라섬 남쪽의 큰 분화구는 1,125m의 알세도화산 칼데라이다. 이런 분출구는 이 섬이 화산분출에 의해 만들어진 섬임을 확실하게 보여준다.

지질시대를 통하여 장기간 고정된 위치를 지키고 있는 것으로 보아 더 깊은 곳으로부터 시작된다는 쪽에 더 많은 학자들이 동조를 하고 있다.

하여튼 맨틀플룸이 지표 가까이에 상승을 하게 되면 압력이 감소되면서 플룸의 일부가 용융이 일어나는데 이런 부분용융이 일어나는 심도는 150km 정도로 추산하고 있다. 그 이하의 깊이에서는 온도는 충분히 이런 종류의 암석으로 녹이기에 충분한 온도이지만 압력이 높기 때문에 용융체로 존재하지 않는 것이다. 물론 맨틀플룸이 상승하여 압력이 감소한다고 해서 그 전체가 용융되어 마그마를 만드는 것은 아니며 그 중 일부 약 20% 정도만이 용융된다. 그래서 이런 용융을 부분용융이라고 부른다. 이 깊이에서 용융된 마그마는 지구의 최상층부를 구성하고 있는 단단한 암석권에 막혀 상승하지 못하게 되어 모이게 되는데 이를 마그마방이라고 부른다. 갈라파고스가 위치한 지역의 암석권은 이제 막 중앙 해령으로부터 만들어 진 해양지각으로 상대적으로 얇은 두께를 가지고 있다. 이런 해양지각은 15km를 상회하기 어렵다. 그 바로 아래에는 150km 정도에서부터 용융되기 시작한 마그마방이 위치하고 있다. 이들 마그마는 가끔 지표로 분출되기도 하는데 이게 바로 화산활동이다. 이런 지하 깊숙한 마그마방에 갇혀 있던 용암들이 분출에 의해 만들어진 것이 바로 갈라파고스군도이다.[103]

이 섬들이 위치한 나스카판은 남아메리카판을 향하여 일 년에 4cm의 속도로 이동하고 있다. 측정하기조차 어려운 작은 값이다. 그러나 이런 운동의 위력은 바로 시간의 함수로 나타나기 때문에 매우 극적인 현상이 된다. 지질학적으로 백만 년이라는 기간은 그리 긴 지질학적 시간이 결코 아니다. 일 년에 4cm의 이동을 백만 년으로 곱하면 그 거리는 40km가 된다. 천만 년을 곱하면 400km가 된다. 그러면 그 거리는 우리가 인식하는 단위로도 큰 단위가 된다. 바로 그런 결과로 오늘날의 갈라파고스 군도가 자리하게 된 것이다. 이 군도 중 가장 오래된 에스파놀라섬이 바로 3-4백 만 년 전의 화산활동으로 만들어진 섬이지만 그런 미미한 이동의 결과로 동남쪽에 외톨이처럼 위치하게 된 것이다. 지난 200여년 간 이곳 군도의 각기 다른 화산에서 60여 회 이상의 크고 작은 규모의 화산분출이 기록되었다. 가장 서쪽에 있는 이 군도 중 가장 젊은 섬 페르난디나섬은 그런 면에서는 가장 활동적인 곳이다. 그곳에서는 하와이의 킬라우에아에서처럼 바다로 흘러드는 용암을 바라볼 수 있는 곳이기도 하다.[100] 지옥의 입을 흘러나온 용암들은 여러 가지 재미난 흔적을 만들어 놓기도 한다. 특히 이들은 점도가 낮기 때문에 유동성이 매우 높다. 그래서 흐르는 용암의 표면은 대기와 접촉하면서 빠른 속도로 냉각되어 단단하게 굳어지는데 반하여 계속되는 라바의 공급은 그 안에서 살아있는 생물처럼 계속 흐르게 마련이다. 만약 라바의 공급이 중단되게 되면 그 안을 흐르던 라바가 빠져 나가면서 용암동굴을 만들기도 한다. 이런 현상은 제주도의 만장굴에 가서도 확인할 수 있다. 화산이 분출하면서 주변에 약한 틈새를 따라 작은 분출이 일어나기도 하는데 이런 것을 기생화산이라고 부른다. 큰 화산 주위에는 무수한 기생화산이나 분석구들이 여기저기 많이 만들어진다. 갈라파고스 역시 예외는 아니다. 이제 우리는 이런 섬을 만드는 지질작용을 이해하기 위해 판구조론의 발전과정을 조금 더 자세하게 알아보기로 하자.

대륙이 움직인다

지구 내부에는 여러 개의 대류 세포들이 있는데, 대류세포들이 상승하는 지점에서는 맨틀의 뜨거운 암석들이 상승을 하는 지점이 된다. 갈라파고스군도가 바로 그런 곳이다. 이런 생각이 과학계의 정설로 자리 잡는데도 오랜 시간이 필요했다. 이미 대륙이 이동된다는 것은 앞서 여러 번 기술하였다. 열점이나 대륙의 이동과 같은 지질작용들은 서로 밀접하게 연관된 현상이다. 이쯤에서 이런 현상을 설명하는 이론의 발전과정을 조금 더 자세하게 살펴보기로 하자. 이런 이론들은 바로 지구에서 일어나는 크고 작은 지질작용을 설명하는 근본적인 개념이기 때문이다. 독일의 알프레드 베게너(Alfred wegener, 1880-1930)에 의해 1915년에 발표된 『대륙과 해양의 기원』이란 저서에서 제의된 '대륙이동설'이 시발점이었으며 그 가설은 곧 바로 논쟁의 중심이 되었다. 당시로서는 아무도 생각하지 않은 대륙이 이동된다는 가설을 발표하였던 것이다. 그는 이 책을 다음과 같은 서문으로 시작하였다.[75]

1930년 그린랜드 탐사에 나선 독일의 기상학자 알프레드 베게너(Alfred wegener, 1880-1930). 그는 대륙이동설을 제의하였다.

> 지구과학의 모든 분과들은 우리 지구의 옛 모습에 대한 증거를 찾는데 노력해야 하며, 그 결과를 모두 종합해야만 우리는 비로서 진리에 도달하게 된다. 그러나 지금 과학자들은 이 사실을 아직 충분히 알지 못하는 것 같다.

대륙이동설이란 말 그대로 대륙들이 제자리에 있는 게 아니라 서서히 이동된다는 이론이다. 그가 서문에서 밝힌 대로 당시 그가 수집할 수 있는 모든 정보를 종합하여 대륙이 이동되었다는 사실을 확인하고 이를 주장하였다. 독일의 기상학자인 베게너에 의해 발표된 그런 가설은 처음에는 거의 전적으로 무시되었다. 그런 이유를 설명하려면 베게너가 누구인지를 설명해야 한다. 그는 1905년 베르린대학에서 기상학으로 박사학위를 받은 기상학자이자 북극 탐험가였다. 사실 그는 북극권에서의 기후 변화를 연구하기 하기 위해 북극을 찾았다고 하는 편이 더 적합한 표현일 것이다. 그는 기상학 분야에만 안주하는 학자는 아니었으며 자신이 관심을 가진 분야에는 주저 없이 달려드는 다재다능한 학자였다.

그의 관심은 의외로 간단한 사실로부터 시작되었다. 바로 세계지도였다. 아프리카 서부 해안과 남아메리카의 동부 해안이 지형적으로 잘 들어맞는다는 점에 주목을 했다. 그런 사실을 처음 알아차린 것은 엉뚱하게도 과학자가 아닌 고전경험론의 창시자인 프란시스 베이컨(Francis Bacon, 1561-1626)이었다. 그가 1620년에 펴낸 『노붐오르가눔 *Novum Organum*』에서 그는 사족을 달지 않은 채 그런 사실 만을 기록으로 남겨두었다. 그 이후에도 다른 박물학자나 지질학자들이 그런 사실을 알아차리고 대륙이 한 덩어리로 있다가 이동되었을 가능성을 제기하기도 했으나 그리 큰 주목을 끌진 못했으며, 오히려 당시 지질학계의 패러다임에 반하는 그런 생각은 철저하게 무시되었다. 그러나 베게너가 지형의 일치성에 더하여 대륙이동에 더 큰 관심을 가진 것은 물론 우연히 접한 남미와 아프리카 대륙에서 산출되는 화석자료가 일치한다는 점을 발견하고 나서부터이다. 그는 당시까지 발표된 연구 자료를 종합하여 두 대륙을 붙여 놓았을 때 화석자료와 지층의 연속성을 증거로 제시하여 1915년 그의 저술에서 대륙의 이동가능성을 제기하였다. 그 역시 초기에는 무시에 가까운 배척을 받았다.

당시에도 지질시대를 거슬러 올라가면 두 개의 큰 대륙이 있었던 것은 알려져 있던 시기였다. 남쪽에는 거대한 대륙 곤드와나가 있었고, 북쪽에는 또 다른 거대한 대륙 로라시아가 존재하고 있었다는 점은 이미 인정하던 시대였다. 그 두 개의 대륙사이에는 거대한 테티스라는 대양이 존재한다고 믿었다. 베게너가 자료를 모으면 모을수록 지질시대를 거꾸로 올라가면 이 두 대륙조차도 한 덩어리로 뭉쳐져 있는 초대륙이 존재한다는 그의 가정에 더 부합되기만 했다. 그는 이 하나로 된 초대륙을 팡게아(Pangea)라고 부르기로 했다.

그는 1929년 『대륙과 해양의 기원』의 제4판으로 개정판을 내면서 당시 학계의 냉대와 무시를 숨기지 않고 그의 불편한 심기를 밝히고 있다. 당시 그의 이론에 대한 비판을 서슴치 않았던 고생물학자 폰 이헤링(Herman von Ihering, 1850-1930)이 말한 "지구물리학적으로 어떤 일이 일어났는지는 내가 걱정할 일이 아니며, 오직 생물의 역사만이 과거의 지리적 변천을 파악하게 한다"는 그의 말에 일침을 가한다. 그는 나아가 흔히 과학자들은 자기의 전문분야만이 결정을 내리는데 가장 적임이라고 생각하는 것은 잘못된 것이며 실제로는 그와 반대의 경우가 많다는 점을 지적하고 있다.[77] 어떤 생물학자들은 이런 생물종들의 유사성 즉 동일한 화석이 멀리 떨어진 두 대륙에서 발견되는 것은 지금은 바다 밑으로 사라진 육지의 연결고리가 있어서 가능한 일이었다는 "육지 다리"라는 우스꽝스러운 이론을 들고 나오는 이들도 있었다. 그런 발상을 처음 제기한 이는 스위스의 고생물학자인 마르코우(Jules Marcou, 1824-1898)였다. 그는 대륙에서 생물종의 유사성을 설명하기 위해 몇 개의 육지다리를 고안해 냈다. 대륙이동설을 부정하던 이들에게는 전가의 보도처럼 마르코우가 오래전에 고안해 놓은 육지 다리 이론을 들고 나오기 일쑤였다.[105]

실제로 베게너가 팡게아란 용어를 제의 했는지에 대해서는 이론이 있다. 그러나 누가 그 이름을 제의했느냐가 중요한 것은 아니며, 초대륙의 존재를 제의하고 초대륙으로부터 대륙이 떨어져 나와 이동했다는 것을 밝힌 것이 중요한 사실이다. 그의 대륙 이동설에 대하여 당시 지질학계가 심한 반발을 한 주된 이유는 베게너가 대륙이동을 일으키는 힘을 타당하게 설명하지 못한데 있었다. 그가 대륙이동설을 발표했던 초기에 대륙을 이동시키는 힘이 지구 자전에서 발생되는 원심력에 의할 것이라는 설명을 덧 붙였으나 그런 힘만으로는 대륙이 이동되기에는 역부족이라는 사실들이 밝혀지면서 반대론자들에게 더 큰 반대의 명분만 만들어준 셈이 되었다. 그렇다. 그런 힘만으로는 대륙이 이동될 수는 없다.[106] 과학적인 지식이 조금만 있어도 그런 힘만으로는 불가능하다는 점을 쉽게 계산할 수 있었다. 베게너가 자신의 이론을 설명하며 도움을 청했던 암석의 변형과 단층을 연구했던 독일의 지질학자 한스 클로스(Hans Cloos, 1885-1951)는 후일 당시의 분위기를 다음과 같이 전하고 있다. 그는 베게너의 이론은 쉽게 이해할 수 있는데다 확고한 토대 위에 참으로 흥미진진한 생각을 세운 것이었으며, 대륙이 표류하는 등 산맥의 형성을 설명하고 있어 믿고 싶은 유혹적인 것이었지만 증거부족으로 그 자신이 믿음의 유혹에 빠지는 것을 막았다고 밝히고 있다. 미국의 지질학자 토마스 체임벌린(Thomas Chamberlin, 1843-1928)은 "이런 가설을 믿어야 한다면, 지난 70년 동안 우리가 배운 것을 모두 잊어버리고 처음부터 모든 걸 새로 시작해야 한다"라고 말할 정도였다. 반론은 거기서 끝나지 않았으며 어떤 학자들은 점잖지 못한 표현으로 거의 인신공격에 가까운 천박한 공격을 마다하지 않았다.[107]

이 대륙이동설을 반대하는 학자들이 제기하는 문제의 핵심은 대륙을 움직이는 힘의 근원을 설명하지 못한 점을 언제나 첫 번째로 들고 나왔다. 그런 반대론자의 중심에는 당시 저명한 지구물리학자인 해롤드 제프리스(Harold Jeffreys, 1891-1989)가 있었다. 그는 한 마디로 그 이론은 불가능한 가설이라고 단정지었는데 그 이유는 바로 대륙을 움직일 수 있는 그런 힘이 어디에도 없다는 것이었다. 그는 대륙들이 현무암 대양들을 가로질러 항해하는 거대한 화강암 범선들처럼 되는 것은 불가능하다고 비판하였다. 더군다나 중요한 증거로 제시된 곤드와나 대륙에 발달해 있는 석탄기-페름기의 빙하의 증거들이 도대체 무슨 의미가 있느냐는 식의 비난을 퍼부었다. 당시의 지질학계를 지배하던 패러다임이 "지구 수축설"이었다는 점을 감안하면 제프리스도 펼칠 수 있는 반박이었으나, 오늘날 돌이켜 보면 하지 않아도 좋을 이야기까지 한 셈이었다. 지구 수축설이란 원래 지구는 뜨거운 상태로 만들어졌기 때문에 시간이 지나면서 오늘날처럼 식어졌다는 것이다. 그래서 지구는 시간이 경과함에 따라 수축을 했기 때문에 부피가 줄어들었다는 이론에 바탕을 두고, 지구 표면에서의 이동은 수직적인 이동은 가능하지만 대양을 항해하는 화강암 범선들처럼 수평적인 이동은 불가능하다는 것이다. 이것은 마치 사과를 불에 가열하면 수분을 잃어버리면서 쪼그라드는 것을 연상하면 된다. 바로 "구운 사과 이론"을 말하는 것이다. 사실 구운 사과 이론은 쥐스(Eduard Suess, 1831–1914)가 쓴 당시의 교재 『지구의 얼굴 *Das Antlitz der Erde*』에 "지구가 쭈그러드는 것은 내재적인 성질이다"라고 간명하게 표현하였다. 그렇게 작용되는 수축력이 지각 전반에 걸쳐 휘게 하는 힘이 만들어지고 이 힘에 의해 침강해서 육지가 바다도 되고 반대로 융기하여 바다가 육지가 된다는 것이다. 베게너는 이런 작용에 의해 모든 지질현상을 설명하는 것에 대해 강한 의문을 제기하였지만 당시의 사정은 베게너의 편만은 아니었다. 학계의 오랜 믿음은 그것도 아마추어 지질학자나 다름없었던 베게너의 이론을 쉽게 받아들이지 않았다. 사실 지구는 만들어질 때부터 뜨거운 불덩어리는 아니었지만 당시의 지질학적 지식은 거기까지 미치지는 못했던 시절이었다. 베게너는 불씨나 다름없는 논쟁거리를 던져 놓고 그는 극지의 기후연구를 위해 만년설과 빙하로 뒤덮인 그린랜드 내륙 400여km 지점에 설치한 관측소에서 일하고 있었다. 당시의 동료들은 그가 매우 행복해 했으며, 그가 불러일으킨 학계의 대 폭풍에는 별로 신경 쓰지 않았다고 한다. 1930년 11월 1일 그가 그린랜드 서해안에서 동료들을 위해 월동용 기름을 공급하기 위해 스키를 타고 관측소를 출발한 것이 그의 마지막 모습이었다. 아무도 그 이후 그를 본 사람이 없었다. 그의 시신은 이듬해 5월 새로

맨틀대류를 주장한 영국의 지질학자 아서 홈스(Arthur Holmes, 1890–1965)의 노년기의 모습.

파견된 원정대에 의해 발견되었다.[107]

그러나 영국의 지질학자 아서 홈스(Arthur Holmes, 1890–1965)의 생각은 당시 대부분의 지질학자들의 생각과는 달리 베게너의 이론을 믿었다. 지구를 구성하는 껍질인 지각 아래로는 맨틀이라는 부분이 있다. 이 맨틀은 큰 덩어리로 대류를 한다. 이런 생각은 1929년 영국의 젊은 지질학자인 홈스에 의해 제의되었다. 그가 맨틀대류를 제의하기 이전 그는 이미 지질학계에 뚜렷한 인물로 각인된 상태였다. 그는 우라늄–납동위원소를 이용하여 지구의 나이를 측정하는 방법을 이용하여 노르웨이의 데본기 암석 나이를 3억 7천만 년으로 측정하였다. 홈스가 학부를 졸업한 그 이듬해 1911년 모잠비크에서 광물탐사를 하는 지질학자로 일하는 동안 런던의 왕립학회에서 그런 논문을 발표할 정도로 뛰어난 재능을 가지고 있었다. 당시 그의 나이는 21세였다. 모잠비크에서 그의 자원탐사는 성공하지도 못한 채 그곳에서 얻은 말라리아 때문에 6개월 후 귀국을 했다. 귀국 이후 그가 이룬 과학적 성취를 되돌아보면 영국으로의 귀환은 과학의 진보를 위한 다행스러운 행보였다. 1913년에 그는 『지구의 나이』란 유명한 책을 펴냈는데 그는 그 책 속에서 그가 한 실험결과를 토대로 지구의 나이를 16억 년으로 추정하였다. 그때 그의 나이는 23세였다. "근본적으로 새로운 패러다임을 만들어내는 것은 거의 항상 젊은이 또는 그 분야의 신출내기들이다"라는 토마스 쿤(Thomas Kuhn, 1922–1996)의 말이 생각나는 대목이다. 패러다임(paradigm)이라는 용어는 토마스 쿤에 의해 만들어졌다. 그는 패러다임을 한 시대의 '정상 과학'을 정의하는 사고방식을 말하며, "과학 공동체가 인정하는 토대로, 그 분야의 연구는 이 토대 위에 이루어진다"라고 정의하였다.[108] 홈스는 쿤의 말대로 지질학계의 신출내기이자 젊은이였다.

과학 분야에서 일반적으로 지배적인 패러다임은 한가지뿐이라고 믿는 이들은 패러다임이 다른 것으로 바뀔 수는 있어도 공존할 수는 없다는 견해를 가진다. 그러나 어떤 이들은 한 가지 이상의 패러다임이 공존할 수 있다고 주장을 하기도 한다. 나름대로의 그럴듯한 논리를 가지고 있지만 그러나 실험적 방법론이 중시되는 자연과학에서는 여러 개의 패러다임이 공존한다는 것은 어려운 일처럼 느껴진다. 요즘에 패러다임이라는 용어는 여러 분야에서 원래의 의도와는 본질적으로 다르게 사용되고 있지만 하나도 우스꽝스럽지 않은 시대가 되었다. 당시 지구의 나이가 그렇게 오랜 것으로는 생각하지 않았던 시절 지구의 나이를 기독교적 세계관이 본 수천 년으로부터 탈피시켜 방사성동위원소에 의한 절대연령 측정으로 16억 년까지 끌어올린 아서 홈스의 연대측정 결과는 패러다임의 전환이 요구되는 대목이었다. 그러나 기독교 세계관으로 지구의 나이를 생각하던 편에 있던 이들의 저항은 만만치가 않았다. 그는 지속적인 실험의 개선을 통하여 1927년 그의 저서에서 지구의 나이를 30억 년으로 끌

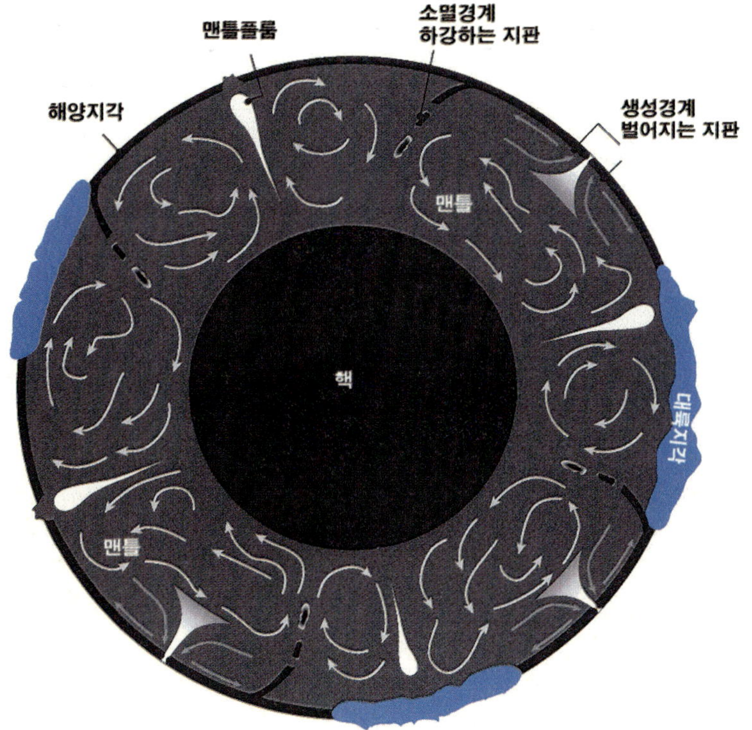

1929년 영국의 지질학자 홈스에 의해서 제의된 맨틀대류설을 설명하기 위한 단순화시킨 개념도. 지각 하부의 맨틀은 몇 개의 대류세포로 나뉘어져 대류를 한다. 고상인 맨틀은 단기간에 걸쳐 보면 움직이지 않는 것처럼 보이지만 장기간에 걸쳐 보면 하부의 덜 조밀한 암석은 상승을 하고, 상승한 암체는 냉각되면서 하강을 한다는 것이 맨틀대류설이다. 대류세포들이 하강하는 곳은 지판의 소멸경계가 되고, 상승하는 경계는 맨틀플룸을 만들거나 새로운 지각을 만드는 생성경계가 된다.

어 올렸다. 그러나 그 나이는 1956년 클레어 패터슨에 의해 베링거운석구 근처에서 채취한 운석으로부터 납동위원소를 이용하여 측정한 실제 지구의 나이인 46억 년과는 아직도 차이가 큰 나이였지만 말이다. 과학 역시 생명체의 진화처럼 오류를 걸러내는 자정능력을 가진 것처럼 발달한다. 이제 지구의 나이가 46억 년이라는 점은 모든 사람들이 인정하는 과학적인 사실로 정착되었다.[109]

홈스는 맨틀이 대류하는 원인을 방사성 붕괴열 등에 의해 지구 내부의 온도는 증가하고, 그 결과 암석은 덜 조밀한 상태가 되어 밀도가 낮아지면 부력에 의해 상승을 한다는 것이었다. 지표가까이로 상승한 암체는 다시 냉각되어 밀도가 커지면 아래로 가라앉는다는 것이었다. 그 논문이 인쇄된 것은 1931년이었지만 그가 이 논문을 발표한 것은 몇 해 전 1927년 12월 에딘버러에서 열린 지질학회에서였다. 그의 논문 제목은 「대륙 이동을 도모하기 위한 순수한 가설적 메카니즘」이라는 겸양을 부린 유보적인 제목이었지만 사실 그의 믿음은 확고했다. 당시 그의 맨틀대류 이론은 너무 추상적이라는 학계의 비판을 받아야 했으며, 반대론자들은 여전히 맨틀대류에 의한 힘도 대륙판을 이동시키시기 위해서는 충분하지 못하다는 반대에 직면했다. 그러나 맨틀대류설은 베게너에 의해 제의되었던 대륙이동설을 지원해주는 계기가 되었으며, 이는 결국 지질학계의 패러다임을 바꾼 '판구조론'의 발전으로 연결되는 매우 중요한 시발점이 되었다.[78]

홈스가 1944년에 쓴 『피지칼 지올로지의 원리 *Principles of Physical Geology*』는 출간 이후 18쇄나 찍을 정도로 인기 있는 교재가 되었다. 그 교재의 마지막 장은 대륙이동설을 다루고 있었다. 그는 당시 베게너 이후 다른 고생물학자들이 모은 자료를 통하여 대륙이 이동된다는 확신을 가지고 있었다. 그러나 모든 일이 그러하듯이 기존체계에 반하는 이론을 주장하는 초기단계의 시작은 언제나 어려운 벽에 부딪치기 마련이다. 물리학자 막스 플랑크(Max Planck, 1858-1947)의 "중요한 과학적 혁신은 적들을 조금씩 설득하면서 점진적으로 이루어지지 않는다. 적들이 점점 죽어 없어지고 다음 세대가 자라나서 이 아이디어에 익숙해져야 혁신이 받아들여지는 것이다"라는 경구가 적용되는 경우였다.

우리가 아직도 지구 내부를 속속들이 파악하지 못하였기 때문에 이들 대류세포들이 어떻게 위치하는지를 아직도 완전하게 이해하고 있지 못한 상태이다. 그러나 여러 개의 대류세포가 존재하는 것은 확실하며 그들 대류세포들 중 상승하는 지점을 맨틀플룸(mantle plume)이라고 부른다. 지구 내부의 대류세포들이 만든 상승하는 곳이 있다면 지구 어디에선가는 하강하는 곳도 있게 마련이다. 바로 맨틀플룸은 지구 내부의 깊은 곳으로부터 대류에 의해 뜨거운 물질들이 상승하는 곳이다. 이들 물질들은 비록 온도가 높기는 하지만 높은 압력 때문에 모두 용융된 상태로 존재하는 것은 아니다. 사실 이런 고상의 물질들이 흐른다는 것은 과학자가 아닌 보통 사람들에게는 물론 당시의 과학자들조차도 쉽게 이해되지 않는 대목이었다. 당시 이 분야의 전문가 그룹인 지질학자들도 예외는 아니었다. 그래서 홈스의 맨틀 대류에 관한 논문은 출간되기까지 몇 년을 기다려야 했다. 이는 학자들의 의견이 전적으로 그의 새로운 이론에 동조하지는 않는다는 신호였다. 사실 맨틀플룸이 학계에서 하나의 이론으로 정착되는 데에는 프린스턴대학의 윌리엄 모간(William Jason Morgan) 교수의 역할이 컸다. 홈스의 맨틀 대류로 시작되어 투조 윌슨(John Tuzo

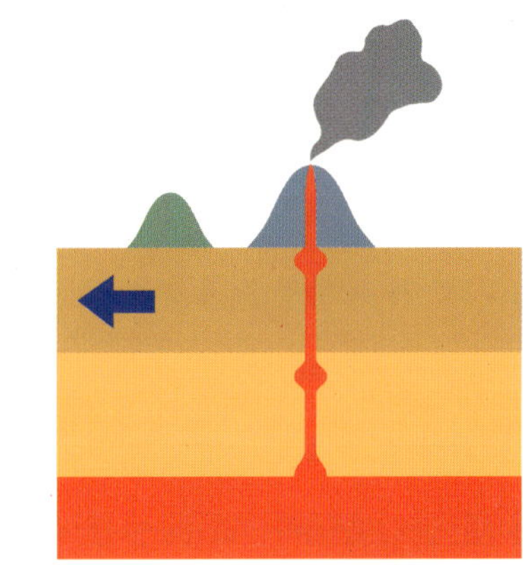

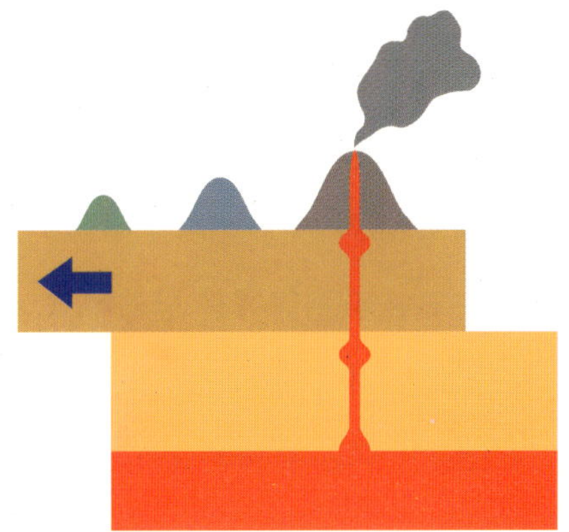

맨틀에서 상승하는 맨틀플룸을 나타낸 모식도. 적색으로 칠한 맨틀에서 기원된 마그마는 암석권을 지나 판구조 운동에 의해 이동을 하는 지판을 통하여 분출한다. 만약 지판의 이동이 서쪽으로 진행되고 있다면 동쪽으로 가면서 새로운 화산활동이 일어난다.

Wilson, 1908-1993)은 맨틀대류 시 구형의 상승하는 기둥이 있다고 생각하고 이를 열점이라고 불렀다. 그런 예로 하와이군도를 지적하였다. 그 이론을 발전시켜 1971년 맨틀플룸으로 발전시킨 이가 바로 모간 교수이다.[110]

플룸의 맨틀대류에 의한 상승속도는 위치에 따라 다르기는 하지만 대략 일 년에 약 10cm의 속도로 상승하는 것으로 알려져 있다. 이들이 상승되는 위치를 알아내는 방법은 아직도 해결되지 않은 문제 중의 하나이다. 어떤 학자들은 하부맨틀과 상부맨틀의 경계부인 약 670여km의 심부로부터 올라온다고 믿는 이들이 있는가 하면, 맨틀대류세포는 상부와 하부 맨틀이 하나로 되어 있어서 더 깊은 곳, 즉 핵과 하부 맨틀의 경계부인 2,900km 지점으로부터 상승한다고 믿는 학자들도 있다.[110] 또 어떤 학자들은 상대적으로 낮은 곳과 깊은 곳에서 모두 다 상승할 수 있다는 주장을 하기도 한다. 이런 문제는 지질학자들이 앞으로 해결해야 될 과제들 중의 하나일 것이다. 우리가 지구의 내부 사정을 모르는 것은 이것만이 아니다. 어떤 면에서는 우리가 아는 외계의 지식보다도 불확실성이 더 큰 문제들이 허다하다.

더 깊은 곳으로부터 상승한다고 주장하는 학자들은 이런 맨틀플룸의 위치가 수천만 년 동안 변함이 없다는 사실을 지적한다. 단지 맨틀플룸에 기인된 화산의 위치가 변동되는 것은 지각을 구성하는 지판의 상대적인 이동 때문이라는 것이다. 오늘날 대부분의 지질학자들은 이 의견에 동의한다. 이런 현상은 말보다는 그림으로 설명하는 게 훨씬 이해하기가 쉽다.

지금까지 지구의 여러 곳에서 맨틀플룸이 확인되었다. 가장 잘 알려진 것이 하와이군도이며, 태평양에서 활동하고 있는 사모아나 이스터섬 또는 갈라파고스군도가 있으며, 북미 대륙의 옐로우스톤 그리고 대서양의 트리스탄과 아이슬랜드 그리고 아프리카의 아파르와 리유니언 등 아주 여러 곳이 맨틀플룸으로 만들어진 열점으로 지목받고 있다. 그러나 이런 열점의 목록은 모든 학자들이 동의하는 것은 아니다. 어떤 학자들은 이런 곳을 맨틀플룸으로 여기지 않는 이도 있으며, 어떤 학자들은 맨틀플룸의 목록을 더 길게 늘려 놓기도 한다.[111,112] 이는 바로 우리가 아직도 해결해야 될 문제점이 많이 남아 있다는 것을 의미한다. 그러나 아직 그런 불확정성이 있음에도 불구하고 발견되는 많은 과학적인 증거들은 맨틀플룸의 존재를 확실하게 해주는 것들이다.

쪼개진 지각의 경계들

이 시점에서 지판의 이동을 설명하는 판구조론(Plate tectonics)의 발전과정을 돌이켜 보는 것은 우리가 지구를 이해하는 데 도움이 될 것이다. 이미 앞서 설명한 대로 지판의 이런 이동은 알프레드 베게너의 '대륙이동설'로부터 시작되었으며, 여러 학자들의 공동 노력으로 20세기에 이르러서야 확립된 이론이다. 이 이론이 현대 과학의 발전 단계로 보아도 아주 뒤늦게 정립되었다는 것은 그처럼 해결하기가 어려운 거시적인 대상이었음을 단적으로 말해주는 증거일지도 모른다. 이 이론의 발달과정을 상세하게 설명하는 것보다는 판구조론을 쉽게 요약하는 편이 이 책의 독자들을 위해서는 더 필요한 일로 여겨진다. 그렇기는 하지만 '지각판'이라는 개념을 내놓아 이런 현상으로 판구조론으로 엮기 시작한 학자가 투조 윌슨이라는 점은 잊지 말아야 한다. 그는 1965년 네이처지에 발표한 논문에서 처음으로 이 개념을 사용하였다.[113]

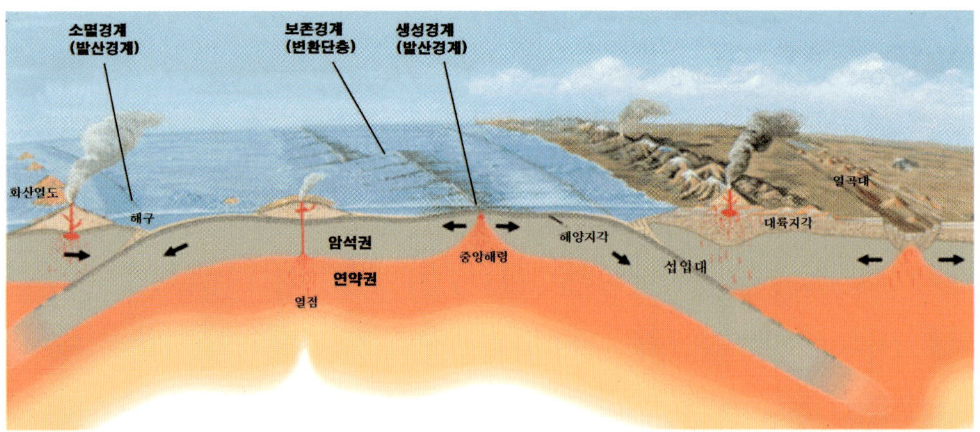

지판의 경계를 보여주는 개념도(그림: USGS). 중앙해령의 새로운 지각이 생성되는 생성경계(발산경계)와 두 지판이 만나 소멸되는 소멸경계(수렴경계)와 지판의 생성과 소멸과는 관계없이 수평적인 이동만 일어나는 보존경계(변환단층)의 모습. 맨틀대류에 의해 지각으로 분출되는 맨틀플룸에 의해 만들어지는 열점을 보여준다.

판구조론이란 거시적 관점에서 지구를 통째로 하나의 연구 대상으로 바라보게 한 이론이었다. 그것은 지금까지의 연구와는 다른 접근 방식이었으며 새로운 사고체계가 동원되어야 하는 일이었고, 지질학의 패러다임을 바꾸는 획기적인 일이었다. 그런 일은 아무리 뛰어난 학자라고 해도 혼자만의 관찰이나 사색으로 결정될 성질의 일은 전혀 아니었다. 이미 앞에서 설명했던 여러 뛰어난 학자들이 지구로부터 한 조각씩 떼어낸 정보들이 축적되면서 이런 통합적인 지식체계가 만들어질 수 있었다. 맨틀대류는 지구의 표면을 여러 개의 조각으로 나누어진 덩어리가 대류세포의 활동양상에 따라 상대적인 이동을 한다. 이렇게 나누어진 지각을 구성하는 덩어리를 지판(plate)이라고 부른다. 맨틀의 대류세포가 상승하는 곳에서는 새로운 화산활동에 의하여 새로운 지각을 생성시키면서 중심으로부터 반대방향으로 지판을 밀어낸다. 그런 곳을 우리는 확장축이라고 하며, 판구조론의 용어로 지판의 생성경계(발산경계 또는 확장경계)라고 부른다. 그러나 대류세포가 만나는 지점은 지판이 소멸되는 경계로 소멸경계(또는 섭입경계 또는 수렴경계)라고 부른다. 나머지 다른 하나의 경계는 지판의 생성과 소멸과는 관계없는 단지 수평적인 이동만 일어나는 보존경계가 있다. 이 보존 경계는 변환단층이 위치한다. 이런 변환단층을 인식하고 이의 지질학적 의미를 파악한 이도 투조 윌슨이다.[113] 소멸경계에서 만난 지판은 만나는 지판들의 성격에 따라 거동이 달라진다. 대양의 확장축에서 새롭게 만들어진 해양지각은 대체로 염기성 화산암으로 구성된다. 만약 해양지각이 대륙지각과 만나는 소멸경계에서는 밀도가 큰 해양지각은 가벼운 대륙지각

지각판, 열점, 변환단층 등을 확인하였으며 판구조론의 이론 정립에 큰 기여를 한 투조 윌슨(John Tuzo Wilson).

의 밑으로 기어들어가게 된다. 지구과학을 배운 적이 있더라도 이런 경계의 이름들을 듣고 나서야 그런 게 있지 하는 기억이 떠오를 것이다. 그러나 유사한 물질로 구성된 대륙지각들이 충돌되는 현장에서는 해답은 한 가지이다. 밀도가 같기 때문에 어느 지판이 어느 지판 밑으로 기어들어가는 일은 일어나지 않으며 그런 곳의 두 지판은 요동치는 변형작용을 수반하면서 의례 하늘 높은 줄 모르고 부풀어 오르게 된다. 이런 경계는 의례 지구의 거대한 산맥을 만든 곳이다. 그런 곳이 바로 아프리카판과 유라시아판이 만나는 경계지점에 만들어진 알프스산맥이다. 인도판과 유라시아판이 만난 경계는 세계의 지붕인 히말라야산맥을 만들었다.

이제 이런 지판의 관계를 나타낸 그림 하나 정도는 소개할 필요가 있다. 그림보다 더 나은 설명은 어렵기 때문이기도 하지만 이보다 더 요령있게 지구의 껍질에 해당되는 부분의 움직임을 나타낸 그림도 없기 때문이다. 물론 전문가들이 다루는 여러 가지 다른 과학적인 정보를 수록하고 있는 구체적인 그림들이 있기는 하지만 그런 그림보다는 이런 단순한 그림이 더 유용하다(260쪽의 그림 참조). 왜냐하면 이 책을 읽고 있는 독자는 지질학자들은 아니기 때문이다.

이런 지판이 소멸되고 생성되는 경계에서는 비단 화산활동이나 일어나고 조산운동에 의해 산맥이나 만드는 일에 한정되지 않는다. 다른 한 가지만 더 이야기하기로 하자. 지판이 소멸되는 경계 혹은 충돌하는 경계에서는 대륙지각과 해양지각이 만나는 경계가 있으며 또 다른 유형으로는 해양지각과 해양지각 그리고 대륙지각과 대륙지각이 만나 충돌 혹은 소멸되는 경계가 있다. 이들 지판의 경계 하부에서는 부분 용융에 의해 마그마가 만들어지는데 만나는 지각의 유형에 따라 마그마의 종류가 달라진다. 흔히 해양지각은 염기성암류로 구성되는 데 반하여 대륙지각은 산성암류로 구성된다. 그래서 해양지각과 대륙지각이 만나 섭입되는 지역에서 만들어지는 마그마는 중성이거나 산성의 마그마가 생성된다. 이 마그마가 만든 화강암류는 전문가들이 I-형 화강암류라고 부른다. 이렇게 화강암류를 분류하는 것은 실제로 광상탐사에 큰 기여를 하였다. 이런 I-형 화강암류는 흔히 반암동광상이나 반암 몰리브데늄광상을 생성시킨다. 남미의 안데스 산맥에 분포되어 있는 거대한 규모의 반암동광상(구리광산)들이 그런 예이다. 그러나 대륙지각과 대륙지각의 충돌대 하부에서 생성되는 화강암류는 I-형과는 다른 형태로서 S-형이라고 부른다. 일반적으로 I-형은 산화된 상태에서, S-형은 환원된 환경에서 만들어지는 것이지만 그런 것은 조금 더 전문적인 지식이 요구되는 이야기이다. 이들 S-형 화강암류는 주로 주석과 중석 광화작용을 수반한다. 동남아시아를 여행하는 사람들이 기념품으로 자주 사오는 주석으로 만든 머그잔은 바로 그 지역이 주석광을 산출하는 세계적인 산지이기 때문이다. 바로 태국 서부와 말레이반도를 따라 산출되는 주석 광상은 중생대 트라이아스기 즉 2억 3천만 년 전에서 1억 9천5백만 년 전 기존의 대륙들이 충돌한 충돌대에서 만들어진 S-형 화강암류가 만든 광화작용의 결과였다.[49] 이런 화강암류가 그 후 풍화작용에 의해 분해되면서 그 속에 점점이 박혀있던 주석들이 떨어져 나와 해변의 파도의 힘에 의해 모래들 속에 모여진 주석들을 채광한다. 동남아시아를 여행하면서 관광객들이 기념품으로 사오는 주석으로 만든 머그의 원료는 적어도 2억 년 전의 지판의 이동으로 만들어진 산물이다. 차갑게 냉각시킨 주석 머그에 담긴 생맥주는 아무래도 유리로 만든 머그보다는 냉기를 오래 간직하기 때문에 시원한 생맥주를 즐기는 데는 제격이다. 지구에서 일어나는 여러 종류의 광화작용은 비단 이런 지판의 경계부에서만 만들어지는 것은 아니며 해양지각과 해양지각이 충돌하면서 만들어지는 화산열도에서도 여러 가지 금속 광상들을 생성시킨다. 바로 지판의 이동은 우리 인류에게 필수 불가결한 여러 가지 금속 광물자원을 생성시키는 직접적인 원인이기도 하다. 현대의 광상학자들은 새로운 광상을 탐사하는데 이런 지구의 판구조운동에 대한 이해가 매우 중요하게 되었다.

두 지판이 만나서 소멸되는 곳에서는 의례 해양지각이 가라앉으면서 만든 궤적으로 해구를 만든다. 지구상의 모든 해구는 바로 두 지판이 만나 소멸되는 경계에 만들어진다. 해저의 지형이 완전하게 밝혀지기도 전에 에두아르드 쥐스는 일본 앞바다에 만들어진 해구가 중요한 경계임을 인식하고 해구가 만들어지는 이유를 침강이 주요한 이유라고 생각을 한 선각자였다. 그러나 그런 지구의 심연에 해당되는 해구를 습곡산맥의 전면부가 침강하면서 만든 것으로 생각한 점은 올바른 것은 아니었다. 그곳은 대륙들이 침몰하는 현장이 아니라 염기성 암류가 만드는 해양지각이 침몰하는 현장이기 때문이다. 이런 섭입대에서는 지구의 심연을 거쳐 지각 아래로 끌려 들어가기를 거부라도 한 듯 지표로 솟아 올라온 해양지각의 파편들이 이곳저곳에 산출되기도 한다. 이런 해양지각의 조각들은 쳐트라는 규질 퇴적물들을 수반하고 있다. 이런 염기성 화산암류에 규질 퇴적층이 섞이어 산출되는 암체들은 초기에는 설명이 불가능한 것이었으나 판구조론이 등장하면서 고대의 바다가 닫히면서 튀어 올라온 해양지각의 일부라는 점을 알게 되었다. 이런 암석을 오피올라이트라고 부른다. 오피올라이트는 섭입대를 보여주는 다른 증거로 등장하게 된 것이다.[78]

소멸되는 경계가 있다면 이를 보충해주는 생성경계가 있어야 된다는 것은 당연한 수순이었지만 이를 확인하는 과정은 실제로 그리 쉬운 일은 아니었기 때문에 오랜 기간 동안 뛰어난 여러 학자들의 연구 결과가 모아져 종합되는 과정을 거치게 된 것이다. 예기치 않은 지구물리학적 연구 결과가 네델란드 델프트대학의 펠릭스 마이네즈(Felix Vening Meinesz, 1887-1966)에 의해 발견되었다. 그는 1923년에서 1927년 사이에 수마트라 남쪽 300여km 지점의 바다에서 중력을 측정하였다. 그는 탐사결과를 종합하면서 중력이 급격하게 약해지는 지점을 발견했다. 그런 중력이상을 보이는 지점은 그곳에 있는 해구와 일치했다. 다른 해구에서도 다른 학자들이 그런 사실을 확인 했다. 이런 사실을 확인 한 프린스턴대학의 해리 헤스(Harry Hammond Hess, 1906-1969)는

1960년대 해저확장설을 제의한 프린스턴대학의 해리 헤스(Harry Hammond Hess)의 강연 모습.

마이네쯔와 토론하면서 지각 아래에서 대류가 발생하고 대류세포가 형성되어 지각을 움직인다는 생각을 하였다. 그러나 그런 이론이 종합되어 학술적인 결론을 내리기 위해서는 2차대전이 끝날 때까지 기다려야 했다. 뒤이어 미국 북서부 해안을 탐사하던 과정에서 해저확장설의 결정적인 증거가 나왔다. 캐나다와 미국의 국경지역에 위치한 태평양 해양저 탐사에 참여한 론 메이슨(Ron Mason)에 의해 수행된 자력탐사였다. 그는 배의 후미에 매단 자력계를 통해 수집한 자료를 종합한 결과 흰색 줄무늬와 검은색 줄무늬가 평행선으로 나와 마치 얼룩말의 무늬처럼 보였다. 그 줄무늬는 바로 북극과 남극이 달라진 결과를 나타내는 것이었다. 바로 이것은 지구 자기장이 역전되는 것을 보여주는 결과였다. 더욱 놀라운 사실은 대양을 가로지르는 어떤 축에 이런 줄무늬는 완전하게 대칭적으로 나타난다는 점이었다. 그것은 중앙의 축으로부터 서로 다른 방향으로 이동되는 것을 나타낸 결과였다. 바로 그 축이 되는 지점은 새로운 지각이 만들어지는 지점이었으며, 그곳이 바로 중앙해령이었다. 이제 해리 헤스는 더 이상 주저할 필요가 없었다. 그는 바로 해저지형이나 화산활동, 중력이상 그리고 자기역전 등의 결과를 종합하여 1960년대에 해저확장설을 제의하였다.[114]

지자기가 역전된 띠 모양은 프레데릭 바인(Frederick Vine)과 드루먼드 매튜(Drummond Mathews)에 의해 헤스의 해저확장설을 설명하는 증거로 1963년도에 발표되었다.[115] 사실 이들이 이 논문을 발표하기 전 캐나다의 로렌스 몰리(Lawrence W. Morley)는 이런 사실을 독립적으로 네이춰와 저널 오브 지오피지칼 리서치(JGR)란 학술지에 투고했지만, 그의 논문은 차례로 수록이 거절되어 과학계의 칭송을 받을 기회를 잃어버렸다. 하여튼 몰리는 후일 바인과 매튜와 공동으로 이런 문제를 함께 연구하여 해저확장설을 공고하게 만드는 데 기여를 한다. 후일 지자기 역전을 보이는 용암으로 만들어진 암체의 절대 연령이 측정되었다. 이런 정확한 연대 측정결과는 중앙해령으로부터 멀어지면서 연대가 대칭적으로 증가한다는 사실이 밝혀진다. 이런 연대는 비록 방사성 원소들의 절대 연령 측정결과로만 얻은 것은 아니며 해저 퇴적물들에서 회수한 화석들로부터도 확인되었다. 바다에서 살고 있던 작은 생명체인 유공충이나 방산충과 같은 골질부가 그것이었다. 이들은 단 시간에 빠른 진화를 보인 것들로서 제3기의 퇴적층에서 산출되는 이들 화석은 그 지층의 시대를 정확하게 예측할 수 있는 수단이었다. 심해저 퇴적물의 코어 시료로부터 확인된 그런 화석자료들 역시 고지자기연구 결과와 잘 일치되었다. 이제 중앙해령으로부터 새로운 지각이 만들어지면서 해양저가 확장되고 있다는 확실한 증거들이 모아진 셈이었다. 헤스에 의해 확립된 해저확장설은 판구조론으로 연결되는 지름길을 만든 것이나 다름없는 과학계의 진보였다.

대체로 대양의 확장축(중앙 해령)에서 대양을 가로 질러 소멸경계까지 이동되는 시간은 최대 2억 년을 넘지 못한다. 다른 말로 하면 넓은 대양이라 할지라도 해양지각의 수명은 2억 년 미만이라는 이야기이다. 이는 지판의 위치에 따라 이동되는 속도가 달라지긴 하지만 느린 곳은 일 년에 고작 2.5cm 정도로 손톱이 자라는 속도보다도 느린 속도로 이동을 하며, 가장 빠른 곳이라야 일 년에 약 15cm 정도로 이동된 결과이다. 이런 사실은 중앙 해령에서의 화산분출에 의해 지금 막 만들어진 새로운 지각과 소멸경계에 도착한 해양지각의 절대연령 측정 결과로부터 확인된 사실이다. 중앙해령에서 만들어진 현무암은 MORB(Mid-Ocean Ridge Basalt)라고 부르는데, 암석학자들은 이 돌을 다른 암석들과 비교하는 표준으로 사용하고 있다. 다른 현무암들은 MORB에 비교해서 어떤 원소가 더 많다거나 적다거나 하는 식으로 비교된다. 바로 화산암류를 해석하는 데 중요한 기준이 된다. 해저산맥에서 은밀하게 만들어지는 이 현무암은 바로 전체 해양지각의 모체가 된다. 한곳에서 만들어진 돌이지만 이들은 서로 갈라져 영원한 이별을 하는 곳이 바로 중앙해령이기도 하다.

지판의 이동 속도는 한 지판에서도 위치에 따라 속도가 다르다. 아직도 동일한 지판 내에서도 속도 차이가 나는 현상을 명쾌하게 설명하는 이론이 등장하지는 않았다. 일반적으로 지판의 이동속도가 다른 원인은 지구가 구체라는 점으로 설명된다. 지판은 어떤 축을 중심으로 이동되는데 확장축의 중앙부분이 이동속도가 빨라지기 때문이라는 것이다. 그런 점만으로는 모든 것을 설명할 수 없지만 부분적인 해결책은 된다. 거대한 지구에서 일어나는 일들은 손바닥 들여다보듯 모든 점을 하나의 통합된 이론으로 설명한다는 것은 아예 어려운 일인지도 모르겠다.

지판의 경계 중 지각의 생성과 소멸과는 관계 없는 경계도 존재한다. 이런 지역에서는 수직적인 상하운동은 일어나지 않으며 다만 수평적인 운동만이 일어난다. 이런 경계를 변환단층이라고 부르는데 변환단층의 대부분은 우리가 직접 볼 수 없는 대양의 밑바닥에 위치해 있다. 지금까지 알려진 사실들과 투조 윌슨 자신이 인식한 열점, 변환단층 그리고 해저확장설을 통합하는 이론 체계를 만들어 판구조론이라는 이론으로 학계에 등장되는 시점에 이르게 되었다. 윌슨이 1965년에 〈네이처〉지에 발표한 논문에서 언급한 것이 시작이었다. 그는 그 논문의 서두에서

> "많은 지질학자들은 지각운동이 산맥이나 중앙해령, 혹은 거대한 단층의 형태로 나타나는 모바일 벨트에서 집중적으로 일어난다고 주장했다. (중략) 이 논문은 이런 현상이 어떤 막다른 지점에 고립된 것이 아니라, 지구 표면을 몇 개의 거대한 판으로 나누는 대륙의 모바일 벨트에 접해서 발생한다는 점을 제시하고자 한다."

라고 시작하였다.[113] 그는 지판의 경계에서 보존경계 즉 변환단층을 밝힌 이 이기도 하다. 변환단층은 중앙해령이 새로운 지각을 생성하면서 만들어진 결과물이라는 것을 확인한 최초의 과학자가 바로 윌슨 교수였다.[116] 단층이 만들어지면서 단층면을 따라 접하고 있는 두 개의 분리된 지층은 상하좌우로 움직인다는 점은 누구나 알고 있는 사실이었다. 한쪽이 올라가면 다른 한쪽은 내려가고, 한쪽이 오른쪽으로 이동되면 다른 한쪽은 왼쪽으로 이동된다. 나누어진 두 지괴가 상하운동은 일어나지 않고 수평이동만 일어나는 단층을 주향이동단층이라고 하는데, 이 변환단층은 상하이동이 일어나지도 않으며, 그렇다고 주향이동단층과 변위되는 양상이 같은 것도 아니었다. 그런 단층은 아무도 알지 못하던 새로운 단층이었다. 그런 단층을 처음 인식하고 변환단층이라는 새로운 이름을 붙여준 이도 윌슨이다.

변환단층들은 주로 대양저의 중앙해령을 중심으로 주로 발달되는데 이게 육지로 나타난 곳이 바로 미국의 캘리포니아에 노출되어 있는 샌안드레아스(San Andreas)단

캘리포니아 카리조 플레인 지역에서 관찰되는 변환단층인 샌안드레아스단층의 항공사진.

층이다. 이 단층선의 서쪽은 태평양판이고 동쪽은 북아메리카판이다. 이 태평양판은 매년 1.3cm 정도의 속도로 북쪽으로 이동된다. 이 단층의 존재는 버클리대학의 앤드류 로손(Andrew Lawson, 1861-1952)에 의해 1895년에 확인되었으나 당시에는 이 단층이 변환단층인지는 물론 이해하지 못했다. 이 단층은 이 지역에 수많은 지진을 일으키는데 그중 가장 강력한 것이 바로 1906년에 발생한 샌프란시스코대지진이다. 이

20–25초 계속된 리히터 규모척도로 7.8(오늘날에 환산한 추정치, 이보다 더 높게 추정한 강도도 있다) 정도의 지진으로 최대로 6m 정도 지층이 어긋나게 만들었다. 물론 엄청난 인명손실과 대규모 경제 손실이 뒤따랐다. 이 지진은 막대한 피해를 안겨주었지만 지진연구에는 중요한 단서를 준 계기가 되었다. 즉 지반이 견고하지 않은 곳에서는 지진파의 강도가 오히려 강화되어 그 피해가 커진다는 사실을 확인하는 계기가 되었다.[117,118] 그런 현상을 강화지반진동이라고 부른다. 샌안드레아스 단층은 지금도 크고 작은 지진을 간간히 발생시키고 있다. 열점이나 이런 변환단층의 인식은 윌슨이 판구조론을 제의하는 바탕이 되는 것이었다. 캘리포니아 남쪽으로 연결되는 이 단층은 이 지역에 경관이 수려한 호수를 생성시켰으며 이 단층대의 남쪽 연장을 따라 도시들과 작은 마을들이 이어져 들어서 있다. 사실 이 지역은 단층대로서 매우 위험한 지역이다. 과거에는 이런 사실을 몰라서 그곳에 거주시설들이 들어섰지만 오늘날에는 그곳이 변환단층의 경계면임을 알고 있지만 아직도 그곳을 애써 외면하려는 사회적인 합의로까지는 연결되지 않고 있다. 사실 건조한 캘리포니아 남쪽 이 단층의 연상선상으로는 호수를 만드는 등 자연경관이 뛰어나기 때문에 사람들이 주로 모여 사는 곳이라서 항시 위험은 내재되어 있는 것이나 다름없다.

이런 판구조론의 등장은 지질학의 새로운 패러다임이었으며, 지금까지 구차한 이론으로 설명을 시도하였거나 아예 설명하기 곤란했던 거대한 지질현상들을 명쾌하게 바라 볼 수 있는 시각을 마련해 주었다. 그렇다고 모든 문제가 해결된 것은 아니었지만 많은 문제점들이 한꺼번에 해결되는 순간이었다. 이런 상황은 아인슈타인이 상대성이론을 발표한 후 밝힌 그의 술회에 잘 표현되는 그런 것이었다.

> "새로운 이론을 만든다는 것은 헛간을 부수고 그 자리에 마천루를 세우는 것이 아니다. 그것보다는 산을 오르는 것과 같아서 올라갈수록 더 새롭고 넓은 전망에 도달하며, 출발점에서는 보이지 않던 새로운 연관성과 드넓은 배경을 보게 된다. 물론 우리가 출발했던 지점은 여전히 그대로 있다. 하지만 그 지점은 아주 작아져서 천신만고 끝에 높이 올라와 있을 때 펼쳐지는 드넓은 전망 속에서 작은 일부를 이룰 뿐이다."

과거 '지구 수축설' 에 기반한 패러다임에서 판구조론의 패러다임으로 변환되면서 기존의 패러다임으로 설명되지 않던 자연계의 거대 현상들이 새 패러다임에서는 모든 게 더 합리적인 방식으로 설명되기 시작하였다.

펠레의 제국 하와이

중앙해령이라는 지판의 확장축 또는 지판의 섭입경계와도 무관한 화산활동이 있는데 그게 바로 맨틀플룸에 의해 만들어지는 화산활동이다. 맨틀플룸의 위치는 오랜 시간 변화되지 않기 때문에 마치 지구 내부에 고정된 것처럼 여겨진다. 여기서 오랜 시간이라 함은 지질학적 시간 단위이므로 실로 장구한 시간을 의미한다. 이런 장소를 우리는 열점(hot spot)이라고 부르며 그 대표적인 예가 바로 하와이 군도이다.

하와이의 원주민들인 폴리네시아인들도 어렴풋하게 짐작했던 하와이섬의 나이가 차이가 나는 점을 과학적으로 명쾌하게 설명한 것이 바로 열점이다. 하와이 원주민들은 그들만의 화산에 대한 신비한 전설을 만들었다. 하와이의 화산은 여신 펠레가 만든다고 믿었다. 펠레는 원래 가장 서쪽에 끝에 있던 카우아이에 살고 있었는데 그녀의 언니인 바다의 신이었던 나마오카하이가 화산의 신인 펠레를 몰아냈다는 것이다. 그래서 펠레는 오아후섬으로 쫓겨났으나 언니의 심술은 거기서 멈추지 않아 차례로 거처를 옮기다 결국은 동쪽 끝 하와이에 이르게 되었다는 것이다. 그래서 펠레는 지금 하와이의 킬라우에아 화산의 칼데라에서 살고 있다는 것이다. 화산의 여신이 지금 활동하고 있는 화산 칼데라에서 사는 것은 그들에게는 너무 당연한 처사였다. 그러나 그런 전설을 만들어낸 원주민들 역시 그 원인은 모르고 있었지만 하와이 군도가 동쪽으로 가면서 젊어진다는 사실은 그들도 알고 있었다는 점이다. 열점의 속성을 고려하면 시간이 지나갈수록 펠레는 다시 만들어진 다른 섬으로 쫓겨 가는 시나리오로 계속될 것임이 분명하다. 정식 지질학 용어로 사용되는 것들 중에 '펠레의 눈물' 그리고 '펠레의 머리칼' 이라는 게 있다. 펠레의 눈물이란 용암이 하늘로 올라갔다가 작은 덩어리로 떨어지면서 굳은 것의 모양이 마치 눈물방울과 같다고 해서 붙여진 이름이다. 화산의 여신 이름을 붙인 발상이 재미있다. 펠레의 머리칼이란 것은 역시 용암이 하늘로 올라갔다가 떨어지면서 화산유리질들이 섬유상으로 가늘게 머리칼처럼 고화된 것을 말한다. 이런 이름은 바로 하와이 화산의 여신 펠레로부터 기원된 것으로 학술적인 지질학 용어로서는 낭만적인 멋이 담겨있다.

그렇다. 하와이의 열점에 의해 만들어진 섬들은 배열된 순서에 따라 동쪽으로 가면서 나이가 젊어진다. 하와이군도를 이루는 주요한 섬으로는 서쪽으로부터 니하우, 카우아이, 오아후, 몰로카이, 마우이의 순으로 동쪽으로 배열되어 있으며 맨 동쪽 끝에는 그저 빅 아일랜드라고도 부르는 하와이가 위치해 있다. 하와이에 들리는 관광객들은 하와이의 동쪽 끝에 있는 지금도 용암을 뿜어내고 있는 하와이 원주민들이 믿고 있는 화산의 신 즉 펠레의 분신인 킬라우에아 화산이 위치하고 있다. 킬라우에아 화산은 지금도 쉬지 않고 새로운 땅을 한 뼘씩 넓혀가는 수고를 아끼지 않고 있다. 이들의 생성 시기는 동쪽으로 가면서 젊어지는데 이는 이들 화산군도가 위치한 태평양판이 북서쪽으로 이동한 결과로 움직이지 않는 마그마의 공급원인 맨틀플룸으로부터 만들어진 열점에 의한 화산활동 결과이다. 이런 사실을 확인한 것은 지구상의 대륙은 언제나 그 자리를 유지하고 있었다고 믿었던 사람들과의 논쟁을 종식시키는 투조 윌슨의 대단한 지질학적 업적이었다. 이것은 대륙들이 여기저기로 이동되었다는 베게너의 이론을 가장 확실하게 보여주는 증거 중의 하나일 것이다. 맨틀 위를 유유히 움직이고 있는 해양지각의 모습이 자연스럽게 그려지는 순간이 온 것이다.

화산 분출시 라바가 하늘로 솟아 올라갔다가 작은 조각으로 분리되어 떨어지면서 굳은 모습이 눈물방울과 같다고 해서, 이런 모습을 '펠레의 눈물'이라고 부른다. 어떤 것들은 가는 줄 모양으로 고화되기도 하는데 그런 것은 "펠레의 머리칼"이라고 부른다(사진: 미국 지질조사소).

이런 열점은 지판의 생성경계인 화산활동을 수반하는 중앙해령과는 무관하기 때문에 이들의 생성 시기는 위치에 따라 나이가 질서 정연하게 나타난다. 실제로 이들 열점에 의해 만들어진 고리는 더 서쪽의 태평양판이 북아메리카판 밑으로 기어들어가는 섭입경계부인 알류샨해구에 인접해 시작되는 엠페레잠도로 연결된다. 이들 화산체인은 잘 연결된 고리처럼 나타나는데 비록 그들이 태평양 깊은 바닥에서 시작되어 바다 위로 제 모습을 드러내지는 못한 잠도(潛島)로 나타나긴 하지만 그들도 바닥으로부터는 수천 미터 이상의 높이로 분출된 화산의 연결 고리이다. 아마도 해수면이 지금보다 조금 더 낮거나 이들 잠도가 조금 더 솟아올라왔다면 이들의 연결고리는 더 분명해졌을 것이다. 이런 큰 고리의 가장 젊은 화산도가 바로 하와이제도이다. 물론 이 연결고리의 북서쪽으로 가면서 이들의 생성시기는 더 오래된 순서로 나타난다. 가장 북쪽이 화산도는 8천1백만 년 전에 만들어진 것이며, 이들 연결고리의 방향이 변곡되는 지점은 4천3백만 년 전의 화산활동 결과이다. 화와이제도의 가장 오래된 주된 섬 카우아이는 불과 5백만 년 전에 생성된 것이다. 이들 연결고리가 변위되는 지점에 대한 해석은 아직 완벽한 것은 아니지만 지판의 운동방향의 변화와 맨틀플륨 자체의 변화로 해석한다.[119] 그러나 최근의 연구 결과는 항구적인 고정된 열점보다는 이들 자체도 지질시간을 통하여 약간의 변위가 일어날 수 있는 것으로 해석하는 이들도 있다.

열점에 의해 생성된 하와이–엠페레잠도 고리. 북서쪽으로 이동하는 태평양판 아래에 있는 고정된 열점의 화산활동으로 생성된 화산도 고리. 가장 북쪽은 81Ma에 생성되었으며, 이들 고리의 변곡점은 43Ma에 생성되었다. 태평양의 중앙에 위치한 이들 고리의 가장 끝 부분이 하와이제도이다(사진 제공: NOAA).

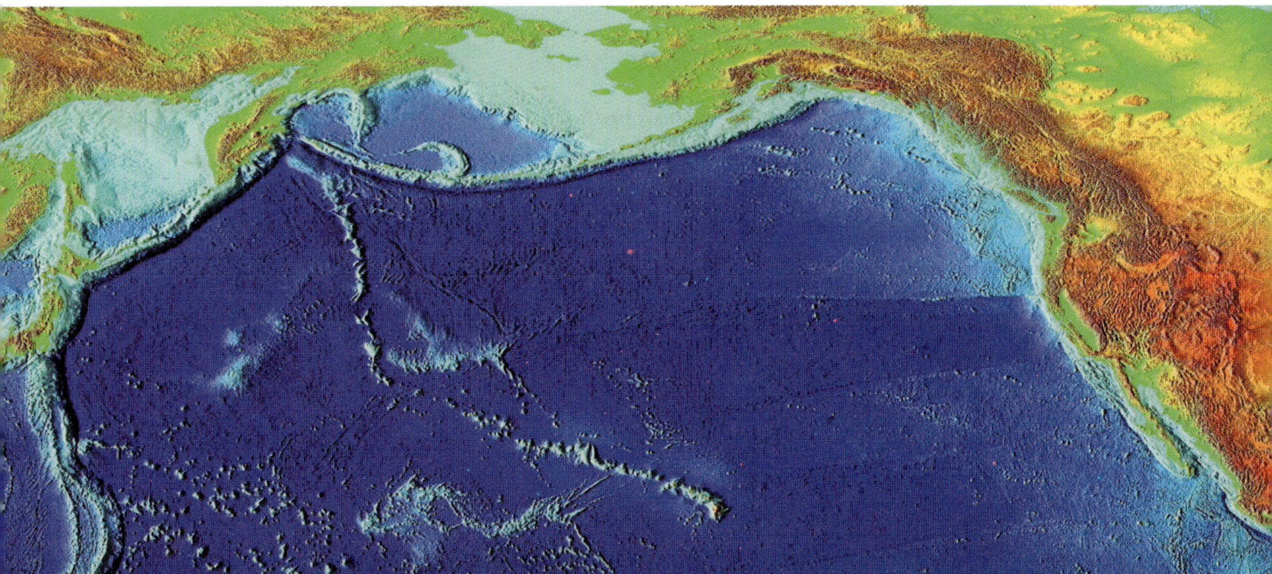

지구의 깊은 곳으로부터 상승하는 맨틀 플룸의 상승과정에서 부분용융에 의해 만들어진 마그마는 지각을 구성하는 암석권에 도달하게 되면 단단한 암석의 덫에 걸려 더 이상 상승하지 못하고 모여지는데 이를 마그마방이라고 부른다. 마그바방에 갇혀 있던 마그마들은 마그바방의 내부압력이 증가하여 주위의 암석이 이를 이기지 못할 정도에 이르게 되거나, 지각변동 등 여러 가지 원인에 의해 지각의 약한 곳을 따라 가끔 지표에 분출하게 되는데, 바로 이런 마그마의 상승이 바로 화산활동이라는 점은 이미 설명하였다. 이런 활동은 다른 화산활동에 비교하여 상대적으로 젊잖게 진행되기는 하지만, 그 폭발의 위력은 대단하다. 폭발이라고는 했지만 이런 종류의 화산들은 역사시대 우리가 경험하였던 베수비우스 화산과 같은 격렬한 폭발과는 다른 차원으로서 화도를 통해 게워낸 마그마는 유동성이 크기 때문에 상대적으로 젊잖게 행동하므로 용암들이 마치 흘러내리는 양상으로 진행된다. 그래서 이런 화산활동에 의해 만들어진 화산은 대체로 완만한 경사를 이루게 된다. 이런 화산을 순상화산(shield volcano)이라고 부른다. 이런 이름은 분출된 화산의 모습이 마치 전사들의 방패와 비슷한 데서 붙여진 것이다. 그러나 이런 종류의 마그마가 분출되는 화산의 경우에도 초기 분출은 대체로 격렬하게 마련이다. 마그마방에 걸려 있던 아주 높은 압력이 방출되는 최초의 순간은 피할 수 없는 격정적인 폭발을 수반하는 분출일 것이다. 그러나 시간이 경과되면서 하와이의 킬라우에아화산에서 볼 수 있는 용암의 흐름으로 전환된다. 아마도 가장 대표적인 순상화산 중의 하나가 하와이에 있는 마우나케아(Mauna Kea)일 것이다. 바다 위로 4,205m 솟아오른 산의 위용은 대단하지만 사면의 맨 아랫부분의 경사는 불과 2° 남짓에 불과하며 고도가 올라간 정상부에서 약 10° 정도의 경사를 갖고 있다. 일반적으로 순상화산의 높이는 라바가 분포되는 폭과는 대략 1/20의 관계를 갖는다.[120] 그래서 멀리서 바라보면 산의 경사는 매우 완만하게 보인다. 멀리 갈 것도 없이 제주도의 한라산 역시 그러하다. 만약 배로 제주도에 가본 경험이 있다면 수평선 위로 나타나는 제주도 전체의 경사도가 완만한 사실을 확인할 수 있을 것이다. 제주도 역시 유동성이 상대적으로 큰 현무암질 용암으로 만들어진 화산

대표적인 성층화산과 순상화산의 모습. 위는 일본의 3,776m의 성층화산인 후지산이고, 아래는 하와이에 있는 4,205m의 순상화산인 마우나케아화산. 이 순상화산은 사면의 경사가 성층화산에 비교하면 매우 완만한데 이는 마그마의 유동성이 높은데 기인된다.

도이기 때문이다. 마우나케아는 실제로 태평양 바닥으로부터 높이를 따지면 10,000m의 높이로 세계에서 가장 높다는 에베레스트산의 키를 훌쩍 뛰어넘는 키이다. 이 섬의 나이는 약 일백만 년에 불과한 아주 젊은 화산으로 마지막으로 약 4천 년 전에 분출한 이후 지금은 쉬고 있는 화산의 하나이다. 과거 하와이 원주민들 사이에서는 가장 높은 신분의 사람만 이 봉우리를 방문할 수 있는 경외의 대상이 바로 마우나케아였다. 이 산의 정상부는 건조하고 기단이 안정되어 있어 세계적으로 가장 훌륭한 천문관측이 가능한 곳으로 천문대가 산 정상에 위치하고 있다. 그렇기는 하지만 이곳에서 일하는 천문학자들은 고소에서의 희박한 공기와 추위와 시름을 해야만 한다.

이제는 태평양판이 서진을 계속하면서 열점으로부터 올라오는 분출구는 이 섬의 동쪽 끝자락에 위치하고 있는 1,247m의 킬라우에아(Kilauea)화산이다. 킬라우에아는 원주민들의 말로 "토해내다" 또는 "분출하다"라는 의미로 이 화산이 최근에 자주 분출하는 것을 두고 지어진 이름이다. 사실 이 화산은 1952년 이후에 34회나 분출한 기록을 가지고 있다. 그 결과로 아직도 이 섬은 킬라우에아와 그 옆에 있는 마우나로아와 함께 섬의 면적을 넓혀가고 있는 중이다. 이 지역은 하와이 화산 국립공원으로 지정되어 있으며 수많은 사람들이 이런 화산활동을 가까이서 관찰하고자 찾아오는 곳이기도 하다. 그러나 킬라우에 남동쪽 35km 지점에서 새로운 분출구가 태평양 바닥으로부터 활동한 것은 이미 오래전의 일이다. 솟아오르는 화산은 아직 해수면으로부터 930m 아래에 있지만 지금으로부터 약 1만 년 후면 바다 위로 그 모습이 드러날 것으로 지질학자들을 추정하고 있다.[121] 이 녀석은 세상에 태어나기도 전에 이름부터 지어져 로이히잠도(Loihi Seamount)라고 부른다.

불의 고리

전 세계에서 발생되는 지진의 거의 대부분 정량적으로는 90%이상은 태평양 연안에서 발생되고 있으며, 대규모 지진의 80% 이상이 이 지역에서 발생한다. 그리고 이 지역은 대규모의 화산활동을 경험한 지역이며 전 세계 활화산의 75%가 위치한 지역이기도 하다. 이런 지역을 "불의 고리, The Ring of Fire"라고 부르는 것은 잘 어울리는 이름이기는 하다. 그러나 다른 의미로 이 지역은 인류생존을 위한 환경만을 고려한다면 아주 취약한 지역이라는 의미도 된다. 불의 고리는 태평양 연안으로 지판의 섭입이 일어나고 있는 곳에 해당된다. 그렇기 때문에 이 지역에서 활발한 화산활동은 필연적이며, 이 불의 고리를 따라 대양에서 가장 깊은 해구들이 연장되어 있는 곳이기도 하다. 인류가 경험하거나 지구 역사상 확인할 수 있는 거대한 규모의 화산활동이 바로 이 지역에서 일어났다. 그렇다, 태평양 연안을 따라 인구가 밀집된 지역이므로 인류에게는 매우 큰 잠재적 위험성을 내포하고 있는 지역이기도 하다.

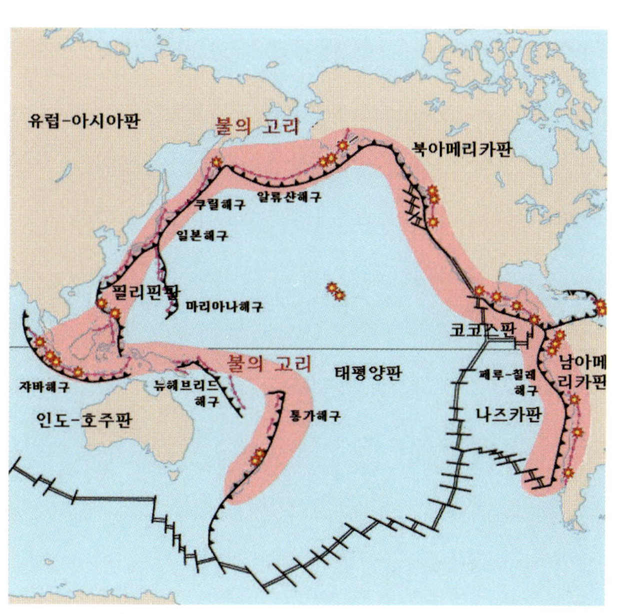

태평양 연안을 따라 발달되는 "불의고리". 이 지역은 전세계 활화산의 75%에 해당되는 452개의 화산이 활동하고 있으며, 대규모 지진의 80% 이상이 이 지역에서 발생하고 있다. 이는 지판의 섭입경계에서 발생되는 것으로 지각운동이 가장 활발하게 일어나고 있는 지역임을 말해준다.

"불의 고리"에서 일어나

는 화산분출 중 인류 역사가 경험한 것 중 가장 강력한 것 중의 하나가 인도네시아 순대해협에서 1883년 8월 26-27일에 분출한 크라카토아(Krakatoa) 화산 분출일 것이다. 그 화산이 토해낸 부석은 20여 년간 대양을 표류하여 사람들을 놀라게 만들었다. 사람들은 화산 분출의 크기를 말할 때 방출되는 에너지의 양으로 비교하기도 한다. 그게 우리의 이해를 훨씬 쉽게 하기 때문이다. 이 화산에서 방출된 에너지의 양은 2차 대전을 종식시킨 히로시마에 투하된 원자폭탄의 13,000배에 이른다고 흔히 말한다. 이것은 TNT 200메가톤의 폭발력에 상응하는 에너지이다. 이 화산의 폭발음은 4,800km 떨어져 있는 모리셔스에서도 분명하게 들을 수 있는 소리였다고 하니 소리의 크기를 짐작하고도 남는다. 이런 엄청난 폭발은 화산재를 순식간에 대기 중 80km 상공까지 쏘아 올렸다.[107] 이때 만들어진 부석들은 대양 위를 20여 년간이나 떠돌아다녀 사람들을 놀라게 만들기도 했다.[122]

그러나 정작 놀라야 될 것은 그것만이 아니었다. 이 화산이 분출할 무렵 네델란드가 포루투칼과 이 지역 패권을 두고 다투다 마침내 포루투칼인들을 몰아내고 이 지역을 식민지로 통치하던 시절이라 이 화산의 분출 그리고 그에 관련된 일들이 서방세계에 자세하게 알려질 수 있었었다. 유럽인들이 이 지역을 두고 다툰 이유는 바로 후추 때문이었다. 사실 후추는 로마인들도 즐겨 구하던 매우 비싼 향료 중의 하나였다. 후추는 이미 로마시대에도 매우 값비싼 품목이었을 뿐만 아니라 수요가 너무 많아서 로마시대의 대 박물학자인 대 플리니(Gaius PLinius Secundus, 23-79)는 후추와 같은 사치품에 많은 돈을 낭비하는 것을 개탄하기까지 할 정도였다. 일찍이 이 지역의 후추 무역을 장악한 것은 당시의 해양강국 포르투칼이었다. 그러나 사정은 달라지고 있었다. 이 지역의 통치권을 확보한 네델란드는 1602년 동인도회사를 설립하고 이 지역의 무역을 독점하는 권리를 부여하였다. 말이 회사이지 이 회사는 단순히 무역이 전업은 아니었으며 일종의 정부의 대행기관과 같았으며 요새를 건설하고, 행정조직을 만들고 거의 무소불위의 힘을 가지고 있는 기관이었다. 그렇기는 하지만 네델란드 상인들이 만든 동인도회사는 일종의 주식회사 형태로 설립되어 투자액에 따라 회사지분을

1883년 크라카토아화산 분출을 그린 작자 미상의 석판화. 솟아오르는 화산재의 기둥과 하늘을 뒤덮은 화산재가 실감나게 묘사되어 있다(작자 미상).

소유하는 방식으로 현대자본주의의 핵심이 되는 그런 모델이었다. 물론 크라카토 화산이 폭발할 무렵 동인도회사는 1799년 해산된 상태였지만 그를 기반으로 오래 전부터 이 지역의 패권을 확실하게 확보하고 식민지로 경영하던 시절이었다. "다윈의 달"로 불리던 러셀 월리스(Alfred Russel Wallace, 1823-1913)가 이 시절 인도네시아 동쪽 끝에 있는 화산섬 테르나테(Ternate)에서 지내면서 보이지 않는 선 월리스선(Wallace Line)을 설정한 것도 이 시기이다. 월리스선의 동쪽과 서쪽은 서식하는 동물상이 서로 다르게 나타난다. 사실 이 선조차도 크라카토아 화산활동과 밀접한 관계를 갖고 있다는 것이 오늘날 학자들의 견해이다.

크라카토아화산 폭발은 1883년에 일어난 것이 최초도 아니며 또 최후의 폭발도 아니다. 그러나 1680년 대규모 폭발이 일어난지 200여 년이 경과한 후 일어난 그 폭발은 단연 대단한 것이었으며, 사이먼 윈체스터는 그의 저서 『크라카토아』에서 이 분출을 지옥의 문이 열리는 순간이라고 묘사하였다.[107] 지옥의 문의 열림을 알리는 신호는 그해 5월 땅이 가볍게 떨리는 것으로부터 시작되었다. 크리카토아가 분출을 멈춘지가 200여 년이 지났을 무렵이므로 앞으로 다가올 분출이 격렬한 화산분출이 되리라고 예측한 이들은 그리 많지가 않았다. 그러나 사정은 그런 예상과는 전혀 다르게 진행되었으며 사람들을 당황시키기에 충분한 화산분출이 있었다. 그러나 그것은 차라리 앞으로 일어날 일의 예고편에 불과했다. 순다해협을 위협하던 크라카토아가 격렬한 분출을 시작한 것이다. 8월 26일 분출이 시작되자 화산재의 기둥을 25km의 상공으로 쏘아 올렸다. 분출이 시작된 이틀째인 8월 27일에 일어난 두 번째 폭발은 바다 위로 솟아올라와 있던 원래의 크라카토아섬 주봉인 500m의 다난봉을 한번에 날려 버렸다. 그 결과로 더 많은 양의 해수가 들어가면서 만든 세 번째 폭발은 직경 6km의 칼데라를 만들면서 인류 역사상 가장 큰 굉음을 만들어냈다. 성층권으로 올라간 막대한 양의 화산재는 이 근처에서 48시간 동안 밤과 낮을 구분할 수 없는 어둠이 계속되게 만들었다. 지구가 받을 수 있는 태양 에너지는 평소의 13%로 감소되었다. 이때 만든 쓰나미의 최대 파고는 42m에 육박하여 주변해역에서 엄청난 재해를 즉각적으로 발생시켰다. 이때 만들어진 부석들이 20여 년간 대양을 표류하였다고 한다.

활화산의 분포가 "불의 고리에 집중되어 있기는 하지만 그것만이 화산의 전부는 아니다. 우리가 앞서 이야기한 하와이군도나 갈라파고스군도는 열점에 기원되는 화산들로서 지판의 섭입작용에 의해 만들어지는 크라카토아화산과는 차이가 있다. 하와이군도는 물론 갈라파고스제도의 모든 화산에서 분출된 화산암류는 현무암류이다. 갈라파고스가 위치한 지역은 중앙해령에 접해있을 뿐만 아니라 맨틀 플룸에 기원된 마그마로부터 만들어지기 때문이다.

일반적으로 화산활동의 시기에 따라 라바의 조성이 변화를 보이기도 한다. 그래서 어떤 경우에는 후기에 분출하는 마그마는 초기의 마그마와는 다른 성질을 가지고 있기도 한데 이는 마그마방에서 일어난 조성의 변화에 기인된다. 이런 현상을 마그마의 분화과정이라고 한다. 이런 일은 또 다른 긴 설명이 요구되는 대목으로 사실 이 책의 범주를 벗어나는 주제로 여겨진다. 갈라파고스를 만든 마그마는 열점에서 만들어지는 것으로 맨틀플룸으로 설명한다. 그러므로 이들 용암은 대부분 염기성 즉 규산질의 함유량이 매우 적은 현무암질 마그마이다. 그러나 이 군도에서도 때로는 마그마의 분화에 의해 규산질이 상대적으로 높은 화산활동이 일어나기도 한다. 그런 예가 앞서 예를 든 갈라파고스군도의 이사벨라섬의 알세도화산이다. 규산질의 함유량이 높아지면 따라서 휘발성 물질(가스와 수증기 포함)들의 함유량이 높아지기 때문에 조용한 분출이 아닌 폭발성 분출을 한다는 것은 앞서 말한 바 있다. 따라서 이 알세도화산의 분출은 격렬하였으며 격렬한 폭발성 분출은 엄청난 양의 화산재를 주변에 뿌렸다. 이때 뿌려진 화산재들과 부석(浮石, pumice)들은 이 군도의 가장 끝에 위치한 에스파뇰라섬의 해변에서도 오늘날 많은 양이 남아 있는 정도였다.

사실 부석이란 돌은 현무암질 마그마에서보다 중성 또는 휄식 마그마에서 더 잘 만들어진다. 그래서 불의 고리 중 태평양판과 남아메리카판의 소멸경계 부분의 화산활동에서 부석이 만들어지기가 더 쉽다. 부석이란 단어 자체가 물에 뜨는 돌이라는

물에 뜨는 돌 부석(pumice)의 모습. 급격하게 압력이 감소되면서 빠른 속도로 냉각되는 환경에서 마그마를 빠져나오지 못한 가스 버블이 가공을 만들어 가비중이 매우 낮은 물질이 된다.

의미이다. 실제로 부석은 물에 넣어도 가라앉지 않고 뜰 수 있는 유일한 암석이다. 부석을 들여다보면 무수히 많은 크고 작은 기공들이 발달해 있는데 이는 바로 가스를 다량함유하고 있는 마그마가 분출되어 압력이 줄어들면서 빠른 속도로 냉각고결될 때 특히 물과 용암이 섞이는 환경에서 상대적으로 점성이 큰 라바에서 가스가 빠져나오지 못하고 포획된 결과로 만들어진 것이다. 알세도화산은 갈라파고스의 다른 화산과는 다르게 규산이 더욱 풍부한 마그마였기 때문에 부석이 더 많이 만들어진 것이었다. 사실 현무암질 마그마에서도 이와 유사한 돌들이 만들어지는데 그런 돌은 스코리아라고 부르며 이들은 밀도가 더 크기 때문에 물에 뜨지는 않는다. 부석의 석기 즉 바탕을 구성하는 물질들은 빠른 냉각 속도 때문에 결정으로 정출되지 못하고 비정질 물질로 산출된다. 어떤 부석은 전체 체적 중 90% 정도까지도 가스의 기공이 차지한다. 그래서 바다나 바다 근처 또는 해저에서의 화산분출에 의해 만들어진 부석들은 오랫동안 바다 위를 표류하기도 한다.

크라카토아화산만이 부석을 만든 것은 아니었다. 지구 주위를 선회하던 위성이 태평양상에 만들어진 거대한 부석 무리를 관찰하였다. 위성에서도 관찰이 가능할 정도의 대규모의 부석이 만든 뗏목과 부유물질이 해저 화산 폭발에 의해서도 만들어진 것이다. 남태평양에 위치한 통가부근에서 2006년 8월 12일 일어난 해저 화산분출에서 바다 위로 솟아올라와 새롭게 해도에 첨가된 섬의 모습이 우연하게 이 해역을 항해하던 요트의 선원들에 의해 직접 목격되었다. 그들은 이런 화산분출을 예측하고 그곳을 항해한 이들은 아니었으나 대양에 새로운 섬이 고개를 내미는 순간을 포착할 수 있는

2006년 8월 12일 해저 화산분출에 의해 남태평양 통가섬 근처에 새롭게 만들어진 화산섬의 모습과 이때 분출된 부석들이 무리를 이뤄 부유하는 모습의 위성 사진(사진: NASA). 그곳을 항해하던 요트 메이켄(Maiken)호의 눈앞에서 솟아오르는 화산섬(중앙)과 이때 만들어진 부석의 무리로 뒤덮인 바다를 가르고 지난 항적의 근접 사진(맨 아래)(사진: Frederik Franson 촬영).

극적으로 운이 좋은 항해를 한 셈이었다. 아마도 이런 행운을 잡는 선원들은 아마도 극히 소수일 것이다. 아마도 그들 말고는 없을지도 모르는 행운을 잡았다. 해도에도 없었던 새로운 섬의 탄생을 작은 요트에 타고 있던 선원들에게 확인 시켜준 것이다. 이들은 이 극적인 순간을 놓치지 않고 촬영을 하였으며 세상에 이런 사실을 알렸다. 그리고 그들은 부석으로 뒤덮여 있는 대양을 두려움 속에 지났다. 그때 찍은 사진들을 자신들의 블로그에 올렸다. 이들의 사진은 빠른 속도로 퍼져나갔다. 부석을 가르면서 지나간 요트의 뱃길이 선명하게 드러난 사진은 모든 사람들을 흥분시키기에 충분하였다. 이때 만들어진 부석들은 바다 위로 떠올라 수백 킬로미터 서쪽에 위치한 피지근해로 이동되어 약 30여km 크기의 부석의 뗏목으로 나타나기도 하였다.[123] 그런 모습은 지구 둘레를 쉴 새 없이 돌고 있는 위성에 의해서도 고스란히 포착되었다. 이제 지구는 인간의 눈을 피해 할 수 있는 일이란 없는 것처럼 여겨진다.

맨틀 플룸의 부분 용융에 의해 만들어진 마그마는 거의 예외 없이 규산의 함량이 상대적으로 적은 염기성 마그마를 생성하지만, 실제로 마그마는 염기성 마그마만 존재하는 것은 아니다. 앞서 이야기한 대로 지판이 소멸되는 경계 중 해양지각이 대륙지각의 밑으로 들어가는 섭입대가 있다. 섭입대 하부에서도 부분용융이 일어나는데 이때는 염기성의 해양지각과 산성의 대륙지각이 섞이어 부분 용융이 일어나므로 그때 만들어지는 마그마는 중성 마그마가 된다. "불의 고리"에서 분출되는 거의 모든 화산이 바로 중성 마그마에 의한 화산활동의 결과이다. 이런 중성 마그마가 지표에 분출되어 만들어지는 화산암이 안산암이기 때문에 이들 "불의 고리"를 "안산암대"라고도 부른다. 만약에 대륙지각의 하부에서 부분 용융이 일어나 마그마가 만들어진다면 그때 만들어지는 마그마는 산성(또는 휄식)마그마가 된다. 이처럼 마그마는 만들어지는 환경에 따라 다양한 종류의 마그마가 만들어진다. 실제로 산성이나 중성 마그마는 염기성 마그마에 비교하면 함수량이나 포화된 휘발성 물질(가스 등)의 함량이 훨씬 더 많다. 그래서 이런 종류의 마그마가 분출하는 경우는 대체로 폭발성 분출을 하게 된다. 하와이에서의 화산활동과는 비교할 수 없을 정도로 요란한 분출을 하며, 마그마의 점도 역시 염기성 마그마보다는 훨씬 더 높아서 분출된 화산의 사면 경사는 30–35°로 순상화산의 5–10°에 비교하면 훨씬 가파른 사면을 갖게 된다. 이러한 화산을 흔히 성층화산(Stratovolcano)이라고 부른다. 성층화산은 라바와 화산재 그리고 암설 등이 층층이 쌓여 만들어진다. 이런 현상은 세계의 어디에서나 공통적으로 확인되는 현상이다. 또 한 가지 밝혀야 될 사실은 비록 최근 지구과학의 비약적인 발전이 있은 것은 사실이지만 아직도 과학적으로 해결해야 될 여러 가지 문제점들이 남아 있는 것 역시 우리가 인정을 해야 한다.[120]

일본의 후지산이나 미국의 세인트헬렌화산과 같은 성층화산들은 용암들 사이에는 간간히 뿜어져 나오는 화산재들에 의해 만들어진 응회암층이 용암층 사이에 끼어든다. 그래서 화산의 경사가 원뿔을 엎어 놓은 것처럼 보인다. 라바 사이에 끼어들어 가

1980년 5월 18일 분출된 미국의 세인트헬렌 화산의 분출기둥의 모습(왼쪽). 고운 가루 모양의 화산재의 모습(오른쪽 위 그림)과 기공이 잘 발달된 화산재 입자의 전자현미경 사진(오른쪽 아래 그림)(사진: USGS).

는 화산재로 된 지층은 화산재라고는 했지만 이것은 나무가 탄 재와는 전적으로 다른 것으로 순전히 무기질 물질이며 마그마가 공중에 비산되면서 만들어진 비결정질로 주로 구성되어 있다. 화산분출시 만들어지는 마치 멀리서 보면 진한 구름처럼 보이는 분출기둥은 바로 화산재들과 가스의 집합체이다. 어떤 마그마는 엄청난 양의 가스가 아주 높은 압력 하에 갇혀 있다. 분출이 시작되면 일시에 압력이 방출되면서 마그마들이 작은 조각으로 함께 솟아오르는 것이 바로 분출기둥이며, 그 속에 들어 있는 마그마의 작은 조각들이 바로 화산재이다. 마그마방 근처에 유입되는 지하수가 있다면 이들 역시 마그마의 열기로 증기화되면서 높아진 압력이 이런 폭발적인 분출을 강화시키는 원인이 되기도 한다. 그림에 보이는 화산분출은 1980년 5월 18일에 미국의 워싱턴주에 있는 세인트헬렌화산의 분출모습이다. 이 폭발은 10분 안에 분출기둥을 기권 22km까지 쏘아 올렸다. 이런 상황이 오면 이 주변지역을 비행하는 것은 재앙으로 바로 연결되기 때문에 인근공항이 폐쇄되는 것은 정해진 수순 중의 하나이다. 순식간에 인근 지역에 수많은 양의 화산재를 퇴적시켰다. 이 화산이 분출되고 난 2주 후에는 성층권으로 올라간 미세한 화산재들이 지구 전체를 둘러싸아 버렸다.

화산 분출기둥 속에는 화산재만 들어 있는 것은 아니며 화산탄 혹은 화산력이라고 불리는 64mm 이상의 크기를 갖는 입자들과 래필리라고 불리는 64–2mm 입자들도 들어 있으며 그중에서 2mm 이하의 입자들로 구성된 물질을 화산재라고 부른다. 화산재들의 입자는 아주 작기 때문에 외견상 마치 무해한 부드러운 밀가루처럼 보이지만 이들은 정작 모스의 경도가 5 내외인 비정질 광물질로 구성되어 있다. 그렇기는 하지만 하늘 높이 올라간 아주 작은 입자들의 화산재들은 쉽게 땅으로 떨어지지 않고 오랜 기간 동안 부유 분진으로 하늘을 배회한다. 이들 화산재를 현미경으로 들여다보면 입자들은 매우 불규칙한 형태로 거친 표면을 가지고 있으며, 미세한 기공이 잘 발달되어 있어 가비중이 낮기 때문에 다른 결정질 물질에 비교해서 매우 가볍다. 그렇기는 하지만 하늘로 올라간 화산재는 떨어지게 마련이다. 땅으로 떨어지는 화산재들은 분출지로부터 거리에 따라 입도분포가 달라진다. 분출구 근처에서는 큰 입자들이 떨어져 쌓이며, 분출구로부터 멀어질수록 입자들의 크기는 작아진다. 이렇게 화산분출구 주위에 떨어진 화산재들이 물과 섞이게 되면 슬러리를 만들어 이동되면서 주변을 파괴하는 재해의 원인이 되기도 한다. 이런 슬러리의 비중은 물보다 훨씬 크기 때문에 파괴력의 강도는 물과 비교되지 않으며, 이들의 이동 경로에 있는 것들은 무엇이던지 파괴할 수 있는 괴력을 가지고 있다. 그러나 젖었던 화산재가 건조되면 이들은 단단하게 굳어지게 된다. 화산재가 가져오는 피해는 여러 가지가 있다. 이들의 미세한 분진은 인간의 호흡기 질환과 밀접한 관계를 갖는다. 장기적으로는 규폐증이라는 규산에 의한 질환도 일으킬 수 있다. 동물의 식량자원인 식물에 화산재가 내려앉게 되면 먹이사슬이 끊어지면서 그런 식량자원을 먹이로 하는 동물에게 피해가 직결되기도 한다. 그런 식물들의 생산성은 거의 없어지거나 현저하게 감소되기 마련이다. 실제로 화산재의 밀도는 눈의 밀도보다 거의 10배 이상이기 때문에 건축물이나 토목구조물에 미치는 구조적인 피해도 뒤따르게 마련이다. 이들이 두껍게 쌓이게 되면 뒤따르는 피해는 생태계뿐만 아니라 우리들 주변의 모든 환경을 복구하기 어려울 정도로 황폐화시키는 것을 어렵지 않게 관찰할 수 있다. 화산활동이 부가적으로 만드는 이런 환경상의 재해는 열거하기도 어려울 정도로 여러 가지가 있다.

지구의 주름살이 만들어진 시기

나는 이 소제목을 쓰면서 국어사전을 찾아보았다. 주름과 주름살이란 단어 중 어느편이 더 적합한 용어인지를 알아보기 위해서였다. 주름이나 주름살의 사전적 정의는 모두 "피부가 늘어지거나 노화되어 생긴 줄, 또는 잔금"으로 똑같이 정의되어 있었다. 그러나 굳이 여기서 주름살이라는 단어를 선택한 것은 뭔가 구겨진 이미지를 더 강하게 주는 것 같아 선택한 것이다. 우리가 살고 있는 지표면을 비행기를 타고 내려보면 이곳저곳에서 마치 주름살과 같은 구겨진 흔적을 볼 수 있기 때문이다. 지구는 적도 반지름이 6,378.1km이고 극반경이 6.356.8km인 구형이다. 엄격하게 말하면 적도반경이 21.3km 더 큰 타원체이나 이 정도의 편평도 차이만 가지고 타원이라고 말하는 것은 과학자들 이외에는 없을 것이다. 편평도(f)란 조금 큰 적도 반경을 a라고 하고, 극반경을 b라고 하면 편명도 f=(a−b)/a로 구해진다. 그 값은 1:298.257223563으로 정의 된다. 소수로 표시하면 0.0033528로 나타낸다. 이것은 원이나 거의 다름없는 값이다. 그렇다 외계에서 바라본 지구는 둥그런 얼굴이다. 지구에서 가장 높은 산 에베레스트의 높이는 8,848m이다. 이 높이는 인간에게는 쉽게 등정을 허락하지 않는 키이기는 하지만 지구의 평균 반지름의 0.14%에도 미치지 못하는 차이이다. 그런 차이를 식별하는 것은 정밀측정이 가능한 기기만이 읽을 수 있는 값이기 때문에 지구가 구로 보이는 것은 당연한 일이다. 실제로 달 궤도로 진입한 위성으로부터 촬영한 지구의 모습은 완벽한 구로서 푸른 행성 지구라고 부르기에 걸 맞는 자태를 뽐내고 있었다.

인간도 태어나서 성장하면서 그 모습이 달라지는 것처럼 지구도 지구가 만들어진 이후 얼굴 모습을 번번히 바꿔왔다. 그래도 사람은 기본적인 틀에서 크게 벗어나지 않으면서 변화되기 때문에 성인은 수십 년이 지난 후에도 서로를 알아볼 수 있다. 그러나 지구의 일생을 사람의 일생과 비교하면 지구는 이야기가 달라진다. 지구는 유년기는 물론이려니와 장년기를 지난 후에도 끝없이 얼굴의 모습을 통째로 변화시키고 있다. 바로 지구의 얼굴 모습을 결정하는 대륙과 대양의 모습이 전적으로 달라지기 때문이다. 페름기에 한덩어리로 대륙이 뭉쳐 있던 지구의 모습과 오늘날 대륙과 대양이 분포된 모습은 너무 달라져 있기 때문이다. 아마도 2억 년의 시차를 두고 지구를 방문하는 외계인이 있다면 아마도 다른 행성으로 오인할 정도의 엄청난 변화이다. 그런 마술적인 지구의 변화는 바로 판구조론으로 설명된다. 과거와는 달라진 지구의 모습은 오랜 지질시대를 거치는 변화과정을 통하여 신생대에 완성된 작품인 것이다. 지구의 표면은 대양을 제외하고 대륙에서는 지형적인 기복을 보인다. 바닷가에 연한 해안 지대는 해수준면의 높이를 크게 벗어나지 않으나 거대한 산맥들은 해수준면으로

1968년 아폴로 8호로 달 궤도에 진입한 인간이 최초로 촬영한 달 표면 위로 떠오르는 지구의 모습. 떠오르는 지구의 모습이 아름다운 공처럼 보인다(사진: NASA). 지구 타원체라는 말이 믿어지지 않을 정도의 구형이다.

부터 수천 미터 이상의 높이로 나타난다. 그런 산맥을 우리가 높은 하늘에서 내려다 볼 수 있다면 지구라는 얼굴의 주름살로 보여질 것이다. 바다 밑에도 해저산맥이 존재한다. 그러나 중앙해령이나 해구와 같은 거대 구조물들은 바닷물에 덮여 있어서 우리가 들여다 볼 수 없을 뿐이다. 오늘날 우리가 마주하고 있는 이런 지구의 큰 주름살들은 대체로 신생대라는 젊은 지질시대에 만들어졌다. 지구가 살아온 역사를 우리에게 보여주는 거대한 진실의 현장이기도 하다.

오래전으로 거슬러 올라가면 사람들은 산이 만들어지는 과정에 대한 의문을 품기는 했지만 그럴듯한 해답은 찾지 못하였다. 한때는 산맥들이 이 땅의 골격이라는 소박한 생각을 했던 적이 있었다. 그러나 그런 사유는 과학적인 사유는 아니었다. 그러나 천지를 창조한 절대자의 권능을 믿었던 시절에는 절대자의 권능으로 만들어진 작품쯤으로 여겼던 시절이 참으로 오랫동안 계속되었다. 그러나 과학적 사유 즉 지질학적 지식이 축적되면서 얻어지는 정보는 그런 믿음에 반하는 것들이었으며, 해묵은 의문점들을 해결하는 실마리를 풀어가기 시작하는 출발점이 되었다. 그건 인류역사상 오래전의 일이 아닌 18세기내지는 19세기에 이르면서 시작된 일이다. 사실 지질학이란 학문이 유럽에서 시작되었으므로 그런 초기의 시도 역시 그쪽 학자들이 중심이 되는 것은 피할 수 없는 일이었다. 그래서 유럽에 존재하는 알프스는 항상 산의 형성을 논하는 시발점이 되었던 역사를 가지고 있다. 대부분의 지구의 큰 주름살 격인 큰 산맥들은 요즘에는 지판의 이동에 의한 조산운동으로 설명하고 있지만 초기의 지질학자들에게는 지질학적 사유가 거기까지는 미치지 못했다. 어떤 이들은 지향사(geosyncline)라는 개념을 동원했다. 어떤 퇴적분지에서 퇴적층이 만들어져 퇴적층이 두꺼워지면 높은 압력이 작용된다. 그 압력으로 지층은 침강되며 다른 한쪽은 융기가 일어나는데 이게 바로 산맥을 만든다는 것이다. 19세기 중엽 미국의 지질학자 제임스 홀(James Hall, 1811-1898)과 제임스 다나(James Dwight Dana, 1813-1895)에 의하여 제의된 지향사 개념은 판구조론이 등장하기 이전까지 산의 형성을 설명하는 이론으로 받아들여졌다. 1948년도의 학술지에 발표된 「지향사 이론」이란 논문을 보면 홀과 다나에 의해 제의된 아팔라치아산맥의형성과 관련된 지향사 이론이야말로 지질과학이 창안한 가장 뛰어난 통합이론이라고 추켜세우고 있다.[124] 사실 그 이전까지는 이런 대규모 지질현상을 설명하는 그럴듯한 이론이 없었던 것 역시 사실이다. 지향사 이론이 전적으로 틀린 것은 아니었지만 대규모 산맥의 형성을 설명하는 이론으로는 결격사유가 많은 이론이었다. 사실 알프스를 이해하는 데 많은 기여를 한 에두아르드 쥐스 조차도 지구수축설을 기반으로 한 지향사 이론으로 알프스 산맥의 형성을 설명하였다. 그는 1885년에 발간한 『지구의 얼굴』이라는 자신의 저서에서 지구에서 관찰되는 산맥들은 지구의 부피가 줄어들면서 나타나는 이동의 결과라고 자신 있게 설파하였다. 그가 곤드와나 대륙과 테티스해의 존재를 인식한 것을 고려하면 현대의 관점에서 보면 안타깝게 판구조론을 살짝 비껴간 것이나 마찬가지이다. 판구조론이 등장하기 전 과거 지구수축설에 뿌리를 둔 산맥의 형성과정을 설명하는 이론들이 상당한 세력을 얻었던 시절도 있었다.

그러나 지구과학의 진보는 차례로 이런 문제점들을 밝혀나가기 시작했다. 생물종들의 진화와 더불어 페름기 이후 시작된 대륙들의 은밀한 이동도 멈추지 않았다. 특히 일 년에 15cm 정도씩 북상을 하던 인도 대륙이 테티스해(Tethys sea)를 희생물로 삼아 아시아 대륙과 충돌하면서 지구상에 가장 거대한 그렇지만 젊은 산맥 히말라야를 본격적으로 만들어 간 시기가 바로 에오세이다. 원래 인도대륙

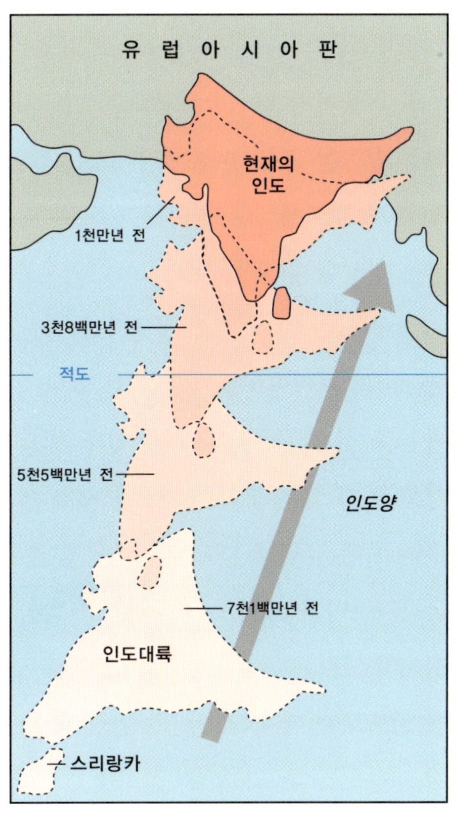

지질시대별로 나타낸 이동하는 인도대륙의 위치. 신생대 에오세에 본격적인 두 대륙의 충돌이 일어나 히말라야산맥을 생성시켰다.

은 팡게아의 남쪽 곤드와나육괴의 일부로 아프리카 대륙과 붙어 있었다. 그러나 팡게아가 분리되던 시점 백악기 말 약 9천만 년 전에 아프리카로부터 분리되기 시작하였다. 이때만 해도 마다가스카르는 인도와 함께 움직였다. 이들 대륙은 북상을 하면서 마다가스카를 떼어 놓은 채 북상을 계속하였다. 드디어 신생대 에오세 즉 5천만 내지는 5천5백만 년 전에 아시아 대륙과의 충돌이 시작되었다. 두 대륙이 부딪치면서 그 사이에 끼어 있던 테티스해를 이루고 있던 퇴적층들이 휘어지면서 겹쳐지기 시작하였다. 그러나 본격적인 충돌은 3천5백만 년 전부터 진행되었으며 계속되는 인도 대륙의 북상은 이들 지층들을 제멋대로 구겨 큰 규모의 습곡과 단층을 만들면서 밀어 올렸다. 그 결과로 만들어진 것이 세계의 지붕 히말라야산맥이다.

인도와 아시아대륙의 충돌로 만들어진 히말라야산맥은 아프리카와 유럽대륙의 충돌로 만들어진 알프스산맥과는 비교가 되지 않을 정도로 장대한 규모이고 만들어진 산들의 높이 또한 비교가 되지 않는다. 그런 차이는 근본적으로는 인도대륙의 북상하는 속도가 빠른데 기인되는 것으로 해석하고 있다. 물론 대륙의 이동 속도만이 높은 산을 형성한 유일한 이유는 아니었지만 결정적인 기여를 한 원인 중의 하나이다.

아직도 인도-오스트레일리아 지판은 북상하고 있으며 속도는 더 빨라져 일 년에 67mm의 이동속도로 올라가고 있다. 이 결과로 일 년에 5mm 정도로 히말라야는 높아지고 있다. 이런 운동이 언제 멈출지 가늠하기가 쉽지 않다. 히말라야산맥에는 7,200m가 넘는 고봉만 100여 개가 넘는다. 이 높은 산맥은 약 12,000km^{3}의 담수를 빙하로 머리 위에 지고 있다. 세계에서 두 번째로 큰 산맥인 안데스산맥의 최고봉인 아콩카구아가 6,962m인 것을 고려하면 히말라야가 왜 세계의 지붕이라고 불리는지 이해가 간다. 이 높은 산맥은 인도양으로부터 올라오는 물기마저 넘어가는 게 거부당할 정도로 높다. 그래서 그 산맥 너머에는 강수량이 부족하여 거대한 타클라마칸사막이 만들어졌다. 타클라마칸사막은 바로 히말라야산맥이 만든 강수음영대이다. 그러나 히말라야를 넘지 못한 수증기는 히말라야 남쪽에 풍부한 강수량을 제공해 주었다. 고산지대의 선선한 기후와 풍부한 강수량은 세계 최고의 차 생산지를 그곳에 만들었

인도대륙과 아시아대륙의 충돌에 의해 만들어진 네팔지역 히말라야산맥의 위용. 이 산맥은 에오세부터 본격적으로 만들어지기 시작하였으며, 아직도 북상을 계속하는 인도대륙 때문에 히말라야산맥은 아직도 높이를 키우고 있다. 7,200m를 넘는 봉우리만도 100개가 넘는 가히 세계의 지붕이다.

다. 바로 명차로 손꼽히는 다르질링차를 생산하는 인도의 다르질링 지역이 그런 자리이기 때문에 가능한 일이었다. 또한 히말라야산맥의 동쪽 끝자락이 발달해 있는 중국의 운남성이 명차의 산지인 것도 비슷한 맥락이다.

적도 지방에 중생대 트라이아스기에서부터 만들어진 테티스해는 인류에게 또 다른 자원을 가져다준 보고이다. 적도지방에 있는 따뜻하고 얕은 바다는 풍부한 생물종들이 서식하기에는 안성맞춤이었다. 이 바다에 퇴적되는 퇴적물들의 유기물의 함유량이 다른 지역보다 많아진 것은 당연한 수순이었다. 지구의 다른 곳에서 북상하던 아프리카판과 유라시안판의 충돌은 중생대 말기에 이미 예상된 수순으로 진행되었으며 약 5천만 년 전 두 대륙 사이에 있던 팡게아의 낮은 대양 테티스가 완전히 두 대륙 사이에서 사라졌다. 두 대륙이 부딪치면서 사이에 낀 지층들은 뒤틀리고 상승하기 시작하였다. 유기물이 많은 이 퇴적층들이 바로 세계에서 가장 큰 유전을 배태한 지층이 되었다. 오늘날 주요한 산유국인 중동의 여러 나라들이 바로 이 지층 위에 있는 나라들이다. 위로 쌓이는 퇴적층과 조산운동에 의해 적당한 습곡작용이 일어나면서 배사구조를 만들어 퇴적물에 함유되어 있던 유기물들을 숙성시켜 거대한 유전들을 그곳에 만들었다. 사우디아라비아에 있는 280×30km 규모의 세계 최대의 가와르 유전도 이들 중의 하나이다. 이곳은 아직도 하루 5백만 배럴의 원유를(세계 생산량의 약 6% 정도) 생산하고 있다. 아직도 남아 있는 확인된 자원의 량이 710억 배럴이라고[125] 하니 사라진 테티스해가 남긴 선물로는 해당 국가는 물론이려니와 인류 전체에게도 과분한 선물로 여겨진다.

지구의 주름살은 히말라야에서만 만들어지는 것은 아니다. 유럽의 지붕인 알프스산맥도 거의 같은 시기에 만들어졌다. 알프스의 최고봉은 이탈리아와 프랑스 국경 부근에 위치한 몽블랑으로 4,810m로서 히말라야산맥과 비교하면 산허리 정도의 높이이기는 하지만 유럽대륙에서의 그 칼날처럼 솟아오른 위용은 대단하다. 이 역시 북상하는 아프리카판이 유라시아판과 충돌하면서 만들어진 조산운동의 결과물이다. 두 대륙을 갈라놓았던 초대륙 팡게아에 있던 테티스해를 제물로 솟아오른 산맥이다. 알프스산맥의 큰 골격은 주로 신생대의 올리고세와 마이오세라는 지질시대에 완성되었다. 테티스해에서 만들어진 퇴적층들은 두 대륙의 충돌결과 지층들이 마치 엿가락처럼 휘어지기도 하며, 어떤 돌들은 마치 부드러운 반죽을 늘려 놓은 것처럼 길죽하게 신장되어 있기도 하다. 어디 그뿐인가 연속되던 지층은 어디에서는 갑자기 절단되기도 한다. 가지런하게 놓여있는 퇴적층이라고 해서 보통 지층은 아닌 경우가 대부분이다. 보통은 아래에 있는 지층이 오래된 지층이고 위로 가면서 나이가 젊은 지층이다. 그게 바로 지층 누중의 원리이다. 그러나 알프스에서는 그게 아닌 경우가 더 많다. 지층이 휘어지면서 변형을 받는 것을 습곡이라고 하는데 어떤 습곡은 아예 지층을 뒤집어 버려 오래된 순서가 역전되어 있기도 하기 때문이다. 그래서 지질학자들은 이곳의 지질을 이해하기 위해서는 다른 곳보다 훨씬 더 고뇌에 찬 시간을 요구하는 곳이기도 하다. 그러나 그러한 경관을 『처세론』을 쓴 에머슨(Ralph Waldo Emerson, 1803-1882) 같은 이는 "신들이 있는 멋진 풍경은 우리의 조바심을 누그러뜨리고 유대감을 고

양시킨다"라고 고상하게 표현하기도 했다. 그러나 그것은 관광객이나 한가한 등산가에게 비춰진 모습일 뿐이며 지질학자들에게는 괴로움만을 가중시키는 곳이기도 하다. 지질구조가 너무 복잡하여 영원히 퍼즐로 남겨질 것 같은 그곳의 지질구조 역시 훌륭한 지질학자들의 노고가 쌓이면서 이해의 토대가 마련되었다. 이러한 선각자들 중 알베르트 하임(Albert Heim, 1849-1937)이 쓴 『스위스의 지질 *Geologie der Schweiz*』은 이런 복잡한 지질구조를 이해하는 데 가장 큰 기여를 한 것으로 인정받고 있다.[126,127] 그는 지질학분야의 가장 권위 있는 상인 울라스톤메달을 1904년에 수상하였다. 물론 그에 의해 알프스의 지질구조가 완성된 것은 아니며 그 이전 또 그 이후 많은 위대한 지질학자들의 집념에 찬 노력이 복잡하기만 한 이 지역의 구조를 차례로 밝혀내는 계기가 되었다.

여러분들은 알게 모르게 알프스 산록의 어디를 지나면서는 과거 아프리칸판과 유라시아판의 경계면 위에 서 있을지도 모른다. 그런 일은 상상만 해도 신비로운 일이다. 두 대륙이 뭉쳐지면서 구겨지고 들어 올려지면서 만들어진 것이 알프스산맥이기 때문이다. 그러나 그런 지구의 숨겨진 마술과 같은 괴력을 생각하면서 일어나는 자연에 대한 경외감은 아무래도 지질학자가가 아니라면 훨씬 줄어들 것이다. 알프스하면 연상되는 봉우리가 하나있다. 이탈리아와 프랑스의 국경 근처에 위치한 4,478m의 마테호른(Mattehorn)은 마치 잘 깍여진 예리한 사각추를 세워 놓은 듯 서 있다. 높은 봉우리이긴 하지만 경사가 워낙 급해서 빙하가 붙어 있을 곳이 없어 몸체의 대부분이 드러나 있어 실로 그 위용이 대단하다. 1865년 7월 14일 영국의 등산가인 에드워드 윔퍼(Edward Whymper, 1840-1911)가 이끄는 등반팀이 남서벽을 통해 최초로 이 산의 등정에 성공하였다. 사실 윔퍼로서는 이미 여덟 번의 실패를 이미 경험하였으므로 그 등정은 아홉 번째의 도전에서 성공한 것이었다. 그러나 하산 길에 네 명의 대원을 잃는 일이 발생하면서 등정의 비극으로 잘 알려져 있다.[128] 그러나 이런 등반팀의 조난보다도 더욱 놀라운 사실이 있다. 허긴 그 봉우리를 처음으로 정복한 때가 1865년이므로 그 이전까지는 그곳에 올라간 사람이 하나도 없는 형편이었으므로 그곳이 어떤 지층으로 되어 있는지는 알래야 알 방법도 없었다. 마테호른의 그 산 정상부가 아프리카의 대륙으로부터 온 지층이 놓여 있다는 점은 정말 놀라운 일이다. 그러나 그런 일은 윔퍼의 등반으로 알려진 일은 아니며 그런 사실은 지질학자들의 인고에 찬 노력의 결실로 알려진 사실이다. 아프리카대륙의 일부가 제멋대로 뒤틀리고 휘어지면서 올라가 유럽대륙 위에 남겨진 부분이 바로 마테호른이다.[126] 아프리카로부터 밀려 올라온 다른 지층들은 침식에 의해 사라져 버리고 나는 힘차게 올라왔다는 신호처럼 남겨진 부분이 바로 마테호른의 꼭대기이다. 유럽 대륙의 정상이라고 할 수 있는 이 산의 고도 3,400m 지점 위에 얹혀 있는 땅 덩어리가 아프리카대륙의 일부라는 그런 사실만으로도 충분히 엽기적인 일이었다.

그것과는 좀 차원이 다르기는 하지만 제천지역에는 오늘날 국립공원으로 지정된 월악산이 있다. 월악산의 주봉 영봉(靈峰)은 1,097m의 높이로 달이 뜨면 영봉에 걸린다하여 이 산은 월악(月岳)이라는 이름을 얻었다고 한다. 월악산 등산로 입구의 일부를 제외하고는 산 전체는 화강암으로 되어 있다. 이곳에 있는 화강암체가 만들어진 시기는 중생대의 백악기인데, 지하 3-4km의 깊이에서 만들어진 화강암들이 풍화침식에 의해 지표로 드러난 것이다. 이들 화강암체는 제법 큰 규모로 제천-단양-문경지역에까지 분포되는데 이를 월악산 화강암체라고 부른다. 그러나 월악산의 주봉 영봉은 마치 잘 드는 칼로 잘라 놓은 듯한 거의 수직 절벽을 이루면서 솟아 있어 이 산의 정상을 등반하는 이들을 숨차게 만든다. 그래서 어떤 이들은 이 봉우리를 한국의 마테호른이라고 부르기도 한다. 급한 경사면을 이루면서 솟아오른 주봉은 이 산을 올라가면서 보던 화강암이 아니라 석회규산염으로 되어 있다. 석회 규산염이란 석회암이 열변성작용을 받아 만들어진 돌이다. 좀 더 쉽게 설명하면 원래 이 지역에 분포되어 있던 석회암 지층을 뚫고 들어온 마그마가 그 위에 있던 석회암을 그 열기로 구워낸 돌이라고 생각하면 된다. 산꼭대기에 다 오르기 전까지는 이런 종류의 돌은 눈에 띄지도 않는다. 그러나 정상부에 도달하면서 지금까지 보아온 돌과는 전적으로 다른 이런 암석들이 화강암 위에 얹혀 있다. 주변 지역에 분포되어 있던 다른 돌들은 이미

이탈리아와 스위스의 국경 부근에 있는 4,478m의 고봉 마테호른. 알프스산맥은 유럽대륙과 아프리카대륙의 충돌 결과로 만들어졌다. 이 사진의 맨 아래와 중간부는 두 대륙이 충돌하기 이전 그 사이에 있던 해양지각이며, 산 정상부는 유럽지판 위로 기어 올라간 아프리카지판으로부터 온 암석으로 침식결과 산 정상부에만 남겨져 있다.

침식되어 나갔기 때문에 산의 정상부에 오르면서 이런 돌을 볼 수가 없다. 그래서 그 꼭대기 이런 돌이 있으리라고는 예상치 못한 사람들에게 정상부근에서 그런 돌을 보는 순간 신선한 충격으로 다가온다. 적어도 암석에 관심이 있는 등반객에게는 말이다. 종류가 다른 돌들이 얹혀 있는 영봉이 주는 신선한 충격에 비교하면, 알프스 마테호른의 정상부가 아프리카대륙으로부터 온 지층이 얹혀 있다는 점은 더 큰 놀라움이라는 것쯤은 지질학자가 아니라도 알 수 있는 일이다. 그런 일이 바로 신생대라는 젊은 지질시대에 일어난 일 중의 하나이다.

사실 알프스산맥은 스위스를 중심으로 이탈리아의 북부지방만을 연상하기 쉬운데 사실은 두 대륙의 충돌은 동쪽으로 가면서 터키지방까지 연장된다. 그래서 이들 충돌대에 위치한 이탈리아를 거쳐 터키에 이르는 지역은 결코 지진에 자유스러울 수가 없었다. 충돌의 결과로 만들어진 수많은 단층을 보아도 이곳이 얼마나 자주 지진이 일어났는지는 쉽게 상상이 된다. 이런 기록들은 성서에서도 발견된다. 이런 내용을 한 구절만 인용하기로 하자.

> 이 모든 말을 마치는 동시에 그들의 밑의 땅이 갈라지니라. 땅이 그 입을 열어 그들과 그 가족과 고라에게 속한 모든 사람과 그 물건을 삼키매 그들과 그 모든 소속이 산 채로 음부에 빠지며 땅이 그 위에 합하니 그들이 총화 중에서 망하니라.

이 구절은 구약 민수기 16장 31–33절의 내용이다. 땅이 진동하고 요동치는 것을 기술한 성서의 내용은 여기 말고도 여러 곳이 있다. 그 기술의 종교적인 해석은 제외하기로 하고 사실적인 기록으로만 받아들이기로 하자. 이 지역은 그런 조건을 갖추고 있는 지역이다. 아프리카판과 유라시아판이 충돌하여 알프스산맥을 만든 충돌대의 동쪽에 해당되는 지역이 이곳으로 오늘날의 이스라엘, 요르탄과 터키지역에 해당되며, 지구조적으로 매우 불안정한 지역이 바로 이곳이기 때문이다. 이 지역은 과거 2,500년간 리히터 지진규모척도로 6.7–8.3에 이르는 파괴적인 강도를 갖는 지진이 40회 이상 발생된 것으로 알려져 있다. 지중해 연안의 고대 도시 안타크야(고대의 안티오크)는 과거 2천 년간 15번이나 지진에 의해 파괴되고 재건되었다는 역사적인 기록을 남기고 있다.[117] 어떤 고고학자들은 이 지역에 한때 번성하였던 고대 도시국가 스파르타의 쇠락의 원인을 BC 464년에 발생한 강력한 지진을 원인으로 지목하기도 한다.

그 지진에서 스파르타가 많은 피해를 받았으며, 그 50년 후 또 다른 강력한 지진이 발생하여 많은 시민들이 사망함으로써 출산력이 저하되었고 그 결과로 군사력이 약화되면서 도시국가 스파르타가 망한 원인의 하나가 되었다는 것이다.

남아메리카 대륙의 동쪽을 따라 발달한 안데스 산맥 역시 신생대에 만들어진 산맥이다. 이 경우는 히말라야와는 약간 다르다. 두 지판의 충돌이야 같지만 충돌에 따른 변화는 다른 것이다. 태평양 바닥은 해양지각으로 대륙 지각보다는 밀도가 더 큰 물질로 되어 있어 대륙지각인 남아메리카판과 충돌하면서 대륙 지각의 밑으로 기어들어간다. 남아메리카 대륙의 밑으로 기어들어가는 해양지각판은 북쪽의 나즈카판과 남쪽의 남극판이다. 이때 위에 있는 대륙지각이 들어 올려지면서 형성된 것이 안데스 산맥이다. 그러나 안데스산맥을 만든 것은 신생대로부터 진행된 조산운동만의 결과는 아니며 그 이전의 지질시대인 원생대에도 있었다. 지금의 안데스산맥의 형성은 쥐라기에서부터 시작되었으나 그 형태가 오늘날처럼 자리 잡기 시작한 것은 백악기에 이르면서 부터이다. 지금도 서쪽으로 연간 7cm 내외의 속도로 행진을 멈추지 않는 해양 지각판의 서진은 지금도 그 지역에 많은 화산활동과 지진을 일으키며 안데스의 모습을 변화시키고 있다.

마치 그런 모습은 지구가 살아 있는 생명체임을 자연에 확인시켜주는 자연의 숨결로 여겨지기도 한다. 그렇지만 때로는 격렬한 화산활동과 지진은 지구의 생명체에게 큰 상처를 남기기도 한다. 칠레와 아르헨티나 국경에 위치한 안데스의 최고봉은 아르젠틴과 칠레국경으로부터 15km 동쪽 아르젠틴 영토에 위치한 높이가 6,962m인 아콩카구아봉(Aconcagua)이다. 만들어진 안데스산맥의 규모도 규모지만 이 산맥은 실제로는 화산고리이다. 해양지판이 대륙지각의 밑으로 밀려들어 가면서 그 곳에서는 새로운 마그마를 계속 만들어내기 때문에 안데스산맥의 북쪽 콜럼비아와 에쿠아도르로부터 페루를 거쳐 칠레의 남단에 이르기까지 수많은 화산들이 존재한다. 에쿠아도르의 거의 중심에 해당되는 위치의 안데스산맥에는 6,310m의 침보라조(Chimborazo)라는 산이 있다. 이 산은 에쿠아도르에서 가장 높은 봉우리로 성층화산의 하나이다.

호사가들은 그 산은 지구의 중심으로부터 가장 멀리 떨어진 산이라고 부른다. 그 산은 적도보다 1° 남쪽으로 위치해 있기 때문에 적도 반경이 극반경보다 크므로 지구 중심으로부터는 세계에서 가장 높은 산 에베레스트보다 지구 중심으로부터는 2km나 멀리 떨어진 6,384.4km 지점에 위치해 있다는 것이다.[129] 이들은 거의 대부분 활화산으로 활동을 계속하고 있으며, 잠시 쉬는듯하다 활동을 다시 재개한다. 이런 화산활동의 결과로 만들어진 고봉도 바로 신생대의 지판의 이동결과로 만들어진 것이다.

남미대륙 중앙부 페루, 칠레 및 볼리비아 지역의 안데스산맥이 만든 지형의 위성사진(사진: NASA). 이 지역은 해양지각인 나즈카판이 남미판 밑으로 섭입되면서 만든 중앙화산대로 불리는 지역으로 많은 활화산들이 활동하고 있는 지역이다.

이 지역에서의 화산활동은 완전한 재앙으로 연결되기도 한다. 안데스화산대의 가장 위쪽인 콜럼비아의 수도 보고타 129km 서쪽에 5,300m의 활화산 네바도델루이즈(Nevado del Ruiz)란 화산이 만든 재앙은 역사적인 지질재해를 일으킨 화산으로 유명하다. 약 2백만 년 전에 활동을 시작한 이 화산은 15만 년 전의 화산활동으로 현재의 모습이 되었다. 이 화산은 격렬한 폭발과 함께 가스와 화쇄류를 분출하는 소위 플리니안분출을 하는 화산이다. 이 화산이 악명을 떨치게 된 것은 1985년 11월 13일에 일어난 분출 때문이었다. 이때의 화산폭발은 거대한 화산재의 기둥을 기권 30km 상공까지 쏘아 올렸다. 이 화산은 그 이전에도 간간이 분출을 하던 산이었지만 그날의 분출은 사정이 달랐다. 이 산은 비록 적도에 가까운 위치에 있기는 하지만 산의 높이 때문에 정상 부근은 빙하에 덮여 있다. 최근에 진행된 지구온난화로 과거보다는 빙하의 규모가 작아지기는 했지만 화산이 폭발할 무렵에 이 산꼭대기의 빙하는 $34km^2$나 되었다. 화산이 분출되면서 뿜어 나온 열기는 산꼭대기의 빙하를 일시에 녹였다. 1985년의 분출로 정상을 덮고 있던 빙하는 약 10%가 축소되었다. 화산의 열기가 만든 결과였다. 빙하가 녹아 만든 물은 바로 재해로 연결되었다. 이런 현상을 전문가들은 "빙하파열"이라고 부른다. 우리는 물의 파괴력을 알고 있다. 이 물속에 화산폭발로 분출된 화산재와 미쳐 고화되지 않은 암석들의 작은 조각들이 섞이자 밀도는 급격하게 증가되었다. 물의 밀도 증가는 파괴력을 거의 지수함수적으로 증가시키기 때문에 그 위력은 대단하였으며 흘러내리는 이 물은 순식간에 니류(泥流)로 바뀌어 이들의 경로에 있는 것을 닥치는 대로 쓸어버렸다. 이런 니류는 라하르(Lahar)라고 부른다. 라하르는 화산의 동쪽 수계를 따라 시간당 60km의 속도로 흘러내리면서 하류에 있던 아르메로란 마을을 덮쳐 무려 23,000명의 인명을 빼앗아 간 화산재해를 일으켰다.[130,131] 이 재해는 오늘날 '아르메로의 비극' 으로 우리에게 알려진 사건이다. 이 지역의 지방민들은 이 화산을 잠자는 사자라고 표현할 정도로 위험이 도사리고 있는 화산이었다. 아르메로의 비극을 보도한 한 사진은 그해의 퓰리처상을 받았다. 아르메로의 비극을 전달하는데 좁은 구도로 촬영된 한 사람의 희생, 즉 니류에 파묻혀 죽은 사람의 팔 한쪽을 근접촬영한 그 사진 하나면 충분하였다. 하여튼 남미대륙에 만들어진 주름살 안데스에는 이런 위험을 지니고 있는 활화산이 체인처럼 칠레의 끝까지 분포되어 있는 곳이다.

지금도 들리는 지구의 숨결

지판의 섭입(또는 소멸)경계는 화산만 만드는 게 아니라 수많은 지진도 발생시킨다. 지진이란 지층 속에 응력이 축적되다가 그 한계점을 지나게 되면 단층의 발생과 함께 방출되는 에너지가 바로 지진이다. 지진은 과학적으로는 그런 무미건조한 짧은 설명으로 충분히 기술되지만, 다른 한 편으로는 마치 지구가 죽은 게 아니라 아직도 살아 움직이고 있다는 경각심을 일깨워주기 위해 신호를 보내는 것처럼 여겨지게 하는 장본인이기도 하다. 지진발생 조건을 가장 완벽하게 갖추고 있는 곳이 바로 이런 섭입경계 즉 소멸경계인 것이다. 지구상에 기록된 가장 강력한 지진이 바로 이곳에서 발생하였다. 지진을 발생시킨 진원을 도시하면 지판의 경계가 그대로 그려진다.

인류가 경험한 가장 강력한 지진 역시 이런 지판의 섭입경계를 따라 일어났다. 1960년 5월 22일 칠레에서 지금까지 지구가 경험해보지 못한 진도 9.5의 강력한 지진이 발생하였다. 이런 강도는 지층이 수용할 수 있는 최대의 에너지를 방출한 것에 해당되기 때문에 이렇게 강력한 지진은 인류가 지진기록을 만든 후 처음으로 경험한 강력한 것이었다. 지진이 발생한 칠레 해안가의 쓰나미의 파고는 25m를 상회하였으며, 태평양을 건너 하와이의 힐로 해안에 도착한 쓰나미 역시 10.7m나 되었다. 이 지진을 대칠레지진이라고 부른다. 지구가 살아 있다는 신호치곤 인간들에게는 재앙에 가까운 피해를 가져다주는 게 지진활동이다.

가장 최근 2011년 3월 11일 오후 2시 46분에 일본에서 일어난 리히터 규모척도로 강도 9의 동일본대지진과 그에 의해 유발된 쓰나미는 많은 사람들이 텔레비전의 생중계를 통해 그 괴력을 실감하였다. 일본의 동북부 태평양은 세 지판 즉 태평양판과 북미판 그리고 유라시아판이 만나는 지점과 가깝게 위치하고 있다. 이번 지진은 태평양판과 북미판(오오츠크판)의 충돌대 근처 지하 약 30km에서 발생하였다. 이 지진은 지표에서는 250km 그리고 지하로는 150km에 이르는 넓은 면적이 영향을 받았으며 최대 변위는 30m 정도에 이르는 가히 초대형급으로 역사 이래 기록된 것으로 네 번째로 규모가 큰 지진이었다. 특히 이번 지진에 의해 발생된 쓰나미가 해안가의 후쿠시마 원자력 발전소를 덮쳐 발생된 방사능 오염으로 피해를 증폭시켰다. 지진 경보체계가 가장 잘 갖춰진 일본에서도 대피할 시간이 충분치 못해 기록적인 피해를 남긴 인류의 재앙으로 나타났다. 일반적으로 지진 강도가 크면 피해가 커지기는 하지만 어디서 발생되느냐에 따라 피해정도는 달라진다. 특히 중국에서 발생되는 지진은 많은 인명손상을 기록하고 있다. 대칠레지진에 비교해서는 강도가 작은 지진이 중국에서 발생되었다. 1976년 7월 28일 발생한 리히터규모척도 7.5의 당산대지진은 최소로 집계된 사망자의 숫자가 공식적인 발표로 24만여 명으로 집계되어 발표되었으나, 관련 기관들은 실제 사망자수가 거의 80만 명에 육박했던 것으로 추산하고 있다. 인구 밀집 지역에서 지진이 발생하게 되면 재산이나 인명피해가 엄청나게 증가되는 것을 피할

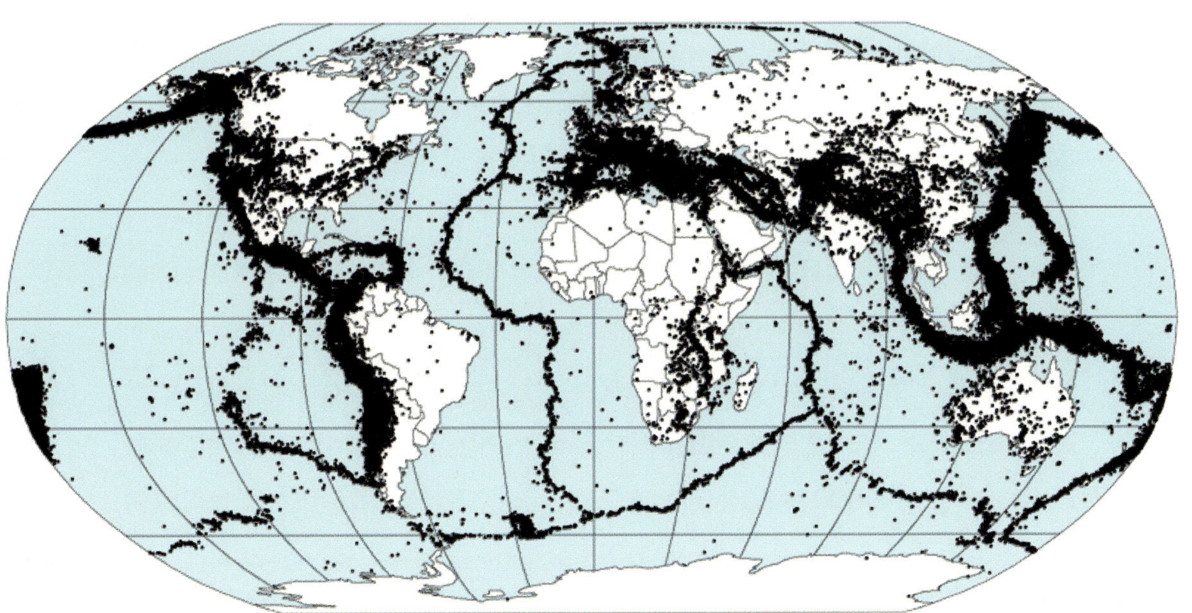

1963–1998년도 사이에 발생된 진앙으로 도시한 지진 분포도(자료: NASA). 지진의 발생빈도를 보여준다. 지진은 지판의 경계 특히 소멸경계에서 집중적으로 발생된다.

수 없다. 이런 피해의 차이는 발생된 장소가 어디인지 또는 그 지진 발생 지역의 건축 구조물의 특성 등이 다른 영향을 미친 결과이기도 하다.

일본에서 1923년 9월 1일 11시 58분에 일어난 리히터 규모척도로 8.3의 관동대지진은 지진의 충격파와 쓰나미도 피해의 원인이 되었지만 목조 건물이 많은 도시에서 발생한 화재로 많은 피해를 유발한 경우이다. 지진이 일어난 시간이 점심 때가 가까워 대부분의 주택에서는 음식 준비를 위해 화덕을 피워둔 상태여서 더 많은 화재가 발생하였으며, 그 불길은 18시간이나 번지면서 동경의 2/3를 잿더미로 만들어 버렸다. 공식적으로 밝힌 피해 규모는 사망 91,344명 그리고 실종 15만 명으로 집계되었다. 그 지진이 발생했을 때 6천에서 만 명 정도로 추산되는 당시 일본에 거주하던 한국인들이 학살을 당한 그런 슬픈 역사를 가진 지진이기도 하다. 일본이 낳은 세계적인 영화감독 구로사와 아끼라(黑澤明, 1920-1998)는 그의 자서전에서 그런 학살이 진행되는 것을 어린 나이에 목격하고 그런 행동이 인간으로서 얼마나 무모하고 맹목적이었는지를 "어른들의 행동이 이러하거늘 나는 고개를 설레설레 흔들며, 도대체 인간이란 어떻게 된 존재인지 의아해하지 않을 수 없었다"고 술회하고 있다.[132] 우리 민족에게도 슬픈 역사로 남겨진 이 지진 역시 동경 앞 바다 사가미만 해저에서 믿기 어려운 지각의 이동이 일어난 결과로 만들어진 지진이다. 지판의 경계부는 항상 그런 위험성이 상존하는 지역이다.

지진이 일어나는 원인은 지층 중에 쌓인 응력이 단층과 함께 방출되면서 일어나는 것으로 그 원인은 같지만 피해를 일으키는 양상은 다르게 나타난다. 통상의 지진 피해와는 다른 재해를 일으킨 지진이 페루에서 일어났다. 1970년 3월 31일 페루의 육지로부터 35km 정도 떨어진 태평양 해저에서 일어난 지진은 리히터규모척도로는 7.8로 45초간 계속되었다. 이 지진은 페루대지진으로 알려져 있다. 이 지진은 인간이 경험한 최대 규모의 칠레대지진에 비교하면 상대적으로 약한 지진이었으나 그 피해는 다른 지진과는 다른 방식으로 나타나 참혹한 비극으로 기록되었다. 태평양이 끝나고 육지가 시작되면서 동쪽으로 조금 들어가면 갑자기 솟아오른 안데스의 고봉들이 줄줄이 이어져 있는 안데스산맥이 자리하고 있다. 이들 고봉들은 머리에 두꺼운 빙하를 이고 있었다. 이런 고봉들은 계곡으로부터 무려 4,000여m나 표고 차이가 나기 때문에 깎아지른 듯 솟아 있다. 깊게 파인 계곡과 이런 고봉준령이 어울려 만든 자연 경관은 어떻게 보면 환상적이기도 한 곳이었다. 페루에서 가장 높은 봉우리가 있는 그곳은 산의 경사가 매우 급하여 그 산 설선 위에 있는 눈과 얼음은 매우 불안정한 상태로 놓여 있었다. 지진으로 발생된 탄성파에 의해 불안정하게 놓여 있던 빙하가 흔들리면서 눈사태가 시작되었다. 눈사태에 암석의 조각들이 섞이면서 시간당 280-335km의 속도로 산기슭의 마을을 차례로 덮친 사고가 발생한 것이다. 이들이 흘러내려가면서 몸체를 불려 산기슭의 한 마을 쓸어버리고 덮친 물, 진흙, 얼음 그리고 암석으로 구성된 전체 덩어리는 무려 8천만m^3에 이르렀다. 우리나라에서도 여름 장마철에 일어나는 작은 규모의 산사태가 일으키는 파장을 연상하면 이런 규모의 사태는 상상하기도 어려운 엄청난 규모임을 설명을 하지 않아도 알 수 있다.

한 곳에서만 일어난 사태는 아니었다. 지진의 흔들림이 멈추면서 연이어 일어난 대규모의 눈사태는 사망 74,194명, 실종 25,600명 그리고 143,331명의 부상자를 순식간에 만들었다. 무려 백만 명 이상이 집 없는 신세로 전락하였다. 이런 지진의 참사는 그 계곡에서 단파 라디오 방송국을 운영하던 이에 의해 외부세계에 알려졌다. 그런 소식을 접한 페루 당국은 망연자실했다. 당국은 피해 현장을 확인하기 위해 급히 공군기를 띄었다. 그러나 비행기에 탑승한 이들이 볼 수 있는 것은 계곡을 가득 메운 먼지구름이 전부였다. 계곡을 가득 메운 먼지가 시계를 가려 비행기로는 정찰하기도 어려웠기 때문에 지진이 일어나고 며칠은 구조 활동도 불가능했다. 식량을 비롯한 구호품을 실은 항공편이 운항하기 시작한 것은 지진이 일어나고 4일 후에나 가능해졌다.[117] 가장 극심한 피해를 본 융가이란 마을은 페루의 최고봉인 6,748m인 네바도 후아스카란(Nevado Huascarán)의 아래에 위치해 있었다. 이 지진은 이 봉우리의 북측 사면의 일부와 빙하가 떨어져 나와 대규모 눈사태를 만들었다. 이 눈사태는 맹렬한 속도로 계곡을 따라 흘러내리면서 경로에 있던 거의 모든 것을 파괴하면서 내려갔다.

그 경로의 마지막 부분에 위치한 그 마을의 2만여 주민 중 생존자는 마침 이 마을 운동장에 임시로 마련된 서커스 공연장에서 이를 관람하던 마을의 어린이들 300명을 합하여 고작 400명에 불과했다. 사실 이 근처에서 이런 종류의 피해는 그 때가 처음은 아니었으며 그 이전에도 규모만 다를 뿐 이런 재해가 일어나던 지역이었다. 페루 정부는 사태로 묻혀버린 이 마을 전체를 국립묘지로 지정하고, 어떤 유형의 발굴도 허용하지 않았다. 안타깝지만 희생된 주민들을 존중한 정당한 처우처럼 여겨지는 대목이다. 나머지 주민들을 위한 새로운 마을은 1.5km 북쪽에 다시 건설하였다.

지구가 살아 움직이는 실체임을 보여주는 현장은 지진만이 아니다. 여기저기서 활동하고 있는 화산활동은 가장 역동적이면서도 직접적인 증거이다. 지판의 소멸경계나 열점에서만 화산활동을 수반하는 것은 아니다. 지판의 생성경계에서도 지속적인 화산활동에 의해 새로운 지각을 계속 만들어내고 있다. 대부분의 생성경계는 대평양이나 대서양 등 대양의 바닥에 위치하고 있어 실제로 목격하기가 어려울 뿐이다. 그

1970년 3월 31일 일어난 페루 대지진 결과 안데스산맥의 고봉 설선 위에 있던 빙하를 흔들어 눈사태를 일으켜 그 경로에 있던 융가이(Yungay)마을을 덮친 모습. 이 마을의 2만 명 주민들 중 생존자는 단지 400명이었다. 눈사태가 있기 전의 마을 모습(왼쪽)과 눈사태로 파괴된 마을 모습(오른쪽).

러나 최근의 과학기술을 수천 미터의 바다 아래에서 일어나는 일도 심해 탐사정을 내려 보내 직접 관찰이 가능할 뿐만 아니라 다른 지질학적 증거로도 그런 정도의 일을 어렵사리 알아내는 세상이 되었다. 이런 지판의 생성경계가 바다 위로 드러난 곳이 있다. 바로 대서양 북단에 위치한 아이슬랜드이다. 아이슬랜드는 면적이 103,000km^{2}인 화산섬이다, 실제로 이 섬의 중앙을 가로지르는 곳에 중앙해령 즉 새로운 지각이 생성되는 지판의 경계가 위치하고 있다. 두 대륙이 갈라지는 현장을 바로 내려다 볼 수 있는 곳은 아마도 이 섬 말고는 없을 것이다. 아이슬랜드 레이캬비크 근처 인적이 거의 없는 곳에 다리 하나가 계곡 위에 덩그러니 매달려 있다. 계곡에서 다리까지 높이는 불과 6-7m 남짓하다. 이 작은 다리는 리프더럭키브리지(Leif the Lucky Bridge)라는 이름이 붙여져 있다. 리프더럭키는 리프 에릭슨(Lief Erickson, 970-1020)의 별명이다.

리프 에릭슨은 크리스토퍼 콜럼버스가 북미 대륙에 도착하기 500여 년 전인 1002년 혹은 1003년에 이미 캐나다의 라브라도와 뉴파운드랜드까지 항해를 했던 바이킹의 대탐험가이자 위대한 항해가이다. 사실 바이킹의 배라야 오늘날의 기준으로는 조악하기 말할 수 없는 것이었다. 더군다나 북대서양 캐나다 연안은 진한 안개로 항해하기가 오늘날에도 어려움을 주는 곳이기도 하다. 그런 환경에서 대서양을 가로 질러 항해한 그들의 용기는 과연 바이킹이라서 가능했을 것 같다는 생각이 든다. 그러나 최근 이런 항해가 가능했던 이유를 그들이 개발한 나침반 이상의 도구로 설명하는 이들이 등장했다. 광물들 중 다색성을 갖고 있는 광물들이 있다. 그런 광물의 한 가지 실 예로 근청석(cordierite)이라는 광물이 있다. 이 광물의 화학식은 $(Mg,Fe)_2Al_4Si_5O_{18}$이며, 쇄상규산염광물에 속한다. 사실 이 광물은 프랑스의 광물학자 코르디에(Louis Cordier, 1777-1861)의 이름을 따라 명명되어진 광물이다. 투명한 이 광물은 이올라이트(iolite)라는 보석명으로 거래되기도 한다. 자연계에서 이 광물은 여러 가지 색을 띄고 산출되지만 박편으로 만들면 그저 평범한 거의 무색에 가까운 색을 보인다. 그러나 편광현미경하에서는 보라색이나 황색의 간섭색으로 보인다. 이는 전적으로 직교니콜하에서 편광 된 광선이 결정을 통과하면서 일어나는 빛의 흡수 때문에 일어난 결과로 두 가지 색으로 나타난 것이다. 하부 니콜을 통과여 한 방향으로 진동하는 편광이 결정축 a축 방향과 평행하게 입사하게 되면 가시광선 영역의 붉은색과 보라색 영역보다는 가운데 색들이 강하게 흡수된다. 그 결과로 이 결정은 이 위치에서는 흡수되지 않고 통과한 보라색으로 보인다. 그러나 편광된 광선의 진동방향이 결정축 c축과 평행하게 입사하면 가시광선의 양쪽 부분 즉 보라색과 적색부분이 강하게 흡수되고 중앙부의 황색부분이 통과하게 되어 결정은 황색으로 보이게 된다. 결정이 보라색으로 보이는 위치로부터 결정을 90° 회전시키면 색은 노란색으로 변하게 된다.[133]

이처럼 백색광의 편광을 이용하여 회전시켰을 때 나타나는 이런 현상을 다색성이라고 한다. 다색성은 모든 광물에서 다 나타나는 현상은 아니며 광학적 이방체의 결정에서 관찰되는 현상 중의 하나이다. 이미 앞서 이야기한 바이킹이 구름이 낀 날에

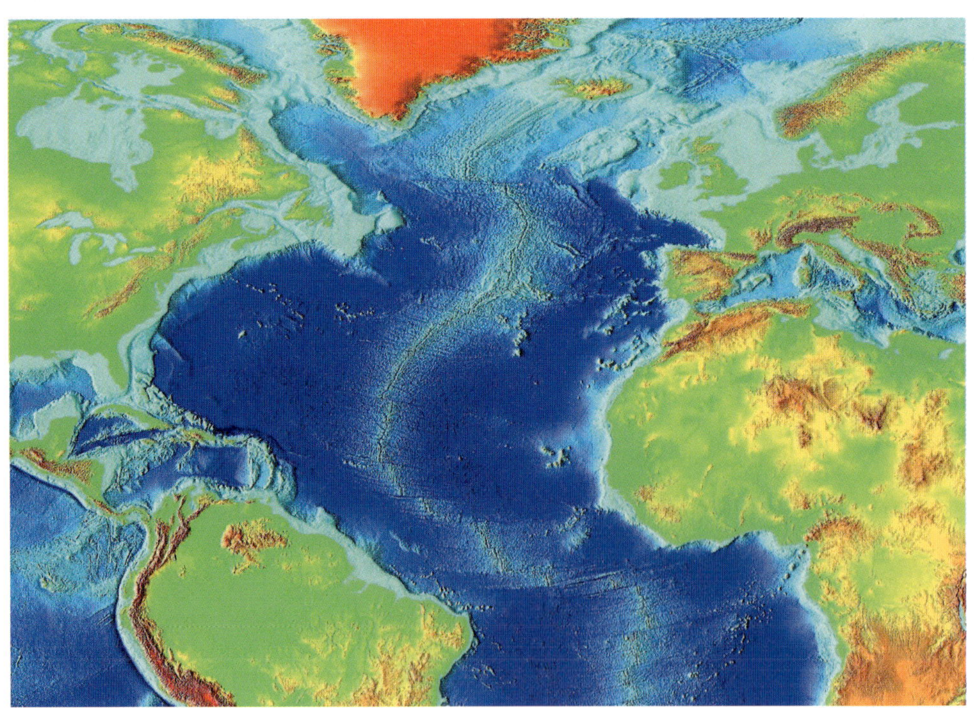

아이슬랜드 남서쪽에 있는 동쪽의 유라시아지판과 서쪽의 북아메리카지판의 확장경계(중앙 해령)의 모습. 중앙해령을 중심으로 무수히 많은 변화단층이 발달되어 있으며, 대서양 거의 중앙을 따라 북부로 연장된 중앙해령이 육지로 들어난 곳이 아이슬랜드이다.

도 항로를 이탈하지 않고 태양의 방위를 측정할 수 있는 것은 바로 이 결정의 이런 성질을 이용한 것으로 여기고 있다. 바이킹들은 편광이 무엇인지, 다색성이 무엇인지도 몰랐지만 그런 성질을 응용한 기술을 가지고 있었을지도 모른다는 의견이 몇몇 과학자들에 의해 제의되었다. 그런 기술을 가지고 있었기 때문에 바이킹들이 광대한 대양을 자유롭게 항해할 수 있었으며, 그들은 한때 바다의 강자로 군림할 수 있었다는 것이다. 과거 측지술이나 나침반이 보편화되기 이전 구름이 끼거나 안개가 끼면 태양이 가려 방향을 종잡을 수 없었다. 실제로 나침반은 기원전에 고대 중국에서 개발되었으나 유럽에 도입되기 훨씬 전에 바이킹들이 노르웨이로부터 대양을 가로질러 캐나다의 북부 뉴파운드랜드까지 항로를 잃지 않고 항해할 수 있었을까하는 궁금증이 있어왔다. 그러나 바이킹들은 바로 아이슬랜드 스파(혹은 빙주석)라는 돌의 편광하는 성질을 이용하여 태양의 방위를 결정할 수 있었다는 주장이 네델란드의 고고학자 람스코(Thorkold Ramskou)에 의해 1967년에 제의되었다. 그런 주장은 논쟁을 불러일으켰다. 그런 것은 불가능하다는 것이 반대론자들의 입장이었다. 고고학적 증거로는 단지

아이슬랜드 육지에 들어난 중앙해령의 연장부로 지판의 생성경계의 모습. 리프더럭키브리지로 명명된 이 작은 다리의 왼쪽은 북아메리카지판이며 그 오른쪽은 유라시아지판이다. 이 작을 계곡을 중심으로 두 지판은 서서히 멀어지고 있다.

나무로 만든 해시계를 사용했으므로 흐린 날이 연속되는 대양에서 항로를 이탈하지 않고 항해하는 것이 의문으로 제기되었던 것이다. 그러나 실제로 최근 헝가리의 과학자들은 구름이 잔뜩 낀 날 이 광물을 이용하여 태양의 방위를 결정할 수 있다는 가능성을 입증하는 결과를 2007년에 학술지에 발표하였다.[134] 사전에 필요한 모든 조건이 구비되었을 때 이런 편광을 하는 결정들로부터 태양의 방위를 구할 수 있다는 것이다. 사실 이들 광물의 색의 변화는 편광현미경에서만 관찰되는 것은 아니며 태양광 아래에서도 결정축의 어떤 방향으로 입사하는지에 따라 색이 달라지기 때문에 바이킹이 그런 성질을 이용했으리라는 것이다. 그러나 바이킹들이 그런 광물을 이용한 직접적인 고고학적인 증거가 없기 때문에 실제로 바이킹이 항해시 그런 기구를 사용했는지 여부에 관련된 논쟁은 계속되겠지만 많은 이들은 그들이 실제로 그런 기술을 항해에 이용했다고 믿고 있는 것 같다. 람스코가 주장한 아이슬랜드 스파나 근청석은 모두 다색성을 보이는 광물이다. 아마도 태양의 방위를 결정하는데 바이킹들이 사용했다면 아이슬란드 스파보다는 근청석이 사용하기에 더 용이했을 것 같다는 생각이 든다. 색의 변화를 더 쉽게 관찰할 수 있는 게 근청석이기 때문이다.

하여튼 그런 범상치 않은 바이킹의 위대한 탐험가의 이름을 보잘 것 없는 작은 다리 이름에 붙인 것으로 보아 이 다리 역시 의미가 남다를 거라는 예상이 드는 다리이다. 그렇다. 규모에 비교해 약간 어울리지 않는 이름이 붙여진 이 다리의 왼쪽은 바로 북아메리카지판이며, 오른쪽은 유라시아지판에 해당되며, 그 작은 계곡이 바로 아이슬랜드 남서쪽 육지에 들어난 중앙해령으로 새로운 지판이 만들어지는 생성경계에 해당된다. 이 북아메리카판과 유럽판을 폭이 좁은 다리를 건너 도착할 수 있다는 것을 천여 년 전 바이킹의 조악한 배로 대서양을 건넌 리프 에릭슨의 항해를 연관시켜 이름을 붙이고 두 대륙을 건넜다는 지방 관광 안내소의 인증서를 주는 발상이 재미있는 곳이다. 에릭슨이 어려운 항해 끝에 도착한 북미 대륙의 연장인 북아메리카판을 그 다리 위에서는 몇 발자국을 옮기면 가능하다는 해학적인 의미로 붙여진 다리 이름일 것이다. 그런 해학이라면 다리의 규모는 문제가 될 게 없다. 아마도 지질학적 시간이 경과된 후에 현재의 다리 양쪽에 있는 두 땅덩어리는 아마도 대서양을 사이에 두고 떨어져 있는 두 대륙만큼 사이가 벌이지게 될 것이다. 그러나 그런 사실을 알고 있다고 해도 이 다리 위에서 아래를 내려다보는 순간 지구의 진화 현장에 있다는 벅찬 감흥이 생기지는 않을지도 모르겠다. 여러분들이 그 다리에서 내려다본 현장은 지하 깊은 곳으로부터 막 지표에 도착한 부글거리는 마그마가 솟구쳐 올라오는 모습이 아니기 때문이다. 그러나 이 작은 계곡은 바로 중앙 해령이 지표에 모습을 드러낸 현장이다. 그리고 이 중앙해령 덕분에 이 섬은 끊임없이 화산활동이 일어나는 섬이다. 공교롭게도 이 섬의 밑에는 맨틀과 핵 사이 약 2,800km 지하에서 기원되는 맨틀 플룸에 의해 막대한 양의 마그마가 지속적으로 공급되면서 대서양을 솟아올라와 아이슬랜드를 만든 곳이 되었다.[135]

지열이 풍부한 나라라서 발전도 난방도 기름을 때지 않고 지열을 이용하여 사용하는 그런 점에서는 다른 나라와는 비교할 수 없는 천혜의 조건을 갖춘 곳이기도 하다. 이 나라에서는 간헐천은 신기할 것도 없는 존재이다. 여기저기서 지열에 의해 데워진 지하수들이 뿜어져 나오는 간헐천들이 무수히 발견되는 곳이다. 실제로 간헐천이란 영어의 단어 가이저(Geyser)는 '세차게 뿜어 나오다' 라는 이 나라의 말 geysa에서 기원된 말이다. 이런 활동적인 화산활동은 지구가 살아 움직인다는 사실을 알려주는 지구의 함성처럼 여겨진다. 이런 곳에서 생활하는 이들에게는 지하에서 저절로 만들어지는 증기로 전기를 만들어 공급하고, 난방용 용수를 공급하고, 추운 지역에서 영농용 관개수를 공급한다든지 그리고 천연의 온수 수영장을 도처에 건립할 수 있다는 여러 가지 이점을 자연에 제공해 준다.

그러나 자연은 인간에게 일방적으로 혜택만 주는 것은 아니며 잦은 지진과 격렬한 화산활동에 의한 피해를 주기도 한다. 바로 이 지역은 화성활동이 일어나는 북미대륙판과 유라시아판(유럽과 아시아대륙이 포함된 지판)이 갈라지는 경계이기 때문이다. 20세기에 들어서만 39개의 화산분출이 일어난 곳이 바로 아이슬랜드이다. 그 결과로 새롭게 만들어지는 땅을 우리 눈으로 확인할 수 있는 곳이 바로 그곳이다. 새로운 지각

2,829km 상공에서 북쪽으로 내려다본 갈라지는 대륙 아프리카 열곡대의 모습. 대륙지각의 분리에 의해 폭 약 50여km, 연장 약 8,000km의 계곡이 발달된다. 중앙에 큰 호수가 아프리카 최대의 호수 빅토리아이며, 대륙의 분리에 의해 갈라져 나가는 열곡대의 모습이 확연하게 드러나 보인다. 사진의 왼쪽 아래에 있는 호수가 탕가니카 호수이며, 오른쪽 아래 모서리가 인도양이며, 북쪽의 바다가 홍해이다. 열곡대를 따라 호수들이 줄지어 만들어져 있다(사진 제공; Christoph Hormann).

이 만들어지는 지판의 다른 확장 경계는 공교롭게도 거의 대부분이 대서양이나 태평양의 심해 한 가운데 위치해 있기 때문에 그 연장이 매우 길고 활발한 화성활동이 계속되고 있음에도 불구하고 숨겨진 진실이 되었다. 다만 세심하게 잘 그려진 해저 지형도에서 잘 연결된 실체를 볼 때만이 그곳에 그런 경계가 존재한다는 것을 인식할 뿐이다. 우리들이 육안으로 지구의 표면에서 이렇게 살아 움직이는 현장을 목격할 수 있는 생생한 지질현장은 이곳과 아프리카 열곡대 정도로 제한된다.

아프리카 열곡대는 실로 아이슬랜드에서 관찰할 수 있는 열곡대와는 규모면에서 차원이 다르다. 아프리카 열곡대는 장대한 지구 규모임이 한번에 들어난다. 그 규모가 사실 너무 크기 때문에 인공위성으로 찍은 영상에서나 실체를 파악하는 것이 더 편리할 정도이다. 아프리카 대륙 동쪽으로 6천여km 연장되는 열곡대는 19세기 영국의 지질학자 죤 월터 그레고리(John Walter Gregory, 1864–1932)에 의해 명명되었다. 이 열곡대는 북쪽으로는 시리아부터 시작되어 홍해를 거쳐 아덴만을 지나 아프리카 대륙의 에티오피아를 거쳐 남쪽으로 연장되면서 서부와 동부 열곡대로 나누어진다. 아프리카대륙이 갈라지고 있는 현장이 바로 이 열곡대이다. 이 열곡대는 아프리카 대륙에서 가장 높은 산악지대를 만들기도 하며 열곡대를 따라 나일강의 발원지인 빅토리아 호수를 비롯한 거대한 규모의 많은 호수들을 만들어 놓기도 했다. 빅토리아 호수는 열곡대의 생성과 함께 등장한 것이기 때문에 만들어진 시기는 지질학적으로 최근의 일인 40만 년 전으로 거슬러 올라간다. 그 이전에 이 대륙에는 빅토리아 호수는 존재하지 않았다. 이런 열곡대의 그렇게 만들어진 호수 중 탕가니카 호수는 그 깊이가 1,470m로 세계에서 가장 깊은 담수호이다. 이 열곡대에 만들어진 호수 중 탄자니아에 있는 나트론 호수(Lake Natron)는 그 주변에 있는 화산활동으로 공급되는 물질에 의해 천연 소다 공장이 되었다. 그 물 빛은 건기에는 적갈색으로 다른 호수의 물 빛깔과는 전혀 다른 색을 띄고 있다. 그것은 전적으로 증발이 증가되는 건기가 되면 호수의 염농도가 증가하면서 염류를 좋아하는 미생물들이 증가하면서 그 미생물이 가지고 있는 색소 때문에 만들어지는 색깔이다. 이 지역의 온도는 최고 50℃까지 치솟으며, 호수의 수소이온 농도는 9에서 10.5에 이른다. 그렇게 염분이 축적된 호수는 다른 호수에서 볼 수 있는 어족 자원은 아예 살 수가 없는 환경이며, 그런 극한 조건에서 서식이 가능한 것은 조류인 스피루리나(*Spirulina*)란 미생물이나 가능한 곳이 되었다. 수백만 마리의 홍학들이 포식자를 피해 종족을 번식하는 곳으로 그런 곳보다 더 안전한 곳은 없기 때문에 무리를 지어 찾아오는 곳이 되었다. 사실 홍학이 그런 아름다운 색을 띄는 것은 그 먹이 속에 들어 있는 색소 때문이기도 하다.

이 동아프리카열곡대의 화산이 심술을 부려 만든 호수는 나트론 호수가 전부는 아

아프리카 열곡대에 만들어진 나트론 호수. 이 호수는 건기에 증발이 많아지면 염농도가 크게 증가하면서 염류를 좋아하는 미생물이 증식되면서 그 미생물이 갖고 있는 색소 때문에 적색으로 물빛이 변한다.

니다. 그런 유사한 종류의 호수가 곳곳에 자리하고 있다. 그런 호수들 중 더 흥미로운 곳도 있다. 이 열곡대의 서쪽으로 줄줄이 만들어진 호수 중에 르완다와 콩고의 국경에 위치하고 있는 2,700km^{2}의 비교적 큰 키부호수(Lake Kivu)가 있다. 이 호수는 지방 고 1,460m의 높은 지역에 위치해 있으며, 호수의 가장 깊은 곳은 485m이며 총 저수량은 630억m^{3}에 이른다. 다른 열곡대와 마찬가지로 주위에는 지금도 활동 중인 화산들이 분포되어 있다. 이 호수가 유명해진 것은 가끔 호수가 폭발을 한 지질학적 기록을 갖고 있기 때문이다. 이 호수의 하부는 화산으로부터 기어 나온 메탄과 이산화탄소가 엄청나게 용해되어 있다. 그래서 이 호수의 물은 두 층으로 나뉘어져 있다. 이 호수의 상층은 다른 호수에서 발견되는 보통의 담수체로 되어 있어 수심 40-50m까지는 담수어종들이 서식하고 있다. 그러나 그 이하의 깊이로 내려가면 사정은 달라져 산소는 사라지고 호수의 위에서 볼 수 있었던 생물종 역시 사라진다. 그 아래에서는 메탄과 이산화탄소가 용해되어 있어 밀도가 높아진 결과 수체는 화학조성이 다른 층으로 존재하게 된다.

이 호수의 퇴적물을 연구한 학자들에 의하면 매 천 년을 주기로 생물종들의 절멸이 기록되어 있다고 한다. 그것은 바로 매 천 년마다 포화된 가스들이 폭발되면서 수체를 뒤집어 놓았기 때문이라는 것이다. 우리가 상상하지 못하던 자연의 괴력이 다른 형태로 나타난 곳이 바로 키부호수이다.[136,137] 이 호수 바닥에 들어있는 550억m^3로 추정되는 막대한 양의 메탄가스는 에너지원으로서 잠재적 가치를 가지고 있다. 현재 이를 어떻게 활용할지가 활발하게 연구되고 있다. 현재는 이 지방의 양조장 등에서 이 에너지 자원을 소규모로 활용하는 게 고작이다. 이런 자원이 환경적으로 안전한 방법으로 회수되어 적극적으로 활용될 수 있는 기법이 개발되면 호수 속에 들어 있는 이 에너지원은 가난한 이 지역에 내린 축복이 될 수도 있는 훌륭한 자원이기도 하다. 이 호수 북쪽에 위치한 콩고에는 지금도 간헐적으로 마그마를 내뿜고 있는 활화산 나이이라공고화산이 활동하고 있다. 이 화산에서 흘러내린 용암은 규산의 함량이 적어 점도가 낮기 때문에 매우 잘 흘러내린다. 최근 관측 결과는 화구를 떠난 용암은 시간당

아프리카 열곡대의 바링고호수(Lake Baringo) 서쪽 기슭에 발달해 있는 단층애가 만든 계단과 같은 절벽의 모습.

약 100km의 속도로 흐르기도 한다. 그래서 이 용암들이 호수까지 이르러 호수 주변의 마을을 지나면서 위험을 가중시키고 있는 곳이기도 하다. 최근 이 화산이 분출을 하면서 흘러내린 용암이 키부호수까지 이르렀을 때 어떤 지질학자들은 호수의 밑바닥에 집적되어 있는 메탄가스에 이르러 혹시 폭발하는 게 아닌가하는 염려를 했지만 다행스럽게도 그런 심도에는 도달하지 않아 그저 염려로 끝이 난 일도 있는 지역이 바로 이곳이다. 호수 밑바닥에 폭탄을 숨겨 놓은 것이나 다름없는 위험이 상존하는 지역이기도 하다.

이 열곡대의 양쪽으로는 단층대가 있다. 그 사이 중앙이 단층운동으로 가라앉으면서 계곡을 이루고 있다. 그래서 이런 지역은 에두아르드 쥐스는 지구대라고 불렀다. 그런 용어는 지금도 사용되고 있지만 오늘 날에는 아프리카 열곡대라는 용어가 더 보편적으로 사용된다. 이 계곡에 발달되는 단층들은 어떤 곳은 여러 개의 단층에 의하여 계단처럼 만들어진 곳도 있다. 그런 모습은 열곡대를 따라 관찰되는 전형적인 지형적인 특징이기도 하다. 단층에 의해 중앙이 내려앉은 것을 지구(地溝, graben)라고 부르는데 그런 지구는 열곡대의 중심에 해당되기 쉬우며, 열곡대를 따라 만들어진 호수의 양쪽 산기슭에서 잘 관찰된다. 아프리카 동부 열곡대가 지나가는 투르카나 호수 근처에서는 이 계곡에 쌓인 퇴적층과 화산암들의 두께가 8,000m의 엄청난 두께에 이르기도 한다. 단층에 의하여 미끄러진 두 지괴가 만든 사면의 높이가 어떤 곳에서는 거의 2,000m에 육박하기도 한다. 이런 사실을 종합해 보면 단층으로 지층이 이동된 거리가 수직으로 거의 10km에 이르는 상상하기 어려운 거리가 이동된 것을 말해준다. 그러나 이러한 이동은 한 순간에 갑자기 일어난 것은 아니며 지질학적 시계로는 짧은 시간이지만 인간의 시계로는 아주 긴 약 1000만 년의 기간 사이에 일어난 현상이다. 이동된 거리를 시간으로 나누어 보면 1년에 고작 1mm임을 계산으로 확인할 수 있다. 이런 속도를 리차드 포티는 "암석의 표면에 붙어 성장하는 거의 죽어 있는 것처럼 보이는 지의류도 이보다는 더 빠른 속도로 성장한다"는 재미있는 표현으로 비유하였다.[127]

아프리카열곡대의 북단 지부티에 있는 해수준면 155m 아래에 있는 아살호 주변의 위성사진. 중앙의 아살호수 위쪽으로 하얀색을 띠는 것이 소금밭이다(왼쪽). 아살호는 화산 분출물에 의해 5km의 넓이의 육지로 홍해와 차단된다. 이 호수는 염농도가 해수의 평균 조성보다 10여 배에 해당되어 호수 주변에 다량의 소금을 침전시킨다. 호수 주변의 소금밭(오른쪽 위)과 조악한 도구를 이용하여 이를 채취하는 원주민들(오른쪽 아래).

아프리카 열곡대가 아프리카 대륙의 북동쪽 끝의 에티오피아와 디부티에는 세 지판이 만나는 삼중접합점이 있다. 이 지역은 아프리카 대륙에서 가장 낮은 곳으로 아파르함몰지(Afar depression) 또는 다나킬함몰지(Danakil depression)라고도 불리는 평균 해수준면 보다 낮은 저지대가 발달한다. 이 지역은 인류의 진화 단계를 설명해주는 여러 종류의 유인원의 화석 산출지로도 잘 알려진 곳이기도 하다. 이 저지대로 흘러드는 아외시강은 유일한 수원으로 군데군데 작은 호수를 만들어 놓았다. 건조한 지역에 남겨진 이런 호수들은 염농도가 매우 높은 곳으로 우리가 상상하는 담수호와는 수질의 성격이 완전히 다른 곳이다. 이곳의 달로이 지역은 건기 때 평균기온이 48℃ 정도에 이르며 한참 더울 때 수은주는 69℃까지 치솟은 지구에서 가장 더운 곳이다. 이런 온도는 인간이 활동할 수 있는 한계를 벗어나는 온도이다. 그러나 그런 지역에도 상주하는 것은 아니지만 소금을 채취하는 것으로 삶을 영위하는 이들이 있다.

이런 저지대가 만들어지는 원인은 바로 지판이 갈라지는 경계부이기 때문이다. 이들 지판은 일 년에 1-2cm의 속도로 서로 멀어지고 있다. 세 지판이 멀어지는 삼중접 합점에는 아베호수가 자리 잡고 있다. 아와시 강물이 모이는 최종 집합지이다. 유입되는 강물에 비하여 증발되는 양이 현저하게 더 큰 건조한 지역에 남은 호수의 물은 염분의 축적은 피할 수 없는 일이다. 그래서 호수 주변은 소금밭이 이어져 있다. 이런 소금밭은 지역 원주민들에게는 생계수단이기도 하다. 이렇다 할 장비의 도움도 없이 조악한 막대기를 지렛대 삼아 벽돌처럼 떼어낸 암염들을 열기로 가득 찬 황량한 사막을 낙타의 등짐으로 옮겨 파는 게 이들의 생업이 되기도 하는 그런 곳이다. 이곳이 세계에서 가장 낮은 곳은 아니며, 중동에 있는 해수준면 423m 아래에 있는 사해와 214m 아래에 있는 갈릴리해 다음으로 세 번째로 낮은 저지대에 위치한 아살호(Lake Assal)가 있는 지역이다. 아살호는 해수준면보다 155m 아래에 놓여 있는 아프리카열곡대의 지부티에 있는 호수이다. 이 지역에 있는 호수들의 염농도는 30%를 훨씬 상회하는데 이는 바다의 염농도가 3.5% 임을 고려하면 바닷물의 값보다 거의 10배에 해당되는 엄청난 농집이다. 가끔 염농도가 가장 높은 호수로 사해가 언급되는데 사해의 염농도는 33.7%인데 아살호는 그보다 더 높은 34.8%로 세계 최고이다. 해수준면보다 낮은 곳에 위치하는 호수라니 믿기 어려운 일이지만 실재하는 곳이다. 그런 의미의 기록은 화산도 가지고 있다. 이 지역에 있는 해수준면 아래 45m 지점에 있는 달롤화산(Dallol volcano)은 해저에서 분출되는 화산들을 제외하고 육지에서 분출되는 살아 있는 화산 중 가장 낮은 곳에 있는 화산이다. 지금도 분기공에서 내뿜는 황에 의해 주변에 고인 물은 범상치 않은 색깔을 띤다. 황이 녹아 들어가 있는 이 물은 소금을 실어 나르는 낙타의 대상들이 조상대대로 낙타에 기생하는 해충들을 제거하는데 묘약으로 사용하고 있다.

이런 증발작용에 의해 침전되는 광물은 비단 천혜의 소금밭이 전부는 아니다. 그리고 아프리카 열곡대의 이곳에만 한정되는 것도 아니다. 이러한 현상은 미국의 솔트레이크, 중앙 아시아의 아랄해, 중동의 사해 혹은 남미의 아타카마사막의 호수에서도 흔히 관찰되는 현상이다. 그런 곳에 민들어진 백색의 소금밭의 장관은 오늘날에는 관광의 명소로서의 역할을 하지만 그런 곳에서 서식하는 생명체의 종류는 아주 미미한 수준에 불과하다. 남미 볼리비아의 안데스 산맥이 만든 3,656m의 고원지대에 있는 소금밭은 세계에서 제일 큰 천연 염전이다. 이 염전은 물의 유입구는 있지만 출구가 없는 곳에 만들어진 푸포(Poopo) 호수에서 만들어진다. 이 호수의 물은 유입되는 물의 양에 따라 지도에 나타났다 사라지기를 마음대로 한다. 워낙 증발량이 많은 건조한 기후대에 위치해 있기 때문에 물의 유입량이 적은 해에는 호수의 염농도를 높여 호수의 일부가 소금밭으로 변한다. 빠져 나갈 곳이 없는 호수의 남단에 펼쳐진 그 소금밭이 바로 10,582km^{2}의 우유니(Uyuni) 소금 사막이다. 이 소금밭에는 대략 100억 톤의 소금이 있는 것으로 알려져 있다. 사실 바다와 접하지 않은 고원지대의 원주민에게 이 소금은 그들에게 필수적인 소금의 공급원의 역할을 한다. 이 고원지대의 평탄한 소금밭은 최근에 다른 과학적인 기여를 시작하고 있다. 거의 언제나 투명하리만치 맑은 하늘 아래 놓여 있는 평탄한 이 소금밭의 용도를 과학자들이 찾아낸 것이다. 바로 지구 주위를 도는 위성들의 고도를 보정하는 시험 장소로 활용되고 있다.

세계에서 가장 큰 10,582km^{2}의 소금밭 우유니 소금사막. 안데스산맥이 지나가는 볼리비아 영토 건조한 기후대 3,656m 고원에 위치한 이 소금밭은 물의 유출구가 없는 우유니 호수의 물이 건기에 증발되면서 침전된 소금이다.

이런 곳에서 식물은 소금에 익숙한 단 몇 가지를 제외하고는 거의 자라지 못하는 거친 환경이 된다. 그저 과학자들은 그런 소금을 자연에서 일어나는 증발작용에 의한 결정체로서 인식한다. 이런 현상을 보는 시인의 시각은 과학자들의 시각과는 전적으로 다르다. 물론 이런 지질환경과는 다르기는 하지만 염전에서 소금이 만들어지는 과정을 시인 이소연은 '소금꽃 이야기'라는 시에서 다음과 같이 적고 있다.

(전략)
햇볕과 바람만으로 피는 꽃
수차에 몸을 실어 찰싹찰싹 아픔을 달래더니
소금꽃 씨앗처럼 여물었다.
끝까지 바다이기를 고집하지 않고
때를 알아 기꺼이 자신을 내어주는
물의 환희를 보라.
내일은 또 뉘와 더불어 따뜻한 눈물이 될까

이런 해수의 변신을 시인은 바다이기를 고집하지 않고 자신을 내어주는 물의 환희로 인식하였다. 과학자의 무미건조함과는 사뭇 대비되는 무척 아름답고 많은 내용을 포함한 은유적인 표현이다. 이런 시적인 표현을 접하고 나면 과학자의 무딘 사실적인 기술은 힘을 잃는다. 그렇기는 하지만 우리는 다시 무딘 사실적인 기술로 돌아가기로 하자.

바다는 소금 꽃만을 만드는데 그치지 않고 다른 여러 가지 광물들을 생성시키기도 한다. 과거 지질시대 바다에서는 엄청난 량의 탄산염광물들이 침전되어 세계적으로 많은 석회암을 만든 경험을 가지고 있으며, 고립된 호수나 바다의 증발작용에 의하여 많은 암염과 석고와 경석고 등을 침전시켰다. 우리나라 강원도 지역에는 대석회암통이라는 고생대 지층에 석회암이 지천으로 매장되어 있어 그 지역은 시멘트산업의 본거지가 되었다. 암염과 석고와 같은 자원은 국내에서는 분포되어 있지 않지만 다른 나라의 어떤 지역에서는 엄청난 량이 분포되어 있어 인류에게 매우 유용한 원료광물 자원으로 활용되고 있다. 물의 변신은 거기서 그치지 않는다.

최근에는 많은 사람들이 터키를 여행하는데 거의 대부분의 여행객들이 들리는 파묵깔레(Pamukkale)라는 동네가 있다. 파묵깔레란 '목화의 성'이란 의미를 가진 터키어이다. 바로 그곳에는 순백색의 성채처럼 사면의 경사를 따라 생성된 트래버타인이라는 돌이 있기 때문에 그런 이름이 붙여진 곳이기도 하다. 그 부근에 있는 로마시대에 만들어진 히에라폴리스란 도시의 유적지와 함께 이곳은 터키 관광명소 중의 하나가 되었다. 로마인들이 이곳에 도시를 건설한 것은 지정학적으로 중요한 이유도 있었겠지만 이곳에 온천이 있다는 것도 중요한 이유가 되었을 것 같다는 생각이 드는 그런 곳이다. 내가 지루한 버스 여행 끝에 그곳에 도착했을 때 받은 첫인상은 눈이 부시도록 희다는 점과 밀폐된 버스에서 해방된 개방감이었다. 채 식지 않은 따뜻한 온천수가 흐르는 통로를 맨발로 온기를 느끼면서 그것도 나만을 위해 만들어진 것으로 착각에 빠진 채 거니는 기분도 오래도록 기억이 남는 곳이다.

터키 남서부 데니즐리지역의 파묵깔레에 만들어진 트레버타인. 이 탄산염광물로 구성된 백색의 계단은 온천수로부터 결정이 침전되면서 만들어진 것이다. 이 지역은 UNESCO에 의해 세계자연유산으로 지정되었다.

트래버타인이란 용액으로부터 침전된 탄산칼슘으로 만들어진 퇴적암을 말한다. 이들은 불순물이 없으면 순백색으로 산출된다. 이런 트래버타인을 만든 원인은 바로 그곳에서 용출되는 온천수 때문에 만들어진 것이다. 파묵깔레의 그 온천은 지금도 끊임없이 솟아오르는 온천들이 언덕의 완만한 경사면을 따라 흘러 내려간다. 그곳이 지열이 높은 것은 바로 대륙의 지판이 생동하는 현장이기 때문이다. 그 지판의 용트림은 가끔은 지진으로 연결되어 그곳에 로마제국이 건립한 문명의 흔적을 파괴하기도 했지만 조용히 흐르는 온천수는 파괴대신에 목화의 성을 만들었다. 이곳의 뜨거운 온천수는 상대적으로 다른 지역의 온천수에 비교하여 많은 양의 Ca을 포함하고 있었다. 그러나 이들이 지표로 나오면서 이산화탄소가 대기 중으로 방출되면서 용액 내 이산화탄소의 분압은 내려가고 수소이온농도(pH)는 높아지게 된다. 물론 지표에서 이들의 온도는 점차 내려가게 마련이다. 이런 온천수의 물리-화학적인 변화는 온천수의 탄산염의 용해도를 감소시켜 탄산칼슘을 그 자리에 침전시키게 된다. 이런 온천수에서 침전되는 광물은 방해석이거나 애러거나이트 둘 중의 하나이다. 상대적으로 온도가 높은 환경에서는 애러거나이트가, 낮은 온도에서는 방해석이 침전된다. 격자 구조는 다르지만 이 두 광물의 화학 조성은 모두 $CaCO_3$로 같다. 이들이 흘러내리면서 만든 계단식 못은 아름다운 경관을 연출한다. 비록 작은 웅덩이에 고인 물이지만 물속의 용해된 이온들 때문에 물의 색이 예사롭지가 않은 것 역시 다른 정취를 느끼게 해준다. 물길을 따라 만들어진 트래버타인을 볼 수 있다고는 하지만 당장 결정이 침전되는 과정을 실시간으로 확인할 수 없다. 그러나 그 물로부터 백색 결정이 겹겹이 쌓여 만들어졌다는 것은 누구나 바로 알아차릴 수 있는 현장이다. 온천수가 용출되는 곳에서는 이런 트래버타인이 만들어지는 것을 다른 곳에서도 관찰된다. 온천수가 지천으로 용출되는 미국의 옐로우스톤국립공원에서도 맘모스온천을 비롯하여 이런 신비한 경관은 세계의 이곳저곳에서 볼 수 있다.

이제 다시 지구가 살아 움직이는 현장 아프리카 열곡대로 되돌아가기로 하자. 이 계곡을 따라 간간히 일어나는 화산분출은 영양분이 많은 화산재를 주기적으로 공급하여 비옥한 토양을 만들어주는 역할을 하기도 했다. 비옥한 토양은 천혜의 식량자원을 제공하는 터전이 되었다. 아프리카열곡대는 우리 인류의 선조로 여기는 선행인류가 지구상에 출현할 것을 예견이라도 한 것처럼 이들이 나타나기 오래전부터 그 보금자리를 준비하고 있었던 것처럼 여겨진다. 아프리카 열곡대는 지각의 진화를 보여주는 현장이어서 중요하기도 하지만 인류의 기원을 밝히는 데도 중요한 몫을 차지하고 있다. 아프리카의 이 지역은 1500만 년 전만해도 열대우림으로 뒤덮여 있는 녹색지대였다. 열대 우림의 숲이 번성할수록 나무들은 키 높이 경쟁을 하는 듯 하늘로 올라가는 대신 바닥의 환경은 열악해지기 마련이다. 동물의 세계 역시 변화되는 환경에 적합하게 그 자신을 적응시켜야만 생존이 가능했다. 이런 숲에 적응하기 쉬운 생물종들이 바로 수상생활을 하는 고등 영장류였다. 그들은 수상생활에 적합한 긴 팔과 손 그리고 발을 가지고 있었으며, 좀처럼 나무 위를 떠나지 않은 채 나무 열매를 먹으면서 생활하였으므로 안전한 나무 위를 떠날 이유가 없었다.[138] 그러나 멈추지 않는 지각의 진화는 바로 1500만 년 전을 기점으로 이 지역에서도 변화가 일어나기 시작하였다. 바로 아프리카 대륙의 동쪽이 융기하기 시작하면서 고지대가 만들어지기 시작하였다. 새롭게 만들어진 고지대 즉 지형의 변화 즉 새롭게 만들어진 산맥의 서쪽과 동쪽의 기후대

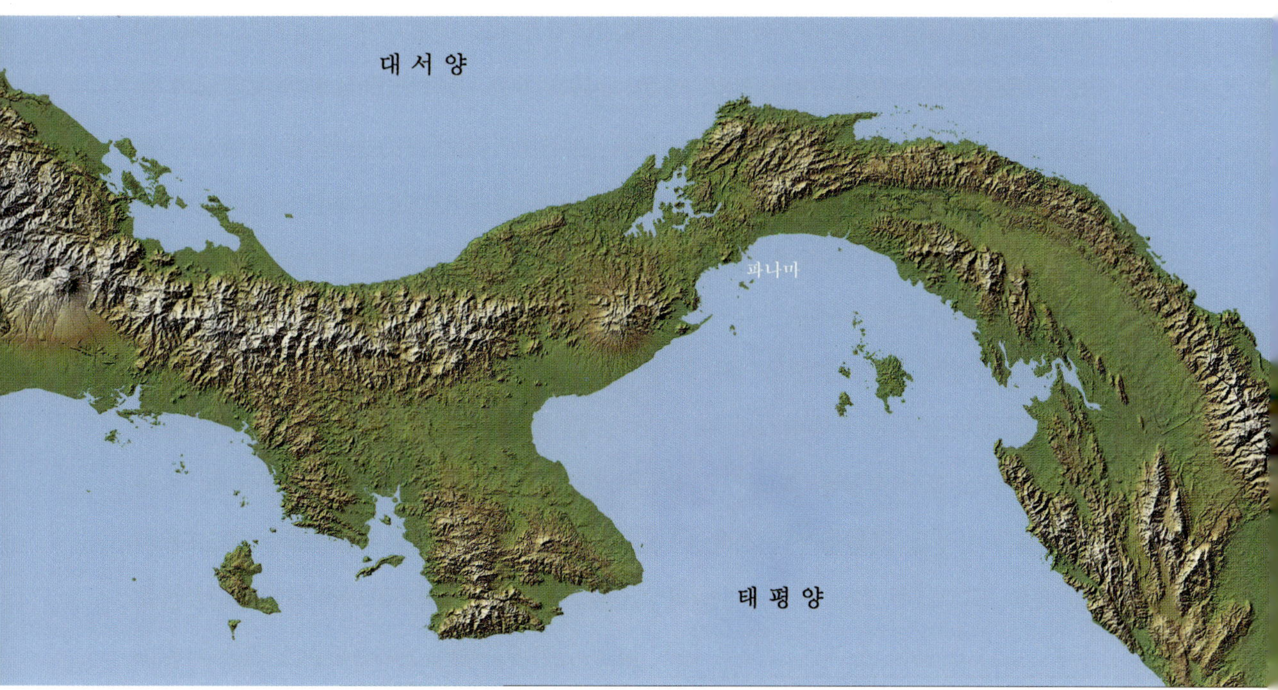

남아메리카와 북아메리카를 연결하는 파나마 지역. 중생대 백악기부터 시작된 태평양판이 카리브판 밑으로 이동되는 판구조 운동은 급기야 대서양과 태평양의 연결 통로를 5백만 년 전쯤 차단시켜 전 지구적 기후시스템과 생물종 다양성에 엄청난 영향을 미쳤다. 중앙의 호수가 있는 곳이 파나마운하가 위치한 지역이다.

가 달라졌다. 산맥의 서쪽은 강수량이 풍부해서 열대 우림을 그대로 유지할 수 있었으나 산맥의 동쪽은 강수량이 줄어들면서 열대 우림이 축소되면서 사바나가 등장하기 시작하였다. 이런 초원지대에서는 이제 영장류들이 나무에 매달려 살기에는 부적합한 환경이 되었다. 당시의 가능한 변화를 상상해보는 것은 굉장한 추리력이 필요한 것도 아니다. 아프리카열곡대 동쪽은 강우량이 줄어들면서 열대우림이 축소되기 시작하였다. 그러나 숲에서 나무들의 간격은 멀어지게 되어 이제 영장류들은 더 이상 나무와 나무 사이를 자유롭게 이동할 수 없게 되었다. 갬블은 이를 "열대림은 마치 사바나의 바다위에 떠 있는 섬과 같았다"고 묘사하였다.[139] 이런 생태계의 교란은 호미노이드의 출현과 진화와 밀접한 관계를 가지고 있는 것으로 많은 학자들이 믿고 있다.

생태계의 교란은 아프리카 열곡대에서의 지형변화 뿐만 아니라 지구의 다른 곳에서 일어나는 지판의 이동과도 관계된다. 한 가지 예를 들어보기로 하자. 우리의 인류의 먼 조상의 하나로 여겨지는 오스트랄로피테쿠스 아나멘시스나 또는 아르디피테쿠스 라미두스가 출현한 시기는 다시 한번 지구 기후가 심한 변화를 일으키는 원인을 제공한 지질작용이 일어난 시기와 일치되는 시점이기도 하다. 500만 년 전에는 북아메리카와 남아메리카 대륙은 서로 분리되어 있었다. 태평양과 대서양은 좁지만 서로 연결되어 있어서 해류가 교류되던 시절이었다. 그러나 5백만 년 전 파나마의 해협이 닫히기 시작하면서 대서양과 태평양의 교류가 차단되자 아프리카는 건조한 기후로 변화되고, 열대우림지역은 급격하게 축소되고 사바나가 확대되었다. 사실 파마마 해협이 닫힌 것은 태평양판이 카리브판 밑으로 밀려들어 가는 지판의 이동에 기인된 현상이다. 이런 두 지판의 이동은 오래전 중생대의 백악기 시절에는 바다 밑에서부터 충돌이 시작되고 있었다. 두 지판의 충돌로 발생된 엄청난 압력과 온도는 마그마를 생성 시켰으며 이런 마그마에 의한 화산활동으로 바다 위로 화산섬이 만들어지기 시작한 시점은 1천5백만 년 전으로 거슬러 올라간다. 결국 이 두 지판의 충돌은 해저를 들어 올려 바다 위로 상승시키게 된다. 그래서 대서양과 태평양의 물길을 끊게 된 시점이 바로 5백만 년 전이다. 실제로 두 바다가 육괴로 완벽하게 차단된 것은 3백만 년 전이다. 파나마에서 일어난 이런 변화는 전 지구적으로는 그리 큰 규모는 아니었지만 지구 기후 시스템에는 엄청난 변화를 초래하였다. 바로 두 대양에서의 해류의 변화를 일으킨 것이다. 열대지방에서 더워진 해류가 대서양의 북쪽까지 연결되면서 더운 공기를 공급하게 되었다.[140] 이에 상응하는 해류의 변화는 대평양에서도 일어났다. 지각의 변형작용으로 오늘날 파나마 지역이 솟아오르면서 남미와 북미를 연결하던 통로는 차단되어 태평양과 대서양 사이를 오가던 난류의 흐름을 차단하였다. 차단된 난류의 흐름은 전 지구적인 기후시스템에 엄청난 영향을 미쳐 북위도 지역에서 기온을 현저히 내려가게 만들어 극심한 빙하기를 초래하게 되었다. 그런 빙하기는 지구에서 수없이 반복되는 현상 중의 하나이지만 이번만은 인류의 진화에 큰 영향을 미치게 되었다.[57] 이런 예는 지판의 충돌에 의해 히말라야나 안데스산맥과 거대한 산맥을 만드는 것만이 지구의 환경을 바꾸는 요인이 아니었음을 보여주는 증거이기도 하다.

생태계의 교란은 이때 처음 일어난 일은 아니었으며, 그 이전부터 있었던 일이다. 선행인류인 호미니드가 본격적으로 출현하던 5백만 년 전부터 나타나기 시작하여 1백만 년 전에 이르는 기간 동안 지구상의 기후는 거의 제멋대로 변화되던 시기이다. 3~4백만 년 전 사이에는 지구의 기온이 급속하게 내려가 북반구에서 빙하기가 절정에 이르러 북유럽과 그린랜드 그리고 북미지역이 만년설로 뒤덮여 있던 시절이었다.[57] 이러한 기후의 변화는 국지적인 현상이 아니라 전 세계 강우양식의 변화를 가져온다. 그런 결과가 아프리카에서 강우량의 변화로 연결된 것이다. 이런 환경의 변화에 적응하기 위해서 호미노이드는 변화를 선택해야만 했다. 바로 이 시기에 나무에서 내려와 직립 보행을 하는 호미니드가 출현한 시점이기도 하다. 물론 이 시기에 이들이 약속이나 한 듯이 일시에 나무로부터 내려와 수상생활을 포기하고 지상에 등장했으리라고는 말 할 수 없으나 발견된 화석들의 결과만을 놓고 보면, 이런 기후의 변화와 선행인류의 직립보행으로의 진화와는 분명 밀접한 관계가 있었음을 시사한다. 직립보행을 하는 호미니드의 출현시기와 지각운동의 시기가 우연히 일치되었다고 생각하는 것 보다는 이러한 환경의 변화가 생물종의 진화에 절대적인 영향인자로 작용했다고 믿는 과학자들의 견해가 합리적으로 여겨진다.

이런 생태계에서 변화와 더불어 지구의 얼굴이 점차 오늘날의 모습으로 자리 잡게 되었다. 높이로만 치면 히말라야나 안데스에는 뒤지지만 유럽의 지붕을 이루고 있는 알프스산맥 역시 예외는 아니다. 아프리카판이 유라시아판과 충돌하면서 생성된 것이 알프스 산맥이다. 이들이 본격적인 모습을 갖춘 것은 바로 신생대의 올리고세와 마이오세이다. 지구의 주름살처럼 자리한 거대한 산맥의 형성은 바로 신생대의 지판 이동의 결과물이다. 현재 존재하는 다섯 개의 대양 중 대서양은 나이가 가장 젊다. 그러나 면적으로는 지구 전체 표면적의 3분지 2이상을 점유하고 있는 태평양 다음으로 두 번째 규모로 지구 표면적의 약 22%를 점유하고 있다. 1억 3천만 년 전에는 지구상에는 대서양은 존재하지 않았다. 한 덩어리로 뭉쳐 있던 초대륙 팡게아는 지금의 아프리카와 남북아메리카 대륙이 갈라지기 시작하였다. 그 결과 처음으로 북대서양의 일부가 들어난 시점이 중생대 말기이며, 본격적으로 대서양이 모습을 갖추기 시작한 것은 신생대에 이르러서이다. 그 시기에 중앙 해령으로부터 새롭게 지각을 생성하면서 일 년에 수 센티미터씩 틈을 벌려 나간 것이다. 초대륙 팡게아를 둘러싼 바다를 흔히 고태평양이라고도 부르는데 대륙이 분리되기 이전의 그 바다는 판탈라사(Panthalassa)라는 이름을 가지고 있었다.[141] 그 바다는 비록 넓기는 했지만 오늘날 태평양의 모습은 아니었다. 태평양 역시 오늘날의 모습으로 자리 잡은 것은 신생대를 지나면서 지판의 이동 결과로 만들어진 것이다. 지도를 보면 태평양의 넓이에 놀라게 된다. 그렇다. 태평양의 면적은 세계 모든 대륙을 집어넣고 다른 아프리카 대륙을 품을 수 있을 정도의 여유가 있는 광대한 넓이의 바다이다. 신생대가 우리에게 남다른 것은 바로 이 시기를 통하여 우리가 지금 접하고 있는 지구의 모습이 결정되었다는 점이다. 세기의 지붕이라고 알려진 히말라야산맥을 비롯한 우리가 지금 접하고 있는 대륙의 분포나 지형의 형상 그리고 생물종의 분포는 바로 이 기간을 통하여 만들어진 지구진화의 결과물이다. 라이엘이 일찍이 밝힌 대로 과거에도 일어났고 또 앞으로도 계속되어 자신을 끊임없이 변화시키는 지구의 역동적인 괴력을 우리에게 인식시켜 주는 지질시대였다.

어둠의 세계

지판의 이동은 충돌대에서 지구라는 얼굴의 큰 주름살과 같은 거대한 산맥을 만들기도 하지만 두 지판이 만나 소멸되는 경계에서는 심연을 만들기도 한다. 전 세계에 분포되는 해구는 바로 이런 지판의 경계에 위치하고 있다. 해구는 대양의 심연으로 지구상에서 의례 깊은 곳들 중 하나이다. 지구상에서 가장 깊은 곳은 태평양의 서쪽에 있는 화산섬 마리아나제도의 동쪽에 만들어진 마리아나해구(Mariana Trench)에 있는 11.3km 깊이의 챌린저딥(Challenger Deep)이 있다. 이곳의 깊이는 전문 산악인들이 목숨을 걸고 올라가는 세계에서 가장 높은 8,848m의 에베레스트산을 넣어도 그 산 꼭대기보다 2,076m의 바닷물을 이고 있어야 되는 그런 깊이이다. 마리아나제도의 남쪽 끝에 있는 섬이 바로 우리에게 휴양지로 잘 알려진 구암(Guam)이다. 이 화산열도는 바로 3천만 년 전으로부터 5백만 년 전 사이에 일어난 화산활동으로 만들어진 화산열도이다. 태평양판이 마리아나판 밑으로 밀려들어가면서 해구를 만들었으며 그 과정에서 챌린저딥이 만들어졌다. 해구는 그곳에서만 만들어지는 것은 아니었으며 태평양판이 아시아판과 만나는 섭입경계인 일본의 동쪽에서도 일본해구를 만들었다. 그곳 말고도 이런 유사한 지판의 경계에서는 여러 해구를 만들어 지구의 심연을 곳곳에 남겼다.

강렬한 태양빛을 구성하는 가시광선 영역의 스펙트럼은 물속 10m 정도에서 대부분이 흡수된다. 공기 중에서는 끝없이 진행할 것만 같았던 그 태양 빛이 말이다. 실제로 바다 밑 150m 이하에서는 가시광선의 일부만이 간신히 침투할 수 있다. 이는 바로 암흑을 의미한다. 당연히 해구는 물론이지만 바다 밑 150m 이하에서는 아무것도 볼 수 없는 어둠의 세계이다.[142] 물속에서 일어나는 변화는 그것만이 아니다. 공기보다 굴절율이 크기 때문에 우리가 관찰하는 대상의 크기는 대체로 34% 정도 더 크게 보이며, 거리는 대체로 25%정도 더 가깝게 보인다. 우리가 스킨 다이빙을 하면서 우리 주면을 자유스럽게 유영하는 물고기들이 크게 보이는 이유이기도 하다. 물이 파랗게 보이는 것은 가시광선 영역의 스펙트럼 중 적색이나 황색 스펙트럼이 흡수가 더 잘 일어나고 청색의 흡수가 덜 일어나기 때문에 물빛이 그런 색으로 보이는 것이다. 그러나 청색조차도 275m 이하의 깊이에는 미치지 못한다. 그런 심도에 도달하기 이전 바다 밑은 이미 암흑의 세계로 바뀌는 곳이다.

우리들의 가시권에 있는 지상에서 가장 높은 산이 8,848m의 에베레스트산이라는 사실 조차도 1865년도에 영국의 측지팀에 의해서 확인되었다. 뉴질랜드의 산악인 에드먼드 힐러리(Edmund Hillary)와 세르파가 이 산을 처음 등정한 시기가 1953년 5월 29일이었다. 이런 고산을 등정하는 것은 산소 부족에 따른 고통은 따르지만 불가능한 일은 아니다. 등정을 위하여 산소통 이외의 엄청난 기계적인 장비가 필요한 것은 아니다. 그러나 바다 밑을 내려가는 것은 차원이 다르다. 우선 바다는 공기보다 거의 130배나 밀도가 크다. 그렇기 때문에 깊이에 따라 압력은 가히 살인적으로 증가한다. 약 10m 깊어질수록 받는 압력은 1bar 정도 증가한다. 압력의 증가도 그러하려니와 아주 낮은 깊이의 물속이라고 해도 보조 장치 없이는 호흡하는 것이 불가능한 곳이 바로 물속이다. 올라가는 것보다 내려가는 것이 어려운 곳이 물속의 세계이다. 깊은 바다를 내려가는 것은 증가되는 높은 압력에 견딜 수 있는 장치가 없이는 불가능한 일이다. 그렇기 때문에 1960년대 이전에는 마리아나 해구와 같은 그런 깊이는 아무도 들어갈 수 없는 깊이였으므로 우리가 비록 깊은 수심을 확인할 수는 있었지만 그곳에서 무슨 일이 벌어지고 있는지 아는 것은 거의 없는 미지의 세계였다.

그러나 모험심으로 가득 찬 선각자들의 노력으로 이런 무지는 조금씩 밝혀지기 시작하였다. 참으로 우연하게 용암이 분출되면서 새롭게 지각을 만드는 지판의 확장경계 부근에서는 지층 속에 스며든 바닷물이 이들 마그마의 열기에 뜨거운 물이 되어 뿜어 나오는 현장을 확인하는 수준에 이르게 되었다. 이 마그마의 열기로 만들어진 뜨거운 물은 마그마가 뿜어내는 가스와 함께 암석과 반응하면서 암석으로부터 유용한 금속원소들을 용해시켜 운반한다. 이런 물의 순환계에 의해 바다 밑에서 올라오는 이 열수는 찬 해수와 접하면서 빠른 속도로 냉각되어 그 속에 들어 있던 물질들을 토해낸다. 토해낸다는 속된 표현을 썼지만 사실은 온도 저하에 따라 용해도가 감소하면서 그 속에 들어 있던 물질들이 금속황화물로 침전되는 것을 말하는 것이다. 다른 어떤 것에도 방해를 받지 않고 자란 이들 침전물이 만든 형태는 마치 검은 연기를 뿜어내는 굴뚝과 흡사하다고 해서 블랙 스모커(black smoker)라고 부른다. 블랙 스모커는 해저에 존재하는 일종의 열수분기공이다. 이 블랙 스모커를 통해 뿜어져 나오는 열수는 물의 임계온도와 가까운 300℃ 정도에 이르며, pH는 강한 산성(약 2-3)을 띠고 있었다. 발견된 것 중 가장 고온의 열수는 물의 임계온도를 넘는 400℃에 이르는 것도 있었다. 이런 높은 온도에서 끓지 않는 상태로 유지되는 것은 대양저 깊은 바다가 만든 압력이 물의 증기압을 훨씬 초과하기 때문이다. 이런 것이 대양의 심해 바닥에 있으리라는 것은 누구도 예상하지 못한 일이었다. 이런 존재는 1977년 동태평양 갈라파고스군도 근처의 2,000m 깊이에서 심해 탐사를 위해 만들어진 앨빈호에 의해 처음으로 발견되었다.[143] 이런 뜨거운 물은 해양지각의 틈 사이로 들어간 해수가 지하 수 킬로미터 깊이에 있는 마그마방의 열기로 가열된 후 대류작용에 의해 뿜어져 나온 것이었다.

앨빈호는 심해 탐사선으로는 매우 발전된 형태의 것이었다. 맨 처음 바다 깊은 곳에 관심을 갖고 그곳에 들어갈 수 있는 잠수구(bathysphere)를 만든 것은 윌리엄 비브(William Beebe, 1877-1962)와 오티스 바톤(Frederick Otis Barton, 1899-1992)이었다. 비브는 바톤과 함께 4cm 두께의 철판으로 만든 1.5m 직경의 공안에 들어가 1930년 6월 182m 깊이까지 들어간 것이 심해잠수의 시작이었다. 물론 그들이 도달한 깊이는 인간이 도달한 가장 깊은 곳이었다. 그 다음해 그들은 900여m까지 들어가는데 성공했다. 그러나 그 잠수구의 창은 7.6cm 두께의 투명한 석영으로 만든 두 개의 작은 창이 전부였는데 변변한 조명기구도 없는 그 창으로 어두운 심해를 관찰한 결과는 유감스럽게도 과학계의 관심을 끌만한 그런 것은 아니었다.[144] 그 잠수구는 자체로 조정이

가능한 것도 아니며, 배의 갑판에 연결된 줄을 타고 무게 때문에 내려가는 게 고작이었다. 호흡은 잠수구 안에 준비된 산소통에 의존해야 했으며, 호흡을 통해 나오는 이산화탄소를 제거하기 위해 소다회 상자를 비치해두는 그런 식으로 오늘날의 기준으로 보면 그런 식의 심해 탐사는 아주 무모한 도전이었다. 두 사람은 용감한 해저 탐험가이기는 했지만 그들이 기록한 잠수를 통해서 이룬 과학적인 성취는 대단한 것은 아니었다. 그러나 당시 그들이 타고 내려가는 깊이는 항상 세계 최고의 기록을 경신하는 것이었다. 비록 과학적인 성과는 미미하였지만 당시에 그들의 잠수구를 이용한 탐사는 해저탐사의 길을 개척한 공로임에 분명하다.

그런 변변치 못한 잠수구로부터 시작한 해저탐사는 탐사정(bathyscaphe)의 개발로 연결되었다. 자크 피카르(Jacques Piccard, 1922-2008)는 그의 아버지와 함께 트리에스

중앙해령 근처에서 발견된 블랙스모커의 모습(사진: NOAA). 분기공은 마치 검은 연기를 내뿜는 굴뚝과 같으며, 이 주변에 아무도 예상하지 않았던 생명체들이 서식하고 있으며 잘 발달된 관벌레 집단을 볼 수 있다. 열수에 포함된 금속원소들은 찬 해수와 만나 금속황화물로 침전된다.

테(Trieste)란 잠수정을 건조하여 심해탐사의 새로운 장을 열었다. 그들이 개발한 트리에스테는 두 사람을 태우고 1960년 1월 23일 세계에서 가장 깊다는 마리아나트렌치의 챌린저해구의 바닥인 10,911m 깊이에 도달하였다. 그런 곳에서의 압력은 1cm² 당 1,200kg 정도였지만 트리에스테는 그런 압력에도 끄떡하지 않았다. 그런 압력에 견디도록 잘 설계된 결과였다. 그렇지만 그 잠수정은 상하로 수직적인 이동이나 가능할 정도의 조정만 가능한 것이었다. 그런 과정을 거쳐 진화한 심해 잠수정 앨빈은 달랐다. 잠수정 앨빈은 놀랄만한 변신을 통하여 전적으로 다른 기능을 가지고 있는 것으로 진화되었다. 앨빈호는 4,500m 깊이까지도 안전하게 잠수가 가능하도록 설계되어 있었으며, 시료 채취가 가능한 로봇 팔을 가지고 있었고, 물론 탑승자들에 의해 조종이 가능한 상태로 발전되어 있었다.[143] 그런 장비의 개선의 결과로 앨빈호는 대양의 바닥에서 실로 대단한 것을 관찰하였다. 바로 블랙 스모커의 살아있는 실체를 발견한 것이다. 이런 발견에 뒤 이어 심해탐사가 진행되면서 대양의 심해 바닥 이곳저곳에서 많은 블랙 스모커가 발견되었다. 카리브해의 케이먼해구의 5,000m의 깊이에서 발견된 게 지금까지 발견된 것 중 가장 깊은 곳에 존재하는 블랙스모커이다.[145] 우리가 대양의 바닥을 샅샅이 뒤진 것은 아니므로 어딘가 다른 더 깊은 곳에서도 이런 블랙 스모커가 존재할 가능성은 있다.

모든 사람들을 놀라게 한 사실은 빛이 하나도 들어오지 않는 그런 깊은 바다인 그곳에 만들어진 블랙 스모커는 생명체를 유지시켜주는 원동력이 되어 그곳 생태계의 중심 역할을 하고 있다는 사실이었다. 블랙 스모커를 통해 나오는 열수 안에는 황화수소, 이산화탄소 및 산소가 들어있었으며 그 속에 특수한 박테리아가 살고 있는 것이 밝혀졌다. 어떤 연구 결과는 열수공에서 나오는 물 1ml에서 10^2–10^9 개체의 박테리아가 발견되는 것이 보고되었다. 이런 박테리아는 먹이사슬의 기초가 되어 게, 조개, 말미잘, 새우 및 관벌레류 등이 열수공 주위에서 서식이 가능하게 만들어준 것이다. 특히 사람 팔뚝 굵기의 관모양의 벌레는 생긴 것도 특이했고 지금까지 알려진 생물종과는 달라도 많이 달랐다. 그들은 관속에 사는데 입도 없고, 소화기관도 없었으며 더구나 항문도 없는 그런 벌레였다. 그러나 그의 몸통 안에서는 그 주변에 서식하던 박테리아가 가득 들어 있었다. 특이한 점은 관벌레에서만 발견되는 현상은 아니었으며 다른 생물종들도 그런 특별한 환경만큼 다른 특성을 가지고 있었다. 생명체들이 블랙 스모커 주위에 서식하고 있는 것은 많은 사람들을 놀라게 했다. 그런 극한적인 환경에서 생명체가 발견되리라는 것을 예상한 이는 없었기 때문에 놀라움 이상의 발견이었다. 생명의 경이로움은 그런 깊은 곳에서도 관찰되었다. 블랙 스모커 주위의 환경은 우리가 알고 있는 생명체들이 있는 환경과는 너무 큰 차이가 있었기 때문이다. 이런 사실은 어두운 열수공 주위 해수에서 일어나는 화학합성이 표층수에서 식물플랑크톤에 의한 광합성을 대신해서 유기물질을 생산하고 있음을 알려준다. 이런 사실은 갑자기 생명체의 기원이 이런 것으로부터 기원되지는 않았는지 하는 질문을 하게 만든다. 그런 분야에서의 연구도 진행하는 학자들이 있다.

우리가 예상하지 못한 생명체의 존재외에도 블랙 스모커를 구성하는 물질들 역시 의외의 소득을 안겨주었다. 이 굴뚝은 흔히 경석고, 중정석, 황철석, 자황철석, 황동석 그리고 섬아연석 등의 광물로 구성되어있다. 분기공으로 흘러나온 열수로부터 침전된 유용광물들은 인류에게 필요한 여러 가지 금속을 제공해주는 광상을 형성하는 모체이기도 하다. 이렇게 형성된 광상을 화산기원 괴상황화물광상(VMS)라고 부른다. 일반적으로 이런 블랙 스모커를 통해 분출되는 열수는 대부분이 해수의 밀도보다는 크기 때문에 주위로 흩어지기보다는 분기공 주위에서 침전이 일어난 결과 금속광물들이 부화되기 때문에 광체를 이루기가 더 용이하다. 만약 이런 분기공이 천해에 있다면 열수가 바다의 바닥에 도착하기 전에 침전되지만 심해에 있게 되면 해수와 접촉한 이후에나 금속광물들이 침전될 수 있다.[49] 이런 지질작용의 결과로 형성되는 광상의 생성기작을 파악한 것은 최근의 일로서 우리가 지구에 대한 이해가 얼마나 부족한지를 일깨워주는 한 가지 예이다.

대양저에는 검은 굴뚝만 있는 것은 아니었다. 백색의 첨탑처럼 만들어진 열수분출구도 있었다. 이런 분출구는 2000년 12월 발견되었다. 그런 굴뚝들은 화이트 스모커

(Whites smoker)라고 부른다. 이를 발견한 이는 화이트 스모커가 줄줄이 만들어진 그 곳을 '잃어버린 도시(Lost City)' 라는 이름을 붙여줬다. 어떤 굴뚝의 높이는 60여m에 이르는 것도 있었으며 약 30여 개의 굴뚝이 모여 있는 곳이었다. 색으로만 봐도 이들은 블랙 스모커와는 구성물질이 다른 게 분명하였다. 그렇다. 이 굴뚝은 황화광물이 만든 게 아니었으며, 탄산칼슘이 만든 것이었다. 이 굴뚝에서는 황화수소나 이산화탄소가 풍부한 유체를 배출하는 게 아니라 메탄이나 수소가 풍부한 유체를 배출하는 굴뚝이었다. 분출하는 유체의 온도 역시 40-90℃로 낮았으며, pH는 9-11로 알칼리성을 띠고 있었다. 이런 백색의 첨탑들은 중앙 해령으로부터 약간 거리가 떨어진 곳에서 발견되었다. 차가운 바다의 바닥에 만들어진 화이트 스모커는 역시 다양한 생물종들에게 안식처의 역할을 했다. 화이트 스모커는 블랙 스코커와는 다르게 황화물의 침

대서양에서 발견된 열수분출공에 만들어진 백색의 탄산염으로 만들어진 굴뚝. 이런 것들을 화이트 스모커(White smoker)라고 부르며, 심해탐사정인 앨빈호에 의해 2003년에 발견되었다. (사진: Woods Hole Oceanographic Insitution). 많은 황화광물을 침전시키는 블랙 스모커와는 다른 것이다.

전이 일어나지 않으므로 인류에게 유용한 금속광물자원을 제공해주는 기능은 없다.

베게너가 제의한 대륙이동설을 비판하면서 제프리스가 말한 대로 대륙은 현무암의 바다를 떠도는 범선은 아니었으나 현무암들이 활동하는 증거들이 속속 들어나기 시작하였다. 지구의 겉껍질에 해당되는 지각 즉 현무암체의 해양지각과 화강암체로 구성된 대륙지각은 살아 움직이고 있었으며 또 어떤 곳곳에서 하나로 움직이고 있었다. 아프리카판은 해양지각과 함께 동쪽으로 이동하고 있으며, 남아메리카는 대서양의 중앙 해령으로부터 시작되는 해양지각과 함께 서쪽으로 이동되고 있다는 사실들이 판구조론으로 정착되기에 이르렀다.

인간이 바꿔 놓은 섬의 운명

이제 지구의 진화과정에 대한 긴 이야기를 끝내야 할 시점에 이르렀다. 지구는 과거 46억 년간 지구 스스로 작동하는 원리에 의해 변신을 거듭하면서 오늘날의 지구로 정착하기에 이르렀다. 오랜 기간 동안 일어난 지구의 진화 과정에 간여한 지구 외적인 원인으로서는 운석의 충돌을 제외하고는 모든 기작들은 지구의 큰 지질학적 순환 과정으로 이루어진 결과이다. 그러나 이런 지구의 진화과정에서 과거와 달라진 점은 인간의 활동이 지구 진화의 작은 부분에 영향을 주는 인자로 등장하게 되었다는 것이다. 아마도 지구의 역사상 이런 간여는 다른 시기에는 상상하기 어려웠던 일이었기 때문에 전 지구적 규모에서는 비록 작은 부분의 변화이기는 하지만 눈길을 끄는 대목으로 등장하게 되었다. 그런 예는 아주 여러 가지가 있지만 어찌 보면 인간의 탐욕스러운 활동에 의한 단기간에 미친 생태계의 파괴가 가져온 영향을 살펴보기로 하자.

태평양에는 버려진 듯 위치한 작은 섬들이 군데군데 아주 작은 점들처럼 박혀 있다. 아주 큰 지도를 들여다보아야 점하나로 나타나는 그런 섬들이다. 갈라파고스와 하와이군도는 그 중에서도 대단히 큰 섬들이다. 열대 해역에 위치한 이런 작은 섬들 주위의 낮은 바다에서는 의례 산호가 자라면서 그 지역 생태계의 중심으로 중요한 역할을 담당하고 있다. 그러나 다른 기능을 가지고 있는 섬들도 있다. 태평양에 위치한 한 작은 섬은 천연비료를 공급해주는 기지역할을 하면서 유명해진 곳이 있다. 그 섬은 나우루(Nauru)이다. 가장 가까운 바나바섬까지 동쪽으로 300km나 떨어져 있는 21km^{2}의 작은 섬이다. 적도에서 1° 남쪽에 위치한 타원형의 이 작은 섬도 열대해역의 다른 섬들처럼 주위는 산호초로 둘러싸여 있다. 이 섬의 가장 높은 곳이라야 100m를 넘지 않는다. 태평양에 있는 다른 섬들도 그러하지만 이 섬 역시 중앙해령 근처에 있는 열점의 활동에 의해 태평양을 기어 올라와 만들어진 화산섬이다. 약 3천5백만 년 전 신생대의 에오세부터 활동을 시작한 화산이 태평양 바닥으로부터 4,300m의 높이로 올라와 정상부는 해수면 근처까지 이르게 되었다. 이 태평양 상의 잠도가 융기되어 화산의 꼭대기 부분만 겨우 해수준면 위로 나온 곳이 나우루이다. 이 화산이 활동을 멈추면서 자연의 법칙에 따라 침식이 일어나면서 해수준면까지 내려앉게 되었다. 그러자 섬 주위의 낮은 바다에서는 산호초가 자라기 시작하였다. 이 섬은 차례로 산호가 쌓이게 되어 수백 미터 두께로 발달하였다. 이런 산호가 만드는 암석은 석회암이 된다. 석회암은 약 500여 미터의 두께로 만들어졌다. 열점의 화산활동으로 만들어진 이 섬의 껍질이나 다름없는 석회암의 나이는 3십만 년에서 5백만 년 전에 만들어진 것들이다. 태평양 상에 외롭게 떠있는 이 섬은 대양의 한 가운데에서 많은 새들의 보금자리가 되었다. 오랜 기간 동안 새들의 배설물이 산호로 만들어진 거친 석회암 틈 사이를 차례로 채워나가기 시작하였다. 이렇게 석회암층의 상부에 두껍게 퇴적된 것이 바로 누군가 '신의 선물'이라고 불렀던 새들의 배설물 즉 인산염이다. 이들 인산염은 농경에 필수적인 비료의 원료자원으로 경제적 가치가 매우 높은 자원이 되었다. 나우루의 이 인산염은 현재 거의 다 채광되어 사라진 상태이지만 이 섬의 운명을 통째로 바꾼 것은 바로 인산염 자원이었다.

인류는 오랜 농경을 통하여 점차 비료의 효용성을 인식하였다. 계속되는 영농의 결과 토지는 지력을 점차 잃어버려 소출되는 작물의 양이 줄어가는 것을 농사꾼들은 경험을 통하여 알고 있었다. 토지의 생산성을 높이는 비료의 효용성을 과학적으로 처음 강조한 이는 독일의 화학자 리비히(Justus von Liebig, 1803-1873)였다. 그는 1840년 그의 저서에서

> "흙에서 사라진 물질들이 흙으로 완벽하게 되돌아와야 한다는 사실을 농업원리로 받아들여야만 한다. 흙을 되살리는데 분뇨, 재 또는 뼈를 쓸 것이냐 말 것이냐는 크게 상관이 없다. 언젠가는 화학공장에서 만들어진 .....제품으로 밭에 거름을 줄 때가 올 것이다."

라고 하였다. 그의 예측은 정확한 것이었다. 토양의 비옥도는 유기물질이 중요한 역

할을 하지만 이를 대신할 수 있는 것을 사용할 수도 있다는 것이었다.[147] 리비히의 연구결과로 토양은 식물 성장에 필요한 화학물질을 공급하는 저장소로 이해하는 계기가 마련되었다. 이런 사실들이 알려지면서 영국의 로스(John Bennet Lawes, 1802-1900)는 런던 북쪽 로덤스테드에 있는 자기 소유지에서 비료에 관한 실험에 착수한다. 그는 10여 년간 비료를 준 밭과 주지 않은 밭에서의 수확량을 비교하였다. 분뇨만을 충분하게 준 밭에 비교하여 질소와 인을 시비(施肥)한 밭에서 더 많은 수확을 얻을 수 있다는 결론을 얻었다. 옥스퍼드대학 화학과를 중퇴한 로스는 그런 연구 외에도 사업가 기질이 있었다. 자연계에서 산출되는 인산염 광물은 소출량을 늘리는 비료로 직접 사용할 수 없었다. 식물체가 이용가능한 상태로 존재하는 인이 아니었기 때문이다. 사실 자연계에서 산출되는 인산염은 거의 불용성이나 마찬가지이기 때문이다. 그는 영농에 사용할 수 있은 수용성 인을 만들기로 했다. 그는 인광석에 황산을 넣고 반응시키면 수용성 인이 만들어지는 것을 알아내고 거기에 질소와 칼륨을 더하여 과인산비료를 만드는 기술을 개발하여 1843년 템스강변의 뎁스포드에 공장을 건립하였다. 그것은 대성공을 거두었으며 당연히 그는 거부가 되었다. 이 비료를 사용한 농가의 늘어난 수확량이 모든 것을 말해주었으며 이 비료를 사용하는 농가는 빠르게 늘어났다. 인산염 비료의 폭발적인 수요증가는 소출량이 늘어난 농부들의 입소문만으로도 충분하였다. 그는 화학비료의 개척자일 뿐만 아니라 과학적 영농의 기초에 관련된 여러 가지 업적을 남겼다. 그는 1854년 최고의 학술기관인 왕립학회(Royal Society)의 회원으로 추대되었을 뿐만 아니라 나중에는 왕실로부터 작위를 받게 된다. 수요량은 점차 증가되었으며 그런 비료를 만들기 위해 그때까지 누구도 관심을 가지고 있지 않아 경제적 가치가 없었던 인광석은 중요한 자원으로 등장하게 되었다.

이제는 증가되는 비료의 원료광물인 인광석을 찾아 필요한 자원을 공급하기 위해 자원탐사를 해야만 했다. 초창기에는 코프롤라이트(coprolite)라는 게 이들 비료의 원료로 사용되었다. 이것은 1829년 버클랜드(William Buckland)에 의해 처음으로 기재되었다. 이 이름은 그리스어의 kopros 즉 똥이라는 단어에다 돌이라는 의미의 접미

어인 ite가 첨가된 것이다. 이름만으로 이 녀석이 무엇인지를 바로 말해준다. 바로 동물 배설물이 화석화된 것이다. 이런 것은 흔적화석의 일종으로 취급된다. 코프롤라이트는 수 밀리미터에서 60cm정도로 다양한 크기로 산출되었다. 이 녀석의 주 구성 성분이 칼슘인산염이었다. 코프롤라이트는 캄브리아기 지층에서부터 현생 층에 이르기까지 다양한 지질시대에 산출되었지만 그 양이 엄청난 것은 아니어서 증가되는 인산염 비료의 수요량을 충족시키기에는 어려웠으며 안정적으로 공급이 가능한 다른 자원을 찾아야만 했다. 그런 시기에 남미 해안 도서지방에서 대규모의 구아노(guano) 광산이 알려지게 되었다.

건조한 남아메리카 해안 지역의 작은 섬들이나 연안 지역에서 구아노 광산이 개발되기 시작하였다. 헤아리기도 어려운 수많은 조류들의 배설물들이 오랜 기간 동안 차례로 쌓인 게 바로 구아노이다. 건조한 이 지역의 기후는 이들이 쌓이기에는 최적의 조건을 구비하고 있었다. 구아노가 이 지역에서 산출된다는 것은 훔볼트 (Alexander von Humbolt)가 1802년 11월 이 지역 탐사여행 시 채취한 시료를 귀국길에 가지고 간 이후이다. 1804년 그가 가져온 이 시료는 과학자들 중 특히 농화학자들에게 높은 관심을 끌었다.[147] 이런 소식이 알려지기가 무섭게 이들 산출지가 하나둘씩 알려졌다.

어떤 섬들은 구아노가 몇 십 미터 이상의 두께로 산출되었지만 인산염 외에도 질소가 풍부한 구아노의 막대한 수요는 곳 이들 자원의 고갈로 연결되었다. 가장 대표적인 곳은 친차섬(Chincha islands)들이었다. 오늘날 페루 연안에서 남동쪽으로 21km 정도 떨어진 태평양 상에 있는 세 개의 작은 섬들은 바로 새똥으로 뒤덮여 있었다. 이 섬이 바다와 접한 화강암 절벽은 바로 새들의 둥지를 틀기에 적당한 곳이었다. 이들이 서식하면서 남긴 배설물들이 그 자리에서 겹겹이 쌓여 화강암은 보이지 않게 되었으며 두터운 구아노만이 섬 전체를 뒤덮고 있었다. 어떤 곳은 구아노가 60m를 넘는 곳도 있었다. 채광하는데 그리 큰 경비나 노력이 필요한 것도 아니었다. 이런 자원은 비료가 필요한 서방세계에게는 횡재나 다름없었다. 페루는 이 구아노를 1840년부터 채광하여 팔기 시작하였다. 페루의 독립을 온선하게 인성하지 않았던 스페인은 그 섬에서 나오는 막대한 이익 때문에 1864년 전쟁을 통하여 이 섬의 소유권을 확보할 정도였다. 그러나 페루 역시 재정의 60%를 기여하고 있는 그 섬의 구아노를 순순히 포기할 수 없기 때문에 전쟁은 불가피해졌다. 그러나 미국과 유럽에서의 막대한 수요를 공급하기 위한 채광은 그리 오래가지 못했다. 이 섬의 광량은 1874년경에 거의 바닥이 드러났다. 이 지역의 다른 곳에서 발견되는 구아노 광산들도 사정은 비슷하였다. 구아노란 이름 역시 조류의 배설물이라는 잉카 부족의 언어로부터 기원된 것으로 보아, 이 지역이 구아노의 본산지임을 짐작케 한다. 이 지역에서 산출되는 자원이 고갈되면서 특히 인산염 산출이 부족한 유럽의 여러 나라들은 새로운 인산염의 산출지를 찾는데 혈안이 되었다.

1860년대에 촬영한 친차섬의 구아노 광산 채광장의 모습. 겹겹이 쌓인 백색황금 구아노를 벗겨 내는 채광단면의 모습(사진: 스미소니안연구소).

그 과정에서 태평양 상의 나우루가 등장하였다. 이 작은 섬나라에서 인산염광석은 우연하게 발견되었다. 1896년 나우루에 정박한 한 선박의 화물 운송책임자인 헨리 덴슨(Henry Denson)이 나우루에서 이상하게 보이는 돌 하나를 주어 그가 일하던 시드니의 퍼시피 아일랜드 컴퍼니 본사로 가져갔다. 그 돌은 누구에게도 주목을 끌지 못한 채 회사 사무실 바닥을 굴러다니는 처지였다. 그리고 나서 3년이 지난 1899년에야 이

회사에서 일하는 다른 사람의 눈에 띄게 되었다. 그는 아무도 관심을 갖고 있지 않았던 먼지에 쌓인 돌에 주목을 하였으며, 그 돌을 분석해보기로 했다. 결과는 놀라웠다. 그 돌은 100%의 인산염광물 덩어리였다. 그 돌은 눈여겨 본 이는 바로 그 지역에서 인산염을 찾아 헤매던 알버트 엘리스(Albert Fuller Ellis, 1869–1951)였다. 나우루의 역사가 달라지는 시발점이었다. 처음 인산염이 풍부한 나우루를 발견하고 식민지로 선언한 나라는 독일이었다. 1888년 나우루가 독일에 합병되었다. 이 섬에서 인산염은 1907년부터 퍼시픽 포스페이트 컴퍼니로 이름을 바꾼 영국인들이 운영하던 퍼시픽아일랜드 컴퍼니가 채광하기 시작하였다.[148]

영국은 인산염 채광으로 거둔 이익에 대한 배당금으로 독일에 일정액을 지불하였다. 그 섬으로부터 가까운 인산염이 필요한 오스트레일리아나 뉴질랜드에 공급하고, 또 본국에 필요한 비료 원료를 공급하기 위해서 나우루는 최적의 장소였다. 제1차 세계대전이 종료되고 난 후 독일과 영국의 우호관계는 끝이 났다. 제1차 대전이 끝나면서 독일의 나우루 지배권은 국제연맹의 결의에 따라 1920년 대영제국의 위임통치를 받는 것으로 바뀌었다. 그러면서 나우루의 인산염 이권은 영국, 오스트레일리아와 뉴질랜드가 나누어 갖기로 했다. 이들 국가들은 나우루의 인산염 채광량을 여섯 배나 늘렸다. 채광량이 늘어나는 만큼 열대 지방의 작은 섬에 제대로 들어찬 숲은 마구 잘려나갔다. 산호가 만든 석회암의 불규칙한 틈 사이에 들어 있는 인산염은 수백 명의 중국인 노동자들의 삽과 곡괭이로 차례로 퍼올려 졌으며, 그렇게 채광된 인산염은 대영제국의 경제를 빛내는 소중한 존재가 되었다고 뤽 폴리에는 기술하고 있다.[148] 제2차 세계대전이 일어나면서 한때 일본의 지배하에 들어가지만 전쟁이 종식된 후 농업 생산량을 늘리기 위해 다시 인산염 채광량이 증가하게 되었다. 그러나 땅 주인인 원주민들에게 돌아오는 것은 그 이익의 극히 일부분에 불과했다. 원주민들의 항의는 무시되었으며 해 마다 100만 톤의 인산염이 실려 나갔다. 실려 나가는 양에 비례하여 작은 섬 나우루는 황폐화되었다. 세월이 지나면서 원주민들인 나우루인들에게 유리한 타협안을 끄집어내어 보상금을 올리기는 했지만 그 역시 만족할 만한 수준은 아니었다. 1968년 1월 31일 드디어 위임통치를 끝내고 4000여 명의 주민들은 독립을 쟁취하였다. 이제 인산염으로부터 오는 수입금은 그들 차지가 되었다.

독립된 나우루는 인산염 채광을 멈추지 않았다. 그 이익금은 이제 외국 회사로 들어가는 게 아니란 나우루인들에게 들어가는 소득원이 되었다. 그러면서 인산염을 알뜰하게 파낸 자리에 산호초의 예리한 기둥들이 작은 섬 나우루를 채워가고 있었다. 그들은 그런 거친 풍경을 첨탑(尖塔, pinacle)이라고 부른다. 이제 산호초의 그런 첨탑들은 나우루의 상징과 같은 존재가 되었다. 그러나 끝없이 이어지는 첨탑으로 채워진 나우루의 지표는 더 이상 식생을 유지할 수 있는 곳은 아니었지만 인산염을 판매한 수익금은 독립한 작은 정부의 재정을 두둑하게 만들어줬다. 독립 이후 광산 개발에 따른 판매 수익은 국민들에게 돌아가 국민들은 아무 일도 하지 않으면서 놀아도 되는

태평양에 있는 21km²의 작은 섬 나우루의 위성사진(왼쪽 사진:NASA). 이 섬은 무분별한 인산염 채광으로 완전히 삼림이 황폐화되었으나 현재는 식생이 회복되는 단계이다(오른쪽 사진). 전체 섬 면적의 약 63% 정도가 새로운 식생에 의해 피복되어 있으나 원래의 생태계로의 복원은 요원하기만 하다. 오른쪽 사진은 채굴적 위 거친 석회암 첨탑들 위에 새롭게 자라기 시작하는 식물들의 모습.

지상낙원이 되었다. 인산염을 채광하는 일이나 다른 험한 일은 인근 도서에서 온 사람들이나 외국인 노동자들 몫이었다. 나우루에서는 모든 서비스가 국가에서 제공하는 그런 나라가 되었다. 그 시절 나우루는 정말 지상낙원과도 같은 곳처럼 비춰졌으며 국민들은 맘껏 그 부를 누리고 있었다. 그들은 더 이상 궂은일을 할 필요가 없었으며, 국민이라야 4천여 명에 불과했지만 그들은 정부가 보장해주는 물질적 풍요 속에서 그들만의 생활을 즐기는 그런 곳이었다. 어처구니없는 일들이 벌어졌다. 나우루는 심지어 주민들의 화장실까지도 정부에서 급여를 받는 가정부들이 방문해서 청소를 해주고 집안을 정리해 주었다고 한다. 그들이 하는 일이라곤 배를 타고 낚시를 하거나, 섬에 하나밖에 없는 30분이면 도는 길을 따라 드라이브를 하거나, 가족이나 친지들끼리 모여 축제와 같은 파티를 하는 여가 생활을 하는 게 전부인 것처럼 보였다. 독립하기 이전 외국 회사가 인산염 1톤을 채굴할 때 땅 주인에게 해준 보상이 0.009달러로 사실상 거의 아무것도 보상받지 않은 거나 다름없었지만 독립된 후 정부는 1톤당 65센트를 보상해주었으며 해마다 이 보상액은 더 높게 새롭게 책정되었다. 이런 보상만으로도 비교적 넓은 땅을 소유한 원주민들을 아무 일도 하지 않은 상태로 저절로 부자가 되었다. 작은 정부의 재정도 튼튼하기만 했다. 그러나 나우루의 표토가 벗겨지는 만큼 인산염은 고갈되어 가고 있었다. 1990년대에 가서 자원이 고갈되리라는 경고에 대비하지 못한 나우루가 가는 길은 정해져 있는 것이나 마찬가지였다. 전혀 대비를 하지 않았던 것은 아니었지만 작은 정부의 투자는 장기적인 관점에서 안전하게 수익을 창출하는 올바른 것은 아니었다. 미래를 대비해 정부가 한 해외투자는 빈 깡통이 되어 있었다. 이 시기에 나우루의 80% 이상이 껍질이 벗겨진 상태였다. 더 이상 나우루는 인산염의 보고가 아니었다.[148] 그 결과는 정부의 파산으로 연결되었다.

몽고메리는 그의 저서에서 "나우루는 1968년 독립했으며 한때는 태평양에서는 국민 소득이 가장 높은 작은 나라였다. 그러나 무분별한 채광이 계속되면서 인산염 퇴적층은 사라지고 소득원이 사라진 나우루 정부는 사실상 알거지나 다름없게 되었다. 한때 푸르른 낙원이었던 이 섬나라는 껍데기가 완전히 벗겨진 것 같았다. 섬 내륙은 완전히 채굴되어 달 표면처럼 헐벗었고 남아 있는 소수의 원주민들은 그 내륙을 둘러싸고 있는 바닷가에 산다"라고 기술하고 있다.[148] 다른 나라의 녹색혁명을 위해 희생된 나우루의 대가는 실로 엄청난 것이었다. 이런 것은 현대인들이 소중한 가치로 여기는 "지속가능한 발전"에 전적으로 반하는 인간의 과도한 욕심이 일궈낸 참사이다. 그 지역의 서구 자본에 의한 광산 개발은 지속가능한 것과는 거리가 멀었다. 초기의 개발은 원주민들 관점에서는 그들의 의사가 철저히 배재된 식민정책의 우가 그대로 나타나는 대목이었다. 그러나 독립 이후 그들 스스로도 자연의 풍부함과 비옥함이 원주민들인 자신의 보전책이라는 점은 철저하게 무시된 결과 그 땅에서 살아갈 후손들에게는 치명적인 피해만을 남긴 결과가 되었다. 그래도 오늘날 나우루의 생태계는 의례 진행되는 자연적인 과정에 의해 부분적으로 복원되가는 중이기는 하다. 그러나 인산염 채취를 위해 뒤엎어 버린 토양이 없는 거친 암반 위에서 일어나는 회복속도는 더디기만 하다. 이 섬은 무분별한 자원개발이 미치는 엄청난 재해를 우리 인류에게 깨우쳐준 좋은 예가 되었다.

태평양의 섬은 인산염만이 자원의 전부는 아니었다. 열대지방의 많은 강수량과 높은 온도는 의례 심한 풍화작용을 수반한다. 풍화작용은 암석을 분해시키고 용해시키는 과정이며, 화학적 풍화작용은 원래의 광물들을 전혀 다른 성질의 광물로 만든다. 지각 중에 가장 풍부한 두 가지 조성인 규산(SiO_2)과 알루미나(Al_2O_3)의 지표환경에서의 용해도를 비교하면 일반적으로 규산의 용해도가 약간 높기 때문에 잔류된 물질에서의 화학 조성은 알루미나가 높아지게 마련이다. 토양수의 수소이온농도가 5보다 큰 환경에서는 규산의 용해도가 약간 높아져 상대적으로 높은 이동성을 갖는데 기인된 결과이다. 그런 환경에서는 알루미나가 집적되어 있는 래터라이트(laterite)가 만들어진다. 이런 화학적인 풍화작용의 결과로 만들어지는 토양 래터라이트는 주로 카올리나이트질 점토와 Fe- 및 Al-산화물 또는 수산화물로 구성된다. 래터라이트는 철분이 많은 철질과 알루미늄의 함유량이 많은 알루미늄질로 구분된다. 철질 래터라이트는 붉은색을 띠는데 이는 전적으로 이 속에 들어 있는 산화철이 만든 색깔이다. 이런 래터라이트란 명칭은 1807년 인도의 한 토양을 기술하면서 스코트랜드 출신으로 인도에서 일하던 지질학자 프란시스 뷰캐넌(Francis Buchanan, 1762–1829)이 처음으로 사용하였다. 그러나 열대지방이라고 해도 이런 토양은 짧은 시간에 만들어지는 것은 아니며 어떤 경우에는 1억년이 이상이나 소요되기도 한다. 지질작용이 일어나는 시간의 척도란 우리가 상상하는 것보다는 길게 마련이다. 그렇기는 하지만 풍화작용에 의해 래터라이트가 만들어지는 속도보다 침식되는 속도가 더 빠른 곳에서는 래터라이트의 생성을 기대할 수 없다.

호주 북동쪽 1,200km 지점에 프랑스령 뉴칼레도니아군도가 있다. 이 섬은 나우루와는 비교가 안 될 정도로 큰 섬으로 이 군도의 가장 큰 섬인 그랑테레(Grande Terre)는 면적이 16,372km^{2}이며, 섬의 길이는 350km이며, 폭은 50–70km에 이른다. 이 섬의 면적은 전체 군도 면적의 85% 이상에 해당되는 주도이며, 24만 명의 인구 중 거의 대부분이 이 섬에서 살고 있다. 이 섬 표면에 드러난 검붉은 토양이 바로 이 섬의 돈줄이 되는 래터라이트가 분포된 토양이다. 일반적으로 염기성이나 초염기성 암석들은 풍화작용에 대한 감응도가 중성이나 산성암류들에 비교해 상대적으로 높아 래터라이트를 생성하기에는 제격의 암석들이다. 이 섬에 넓게 분포된 초염기성암류들이 래터라이트를 만든 장본인이다. 그러나 래터라이트는 미국과 불란서의 두 청년이 전기분해법으로 알루미늄을 추출하는 공법을 개발하기 이전에는 그저 쓸모없는 버려진 흙에 불과하였다. 아마도 인류역사에서 유용하게 쓰인 래터라이트의 예는 세계적인 문화유산인 캄보디아의 앙코르와트 사원의 기초가 이것으로 만든 벽돌이라는 점일 것이다. 거대한 석조 건축물의 바탕은 바로 래터라이트로 만든 벽돌이 하중을 받쳐주고 있지만 많은 사람들은 그 웅장한 구조물을 안정적으로 지켜주고 있는 기초에 대해서는 그리 큰 관심을 기울이지는 않는다. 어떤 래터라이트는 알루미늄의 함유량이 높은 것들이 있는데 그런 토양을 보크사이트(bauxite)라고 부른다. 지각을 구성하는 물질 중 알루미늄은 산소 그리고 규소에 이어 세 번째로 많은 성분으로 지각 물질의 8% 정도를 차지하고 있다. 그렇기는 하지만 그 정도로는 경제성이 없으며 경제성 있는 광석이 되려면 적어도 지각 평균함량인 8% 보다는 6배 내지는 7배 이상 농집되어야 한다. 보크사이트는 일반적으로 깁사이트(gibsite, $Al(OH)_3$)라고 부르는 알루미나의 함유량이 높은 광물로 주로 구성되어있으며 역시 알루미나의 함유량이 높은 보에마이트나 다이아스포어라는 광물들로 구성되어 있다. 물론 이들은 풍화작용의 결과로 지표에서 만들어진 2차광물들로 실제로 이런 광물들은 지표환경에서 만들어지는 풍화작용의 최종산물들이라고 보아도 좋다.

바로 이런 래터라이트로부터 알루미늄이라는 금속을 추출하는 기술은 미국의 젊은이 찰스 마틴 홀(Charles Martin Hall, 1863-1914)이 그의 나이 23세 때 오하이오 자신의 집 뒤 헛간에 만든 허름한 실험실에서 1886년에 개발되었다. 실험실에서 마틴 홀을 도와준 것은 유일한 실험조수였던 그의 누나 쥴리아가 전부였다. 같은 해 프랑스의 폴 에롤(Paul Héroult, 1863-1914)도 홀과 같은 방법 즉 전기분해법으로 알루미늄을 추출하는 공법을 개발하였다. 그래서 오늘날 이런 알루미늄 추출공법을 홀-에롤 공법이라고 부른다. 우연하게도 그들은 동갑내기의 청년들이었다. 공교롭게도 그 둘은 태어난 해와 죽은 해가 같은 인연으로 연결되었다. 마틴 홀은 알루미늄을 생산하는 공장을 건설하여 대주주가 되면서 상당한 부자가 되었다. 그 회사가 오늘날 세계에서 세 번째로 큰 알루미늄 생산 공장인 알코아(Alcoa)로 발전하게 된다. 이런 기술이 개발되면서 래터라이트는 더 이상 버려진 흙이 아니라 아주 소중한 자원으로 둔갑을 하게 된다. 알루미늄의 영어 스펠은 영국에서는 aluminium이라고 쓰는데 반하여 미국에서는 aluminum 이라고 i자 하나가 빠져 있다. 허긴 미국과 영국에서 스펠링이 다른 단어는 이것이 유일한 것은 아니지만 이것은 홀이 그의 새로운 공법을 선전하는 전단에서 잘못 쓴 것으로부터 기원되었다는 게 정설이다.

우리가 광물자원이라고 하는 용어는 경제성을 갖는 채광대상을 말하는데 열대지방의 래터라이트야 말로 기술개발이 인류문명에 유용한 새로운 광물자원을 만든 한 가지 예이다. 이제 래터라이트는 벽돌이나 만들고 도로의 바닥이나 채우는 그런 값이 싼 물질이 아니라 값비싼 자원이 되었다. 그러나 모든 것은 양면성을 가지는 것이다.

홀-에롤 공법에 의해 알루미늄을 대량 생산하기 이전까지 알루미늄이 귀금속으로 고귀한 대접을 받았던 금속이었지만 이제는 더 이상 그런 지위를 유지하기가 어려워졌다. 예를 들면 나폴레옹 III세(Louis-Napoleon Bonaparte, 1808-1873)는 가장 고귀한 손님을 초대한 만찬장에는 알루미늄으로 만든 용품들을 사용하였으며 그보다 격이 낮은 다른 손님들에게는 금으로 만든 용품을 사용했다고 한다.[149] 아마도 오늘날 그런 대접을 받으면 상당히 분개할 사람들도 있을 법한 일이지만 당시 알루미늄은 귀금속으로 아무나 접할 수 없는 금속이었음을 말해주는 단적인 증거이다. 그러나 시대를 거슬러 올라가면 알루미늄에 관련된 이야기는 더욱 신비하기만 하다. 로마 황제 티베리우스(Tiberius, BC 42-AD 37)는 은과 같은 광택을 가지고 있지만 매우 가벼운 번쩍거리는 금속으로 만든 사발을 선물로 받았다. 그것을 만든 장인은 점토로부터 그 물질을 만들었다고 했다. 티베리우스는 곳 걱정에 빠졌다. 이 그릇을 만든 물질을 점토로부터 얻었다면 이 놀랄만한 금속 때문에 왕실이 보유하고 있던 금과 은의 가치가 하락할 것을 먼저 염려하였던 것이다. 그는 그 장인을 죽이고 그가 일하던 공방을 파괴할 것을 명령하였다고 한다. 티베리우스가 세상에 그 위험한 금속이 나돌아 다니는 것을 막기 위해서는 그런 처분밖에 없었다. 이런 역사적인 기록은 대 플리니(Gaius Plinius Secundus, AD 23-79)라고 알려진 로마의 박물학자의 기록으로 전해 내려오는 이야기이다.[149] 그가 기록한 금속이 알루미늄일 가능성으로 추정하는 것이다. 그게 알루미늄이라고 하면 인류가 그 가볍고 유용한 금속을 사용하는 것을 적어도 1800년을 지연시킨 책임은 티베리우스한테 있는 셈이다.

홀-에롤 공법이 개발되기 이전에는 금속 알루미늄을 회수하는 공법이 없는 것은 아니었지만 그런 공법으로는 대량의 알루미늄을 만들 수 없어 그 가치는 다른 귀금속보다도 더 높은 시절이었으며, 알루미늄은 흔히 점토로부터 얻은 은(銀)으로 표현되었다. 알루미늄의 가치가 높게 평가되었던 한 가지 예만 더 들기로 하자. 미국의 초대 대통령인 조지 워싱턴(George Washington, 1732-1799)을 기념하기 위해 워싱턴 D.C.에 높이 169.294m의 워싱턴 기념탑이 세워졌다. 이 탑은 1848년에 착공하여 37여

년의 공사기간 끝에 1885년에 완공되었다. 공사기간이 그렇게 길어진 데는 공사비 조달의 어려움과 그때 일어난 남북전쟁 때문이었다. 공사가 오랜 기간 중단된 흔적은 이 탑의 아래쪽 46m 지점 위 아래로 대리석의 색조가 다른 것으로도 확인된다. 이 탑은 화강암과 대리석 그리고 편마암이란 암석으로 세계에서 가장 높은 오벨리스크로 만들어졌지만 이 탑의 맨 꼭대기는 2.85kg의 알루미늄으로 만든 높이 22.6cm 그리고 바닥의 길이는 13.9cm로 된 사각추를 올려놓았다.[150] 이 탑의 맨 꼭대기에 놓인 알루미늄괴는 당시 구할 수 있는 최대 크기의 알루미늄으로 당시 기술의 집약체였다. 당시 전 세계의 알루미늄 생산량은 3.6톤에 불과했다. 이렇게 희귀하며 기술의 집약체인 이 금속 덩어리를 미국인들에게는 상징적인 의미가 있는 이 탑의 꼭지를 장식하는 것으로 선택한 것은 어쩌면 당연한 수순이었는지도 모르겠다. 알루미늄이 그렇게 귀한 금속이기도 했지만 이 기념탑의 꼭대기에 이 알루미늄 피라미드를 설치한 것은 피뢰침의 역할을 담당하는 실용적인 목적이 깃들여 있었다고 한다. 실제로 낙뢰를 맞은 이 알루미늄괴는 금이 간 것이 나중에 발견되어 이 기념탑을 후일 보수할 때 그 주위에 구리로 피뢰침을 부착하여 보호하는 작업이 이루어졌다. 그 기념탑은 건설할 당시 알루미늄 값은 은과 같은 값으로 거래되던 시절이었다. 산출은 희귀했지만 은과 같은 값으로 거래되는 것은 잘 알려지지 않은 금속에 대한 수요처가 없었던 이유에서였다고 한다. 경제 논리는 그곳에도 적용된

1884년 12월 6일 석조로 건설된 워싱턴 모뉴멘트의 169.294m의 맨 꼭대기에 관석으로 2.85kg의 사각형 알루미늄괴를 올려놓는 모습. 당시 하퍼스 위클리지에 수록된 그림이다(출처: 미의회도서관).

다. 그러나 알루미늄이 대량생산이 개시되면서 그 가치는 하락하기 시작하였다. 가치가 하락하였다고 해서 알루미늄의 유용성이 줄어든 것은 아니었으며 이 가벼운 금속의 광범위한 용도가 개발되면서 그 활용은 점차 증가하였으며 오늘날에도 널리 활용되고 있다.

그러나 래터라이트는 알루미늄만을 가지고 있는 것은 아니었다. 초염기성암석들은 니켈과 코발트의 함유량이 상대적으로 높아 이런 모질 암석으로부터 만들어진 래터라이트질 토양 속에 잔류된 니켈의 함유량은 경제성을 갖는 채광대상이 되기도 한

뉴칼레도니아에서 남부의 전형적인 지표 경관. 검붉은 토양은 초염기성암류의 풍화산물로 만들어진 래터라이트로서 보크사이트는 물론 여러 가지 금속산화물을 포함하고 있다. 특히 최근에는 이런 지역에서 대규모의 니켈광산을 개발하고 있다.

다. 실제로 이렇게 산출되는 니켈로부터 채광되는 자원의 양은 세계 니켈 생산량의 70% 이상을 차지하고 있다. 바로 태평양 상의 프랑스령 뉴칼레도니아군도에 있는 래터라이트가 바로 니켈과 코발트를 함유하고 있는 그런 종류였다. 일반적으로 이런 래터라이트에 들어 있는 코발트의 양은 니켈에 비교하여 작은 양이다. 니켈은 원자번호 28번인 전이금속원소이다. 이 원소는 1751년 스웨덴의 광물학자이자 화학자인 프레데릭 크론스테트(Axel Frederik Cronstedt, 1722-1765)에 의해 발견되었다. 그가 1735년 코발트를 발견한 게오르그 브란트(Georg Brandt, 1694-1768)의 연구실에서 훈련을 받은 제자였다는 것은 결코 우연이 아닌 것 같다. 자연계에서 산출되는 코발트는 니켈과 흔히 수반되기 때문이다.[151] 이 금속은 부식에 강한 특성을 가지고 있기 때문에 합금에 광범위하게 사용되는 매우 유용한 금속이다. 뉴칼레도니아 섬의 여러 곳에서 지표에 들어난 검붉은 토양 바로 아래에 놓여 있는 풍화층이 이 섬의 돈줄인 니켈과 코발트가 농집되어 있는 풍화대이다. 이 섬에는 곳곳에 이런 지층들이 분포되어 있다. 이 섬의 고로광산(Goro mine)은 세계에서 가장 큰 니켈광산 중의 하나로 매장량만 5천5백만 톤으로 추정하고 있다. 물론 이들 광량은 니켈이 100%인 것은 아니며 평균 품위로 보면 니켈의 함량은 1.48%이고, 코발트의 함량은 0.11%이다. 이 광산은 2013년부터 생산이 궤도에 오르면 매년 6만 톤의 니켈과 4천 톤 이상의 코발트를 생산할 예정이며, 이는 세계 니켈 공급량의 20%에 해당되는 양으로 앞으로 29년간 채광할 예정으로 추진 중이다.[152] 이런 유형의 광상은 마그마성 광상보다 채광이 용이한 장점을 가지고 있다. 단단한 암석으로 이루어진 광석이 아니므로 채광은 폭약을 장전하여 발파시키는 방법이 아니라 고압으로 분사되는 물을 이용하여 채광할 예정이다. 이런 채광방법은 단단한 암석을 채취하는 것보다도 시간이나 경비가 절감되는 것은 물론이다.

이 지역의 초염기성암류들은 해수가 간여한 변성작용시 대부분 사문석화가 진행되었다. 일반적으로 사문석은 감람석보다 더 많은 양의 니켈을 수용할 수 있게 되며 이들은 계속되는 풍화작용에 의해 니켈을 함유한 층산규산염광물들 즉 케롤라이트

(Ni-활석), 네포아이트(Ni-사문석) 그리고 피멜라이트(Ni-스멕타이트)를 생성시킨다.[153] 이런 니켈을 함유한 정확하게 규명하기 어려운 층상규산염 광물들을 총칭하는 이름으로 가니에라이트(garnierute)라는 용어가 있다. 이 이름은 바로 이곳 뉴칼레도니아에서 1864년 대규모의 Ni-래터라이트를 발견한 프랑스의 가르니에(Jules Garnier, 1839-1904)를 기려 붙여진 이름이다. 그는 뉴칼레도니아에서 발견한 녹색의 광물이 크롬이 아닌 니켈을 함유한 사실을 확인하고 당시 유명한 광물학자인 제임스 다나(James D. Dana, 1813-1895)에게 그 시료를 보냈다. 다나는 이 광물이 새로운 광물임을 밝히고 발견자인 가르니에의 이름을 따서 명명하기로 했다. 그게 바로 영어식으로 발음해서 가니에라이트이다. 이것은 단일광물의 이름은 아니며 사문석화된 초염기성 암체의 풍화대에서 발견되는 위에 예를 든 함니켈 층산규산염광물을 총칭하는 용어이다. 위 사진에서 보이는 적색 토양은 그냥 래터라이트이다. 유용한 금속들은 그 바로 아래층 조금 밝게 보이는 다른 풍화대에서 산출되는데, 이 밝은 색을 띠는 층준은 상부 지층이 화학적인 풍화작용에 의해 용해된 성분들 즉 니켈과 크롬이 아래로 이동되어 집적된 새프롤라이트(saplrolite)층이다. 새프롤라이트란 그리스어로 썩은 돌이라는 의미이다. 그런 이름이 의미하는 대로 새프롤

뉴칼레도니아 풍화대 하부 새프롤라이트 층준의 열극 내에 발달되어 있는 녹색의 가니에라이트. 이들은 상부 지층 즉 용탈대에서 화학적인 풍화작용에 의해 용해되어 하부로 이동되어 집적된 산물이다.

라이트는 그야말로 심한 풍화작용에 의해 원래 암석의 구조나 체취는 찾을 수 없는 썩을 대로 썩은 그런 풍화단면이다. 썩는다는 단어가 적절한 것은 아니지만 풍화를 받는다는 용어보다는 의미 전달이 더 수월한 단어인 것 같다. 이 풍화 층준의 틈 사이에 들어 있는 녹색의 물질들은 색으로도 확연히 구분되는데 바로 그 돌이 가르니에가 처음 발견한 니켈과 크롬을 함유하고 있는 채광대상의 광석이다. 이런 풍화대는 침식이 활발한 지역에서는 살아 남기가 어렵다. 오랜 기간 풍화작용을 받는 환경이되 침식은 활발하게 일어나지 않아야 이런 토양층들이 보전될 수 있다.

뉴칼레도니아는 6천5백만 년 전에는 오스트레일리아 대륙과 붙어 있었다. 그러나 그 시점에 오스트레일리아 대륙으로부터 떨어져 나와 북동쪽으로 이동을 하기 시작하였다. 그것은 지판의 이동으로 나타난 결과였으며 5천만 년 전쯤 지금의 위치에 오게 되었다. 바로 대평양판과 오스트레일리아판이 만나는 경계부가 그 곳이다. 이후 이 땅은 섭입경계에서 침강하여 바다 아래로 내려갔으며 제3기의 에오세에 이르면서 상황이 달라졌다. 거대한 지구조 운동의 결과로 이 섬은 약 2km 두께의 페리도타이트란 초염기성암체로 된 해양지각이 밀고 올라와 섬 전체를 덮었다.[154] 그러나 바다 위로 다시 올라온 뉴 칼레도니아는 열대의 기후대에서 진행된 풍화침식에 의해 섬 전체를 덮고 있던 초염기성암체가 침식되기 시작하였다. 상당한 지역에서는 이 해양지각이 침식에 의해 사라졌다. 그러나 아직도 섬 전체의 3분지 1 이상에 해당되는 5,500km^{2}는 초염기성암체에 의해 덮여있다. 바로 이런 지역에서 일어난 강력한 풍화작용이 붉은 토양 래터라이트를 만든 것이다. 래터라이트를 만든 요인들 중 가장 중요한 것은 이 지역의 기후였다. 열대성 기후는 풍부한 강수량과 따뜻한 기온을 유지시켜 풍화작용을 가속화시킨 것이다. 이들 토양은 다른 토양에 비교해서 화학조성이 일반적으로 식생에게 독성을 띠는 물질들을 많이 함유하고 있는데 이는 전적으로 모질 물질인 페리도타이트로부터 기인된 것이다. 이런 토양의 조성은 생태계에 유리한 것은 아니었지만 유용한 금속 광물자원인 니켈과 코발트를 함유하고 있어 경제성 있는 자원으로 활용되고 있는 것이다.

뉴칼레도니아는 나우루와는 다른 조건이기는 하지만 이런 자원 개발은 필연적으로 생태계에 심각한 영향을 미치게 마련이다. 그리고 환경을 염려하는 목소리에 귀를 기울이면서 하는 개발 그리고 복원 프로그램을 염두에 두고 하는 개발이지만 그런 염려는 피할 수 없게 만든다. 개발이 남긴 폐해를 우리는 수없이 보아 왔기 때문이다. 그리고 섬이란 특수성도 생태계에 미치는 영향을 증대시키기 때문에 그런 우려는 가중되기 마련이다. 미국의 생태학자 로버트 맥아더(Robert Helmer MacArthur, 1930-1972)와 에드워드 윌슨(Edward Osborne Wilson)이 공돌 저술한 『도서 생지리학의 이론 *The Theory of Island Biogeogrphy*』에서 한 섬에서 나타나는 종의 수는 섬의 크기에 의존한다고 했다. 그리고 섬의 위치에도 의존한다고 했다. 육지에서 멀리 떨어진 섬에서는 육지에서 가까운 섬들보다 종의 수가 더 적다는 것이다. 그리고 각각의 그런 특성에 의해 종의 수가 항상 평형점에 도달한다는 것이다. 생물 군집의 조성은 변화하는 환경에 따라 달라진다는 것이다. 즉 어떤 곳에 정착할 수 있는 종의 수는 안정화된 수용능력 즉 주어진 환경에서 유지될 수 있는 개체군의 크기는 수용 능력의 함수이므로 예측가능하다는 이론을 설파하였다.[155] 나우루는 환경의 전적인 파괴로 어떤 개체에게는 안정화된 수용능력을 이미 상실하였다. 뉴칼레도니아는 나우루와는 비교할 수 없을 정도로 큰 섬이기는 하지만 육지와는 다르게 자원개발에 따른 생태계의 훼손은 불가피하며, 그 결과로 생태계의 다양성에 심각한 영향을 줄 가능성이 높은 섬이다. 병든 지구를 치료하는 방법을 찾기 전 지구를 병들게 하는 인자를 줄이는 노력이 앞서야 된다는 점을 강조하고 싶은 곳이 바로 그런 섬들이기 때문에 우려의 목소리가 나오는 곳이다.

여기서 우리는 태평양에 있는 두 섬나라인 나우루와 뉴칼레도니아의 경우를 살펴보았다. 인류 문명의 기초가 되는 다른 광물자원의 공급을 고려해보면 그 심각성은 더 커진다. 지구가 폐쇄계이기 때문에 인간의 생존에 필수적인 광물자원의 수요를 계속 충족시킬 수 없는 자원의 제한성이란 문제를 지구는 태생적으로 가지고 있다. 적어도 인류 역사의 관점에서 그런 광물자원은 재생 불가능한 자원으로 간주되기 때문에 이런 수요 증가는 자원의 고갈로 자연스럽게 연결되기 때문이다. 더군다나 무분별한 자원개발에 따른 부정적인 영향은 위의 사례에서도 보여준 것처럼 인간에게 주는 혜택을 훨씬 능가하는 단계에 이르기도 한다. 광물의 대규모 소비는 산업혁명과 함께 시작되었다. 1750년대에서 1900대까지 세계 인구는 2배로 증가하였지만 광물 소비는 10배로 늘어났다. 그 이후에 광물자원의 수요는 확대일로를 달리고 있다. 특정한 금속의 소비 증가를 예시하면 믿기 어려울 정도의 높은 증가율을 보이고 있다. 그러나 더 중요한 것은 소비의 불균형이 심화되고 있다는 사실이다. 그런 사회적인 문제를 논하려는 것은 아니며 이렇게 확대되는 자원개발은 자연계에 유지되는 생태계의 미묘한 평형을 깨트릴 수 있다는 점이다. 실제로 이런 문제를 치유할 수 있는 해결책 즉 현대 환경과학의 최종 목표로 곧잘 거론되는 지속가능한 사회를 위한 해결책으로서 자원개발과 관련된 현존하는 모델이 없다는 점이다. 그렇다고 지구 경제에 순환되고 있는 광물자원 재고량을 극대화시키기 위한 자원의 재이용 및 재순환이란 소극적인 대책만으로는 해결책이 될 수 없음은 자명한 사실이다. 그러나 지질학적 시간 단위에서 일어나는 지구의 거대한 순환계를 고려하면 이런 점들은 문제가 되지 않는다. 왜냐하면 이런 것들은 자연계의 순환에 의해 다시 만들어질 수도 있기 때문이다. 그러나 인류 역사 관점에서는 이들 역시 재생 불가능한 자원이기 때문에 문제가 된다.

아주 보잘 것 없는 변화

지구상의 모든 육지의 생명체는 지구의 아주 얇디얇은 겉껍질인 토양에 의존한다고 해도 지나치지 않는다. 토양은 결국 지각을 구성하고 있는 암석의 풍화산물로 정의할 수 있다. 우리는 흔히 이들의 존재를 아주 보잘 것 없는 존재로 인식하기가 쉬어 이들의 가치를 가볍게 여기기 십상이다. 우리 주위에 늘 눈에 띠는 것이 흙이기 때문이다. 때로는 점토광물과 흙을 우리는 거의 동의어 수준으로 사용하는 경우가 종종 있다. 학술적으로는 분명하게 구분되는 정의 임에도 불구하고 말이다. 실제로 흙을 구성하는 대부분의 광물종들은 점토광물들이기 때문에 그런 혼동이 생겼는지도 모르겠다. 암석의 풍화산물로 생성되는 이들 점토광물들은 오늘도 지구 표면에서 일어나는 풍화작용에 의해 아주 느린 속도로 만들어지고 있다. 그 변환속도는 너무 느리기 때문에 우리가 인지하기가 어렵다. 점토광물이 주 구성성분인 흙은 바로 지구의 생명체를 부양하는 환경 즉 인류가 생존하는 환경이기도 하다. 흙을 좀 더 학술적으로 표현하면 토양이라고 부른다. 이를 연구하는 토양학자들의 정의는 "지구 표면을 구성하는 물질로서 식물이 성장할 수 있는 작은 입자로 구성된 부분"으로 정의한다. 그러나 최근 환경론자들은 토양을 "환경 구성 요소의 중심이며, 환경과정의 매체이다"라고 정의한다. 우리가 토양을 보는 눈에 따라 정의가 달라지는데 나는 개인적으로 환경론자들의 정의를 더 선호한다. 우리가 토양이 단순하게 무기물질인 광물질들만의 영역이 아니라 다양한 생명체들이 공존하는 영역이기도 하며 모든 생명체들을 부양하는 모체일 뿐만 아니라 생명체들의 근원이 되는 점을 고려한다면 더 쉽게 공감이 가는 정의가 무엇인지는 다른 설명이 필요하지 않다. 그렇다면 시인의 눈에 비친 흙은 어떨까? 시인 유혜목의 "흙의 하늘"이라는 시의 몇 소절을 인용하기로 하자.

흙은 어머니의 가슴을 품고 있어 푸근하다.
잡초와 장미에게도 같은 가슴을 열고
보리와 엉겅퀴에도 똑같은 젖을 물리는
흙 속에는 하늘의 마음이 들어 있다.

하늘의 마음이 들어있는 게 바로 흙이다. 그러나 이런 시인의 마음을 빌리지 않더라도 흙은 이미 너무 소중한 것이다. 실제로 흙은 인류문명의 토대라는 한 가지 사실만으로도 매우 중요한 대상이다. 사람을 뜻하는 호모(Homo)는 살아 있는 흙을 의미하는 라틴어 후무스(humus)에서 기원된 단어라고 한다. 이는 인간과 흙과의 관계를 나타내는 표현으로 인간에게 흙이 얼마나 소중한 대상임을 나타내는 것이 분명하다. 그러나 흙의 이런 중요함에도 불구하고 그 실체를 가볍게 보아 넘기는 게 이상스럽게 여겨지지 않을 정도가 되었음은 우려할 만한 일이다. 흙이라고 해서 모두가 살아 있는 실체는 아니며 살아 있는 실체일 때 흙의 가치 역시 살아 있으며, 그래서 우리는 흙을 잘 보살펴야만 한다.

토양의 기능을 데이비드 몽고메리(D.R. Montgomery)는 그의 저서에서 "실제로 아직도 우리는 토양 속에 들어 있는 모든 생명체의 실체를 완벽하게 파악하지도 못한 상태이다. 흙과 흙에 사는 생물체들은 깨끗한 물을 제공해주고 있으며, 죽은 물질을 새 생명으로 재순환시키며, 양분이 식물에 전달되도록 하고, 탄소를 저장하며, 쓰레기와 오염물질을 정화시키고, 더 나아가 우리가 먹는 음식 거의 모두를 만들어낸다"고 요약하고 있다.[147] 이처럼 살아 있는 흙은 거의 전지전능한 능력을 가지고 있다. 우리 모두는 이런 사실을 막연하게 알고는 있었지만 이런 생명력을 유지하기 위해 우리가 들인 노력은 실로 미미하기만 하다. 그리고 이를 심각하게 생각하지 않는 사람들도 있다. 인류문명의 발전단계를 아예 토양의 이용단계로 구분한 이도 있다. 에드워드 하임스(Edward S. Hyams, 1910-1975) 같은 이는 인류 문명 초기 상태를 토양 이용단계로는 기생단계(寄生段階)라고 정의하였다. 이 시기 인간은 자연의 한 구성원으로 존재할 뿐이며 자연이 유지하는 평형을 인간들이 깨트릴 수 없는 단계로 보았다. 그러나 인간들의 생활양식이 수렵으로부터 사육으로 나아가 채취로부터 경작으로 바뀌면서 토양의 이용단계로 발전한다는 것이다. 토양 이용단계(利用段階)가 성숙되면 지표환경에 이루어진 자연이 이룩해 놓은 미묘한 평형을 인간들이 파괴하는 단계로 들어간다는 것이다. 인간의 문명이 활발하게 진행되면서 자연이 만들어 놓은 평형에 영향을 미치기 시작하였으며 드디어 그 균형이 무너지면서 토양의 보호단계(保護段階)로 진입한다는 것이다.[156] 토지의 이용단계에서 자연이 이루어 놓은 미묘한 평형이 쉽게 깨진 예는 인류역사를 통하여 수많은 예를 만들어 놓았다. 그런 예는 이미 나우루와 뉴칼레도니아에서의 자원개발이 미친 영향으로도 설명하였다. 그러나 그 시작은 인류의 역사와 함께 시작되었다. 인류 문명의 발상지인 메소포타미아지역에서 관개 경작이 시작되면서 발생한 염해피해는 경작지의 면적을 인구 증가에 역비례하게 급격하게 줄여 놓았다. 거기에 더해 토양 침식을 가속화시켜 단단한 암석 위에 놓여 있던 부드러운 흙의 소실을 초래하였다. 부족한 경작지는 자연스럽게 긴장을 유발하였으며 이를 차지 하기 위한 수단은 전쟁뿐이었다. 물론 다른 원인들도 있었겠지만 메소포타미아 문명의 후반기의 살벌한 전쟁의 역사는 바로 황폐한 토양이 상당히 중요한 원인이 되었음은 부정하기 어려울 것이다.

이는 고대 문명의 발상지에서만 한정되는 이야기는 아니며 지구상의 이곳저곳에 그 결과를 남겨두었다. 토양학자 월터 로더밀크(Walter C. Lowdermilk, 1888-1974)는 로마 고대 도시주변을 둘러보고 경작 결과로 일어난 토양 침식이 일어나 표면의 흙이 사라진 점을 예리하게 지적하였다. 기원전 나바테아 문명의 수도였던 페트라지역의 토양침식이나 로마시대 그 지역의 중심도시였던 안티오크도 그런 곳 중의 하나였다. 사도 바울이 복음을 전도하던 시절 안티오크는 가장 크고 부유했던 마을이었다. 1900년대에 들어서는 주변지역의 토양침식에 의해 그 시절의 유적들을 고고학자들이 발견하려면 십여 미터를 파내려가야만 발견하는 지경에 이르렀다. 이것은 바로 그 도시 주변의 비옥한 토양이 사라져 낮은 계곡 쪽에 퇴적되었음을 의미한다.[157] 오래전에 표토에서 토양이 사라진 이 지역은 한때 이지역의 곡창이었으며, 양질의 올리브기름 산출지로 이름난 지역이었다. 그러나 황폐화된 이 주변지역은 들어난 암반 사이를 겨우 지키고 있는 토양 위에 자라난 관목이나 군데군데 자라는 곳으로 변했으며, 오늘날 소수의 사람들이 유목으로 생계를 유지할 수 있는 마을로 전락해 버렸다. 로더밀크의 말대로 이 지역은 풍요로운 곡창으로부터 인류의 역사시대 이후 만들어진 사막의 헐벗은 바위 비탈 위에 로마시대 건축된 석조 뼈대만이 황량하게 높이 솟아 있는 유적지로 변해버렸다. 이는 수많은 예 중의 단 한 가지에 불과하다. 팔레스타인지역이 성서 시대에는 풍요로운 땅이었음이 기록으로 잘 나타난다. 모세가 이스라엘 사람들을 이끌고 가나안에 들어갈 때 그곳의 모습은 성경에도 기록으로 남겨져 있다.

"네 하나님 여호와께서 너를 아름다운 땅에 이르게 하시니 그곳은 골짜기에서든지 산지에서든지 시내와 분천과 샘이 흐르고, 밀과 보리의 소산지요 포도와 무화과와 석류와 감람나무와 꿀의 소산지라(신명기 8:7–8)"

그러나 그 땅은 이미 다른 이들이 차지하고 있었다. 그러나 그 주변의 산지 역시 삼림으로 덮여 있었다. 새로 도착한 이들은 주변 산지에서 벌목을 하고 개간하여 계단식으로 영농을 시작하였다. 한동안 계단식 영농은 표면의 흙을 잡아두는 듯 보였으나 영농과 과다한 방목은 초지를 훼손시키고 드디어 흙이 사라지기 시작하였다. 그 속도는 매우 빠르게 진행되었다. 오늘날 이 지역을 둘러보면 그 황폐함은 달리 설명할 필요조차 없다. 그러나 이런 사실은 이미 오래전 지질학의 뼈대를 세운 제임스 허턴이 1795년에 쓴 『지구 이론』에서 밝힌 사실이기도 하다. 그는 "(전략) 투명하기만 한 시냇물도 홍수 때는 흙탕물로 변하고 만다. 따라서 흐르는 물이 있는 한 산이 침식되는 큰 원인은 결코 멈추지 않는다"라고 기술하고 있다. 이미 허턴은 오랜 지질학적 시간을 통하여 지표면에서 침식작용이 진행되고 있음을 확신하고 있음을 보여주는 대목이다.[9] 우리가 간과해 왔던 아주 사소한 그리고 보잘 것 없던 변화가 아주 짧은 지질시대를 통하여 만든 결과이다.

인간의 활동이 토양을 황폐화시킨 예는 아주 많이 있다. 20세기에 접어들면서도 그런 일은 일어났다. 미국의 대평원은 원래 초지가 잘 발달되어 있었다. 작은 강수량이지만 그곳에 발달한 초지는 수분의 증발을 막아주어 넓은 지역이 평화롭게 보이는 그런 지역이었다. 미국에서 서부로의 이동이 가속화되면서 이런 넓은 초지를 발견한 이들은 그 땅이 천혜의 농지임을 얼른 알아보았다. 그러나 그들은 그곳의 자연계의 평형이 가까스로 유지되고 있다는 점을 간과하고 있었던 점이 비극으로 연결되는 시발점이었다. 얇게 자란 초지를 뒤엎어 놓기만 하면 경작지로 변하는 그곳은 이주민들에 의해 곧바로 결코 그곳에 적당한 방법이 아닌 유럽식의 영농이 행해지는 농경지로 전환되었다. 그곳은 이주민들이 강제로 원주민들의 땅을 차지하기 이전까지는 인디언의 영토가 대부분인 곳이 오클라호마였다. 원주민들이 그 땅을 다루던 방식은 그곳에 유지되고 있던 자연의 평형을 건드리지 않았다. 그러나 개척민들이 도입한 대규모 영농으로 속살을 드러낸 지역은 전과는 달라도 많이 달라져 있었다. 수년간 가뭄이 오자 가까스로 수분을 보호해주고, 땅 속 깊숙이 뿌리가 발달하여 토양을 잡아주던 초지가 사라진 경작지는 이제 더 이상 안전한 곳은 아니었으며, 1930년과 1936년 사이에 바람에 의한 침식이 가속화되어 황폐화되었다. 결과는 참담함 자체였다. 불과 한 세대 만에 천혜의 땅으로 여겨지던 이 초원지역은 아무것에도 쓸모없는 땅으로 변해 버린 것이다. 바람이 만든 먼지 폭풍은 대단하였다. 최악의 것은 1934년 4월 14일에 일어났다. 이 때 일어난 먼지 폭풍은 하늘을 가려 어둠을 만들었고 휩쓸고 온 흙먼지는 수 미터 이상으로 쌓였다. 이어서 발생한 먼지 폭풍들 역시 만만치 않았으며 이들 먼지는 동부 해안까지 도착하여 쌓이는 정도였다. 그런 먼지 폭풍에 의해 황폐화된 지역을 우리는 "더스트 보울, Dust Bowl"이라고 부른다. 토양의 비옥한 겉껍질은 사라져 버렸으며 영양가 없는 모래와 흙먼지로 뒤덮인 사막처럼 변해 버렸다. 그 면적은 텍사스와 오클라호마 그리고 인접한 캔사스 및 뉴멕시코 등을 포함하여 거의 400,000km^{2}에 이르는 광대한 면적에 영향을 주었다. 가까스로 정착지를 찾았다고 안주한 많은 이들은 또 다시 이주민으로 전락하는 사태가 왔다.[158] 이런 이주민들의 고달픈 생활을 소설화한 것이 바로 존 스타인백(John Steinbeck, 1902-1968)의 『분노의 포도』이다. 먼지 폭풍을 일으켜 대초원을 사막으로 만든 원인은 누가보아도 간단하였다. 미국의 저술가이자 시인인 아치발드 매클리시(Archibald MacLeish, 1892-1982)는 그의 글 "초지"에서 다음과 같이 지적하였다.

먼지폭풍의 의미는 이것이 초원을 살해했다는 점에 있다. 땅 위의 장관이기도 한 회오리바람. 그러나 서부의 밀밭을 빨아들인 이 회오리바람은 말 그대로 유령이었다. 바람에 의한 토양 침식은 땅이 병든 것이 아니라 땅을 붙들어 두는 식생들이 병든 것에서 비롯되었다. 대평원에서 주된 식생은 초원이다.

이 짧은 문장 속에 먼지의 주원인이 바로 인간들이 영농을 위해 파괴한 초원이라는 점을 분명하게 밝히고 있다. 초원의 초지를 보전하지 않고 영농을 위해 속살을 드러 내놓은 게 화근이었다는 점은 공통된 의견이다.[159] 인간의 작은 간섭이 만든 큰 재앙이었다.

암석들이 풍화되면서 흙으로 변화되는 속도보다는 침식되는 속도가 빠르면 그것은 큰 문제이다. 그것은 바로 그 토대 위에 이룩한 문명의 종말을 말한다. 이미 말했듯이 인간이 토지를 이용하는 순간부터 자연계에 이루어진 미묘한 평형은 영향을 주었으며, 그 결과로 어느 지역에서는 아주 빠른 토양의 손실을 가져왔다. 흙의 침식에 의한 고대 문명사회를 와해시킨 주범이었으며 오늘날에도 이런 결과는 세계적인 재앙으로 거듭되고 있음에도 우리는 그저 남의 일로만 취급하려는 편한 자세에서 탈출하지 못하고 있다. 세계적으로 농경지에서 일어나는 토양침식은 연간 헥타르당 10에서 100톤에 이른다고 한다. 농경 시대 이후 토양 침식은 전 세계 잠재 농경지의 많은 부분이 침식되었다고 한다. 1995년의 한 보고서는 전 세계적으로 침식과 토질 저하로 손실되는 토양의 양은 1천200만 헥타르에 이른다고 한다.[160] 해마다 사라지는 경작지의 면적으론 전체 경작지의 1%에 가까운 것이다. 이는 세계 인구가 증가하는 하는 것을 고려할 때 지속가능한 미래를 위한 제일 큰 장해 중의 하나임이 분명하다. 이제는 현대 문명이 석유보다 흙을 먼저 다 써버릴지도 모른다는 레스터 브라운(Lester Brown)의 불안한 경고를[161] 한 귀로 흘려보내기에는 어려운 시점에 이른 것 같다.

이미 누구나 다 알고 있듯이 우리는 지금 토양 즉 흙의 보호단계 시점에 살고 있다. 인류문명의 번영과 쇠락은 인류의 창조적인 정신구조와 타고난 지성에 의해서만 결정되는 것은 아니었으며 토지의 질과 밀접한 관련이 있음을 우리는 역사를 통하여 알고 있다. 땅을 조금만 파 들어가면 금방 단단한 암석들이 나온다. 우리가 파 볼 필요도 없이 새로운 도로를 건설하기 위해 파 헤쳐진 절개지 단면을 보면 암석 위에 놓여 있는 토양이 얼마나 얇은 두께로 있는지 금방 알 수 있다. 이 거대한 지구의 표면을 살짝 덮고 있는 토양은 어디에서나 깊이가 그리 깊지 않다. 그런 토양이 바로 인류를 지탱시켜주고 있는 식량자원의 생산자로서 인간과는 뗄 수 없는 불가분의 관계를 유지하고 있다. 그런 중요한 토양의 실체를 정확하게 파악하도록 만든 것도 지구과학의 발전에 따라 그들의 실체를 파악할 수 있는 연구방법이 알려지고 난 이후였다. 자연이 만든 변화이외에도 인간의 활동 역시 지구 진화의 한 요인이 되고 있다는 게 확인되고 있다.

에 필 로 그

이제 긴 지구의 진화과정을 마무리하기로 하자. 지구의 역사는 고체 지구를 구성하는 암석 속에 숨겨져 있다. 그 내용을 고스란히 간직하고 있는 것 즉 지구의 역사를 기록한 문자는 바로 암석을 구성하고 있는 광물들이며, 역사를 더 소상하게 설명하기 위해 들어 있는 삽화는 화석이다. 이정도의 자료라면 훈련된 지질학자들에 의해 지구의 과거 역사를 밝히는데 충분한 자료는 준비된 셈이다. 그러나 그 기록은 온전히 시대별로 다 보전된 것은 아니었으며 군데군데 훼손되거나 빠져 있었다. 그런 틈은 지구 역사의 완전한 해석을 어렵게 하는 부분이다. 그러나 앞뒤 문맥을 통하여 빠져 있는 곳까지도 불완전하지만 해석하는 경지에 이르렀다. 이 정도가 지구의 역사를 이해하는 과정을 개관한 것으로 볼 수 있다. 지구 역사의 가장 기본적인 정보를 주는 문자격인 광물들은 여러 가지 지질작용을 통하여 만들어진다. 만들어지는 과정이나 환경이 서로 다르기 때문에 그들로부터 지구 진화에 대한 정보를 구할 수 있다. 이들 광물들은 지표를 이루고 있는 여러 가지 암석들, 즉 화성암은 물론 퇴적암과 변성암 속에 제 각기 다른 비율로 골고루 들어 있다. 지구에서 산출되는 3,700여 종의 많은 광물들은 각기 다른 화학조성과 결정구조 그리고 다른 기능을 가지고 있다는 것은 자연의 신비이다. 광물의 종류가 3,700여 종이 된다고 해도 그게 실제로 그리 놀랄 만큼 많은 것은 아니다. 생물종의 수에 비교하면 차라리 초라한 수준이다. 자연 생물계에서 날아다니는 곤충의 종수만 해도 이 광물종의 몇 배를 넘어선다. 생물체를 구성하는 유기 탄소화합물들은 무기화합물에 비교해서 거의 무한히 많은 조합이 가능하다. 거기다가 유전자의 조합이 무기원소들이 만드는 조합보다는 훨씬 더 세련되고 다양한 조합을 통하여 종의 수를 부풀리기 때문이다.

지구역사를 기록하고 있는 문자와 같은 광물들은 무기화합물이다. 우리가 알고 있는 무기화합물을 구성하는 원소들의 종류는 100여 가지에 불과하다. 그러나 우리가 접하고 있는 지구의 껍질 즉 지각을 구성하는 8가지 원소들인 O, Si, Al, Fe, Ca, Na, K 및 Mg이 90% 이상을 차지하고 있다. 이런 원소들은 과학자가 아니더라도 매우 친숙한 원소들이다. 지구의 껍질에서 산소는 실제로 가장 많은 원소로 무게 백분율로는 전체의 46.60%를 차지하지만, 부피 백분율로는 산소의 원자 반경이 다른 원소들보다 훨씬 크기 때문에 산소는 지각 전체의 94%를 차지한다. 그래서 쉽게 생각하면 지각은 산소의 바다라고 생각해도 된다. 산소의 바다라면 지각을 구성하는 물질은 왜 이처럼 단단한 물질로 되어 있는가 하는 의구심이 생길 것이다. 그러나 이들 산소는 기체 상태로 존재하는 게 아니라 산소 원소가 다른 금속 원소들과 화학결합을 하여 결정질 물질인 광물로 만들어져 단단한 무기물질이 된다. 그래서 지각은 단단한 껍질을 이루고 있는 것이다. 따라서 지구에서 발견되는 가장 많은 광물들은 규소와 알루미늄 그리고 산소가 결합된 규산염광물에 해당된다. 이들은 종류가 많기 때문에 규소와 산소가 결합하여 만든 규소-사면체(한 개의 규소가 네 개의 산소와 결합하여 만든 사면체)가 어떤 식으로 결합되는지에 따라 여러 가지로 구분된다. 지각에 존재하는 광물들의 내부에서 이들이 결합되는 형식은 전적으로 지구 내부에서 과거부터 현재까지 진행되고 있는 다양한 지질작용에 의해 결정된다. 그래서 지구 속에 들어 있는 역사의 일부를 우리가 파악할 수 있는 것이다. 광물을 생성시키는 지질작용은 실로 다양하다. 어떤 곳에서는 마그마가 만들어진 후 이들이 냉각되면서 광물을 생성시키기도 하며, 이미 만들어진 광물들이 지구 표면에서 일어나는 풍화작용의 과정에서 다른 광물로 변화되기도 한다. 그러나 광물 중 일부는 지하 심부 맨틀에서 만들어진 광물들이 지각으로 올라오기도 하는데, 지하 심부인 맨틀로부터 올라온 물질들은 지각의 새로운 환경(온도와 압력 조건)에 적응할 수 있는 새로운 다른 광물로 변화되기도 한다. 또 어떤 광물들은 바다나 호수의 증발작용의 결과로 만들어지기도 한다. 이런 과정들은 우리 주변에서 지구가 만들어진 이후 46억 년 전 기간을 통하여 늘 일어나고 있는 일이기도 하다. 그런 역사를 내포하고 있는 광물들이야말로 진정 지구의 역사를 알려주는 가장 기본적인 단위인 것이다.

작은 규모였기 때문에 지질학자들도 미처 파악하지 못한 암석이나 광물 속에 들어 있던 지구 역사의 숨은 진실들조차도 새롭게 개발되는 최신 연구기법으로 확인되는 세계에서는 더 이상 숨을 곳이 없게 되었다. 결국 거대한 지구의 변화를 이끈 것은 고체 지구를 구성하고 있는 작은 구성물질의 사소한 변화로부터 시작되었고, 그 변화의 과정은 광물들 속에 고스란히 기록되어 있었다. 광물들의 이해가 커지면서 그 속에 숨겨져 있던 지구의 역사가 한 조각씩 드러나기 시작했다. 그렇게 파악된 실체들은 모자이크의 한 조각처럼 특별한 의미가 없었던 자료들처럼 여겨지기도 했지만 모여든 조각들이 많아지면서 완성되어 가는 그림은 실제로 과거 깊은 시간이라고 밖에 표현할 수 없었던 46억 년의 장구한 기간 동안 일어난 지구의 진화를 차례로 밝혀주는 중요한 자료가 되었다. 모든 결론은 자연으로부터 또는 많은 과학자들의 실험실로부터 나왔다. 프랑스의 위대한 화학자 라부아지에(Antonie Lavoisier, 1743-1794)는 일찍이

> "우리는 사실에 의존해야한다. 사실이란 자연이 준 것이라서 속이지 않기 때문이다. 우리는 어떠한 경우라도 실험결과에 따라 판단해야 한다. 진리를 찾으려고 하지 말고 실험과 관찰이 주는 자연적인 길을 찾아야 한다"

고 말했다. 그의 말을 빌리지 않더라도 실험결과로 확인된 사실로 자연현상을 해석하는 것은 지구 역사를 밝히는 중요한 토대가 되었다.

현대 과학이 비약적인 발전을 거듭하고는 있지만 아직도 우리는 돌 속에 숨어 있는 진실을 완전하게 파악한 것은 아니다. 지구의 진화과정을 완벽하게 이해하기는 어려울지도 모른다. 그러나 지질학자들의 집념에 가까운 노력의 결과로 의혹은 점점 줄어들고 있다. 이런 정도의 지구 진화에 대한 이해도 현대 과학의 진보와 더불어 얻은 큰 성취임이 분명하다. 그러나 동적인 지구는 시간이 경과되면서 끊임없이 그 모습을 스스로 바꾸기를 멈추지 않는다. 지구 내부의 에너지는 맨틀을 움직이고 그 위의 지각들은 과거에는 아무도 믿지 않았던 마치 대양의 범선들처럼 떠돌게 만든다. 지구의

표면은 물과 바람 그리고 암석과의 상호작용에 의해 오늘도 아주 느린 속도로 변화는 진행되고 있다. 언제나 그러하듯이 지구에서 일어나고 있는 지질학적 작용이란 그 속도가 우리 인간이 느끼기에는 너무 느린 속도로 진행되고 있기 때문에 그 변화를 심각하게 인지하지 못하며 아주 보잘 것 없는 변화로 간과해버리기 쉽다. 지구 진화의 극적인 변화는 바로 그런 우리가 인지하기도 어려운 보잘 것 없는 변화가 누적된 결과임을 상기하면 가볍게 보아 넘길 지질학적 작용이란 없다는 점을 깨닫게 된다. 그런 변화는 아무도 그 경로를 마음대로 바꿀 수 있는 그런 것은 아니며, 지구 자체가 스스로 작동하는 기작이 정한 방향으로 움직이고 있다. 그러나 최근 전 지구적 규모를 고려하면 아주 작은 부분이기는 하지만 인간의 간여가 지구의 변화 속도에 영향을 주는 사례가 알려지면서 우려의 목소리가 나오고 있다. 지구의 긴 역사가 보여준 것처럼 지구 환경의 변화는 앞으로도 계속될 것이며, 그 위에 서식하고 있는 생명체들도 환경변화에 따른 적응기작을 갖는 종으로의 진화 역시 계속될 것이다. 그것은 지구의 46억 년의 진화에서 확인된 경로이기도 하다. 우리가 미처 인지하기도 어려운 아주 보잘 것 없는 느린 변화는 다음 지질시대 지구의 모습을 아마도 전혀 다른 모습으로 바꿀 것이다.

참고문헌

1 카린카 리더보스 (책임편집) (김희봉 역) (2009) 시간을 읽어내는 여덟 가지 시선 · 성균관대학교 출판부.

2 Brown, Peter (1967) Augustine of Hippo. Berkeley: University of California Press.

3 류경희 (2003) 힌두신화의 계보. 살림.

4 Duncan, D. E. (1999). Calendar: Humanity's Epic Struggle To Determine A True And Accurate Year. Harper Perennial.

5 Dolnick, Edward (2002). Down the Great Unknown : John Wesley Powell's 1869 Journey of Discovery and Tragedy Through the Grand Canyon. Harper Perennial.

6 Stegner, Page (1994). Grand Canyon, The Great Abyss. HarperCollins.

7 Beus, Stanely S.; Morales, Michael, eds (2003). Grand Canyon Geology (2nd ed.). New York, Oxford: Oxford University Press.

8 빌 브라이슨 (이덕환 역) (2003) 거의 모든 것의 역사. 까치글방.

9 Repcheck, Jack (2003) The Man Who Found Time: James Hutton and the Discovery of the Earth's Antiquity. London and Cambridge, Massachusetts: Simon & Schuster.

10 Scheppler, Bill (2006), Al-Biruni: Master Astronomer and Muslim Scholar of the Eleventh Century, The Rosen Publishing Group.

11 Munim M. Al-Rawi, Salim Al-Hassani, Salah Zaimeche and Ahmed Salem (November 2002). "The Contribution of Ibn Sina (Avicenna) to the development of Earth sciences" (PDF). FSTC. http://www.muslimheritage.com/uploads/ibnsina.pdf. Retrieved 2011-02-09.

12 Stephen Baxter (2004) Ages in Chaos: James Hutton and the Discovery of Deep Time. New York: Tor Books.

13 Young, Davis A. (2003) Mind Over Magma: The Story of Igneous Petrology. Princeton and Oxford, Princeton University Press. Scientific Biography, v.6. New York, Charles Scribner's Sons.

14 Bailey, E.B. (1967) James Hutton: the founder of modern geology, Amsterdam,

Elsevier Publishing Company.

15 Bailey, Edward 1962. Charles Lyell. Nelson, London.

16 Stephen Jay Gould (1999) Lyell's Pillars of wisdom. Natural History.

17 Stephen Jay Gould (1998) Leonardo's Mountain of Clams and the Diet of Worms. Turbo, Inc.

18 Drake, E.R. (1996) Restless Genius: Robert Hooke and His Early Thoughts. New York, Oxford University Press.

19 W. Patrick McCray (1998) Prehistory and History of Glassmaking Technology, American Ceramic Society.

20 리차드 바이스(김옥수 역) (1999) 빛의 역사. 끌리오.

21 Bennett, Jim, Michael Cooper, Michael Hunter, Lisa Jardine (2003). London's Leonardo: The Life and Work of Robert Hooke. Oxford University Press.

22 Simon Winchester (2001) The Map That Changed the World: William Smith and the Birth of Modern Geology, New York: Harper Collins,

23 Higham, Norman (1963) A very Scientific Gentleman: the Major Achievements of Henry Clifton Sorby. Oxford; Pergamon.

24 Bates, Marston (1950) The Nature of Natural History. New York: Charles Scribner's Sons.

25 Patterson, C. (1956) Age of meteorites and the Earth. Geochimica et Cosmochimica Acta, 10: 230–237.

26 James G. Ogg, Gabi Ogg and Felix M. Gradstein (2008) The Concise Geologic Time Scale. Cambridge University Press.

27 다나 맥켄지 (마도경 역) (2006) 대충돌: 달 탄생의 비밀. 이지북.

28 Wilde S.A., Valley J.W., Peck W.H. and Graham C.M. (2001) Evidence from detrital zircons for the existence of continental crust and oceans on the Earth 4.4 Gyr ago. Nature, 409 : 175–178.

29 Sleep, N.H., K. Zahnle, and P.S. Neuhoff (2001) Initiation of clement surface conditions on the earliest Earth. Proceedings of the National Academy of Sciences, 98 (7): 3666–3672.

30 Abe, Y. (1993) Physical state of the very early Earth. Lithos, 30: 223–235.

31 Daniele L. Pinti (2005) 3. The Origin and Evolution of the Ocean. In: M. Gargaud et

al.(Eds.), Lectures in Astrobiology, Springer-Verlag Berlin Heidelberg, Vol. I, pp.83-112.

32 Dalrymple, G. Brent (2001) The age of the Earth in the twentieth century: a problem solved. Special Publications, Geological Society of London, 190: 205-221.

33 Natland, James H. (2006). Reginald Aldworth Daly (1871-1957): Eclectic Theoretician of the Earth. GSA Today16 (2).

34 Hartmann, W. K., Davis, D. R. (1975) Satellite-sized planetesimals and lunar origin. Icarus, 24: 504-514.

35 Don Wilhelms (1993) To a Rocky Moon: A Geologist's History of Lunar Exploration. Tucson, University Arizona Press.

36 Alex N. Halliday (2000) Terrestrial accretion rates and the origin of the Moon. Earth and Planetary Science Letters, 176: 17-30.

37 McCulloch, M.T. and Bennett, V.C. (1994) Progressive growth of the Earth's continental crust and depleted mantle; Geochemical constraints. Geochimica et Cosmochimica Acta, 58: 4718-4738.

38 Bowring, S.A., and Williams, I.S. (1999) Priscoan (4.00-4.03 Ga) orthogneisses from northwestern Canada. Contributions to Mineralogy and Petrology, 134: 3-16.

39 Jonathan O'Neil; Richard W. Carlson, Don Francis, Ross K. Stevenson (2008) Neodymium-142 Evidence for Hadean Mafic Crust. Science Magazine, 321: 1828-1831.

40 Glikson, A. and Vickers, J. (2006) The 3.26-3.24 Ga Barberton asteroid impact cluster: Tests of tectonic and magmatic consequences, Pilbara Craton, Western Australia, Earth and Planetary Science Letters, 241(1-2): 11-20.

41 Allwood, Abigail; Grotzinger, Knoll, Burch, Anderson, Coleman, and Kanik (2009). Controls on development and diversity of Early Archean stromatolites. Proceedings of the National Academy of Sciences.

42 Schopf J., Packer B. (1987) Early Archean (3.3-billion to 3.5-billion-year-old) microfossils from Warrawoona Group, Australia, Science, 3(237) : 70-73.

43 Brasier MD, Green OR, Jephcoat AP, Kleppe AK, Van Kranendonk MJ, Lindsay JF, Steele A, Grassineau NV. (2002) Questioning the evidence for Earth' s oldest fossils. Nature. 416(6876):76-81.

44 리차드 도킨스(이용철 역) (2004) 눈먼 시계공. 사이언스북스.

45 앤드류 H. 놀 (김명주 역) (2003) 생명 최초의 30억년. 뿌리와 이파리.

46 Cairns-Smith. A.G.(1985) Seven Clues to the Origin of Life. Cambridge University Press.

47 Cloud, P. (1973) Paleoecological Significance of the Banded Iron-Formation. Economic Geology, 68: 1135-1143.

48 Klein, Cornelis (2005) Some Precambrian banded iron-formations (BIFs) from around the world: Their age, geologic setting, mineralogy, metamorphism, geochemistry, and origins, American Mineralogist, 90(10); 1473-1499.

49 Robb, Laurence (2005) Introduction to Ore Forming Processes, Blackwell Publishing Company.

50 Kirschvink, J.L. (1992). "Late Proterozoic low-latitude global glaciation: The snowball Earth". in Schopf, JW, and Klein, C. The Proterozoic Biosphere: A Multidisciplinary Study. Cambridge University Press, Cambridge. pp.51-2.

51 Hoffman, P.F., Kaufman, A.J., Halverson, G.P., and Schrag, D.P. (1998) A Neoproterozoic Snowball Earth, Science, 281(5381): 1342-1346.

52 Sprigg, R.C. (1947) Early Cambrian "jellyfishes" of Ediacara, South Australia and Mount John, Kimberly District, Western Australia. Transactions of the Royal Society of South Australia, 73: 72-99.

53 리차드 포티 (이한음 역) (2007) 생명 40억년의 비밀. 까치.

54 스티븐 제이굴드 (김동광 역) (2004) 생명, 그 경이로움에 대하여. 경문사.

55 리처드 포티(이한음 역) (2007) 삼엽충. 뿌리와 이파리.

56 Secord, James A. (1986) Controversy in Victorian Geology: The Cambrian-Silurian Dispute. Princeton University Press.

57 더그 매두걸 (조혜진 역) (2005) 우리는 지금 빙하기에 살고 있다. 도서출판 말글빛냄.

58 Bowen, James; Bowen, Margarita (2002). The Great Barrier Reef : history, science, heritage. Cambridge : Cambridge University Press.

59 찰스 다윈 (장순근 역) (1993) 찰스 다윈의 비글호 항해기. 전파과학사.

60 Charles Darwin (1962) The structure and Distribution of Coral Reefs. Berkeley University of California Press.

61 Smith, S.V. (1978) Coral-Reef area and the contributions of Reefs to processes and

resources of the world's oceans. Nature, May 18.
62 Smith, S.V. and R.W. Buddemeier (1992) Global change and Coral reef ecosystems. Annual review of Ecology and Systemetics, 23: 89−118.
63 Rogers, J.J.W. (1996) A history of continents in the past three billion years. Journal of Geology, 104 : 91−107.
64 Windley, B.F. (1995) The Evolving Continents. Wiley.
65 Daeschler, E. B., Shubin, N. H. and Jenkins, F. A. (2006) A Devonian tetrapod−like fish and the evolution of the tetrapod body plan, Nature, 440 (7085): 757−763.
66 L. T. C. Rolt and J. S. Allen (1997) The Steam Engine of Thomas Newcomen, Landmark Publishing, Ashbourne.
67 Baldwin, Neal (1995) Edison: Inventing the Century. Hyperion.
68 Paul Roberts (2004) The End of Oil: On the Edge of a perilous New World. Houghton Mifflin Company.
69 Officer, Charles, and Jake Page (1993) Tales of the Earth: Paroxysms and Perturbations of the Blue Planet. Oxford University Press.
70 Dudley, Robert. (1998) Atmospheric Oxygen, Giant Paleozoic Insects and the Evolution of Aerial Locomotor Performance. Journal of Experimental Biology, 201 : 1043−1050.
71 Wicander, Reed and Monroe, James S. (2004) Historical Geology. Thomson Books.
72 Benton M J (2005). When Life Nearly Died: The Greatest Mass Extinction of All Time. Thames &Hudson.
73 Teichert, C. (1990) The Permian−Triassic boundary revisited. In: Auffman, E.G. and Walliser, O.H. (eds) Extinction Events in Earth History. pp.199−238. Berlin, Springer Verlag.
74 Jin, Y.G., Wang, Y., Wang, W., Shang, Q.H., Cao, C.Q. and Erwin, D.H. (2000) Pattern of marine mass extinction near the Permian−Triassic boundary in south China. Science, 289: 432−436.
75 Campbell, I.H., Czamanske, G.K., Fedorenko, V.A., Hill, R.I. and Stepanov, V. (1992) Synchronism of the Siberiann Traps and the Permian−Triassic boundary. Science, 258: 1760−1763.
76 Ian Plimer (2001) A Short History of Planet Earth. ABC Books.
77 알프레드 베게너 (김인수 역) (2010) 대륙과 해양의 기원. 나남.

78 Oreskes, Naomi (ed) (2003). Plate Tectonics: An Insider's History of the Modern Theory of the Earth. Westview.

79 이융남 (2004) 공룡 이야기. 한국지질자원연구원.

80 크리스토퍼 맥고원 (이양준 역) (2005) 공룡: 관절과 뼈로 알아보는 공룡의 진실. 이지북.

81 Alexander, R.M. (1976) Estimates of speeds of dinosaurus. Nature, 261 :129-130.

82 Chiappe L.M., Witme L.M. (2002) Mesozoic birds: above the heads of dinosaurs. University of California Press.

83 Alvarez, L.W., Alvarez, W., Asaro, F, and Michel, H.V. (1980) Extraterrestrial cause for the Cretaceous-Tertiary extinction. Science 208 (4448): 1095-1108.

84 Raup, D.M. (1986) The Nemesis Affairs, New York, Norton.

85 Raup, D. M., and Sepkowski, J. J., 1984, Periodicity of extinctions in the geologic past. Proc. Nat. Acad. Sci. 81(3): 801-805.

86 Chao, E. C. T., Shoemaker, E. M. and Madsen, B. M. (1960) First Natural Occurrence of Coesite. Science, 132 (3421): 220-222.

87 게릿 S. 버슈 (백상현 역) (2004) 대충돌: 혜성과 소행성의 위험. 영림 카디널.

88 Hildebrand, A.R., Penfield, G.T., Kring, D.A., Pilkington, M., Zanoguera, A.C., Jacobsen, S.B., and Boynton, W.V. (1991) Chicxulub Crater; a possible Cretaceous/Tertiary boundary impact crater on the Yucatan Peninsula, Mexico. Geology, 19 (9): 867-871.

89 James C. Watson (2009) A Popular Treatise on Comets: -1861. Cornell University Press.

90 Chapman, C.R. and D. Morrison (1994) Impact on the Earth by Asteroids and Comets: Assessing the Hazard. Nature, 367: 33-36.

91 Stanley, Steven (1981), The New Evolutionary Timetable: Fossils, Genes, and the Origin of Species. New York, Basic Books.

92 Brodkorb, P. (1963) A giant flightless bird from the Pleistocene of Florida. Auk 80(2): 111-115.

93 MacFadden, Bruce J (1999) Fossil Horses: Systematics, Paleobiology, and Evolution of the Family Equidae. Cambridge & New York: Cambridge University Press.

94 Janet Browne, 2003. Charles Darwin: Voyaging. Pimlico.

95 Charles Darwin (Introduction by Janet Browne and Michael Neve) (1989) The Voyage of the Beagle: Charles Darwin's Journal of Researches. New York, Penguin Books.

96 마이클 셔머 (김희봉 역) (2005) 과학의 변경지대. 사이언스북스.

97 찰스 다윈 (홍성표 역) (1988) 종의 기원. 홍신문화사.

98 Stephen Jay Gould, The Panda's Thumb: More Reflections in Natural History. W.W. Norton & Company, Inc.

99 리차드 도킨스 (이한음 역) (2007) 만들어진 신. 김영사.

100 Stewart, Paul D., Godfrey Merlen, Patrick Morris, Andrew Murray, Joe Stevens and Richard Wollocombe (2006). Galápagos: the islands that changed the world. Yale University Press.

101 Heyerdahl, Thor and Skjolsvold, Arne (1956). Archaeological Evidence of Pre-Spanish Visits to the Galápagos Islands, Memoirs 12, Society for American Archaeology.

102 Jackson, Michael Hume (1993). Galápagos, a natural history. University of Calgary Press.

103 White, W.M. (1997) A brief introduction to the geology of the Galapagos. http://www.geo.cornell.edu/geology/Galapagos.html.

104 신문수 (1995) 허만 벨빌: 탈색된 진실의 추구자. 건국대학교 출판부.

105 William R. Corliss (1975) Mysteries Beneath the Sea. Apollo Editions.

106 Le Grand, H. E. (1988). Drifting Continents and Shifting Theories. Cambridge University.

107 사이먼 윈체스터(임재석 역) (2005) 크라카토아. 사이언스 북스.

108 Kuhn, T (1962) The Structure of Scientific Revolution. University of Chicago Press.

109 Lewis, C.L.E. (2000) The Dating Game. Cambridge University Press.

110 Morgan, W. J. (1971) Convection plumes in the lower mantle. Nature, 230: 42-43.

111 Foulger, G.R. (2010) Plates vs. Plumes: A Geological Controversy. Wiley-Blackwell.

112 Courtillot, V.; Davaillie, A.; Besse, J.; Stock, J. (2003) Three distinct types of hotspots in the Earth's mantle. Earth Sci. Planet. Lett. 205: 295-308.

113 Wilson, J. Tuzo (1965) A new Class of Faults and their Bearing on Continental Drift. Nature, 207(4995): 343-347.

114 H. H. Hess (1962) History of Ocean Basins. In: Petrologic studies: a volume in honor of A. F. Buddington. A. E. J. Engel, Harold L. James, and B. F. Leonard, editors. Geological Society of America, pp. 599–620.

115 Vine, Frederick J., Drummond H. Matthews (1963) Magnetic Anomalies over Oceanic Ridges. Nature, 199: 947–949.

116 Wilson, J. Tuzo (1963) Evidence from Islands on the Spreading of Ocean Floors. Nature, 197 (4867): 536–538.

117 de Boer, J.Z. and Sanders, D.T. (2005) Earthquakes in Human History, Princeton University press.

118 Stoffer, Philip W. (2006) Where's the San Andreas fault? A guidebook to tracing the fault on public lands in the San Francisco Bay region. USGS. General Interest Publication 16.

119 Sharp, Warren D., Clague, David A. (2006) 50–Ma initiation of Hawaiian–Emperor bend records major change in Pacific Plate motion. Science, 313 (5791): 1281–1284.

120 Gordon A. Macdonald (1972) Volcanoes. Prentice–Hall INC.

121 "Lo ihi Seamount Hawai i's Youngest Submarine Volcano". Hawaiian Volcano Observatory. United States Geological Survey. http://hvo.wr.usgs.gov/volcanoes/loihi/. Retrieved 2011–08–16.

122 DeVantier, L.M. (1992). Rafting of tropical marine organisms on buoyant coralla. Marine Ecology Progress Series, 86: 301–302.

123 "New Island and Pumice Raft in the Tongas". NASA Earth Observatory. National Aeronautics and Space Administration. 16 November 2006. http://earthobservatory.nasa.gov/Natural Hazards/view.php?id=17605. Retrieved 2011–08–17.

124 Adolf Knop (1948) The Geosyncline Theory. Bulletin of the Geological Society of America. 59: 649–670.(PDF File: http://gsabulletin.gsapubs.org/content/59/7/649.full. pdf)

125 Bandar D. Al–Anazi (2007) What you know about the Gawar oil field, Saudi Arabia? CSEG RECORDER April 2007, pp.40–43.

126 Stampfli, Gerard M. (2001) Geology of the Western Swiss Alps. a guide–book. Memories de geologie, Lausanne, No.36.

127 리차드 포티(이한음 역) (2004) 살아있는 지구의 역사. 까치글방.

128 Beat P. Truffler (1998) The History of the Matterhorn: First Ascents, Projects and Adventures, 4th ed. Aroleit-Verlag, Zurich.

129 Geology.com. "Highest Mountain in the World: Mount Everest has some rivals!" http://geology.com/records/highest-mountain-in-the-world.shtml.Retrieved 2011-08-13.

130 Huggel, C., Ceballos, J.L., Pulgarin, B., Ramirez, J., and Thouret, J-C. (2007) Review and reassesment of hazards owing to volcano-glacier interactions in Colombia. Annals of Geology, 45: 128-136.

131 Deadly Lahars from Nevado del Ruiz, Colombia: November 13, 1985". United States Geological Survey. September 30, 1999. http://volcanoes.usgs.gov/hazards/lahar/ruiz.php. Retrieved March 18, 2010.

132 구로사와 아끼라 (오세필 역) (1994) 감독의 길: 구로사와 아끼라 자서전. 민음사.

133 Farrell, E.F. and R,E, Newnham (1967) Electronic and vibrational absorption spectra in cordierite. American Mineralogist, 52: 380-388.

134 Hegedus, Ramon, Akesson, Susanne; Wehner, Rudiger and Horvath, Gabor. (2007) Could Vikings have navigated under foggy and cloudy conditions by skylight polarization? On the atmospheric optical prerequisites of polarimetric Viking navigation under foggy and cloudy skies. Proc. R. Soc. A 463: 1081-1095.

135 Morgan, W.J. (1971): Convection plumes in the lower mantle. Nature, 230; 42-43.

136 Schoell M, Tietze K, Schoberth S (1988) Origin of the Methane in Lake Kivu (East-Central Africa). Chemical Geology, 71: 257-265.

137 Tietze, K (1992) Cyclic Gas Bursts: are they a "usual" Feature of Lake Nyos and other gas-bearing Lakes? In: Freeth S.J., Onuoha K.M., Ofoegbu C.O. (Eds) Natural Hazards in West and Central Africa. Vieweg-Verlag, Brunswick, pp 97-107.

138 만프레드 바우어, 구드룬 치글러(이영희 역) (2003) 인류의 오디세이. 삼진기획.

139 Gamble, Clive (1993) Timewalkers. Harvard University Press.

140 "Panama: Isthmus that Changed the World". NASA Earth Observatory. http://earthobservatory.nasa.gov/Newsroom/NewImages/images.php3?img_id=16401. Retrieved 2008-07-01.

141 Donald R. Prothero and Robert H. Dott, Jr. (2004) Evolution of the Earth. McGraw-Hill Publishing Company.

142 Davis, Richard A. (1991) Oceanography: An Introduction to the Marine Environment, 2nd ed. Dubuque, IA: Wm. C. Brown Publishers.

143 Kaharl, Victoria A. (1990) Water Baby: The Story of Alvin. Oxford University Press, USA.

144 Brad Matsen (2005) Descent: The Heroic Discovery of the Abyss. Pantheon Books.

145 "World's deepest undersea vents discovered in Caribbean". BBC News. 2010-04-12.http://news.bbc.co.uk/2/hi/science/nature/8611771.stm.Retrieved 2011-08-16.

146 Boetius, Antje (2005) Lost City Life. Science, 307 (5714): 1420?1422.

147 David R. Montgomery (2008) Dirt: The Erosion of Civilizations. University of California Press.

148 뤽 폴리에 (안수연 역) (2009) 나우루 공화국의 비극. 에코리브르.

149 S. Venetski (1969) "Silver" from clay. Metallurgist, 13: 451-453.

150 George J. Binczewski (1995) The Point of a Monument: A History of the Aluminum Cap of the Washington Monument. JOM, 47 (11): 20?25.

151 Gusenius, E M (1969) Beginnings of greatness in Swedish Chemistry. II. Axel Fredrick Cronstedt (1722-1765). Trans. Kans. Acad. Sci., 72 (4): 476-485.

152 Mining-technology.com. "Goro Nickel Project, New Caledonia". http://www.mining-technology.com/projects/goro-nickel/. Retrieved 2011-08-30.

153 Golightly, J.P. (1981) Nickeliferous laterite deposits. Economic Geology, 75th Anniversary Volume, 710-735.

154 Aitchison, J.C., G.L. Clarke, S. Melfre and D. Cluzel (1995) Eocene arc-continent collision in New Caledonia and implications for regional southwest Pacific tectonic evolution. Geology, 23(2): 161-164.

155 Robert H. MacArthur and Edward O. Wilson (2001 reprint) The Theory of Island Biogeography. Princeton University Press.

156 Hyams, Edward S. (1976) Soil and Civilization. Harpercollins.

157 Lowdermilk, Walter C. (1968) Palestein, Land and Promise. New York, Greenwood.

158 Lassieur, Allison (2009) The Dust Bowl: An Interactive History Adventure. Capstone Press.

159 Vernon Gill Carter and Tom Dale (1975) Topsoil and Civilization. University of Oklahoma Press.

160 Pimentel, D., C. Harvey, P. Resosudarmo, K. Sinclair, D. Kurz, M. McNair, S. Crist, L. Shpritz, L. Fitton, R. Saffouri, and R. Blair (1995) Environmental and economic costs of soil erosion and conservation benefits. Science, 267: 1117-1123.

161 Brown, Lester and Edward Wolf (1984) Soil Erosion, Crisis World Economy. Worldwatch Institute.

용어 색인

ㅅ

ㅈ

ㅍ

ㅎ

인명 색인

ㅎ